JN050668

これだけマスター

2級 管工事施工管理技士

山田信亮・打矢瀅二・今野祐二・加藤 諭［共著］

はじめに

本書は，2級管工事施工管理技士試験に対応した受験対策書として，2006年に『2級管工事試験　徹底研究』を発行し，2012年から，多くの受験者にご利用いただいた『これだけマスター 2級管工事施工管理技士試験（改訂2版）』を，最新の試験内容に基づいて見直しを行い，さらに読みやすく，わかりやすくした改題改訂版です．

管工事施工管理技士は，国家資格の一つで，建設業法第27条において「施工技術向上と管工事技術者の社会的地位の向上」を目的として制定されました．

管工事施工管理技士には1級と2級の区分があり，2級管工事施工管理技士の資格を取得すれば，一般建設業の許可を受ける際に必要な「専任技術者」や建設工事における「主任技術者」として活躍することができます．

国土交通省による技術検定制度の見直しによって，2021年度より2級技術検定の一部が改訂されて試験内容も変更になりました．新制度では，「第一次検定」に合格した者に「2級施工管理技士補」,「第二次検定」に合格した者に「2級施工管理技士」の資格が与えられることになりました．

長年の実績を踏まえ，2級管工事施工管理技術検定試験に「必要最小限の労力で合格する」ことを一番の目的とし，合格に必須の学習項目と今後出題が予想される重要事項を徹底的に拾い出して，どこにいてもこの1冊で勉強できるようにまとめあげました．また，問題を豊富に掲載し，テキストと問題集の両方の役割を果たすように構成しています．

試験合格のためには，継続的な学習が大切です．一人でも多くの方が本資格を取得され，管工事施工管理技士として広く活躍されることを期待しております．

最後に，本書を執筆するにあたり，種々の文献・資料などを参考にさせていただきました．この場を借り，厚く御礼申し上げます．

2022年7月

著者らしるす

目　次

第一次検定編

1章　原　論　必須問題

2章　電気工学　必須問題

3章　建築学　必須問題

4章 空　調　選択問題

5章 衛　生　選択問題

8章 法　規　選択問題

第二次検定編

9章 第二次検定—施工管理法—

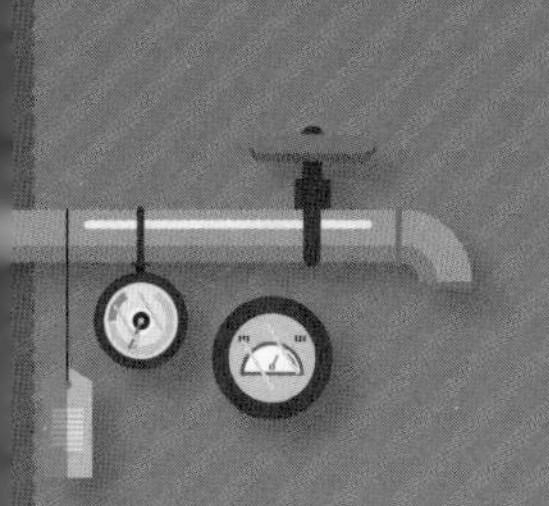

第一次検定編

第一次検定は，令和２年度まで学科試験と呼ばれていたが，令和３年度から現在の第一次検定に名称が変更され，［**前期**］と［**後期**］に分かれて試験が行われるようになった．

第一次検定試験問題の形式は従来どおり**四肢択一**で，**内容もほとんど変更はない**．出題数は全52問で，No.49からNo.52までは**施工管理法（基礎的な能力）**の必須問題となっており全問題に解答するが，一つの問題に対し二つの解答をするようになっている．

ここでは，章を試験問題と同じように原論・電気工学・建築・空調・衛生・設備に関する知識・施工管理・法規の順に設けて解説し，それぞれの節末に問題と解答を記して学習の定着を図った．

また，各章扉には**出題項目ごとの出題数**，**必要解答数**，**よく出るテーマ**などについて記している．

必須問題

1 原論

全出題問題の中における『1章』の内容からの出題内容

出題	出題数	必要解答数	合格ライン正解解答数
環境工学	2	必須問題 4問	3問（75%）の正解を目標にする
流体工学	1		
熱工学	1		
合計	4		

よく出るテーマ

環境工学

1) 湿り空気の性質と変化［飽和湿り空気，相対湿度，絶対湿度，露点温度，結露］
2) 室内空気［二酸化炭素（CO_2），一酸化炭素（CO），揮発性有機化合物（VOCs），浮遊粉じん量，臭気］
3) 温熱指標［新有効温度（ET*），予想平均申告（PMV），作用温度（OT），平均放射温度］
4) 水の性状［密度と体積，水に対する空気の溶解度］
5) 水質［水素イオン指数（pH），溶存酸素（DO），浮遊物質（SS），化学的酸素要求量（COD），生物化学的酸素要求量（BOD）］
6) 音［NC曲線（NC値）］

流体工学

1) 流体の性質［流体の圧縮性，粘性（水と空気の粘性係数），表面張力（毛管現象），パスカルの原理，水深と水圧］
2) 流体の流れ［レイノルズ数（層流・乱流），ベルヌーイの定理，全圧・静圧・動圧，直管路の圧力損失（ダルシー・ワイスバッハの式）］
3) 測定器具等［ピトー管，オリフィス，ゲージ圧力］
4) その他［ウォータハンマ］

熱工学

1) 熱の一般的事項［顕熱，潜熱，相変化，比熱（定容比熱，定圧比熱），熱容量，熱量］
2) 熱に関する諸法則等［熱力学の第一法則，熱力学の第二法則，ボイル・シャルルの法則］
3) 熱の伝わり方［熱伝導，対流，熱放射，熱伝達，熱通過］

1 1 環境工学

1 屋外環境

1. 気　象

1日の最高気温と最低気温の差を**日較差**といい，日較差は，その場所によって異なり，一般には海岸地方のほうが，内陸や山間部より小さい．また，都心部と郊外ではおおよそ3～4℃の気温差がある．

⊕**クリモグラフ**（気候図）･･･いろいろな気象要素（湿度，降雨量，風速など）を月別に平均して，これを気温と組み合わせた図表で，各地域の特色を知ることができる．

⊕**暖冷房デグリデー**（度日）･･･日平均気温が，設定温度を超えた日数をその期間にわたって合算した積算温度のことをいい，暖房や冷房に必要な熱量，あるいは経費を見積もるために用いられる．

2. 日　射

⊕**直達日射**･･･大気を透過して直接地表に到達する日射のこと．

⊕**天空放射**･･･大気中の微粒子により散乱され，天空全体からの放射として地上に達する日射のこと．

⊕**大気透過率**･･･大気の透明度を示すもので，太陽の直達日射の強さと，太陽が天頂にあるときの直達日射量の太陽定数の比率をいう．大気中の水蒸気量やちりや埃などの影響を受け，一般に，**夏期より冬期のほうが大きい．**

⊕**日射の成分**･･･日射は電磁波として地上に到達しており，その波長により成分が異なる．主な日射の成分を**表1･1**に示す．

表1・1　主な日射の成分

成　分	波　長	効　果
紫外線	20～400〔10^{-9} m〕	日射の約1～2%の分布で，**化学作用が強く**，細胞の促進，**殺菌作用**，日焼けなど健康上に深い関係をもっている．
可視線	400～760〔10^{-9} m〕	日射の約40～45%分布で，**人間の網膜を刺激して視覚を与える．**
赤外線	760～4×10^5〔10^{-9} m〕	日射の約53～59%分布で，熱線とも呼ばれ，**熱効果**がある．

2 大気と環境

1. 大気の組成

地表に近い大気は水蒸気を含んだ湿り空気で，水蒸気を除いた乾き空気の成分は，窒素と酸素で大部分が占められている．**表1･2**に乾き空気の組成を示す．

表1・2 乾き空気の組成

成 分	窒 素	酸 素	アルゴン	二酸化炭素
原子記号(分子式)	N_2	O_2	Ar	CO_2
空気に対する比重	0.97	1.11	1.38	1.53
容積百分率〔%〕	78.08	20.95	0.93	0.03

2. 大気汚染

⊕**硫黄酸化物**（SO_x）・・・化石燃料（重油，石炭など）を燃焼させたときに発生するもので，大気中のSO_xは，**酸性雨**となって森林や湖沼の生物に悪影響を与える．

⊕**窒素酸化物**（NO_x）・・・化石燃料の燃焼過程で，窒素が酸素と反応して生成される．NO_xは，低温燃焼時よりも**高温燃焼時のほうが多く発生**する．窒素酸化物も**酸性雨**の原因となる物質である．

⊕**光化学オキシダント**・・・大気中のNO_xと，工場などから発生した有機溶剤や石油などの蒸発によって発生した**炭化水素**に，太陽の紫外線が作用し生成される．**光化学オキシダント**は，人体に対し喉や鼻が痛むといった症状を起こさせる．

その他の大気汚染物質としては，自動車の排気ガスなどから発生する**一酸化炭素**（CO）や，**浮遊粉じん**などがある．

3. オゾン層破壊

大気の成層圏に存在するオゾン層は，太陽光からの有害な**紫外線**を吸収し，地上の生物を守っている．しかし，**フロンガス**などの放出によってオゾン層が破壊され，有害な紫外線が増加し悪影響を及ぼしている．

4. 地球温暖化

太陽の日射により加熱された地表面から，宇宙に向かって熱放射されるとき，大気中の**二酸化炭素**（CO_2）などの**温室効果ガス**は熱を吸収し空気が暖まる．これが温暖化現象であるが，化石燃料などの燃焼などによってCO_2濃度が増加すると，これまで以上に気温が上昇し，気候変動などによるさまざまな悪影響を及ぼすことが懸念されている．

3 湿り空気

1. 湿り空気の性質

我々が生活している大気は湿り空気と呼ばれ，乾き空気と水蒸気が混合したものである．この混合気体は理想気体として扱うことができる．理想気体とは，**ボイル・シャルルの法則**に従う気体のことで，「**一定量の気体の体積は圧力に反比例し，絶対温度に正比例する**」．

2. 湿り空気線図

湿り空気線図は，二つの状態量を決めることにより，ほかの状態点も知ることができる．湿り空気線図の構成を**図 1·1** に示す．

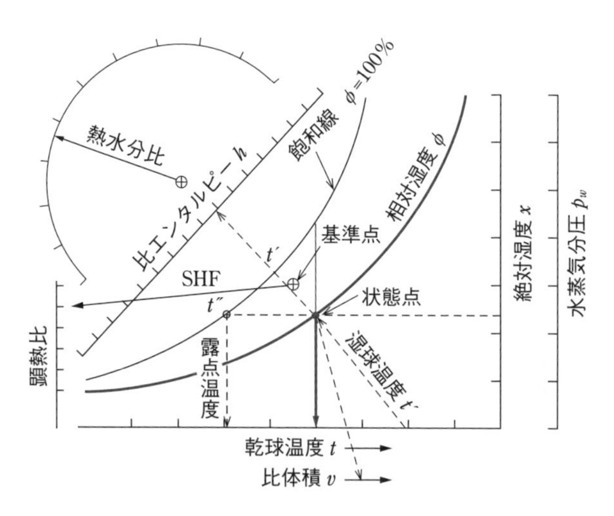

図 1・1　湿り空気線図の構成例

⊕**水蒸気分圧**・・・混合気体の示す全圧力は，乾き空気と水蒸気が単独にあるときのそれぞれの分圧の和に等しく（**ダルトンの法則**），このときの水蒸気のもつ圧力のことで，p_w〔Pa〕で表す．

⊕**乾球温度**・・・乾いた感熱部をもつ温度計で測定した温度のことで，t〔℃〕で表す．

⊕**湿球温度**・・・感温部を水で湿らせた布で覆った温度計で測定した温度のことで，t'〔℃〕で表す．

⊕**相対湿度**・・・関係湿度ともいい，ある空気の飽和状態における水蒸気分圧に対するある状態の水蒸気分圧の比で，ϕ〔%〕で表す．

⊕**絶対湿度**・・・湿り空気中の乾き空気1kg当たりに含まれる水蒸気量のことで，x〔kg/kg(DA)〕で表す．

⊕**露点温度**（DP）・・・空気中に含まれる水蒸気が飽和して水滴に変わるときの温度で，t''〔℃〕で表す．

⊕**比エンタルピー**・・・ある状態における湿り空気の保有する乾き空気中の熱量（**顕熱量**）と水蒸気中に含まれる熱量（**潜熱量**）の和，すなわち**全熱量**のことで，h〔kJ/kg(DA)〕で表す．

3. 空気線図上の変化

湿り空気を加熱あるいは冷却した場合は，**図1·2**のような変化となる．

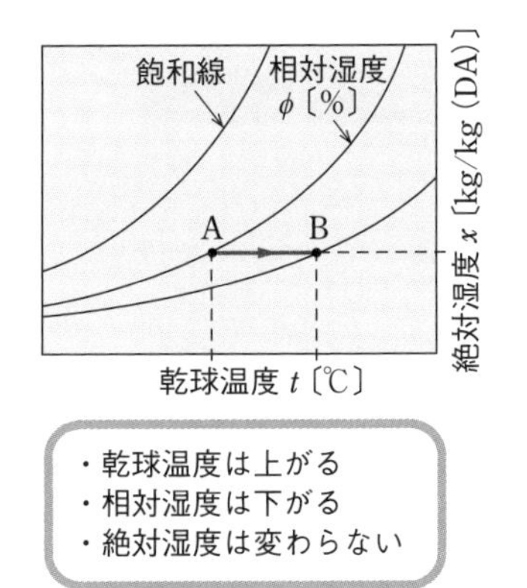

（a）加熱A→Bの状態変化

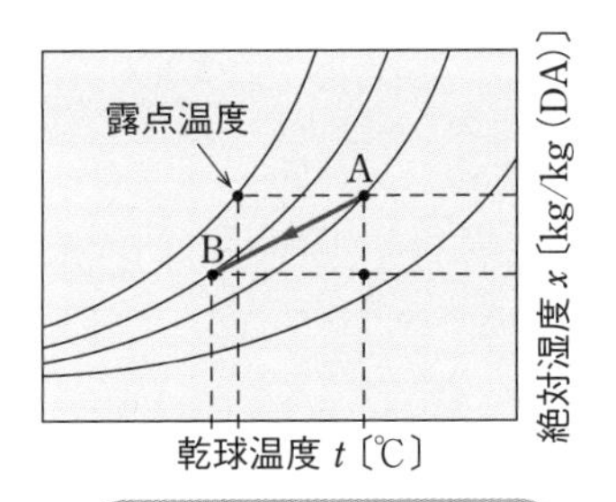

（b）冷却A→B（露点温度以下）の状態変化

図1・2　湿り空気線図上の変化

4. 結露と防止策

結露とは，空気中に含まれる水蒸気が飽和して曇りや水滴に変わりガラス表面などに付着する現象である．湿り空気は飽和状態まで水蒸気を含むことができる．

この限界の状態を**飽和空気**といい，このときの温度が露点温度である．**結露の防止策**を次に示す．

① **壁や窓ガラスの熱貫流抵抗を大きく**する．壁には断熱材も設け，窓ガラスに二重サッシや複層ガラスを用いる．

② 風通しを良くし**換気を行う**．

③ 必要以上に**水蒸気を発生させない**（室内の湿度を低く保つ）．

④ 外気に面した壁に沿って，たんすなどの家具を置かない．

⑤ 内部結露の防止は，壁体内の断熱材室内側に防湿層（防湿フィルムなど）を設ける．

4 室内の空気環境

1．室内の環境基準

人間が生活する室内空気は，時間とともに汚染され，快適性や健康の保全，または作業能率に悪影響を及ぼすので，室内環境基準で規制されている（**表1･3**）．

表1・3 室内環境基準

項 目	許容値
浮遊粉じんの量	・0.15 mg/m^3 以下
一酸化炭素の含有率	・0.0006％（6 ppm）以下
二酸化炭素の含有率	・0.1％（1 000 ppm）以下
温 度	・18 ～ 28℃ ・冷房のときは外気との差を著しくしない
相対湿度	・40 ～ 70％
気流速度	・0.5 m/s 以下
ホルムアルデヒド	・0.1 mg/m^3 以下

2．室内空気の汚染

⊕**二酸化炭素**（CO_2）･･･**無色･無臭で空気より重い気体**（空気に対する密度 1.53）で，人間の呼吸における発生量は，呼気量の約 4％（容積率）である．二酸化炭素は低濃度では直接人体に有害ではないが，高濃度になると悪影響を及ぼす．室内の CO_2 濃度は，人間の呼気や燃焼によって増加するため，空気汚染の目安とされている．

⊕**一酸化炭素**（CO）・・・喫煙や燃焼器具の不完全燃焼で発生する一酸化炭素は，**無色・無臭で空気より軽い気体**（空気に対する密度 0.97）である．一酸化炭素は人体にとって有害で，血液中のヘモグロビンと結合して器官への酸素供給を妨げ，中毒症状を引き起こす．

⊕**揮発性有機化合物**（VOCs）・・・常温で蒸発する有機化合物の総称で，室内では，建材，家具・調度品の原材料，接着剤，塗料などから発生する．**ホルムアルデヒド**はVOCの一種で，化学物質過敏症や**シックハウス症候群**などの原因物質となっている．

⊕**酸素**（O_2）**と燃焼**・・・酸素は，大気中に約21％存在し，人間は呼吸によって酸素を吸収して生命を維持している．燃焼においては**19％に低下すると不完全**燃焼となり，一酸化炭素の発生量が急激に増加し，15％以下になると消火する．

5 人体と温熱環境

1. 温熱環境の要素

人体の暑さ，寒さを感じる熱的要素には，**気温**，**湿度**，**気流**，**放射熱**があり，人間側の着衣量や作業状態（代謝量）によっても大きく異なる．

2. 温熱環境の指標

⊕**有効温度**（ET：effective temperature）・・・アメリカのヤグロー氏らによって考案されたもので，**温度**，**湿度**，**気流の三つの影響**による体感を，温度の値で表したものである．温度や湿度の測定器具としては，**アスマン通風乾湿計**や**オーガスト乾湿計**などがあり，気流速度の測定には**カタ温度計**などが用いられる．

⊕**修正有効温度**（CET：corrected effective temperature）・・・有効温度に放射熱の影響を加えたもので，**温度**，**湿度**，**気流**，**放射熱の四つの影響**による体感を表したものである．放射の測定には，**グローブ温度計**が用いられる．

⊕**新有効温度**（ET*）・・・**温度**，**湿度**，**気流**，**放射熱に人間側の着衣量と代謝量を加え**，**六つの要素**をもとに，現実の環境条件に近づけて評価したものである．

⊕**予想平均申告**（PMV：predicted mean vote）・・・**温度**，**湿度**，**気流**，**放射熱**，**着衣量**，**代謝量の六つの要素**がどのような複合効果をもつかを評価する指標で，大多数の人が感じる温冷感が，**＋3から－3までの7段階の数値**で表される．

⊕**予測不快者率**（PPD：predicted percentage of dissatisfied）・・・在室者が暑い寒いという感覚をもつとき，どのくらいの人がその環境に満足しているかを示すもので，PMV が 0 に近くなるに従って PPD も減少する．

⊕**等価温度**・・・周囲の壁からの放射と空気温度を総合的に評価したもので，実用的には**グローブ温度計**より求められる値となる．

⊕**作用温度**（OT：operative temperature）・・・乾球温度，気流，周囲の壁からの放射熱を総合的に考慮した温度で，実用的には周壁面の平均温度と室内温度の平均で表される．

⊕**clo**（クロ）・・・**衣服の熱絶縁性を表す単位**で，何も着ていないときを 0 clo としている．標準的な背広上下を着たときが 1 clo に相当する．

⊕**met**（メット）・・・**代謝量を表す単位**で，人間（成人）の安静時における単位体表面積当たりの代謝量を **58 W/m² = 1 met** としている．座位状態がおよそ 1 met である．

6 水と環境

1. 水の性質

水の密度は，約 4℃が最大で 1 000 kg/m³ となる（**表 1·4**）．また，0℃の氷の密度は約 917 kg/m³ なので，水が氷になると容積が 10％程度増加する．

表 1・4　1 気圧における水の密度

温　度〔℃〕	0	4	10	20	50	80	100
密　度〔kg/m³〕	999.84	**1 000**	999.70	998.20	988.03	971.78	958.35

水に溶解する気体の体積と水の体積との比を**溶解度**という．水に対する気体の溶解度は，温度の上昇とともに減少し，圧力（気圧）の上昇に関してはほぼ比例して増加する．

2. 水　質

⊕**pH**（ピーエイチ）・・・水素イオン濃度を表す指数で，**水素イオン指数**とも呼ばれ，水溶液中の水素イオン（H^+）や水酸イオン（OH^-）の量によって決まる．pH = 7 の中性では H^+ と OH^- の数は等しい．pH ＜ 7 の場合は**酸性**で，pH ＞ 7 の場合は**アルカリ性**となる．

⊕**溶存酸素**（DO：dissolved oxygen）・・・水中に溶解している酸素量を示したもので，単位は mg/ℓ で表される．

3．排水の汚濁指標

⊕**生物化学的酸素要求量**（BOD：biochemical oxygen demand）・・・水中の腐敗性有機物質が微生物（好気性）によって分解される際に消費される水中の酸素量で示され，河川の汚濁指標として用いられる．単位は mg/ℓ または ppm で表される．

⊕**化学的酸素要求量**（COD：chemical oxygen demand）・・・水中に含まれている有機物および無機性亜酸化物の量を示す指標で，汚濁水を酸化剤で化学的に酸化させて，消費した酸化剤の量を測定して酸素量に換算して求める．湖沼や海域の汚濁指標として用いられる．単位は mg/ℓ または ppm で表される．

⊕**浮遊物質**（SS：suspended solids）・・・水に溶けない懸濁性物質のことで，水の汚濁度を視覚的に判断するときに用いられる．単位は mg/ℓ または ppm で表される．

7 音と環境

1．音の性質

⊕**音　波**・・・音波（物理的な現象としての音）は，発音体が振動すると，その周りの媒体（空気など）の粒子に微小圧力変動（疎密波）を与える．

⊕**音　速**・・・音波の伝搬される速度のことを音速といい，音速は媒質の種類や温度によって異なる．空気中を伝搬する音速は，気温が 20℃ で約 340 m/s で，気温が高くなると音速も速くなる．

2．音の単位

⊕**音の強さ**・・・音の強さは，音の進行方向に垂直な単位面積を単位時間に通過するエネルギー量 I〔W/m^2〕で表される．

⊕**音の強さのレベル**（SIL：sound intensity level）・・・人間の感覚は刺激の強さの対数に比例するため，音の強弱を示す方法として，人間の最低可聴音の音の強さ $I_0 = 10^{-12}$〔W/m^2〕（人間の聞くことのできる最小の音の強さ）を基準としたもので，dB（デシベル）で表す．

⊕**音圧レベル**（SPL：sound pressure level）・・・一般には音の強さを測定することは困難なので，音圧〔Pa〕を測定して音圧レベル〔dB〕で表す．

⊕**音の大きさ**・・・音の大きさの感覚は，音波の周波数と強さが関係し，聴力の正常な若い人では，周波数が**20～20 000 Hzまでの範囲**の音が聞こえる．2 000～5 000 Hzを最大感度として，この範囲から周波数が離れるほど，その音波に対する感覚が鈍くなり，同じ強さの音波でも小さい音にしか聞こえない．

⊕**音の合成**・・・同じ二つの音を合成したときのdB値の和は，**約3 dB増加**する．

⊕**マスキング現象**・・・ある音を聞こうとするときに，ほかの大きな音のために聞きにくくなる現象をいう．

3. 騒　音

室内の騒音を測定する方法には，普通騒音計による騒音レベル〔dB〕の測定と，周波数分析器を用いて騒音の構成成分の音圧レベル（周波数特性）〔dB〕を測定する方法などがある．

4. 室内騒音の評価

⊕**NC曲線**・・・空調騒音のように連続したスペクトルの音の評価に用いられるもので，周波数別に音圧レベルの許容値（NC値という）を示したものである．

⊕**NR曲線**・・・NC曲線を発展させたもので，騒音の継続時間，1日の発生回数などを含めて評価したものである．

必ず覚えよう

❶ 快晴時の大気透過率は，夏期より冬期のほうが大きくなる．
❷ 湿り空気を加熱すると，絶対湿度は変化しないが，相対湿度は低くなる．
❸ 絶対湿度とは，湿り空気中に含まれる乾き空気1 kgに対する水蒸気の質量のことである．
❹ 冬期の表面結露を防止するには，壁体の熱通過率を小さくする．
❺ 二酸化炭素は，無色無臭で空気より重く，直接人体に有害ではない．一酸化炭素は，無色無臭で空気より軽く，人体に有害である．
❻ ホルムアルデヒドは，刺激臭のある無色の気体で，内装仕上げ材や家具などから発生する．
❼ クロ（clo）は着衣量の単位で，メット（met）はエネルギー代謝率の単位である．
❽ 空気の水に対する溶解度は，温度上昇とともに減少する．
❾ DOは水中に溶けている酸素の量，SSは水中の懸濁性の浮遊物質の量を示す．
❿ CODは，水中に含まれている有機物および無機性亜酸化物の量を示す．

問題1 環境工学

気象に関する記述のうち，適当でないものはどれか．

(1) クリモグラフからは，季節による各地域における気候の特色の相違を知ることができる．

(2) 相対湿度は，湿り空気に含まれる水蒸気の分圧とその空気温度における飽和水蒸気の分圧との比である．

(3) 可視線の波長は，紫外線の波長より長く，赤外線の波長よりも短い．

(4) 夏期は，大気に含まれる水蒸気量が多くなるため，大気透過率は冬期よりも大きくなる．

解説 (4) 一般に，我が国では**夏期**は冬期より**湿度が高く**，大気に含まれる**水蒸気量が多い**ため，大気透過率は**小さくなる**．

解答▶(4)

問題2 環境工学

湿り空気に関する記述のうち，適当でないものはどれか．

(1) 湿り空気を加熱すると，その絶対湿度は低下する．

(2) 不飽和湿り空気の湿球温度は，その乾球温度より低くなる．

(3) 露点温度とは，その空気と同じ絶対湿度をもつ飽和湿り空気の温度をいう．

(4) 相対湿度とは，ある湿り空気の水蒸気分圧とその温度と同じ温度の飽和湿り空気の水蒸気分圧との比をいう．

解説 (1) 湿り空気を**加熱**すると，その**絶対湿度は変化しない**が，**相対湿度は低下**する．

解答▶(1)

飽和湿り状態とは，相対湿度100%をいい，乾球温度と湿球温度が同じになる．乾球温度と湿球温度を測定し湿度を求める測定器具として，右図のようなアスマン通風乾湿計が用いられる．

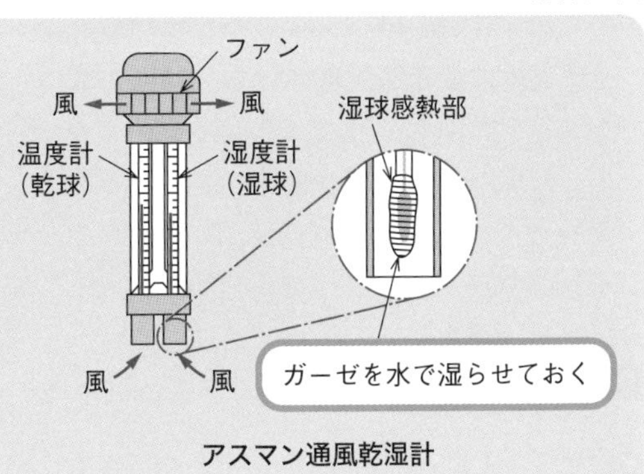

アスマン通風乾湿計

問題 3 環境工学

湿り空気に関する記述のうち，適当でないものはどれか．

(1)空気中に含むことのできる水蒸気量は，温度が高くなるほど多くなる．

(2)飽和湿り空気の相対湿度は，100％である．

(3)露点温度は，その空気と同じ絶対湿度をもつ飽和空気の温度である．

(4)絶対湿度は，湿り空気中の水蒸気の質量と湿り空気の質量の比である．

解説 (4) **絶対湿度**は，湿り空気中に含まれる**乾き空気 1 kg に対する水蒸気の質量**で表す．

解答▶(4)

問題 4 環境工学

居室内の表面結露を防止する対策に関する記述のうち，適当でないものはどれか．

(1)壁体の熱通過率を大きくする．

(2)絶対湿度を一定にして，内壁の表面温度を上昇させる．

(3)内壁表面近くの空気を流動させる．

(4)室内空気に比べて絶対湿度が低い外気との換気を行う．

解説 (1) **表面結露を防止**するには，**壁体の熱通過率を小さく**する．熱通過率とは，壁体の熱の伝わりやすさを示す値である．値が大きくなるほど熱が伝わりやすい．

解答▶(1)

問題 5 環境工学

空気環境に関する記述のうち，適当でないものはどれか．

(1)二酸化炭素は，直接人体に有害ではない気体で，空気より軽い．

(2)一酸化炭素は，無色無臭で，人体に有害な気体である．

(3)浮遊粉じん量は，室内空気の汚染度を示す指標の一つである．

(4)揮発性有機化合物（VOCs）は，シックハウス症候群の主要因とされている．

解説 (1) **二酸化炭素**は，低濃度では直接人体に有害ではない気体で，**空気より重い**．

解答▶(1)

問題 6 環境工学

空気環境に関する記述のうち，適当でないものはどれか．

(1) ホルムアルデヒドは，内装仕上げ材や家具などから発生する無色無臭の気体である．

(2) PM 2.5 は，大気中に浮遊する微小粒子状物質を表すもので，環境基準が定められている．

(3) 室内空気中の二酸化炭素の許容濃度は，一酸化炭素より高い．

(4) 臭気は，二酸化炭素と同じように空気汚染を知る指標とされている．

解説 (1) **ホルムアルデヒドは，刺激臭のある無色の気体**で，内装仕上げ材や家具などから発生する．室内濃度が高くなると，眼や呼吸器系を刺激し，アレルギーを引き起こすおそれがある．

解答▶(1)

マスターPoint 居室の必要換気量は，一般に，二酸化炭素濃度の許容値（1 000 ppm（0.1%）以下）に基づき算出される．

問題 7 環境工学

室内環境に関する用語の組合せのうち，関係のないものはどれか．

(1) 新有効温度（ET*）―――― 体感温度

(2) 騒音 ―――――――――― NC 曲線

(3) 予想平均申告（PMV）――― 予想不満足者率（PPD）

(4) 着衣量 ――――――――― メット（met）

解説 (4) **着衣量はクロ（clo）**で示し，**メット（met）**は，**エネルギー代謝率**である．

解答▶(4)

マスターPoint 予測不満足者率（PPD）は，予想平均申告（PMV）で求められた環境で，人間が熱的に不快に感じる割合を表したものである．ISO（国際標準化機構）の標準では，PMV が ± 0.5 以内，不快者率 10%以下となるような温熱環境を推奨している．

問題 8 環境工学

次の指標のうち，室内空気環境と関係のないものはどれか．

(1)浮遊物質量（SS）

(2)予想平均申告（PMV）

(3)揮発性有機化合物（VOCs）濃度

(4)気流

解説 (1) **浮遊物質量（SS）**は，**水に溶けない懸濁性の物質**のことで，水の汚濁度を視覚的に判断するのに用いられる．

解答▶(1)

問題 9 環境工学

水に関する記述のうち，適当でないものはどれか．

(1)1気圧における水の密度は，0℃の氷の密度より大きい．

(2)1気圧における空気の水に対する溶解度は，温度上昇とともに増加する．

(3)pHが7である水は，中性である．

(4)DOは，水中に溶けている酸素の量である．

解説 (2) 1気圧における**空気の水に対する溶解度**は，**温度上昇とともに減少**する．

解答▶(2)

問題 10 環境工学

水の性状に関する記述のうち，適当でないものはどれか．

(1)pHは，水素イオン濃度の大小を示す指標である．

(2)BODは，水中に含まれる有機物質の量を示す指標である．

(3)DOは，水中に含まれる大腸菌群数を示す指標である．

(4)マグネシウムイオンの多い水は，硬度が高い．

解説 (3) DOとは，**溶存酸素**のことで，**水中に溶けている酸素の量**である．

解答▶(3)

マスターPoint BOD（生物化学的酸素要求量）は水中に含まれる有機物質の量を示す指標で，水中の有機物が微生物により分解される際に消費される水中の酸素量．

問題 11 環境工学

水と環境に関する記述のうち，適当でないものはどれか.

(1) 1気圧における空気の水に対する溶解度は，温度の上昇とともに減少する.
(2) 濁度は水の濁りの程度を示し，色度は水の着色の程度を示す度数である.
(3) DOは，水中に溶けている酸素の量である.
(4) CODは，水中に含まれる浮遊物質の量で，水の汚濁度を判断する指標である.

解説 (4) 水中に含まれる**浮遊物質の量**を示すのは**SS（浮遊物質）**である．水の汚濁度を判断する指標である．**COD（化学的酸素要求量）**は，水中に含まれている**有機物および無機性亜酸化物の量を示す指標**である．汚濁水を酸化剤で化学的に酸化させて，消費した酸化剤の量を測定して酸素量に換算して求める.

解答▶(4)

問題 12 環境工学

公共用水域の水質汚濁に係る環境基準において，「生活環境の保全に関する環境基準」に基準値が定められていないものはどれか.

(1) 塩化物イオン濃度
(2) 水素イオン濃度（pH）
(3) 生物化学的酸素要求量（BOD）
(4) 浮遊物質量（SS）

解説 (1)「生活環境の保全に関する環境基準」については，水域の利用目的，水生生物の生息状況により水系類型ごとに定められている．基準値が**定められているのは下表**のとおりである．よって，**塩化物イオン濃度は定められていない.**

公共用水域の水質汚濁に係る環境基準（生活環境の保全に関する環境基準）の項目

	項目	公共用水域				項目	公共用水域		
		河川	湖沼	海域			河川	湖沼	海域
1	pH（水素イオン）	○	○	○	8	全窒素	−	○	○
2	BOD（生物化学的酸素要求量）	○	−	−	9	全りん	−	○	○
3	COD（化学的酸素要求量）	−	○	○	10	ノニルフェノール	○	○	○
4	SS（浮遊物質）	○	○	−	11	直鎖アルキルベンゼンスルホン酸およびその塩（LAS）	○	○	○
5	DO（溶存酸素）	○	○	○					
6	大腸菌群数	○	○	○	12	ノルマルヘキサン抽出物質	−	−	○
7	全亜鉛	○	○	○	13	底層溶存酸素	−	○	○

解答▶(1)

1 2 流体工学

1 流体の基本的性質

⊕**密　度**・・・単位体積当たりの質量を示したものを密度ρ〔kg/m^3〕という．密度は温度によって変化するが，一般には**水の密度**は1 000 kg/m^3（4℃），**空気の密度**は1.2 kg/m^3（20℃）が用いられている．

⊕**粘　性**・・・運動している流体には，分子の混合および分子間の引力が，流体相互間または流体と固体の間に生じ，**流体の運動を妨げる抵抗力**（**せん断応力・摩擦応力**）が働く．この力を粘性といい，その大きさを表したものを**粘性係数**μという．流体の粘性係数は，種類とその温度によって変わり，**気体**（**空気など**）**では温度上昇に伴って増加し**，**液体**（**水など**）**では減少**する．また，流体運動における粘性の影響を比較する場合は，**動粘性係数**νが用いられる．動粘性係数νは，粘性係数μを密度ρで割った値で求められる．

⊕**圧縮性**・・・流体の圧縮性は気体と液体では異なり，一般に**気体**（**空気**）**は圧縮性流体**，**液体**（**水**）**は非圧縮性流体**としている．

⊕**表面張力と毛管現象**・・・表面張力とは，液体の分子間の引力により，液体表面が収縮しようとする力をいい，この力によりコップ上端より盛り上がった水がこぼれなかったり，朝露で葉の上に水滴ができたりする．また，液体を細い管の中に入れると管内の液面が上昇あるいは下降する現象を毛管現象と呼んでいるが，この現象も液体分子と固体分子との接触面での付着力と，表面張力が働くため生じる現象である．

2 流体の運動

1. 層流と乱流

流れについて大別すると，流動，渦動および波動があり，通常はこれらが複合した状態で流れている．また，流動には，流体分子が規則正しい層をした流れの層流と，流体分子が不規則に入り混じった流れの**乱流**に分かれる．

⊕**レイノルズ数**・・・管内を流れる**流体が層流か乱流かを判定するのに用いられる**．レイノルズ数Reは，流速だけでなく管径や流体の**粘性など**で決まり，次式で求めることができる.

$$Re = \frac{vd}{\nu}$$

ここに，v：管内平均流速〔m/s〕，d：管内径〔m〕，ν：動粘性係数〔m^2/s〕

一般的な判断基準となる値は，**$Re \leqq 2\,320$ が層流**，**$Re \geqq 4\,000$ が乱流**，$2\,320 < Re < 4\,000$ は不安定な流れとなる.

2. 連続の法則

管内を流体が定常流で流れているときは，単位時間に流れる質量はどの断面積においても一定である（**質量保存則**）. これを連続の法則という.

⊕**定常流と非定常流**・・・流れの状態が**場所**によって定まり，時間には無関係であるような流れを**定常流**といい，流れの状態が**時間**とともに変化する流れを**非定常流**という.

⊕**連続の式**・・・**図1･3** において，流量 Q〔m^3/s〕，断面積 A〔m^2〕，平均流速 v〔m/s〕とすると，次式が成り立つ.

$$Q = A_1 v_1 = A_2 v_2 = 一定$$

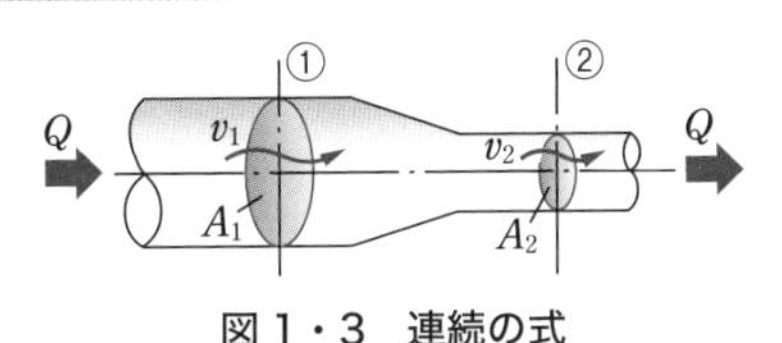

図1・3　連続の式

3. ベルヌーイの定理

ベルヌーイの定理は，流体における**エネルギー保存則**を示したもので，非圧縮性で粘性を考慮しない流体（完全流体）の定常流において，重力以外に外力が働かない場合，流体のもっている**運動エネルギー**，**位置エネルギー**および**圧力エネルギー**の総和は，流線に沿って一定であることを示している.

⊕**ベルヌーイの式**・・・**図1･4** のように，断面と高さが変化する流管においては次式が成り立つ.

$$\frac{1}{2}\rho_1 v_1^2 + p_1 + \rho_1 g h_1 = \frac{1}{2}\rho_2 v_2^2 + p_2 + \rho_2 g h_2 = 一定〔Pa〕$$

ここに，v：流速〔m/s〕，h：基準面から流心までの高さ〔m〕

p：圧力〔Pa〕，ρ：流体の密度〔kg/m^3〕

g：重力加速度〔m/s^2〕

⊕**トリチェリの定理**・・・**図 1･5** のように，大きな水槽の側壁の小孔（オリフィス）から水が噴出した場合の噴水速度は，ベルヌーイの式より次式で求められる．これをトリチェリの定理という．

$$v = C_v\sqrt{2gh}$$

C_v は，小孔の摩擦によるエネルギー損失（速度係数）で，この速度 v〔m/s〕に小孔の断面積 A〔m²〕を乗ずると流量 Q〔m³/s〕が求められる．

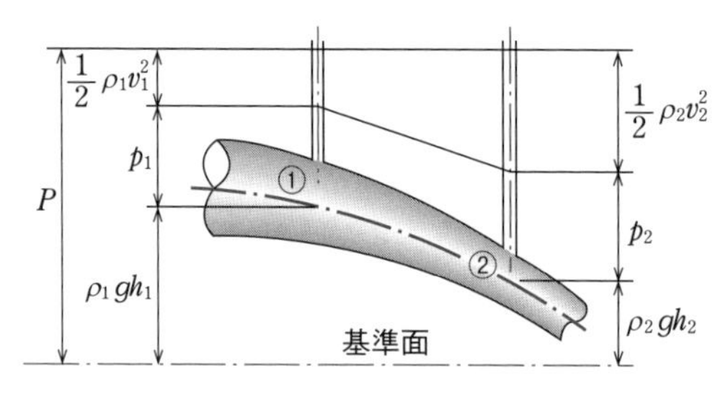

図 1・4 ベルヌーイの式

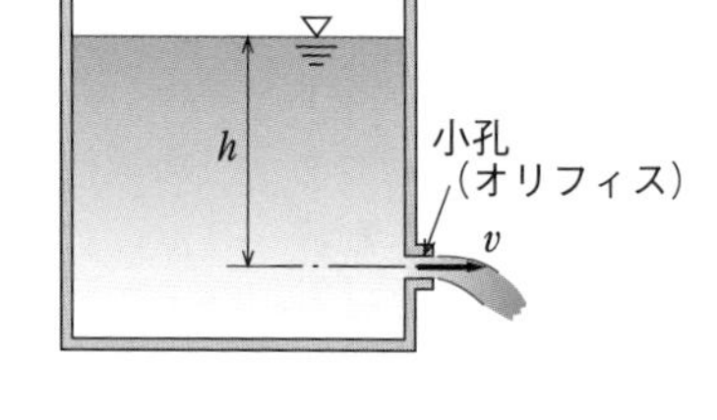

図 1・5 トリチェリの定理

4. 流速計，流量計

⊕**ピトー管**・・・**流速を測定**する計器で，**図 1･6** のように一定の水平管にピトー管を挿入すると，**全圧**（P_t）と**静圧**（P_s）の差，つまり**動圧**（$P_d = (1/2)\rho v^2 \rightarrow v = \sqrt{(2/\rho)P_d}$）を測定することができ，その**動圧より流速 v を求める**ことができる．

$$P_t = P_s + P_d \rightarrow P_d = P_t - P_s$$

⊕**ベンチュリー計**・・・**流量を測定**する計器で，**図 1･7** のように管の一部に小口径の部分を設け，**大口径部の静圧と小口径部の静圧の差**から，ベルヌーイの式と連続の式を用いることで流量を求めることができる．

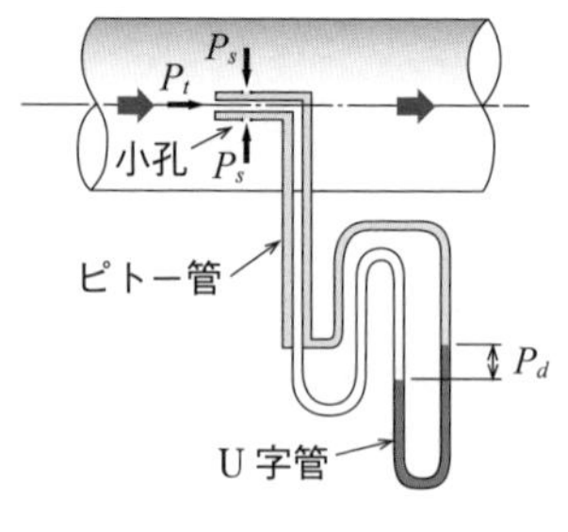

図 1・6 ピトー管

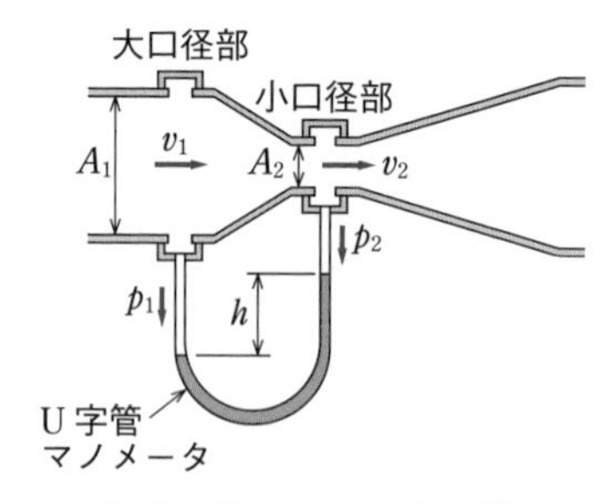

図 1・7 ベンチュリー計

3 管路の流れ

1. 直管路の摩擦損失（圧力損失）

図1·8のように，水平に置かれている直管路内に流体が流れるとき，粘性による流体間の摩擦や流体と管内壁面との摩擦により，エネルギー損失が生じる．これを**摩擦損失**（**圧力損失**）といい，次式の**ダルシー・ワイスバッハの式**で表すことができる．

$$\Delta p = p_1 - p_2 = \lambda \frac{l}{d} \cdot \frac{\rho v^2}{2}$$

ここに，Δp：摩擦損失（圧力損失）〔Pa〕，λ：摩擦損失係数，l：管長〔m〕
d：管内径〔m〕，v：平均流速〔m/s〕，ρ：流体の密度〔kg/m³〕

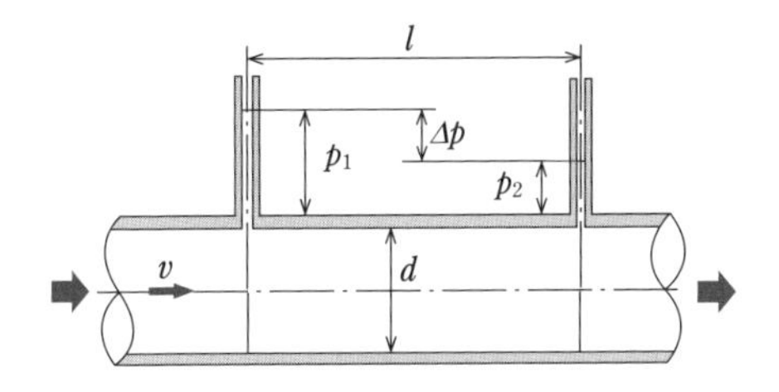

図1・8　直管路の圧力損失

2. ムーディ線図

摩擦損失係数λを求める実用的な線図である（**図1·9**）．摩擦損失係数λは，流れの状態によって，**レイノルズ数**Reと管内壁の**相対粗さ**ε/d（管内表面の凸凹〔mm〕/管内径〔mm〕）に関係する．

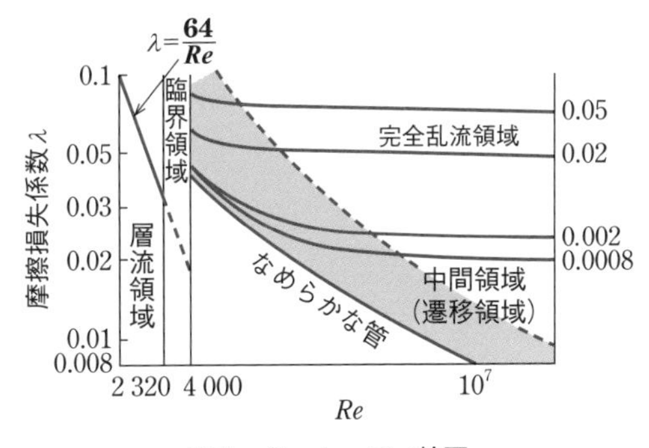

図1・9　ムーディ線図

3. ウォータハンマ（水撃現象）

管路中の水の流れを急に止めた場合，水の速度エネルギーが圧力エネルギーに変わり，管内に急激な圧力上昇が生じる現象で，配管や付属品などに損傷を与えることがあるので，以下の点に特に留意する．

- 水撃作用のときに生じる**圧力波の伝播速度**は，**管の内径に関係**する．
- 弁閉止時に生じる**水撃圧力**は，**弁閉止前の流速に比例**する．
- **水撃圧力**は，配管材料の**縦弾性係数**（**ヤング率**）**が大きいほど大きく**なる（例えば，鋼管と塩ビ管では**ヤング率は塩ビ管より鋼管のほうが大きい**ので**水撃圧力は鋼管のほうが大きい**）．
- **水撃圧力は**，**圧力波の伝播速度に比例**する．

❶ 気体（空気など）は圧縮性流体，流体（水など）は非圧縮性流体として取り扱っている．
❷ 粘性は，流体の流れを妨げる働きをして，その影響は流体に接する壁面で顕著に表れる．
❸ 水の粘性係数は空気の粘性係数より大きい．
❹ 一般に，空気や水は，ニュートン流体として扱われる．
❺ レイノルズ数は，流れが層流か乱流かを判定する目安になる．
❻ 毛管現象は，液体の表面張力によるものである．
❼ ベルヌーイの定理は，流体におけるエネルギー保存則を示したものである．
❽ 全圧，静圧，動圧の関係は，全圧 = 静圧 + 動圧となり，動圧は速度の 2 乗に比例する．
❾ ピトー管は，全圧と静圧の差，つまり動圧を測定し，流速を求める器具である．
❿ 流体が直管路を満流で流れる場合，圧力損失の大きさは，平均流速に関係する（圧力損失は平均流速の 2 乗に比例する）．

問題1 流体工学

流体に関する記述のうち，適当でないものはどれか．

(1)流体は，気体に比べて圧縮しにくい．

(2)大気圧において，水の粘性係数は空気の粘性係数より小さい．

(3)管路を流れる水は，レイノルズ数が大きくなると層流から乱流に変化する．

(4)流水管路において，弁の急閉はウォータハンマが発生する要因となる．

解説 (2) 大気圧において，**水の粘性係数は空気の粘性係数より大きい．**

解答▶(2)

問題2 流体工学

流体に関する記述のうち，適当でないものはどれか．

(1)流体の粘性の影響は，流体に接する壁面近くでは無視できる．

(2)水中における水の圧力は，静止した水面からの深さに比例して高くなる．

(3)圧力計が示すゲージ圧は，絶対圧から大気圧を差し引いた圧力である．

(4)ベルヌーイの定理は，流線上にエネルギー保存の法則を適用したものである．

解説 (1) **流体の粘性**の影響は，**流体に接する壁面近くほど大きくなる**ため無視することはできない．

解答▶(1)

マスターPoint 粘性とは，運動している流体の分子の混合および分子間の引力と流体相互間または**流体と固体の間に流体の運動を妨げる抵抗力**（**せん断応力・摩擦応力**）のことである．例えば管内を流れる流体の速度は，粘性の影響により流体に接する壁面近くで大きくなるため，壁面近くの流速は中央付近よりは遅くなる．一般に，流速とは平均流速を示している．

問題 3 流体工学

流体に関する記述のうち，適当でないものはどれか．

(1) 液体は，気体に比べて圧縮しにくい．

(2) 大気圧の1気圧の大きさは，概ね深さ10 m の水圧に相当する．

(3) 水の粘性係数は，空気の粘性係数より大きい．

(4) レイノルズ数が大きくなると，層流になる．

解説 (4) **レイノルズ数**は流れが**層流か乱流かを判定**するもので，大きくなると乱流になる．

解答▶(4)

問題 4 流体工学

流体に関する用語の組合せのうち，関係のないものはどれか．

(1) 粘性係数 ―――――― 摩擦応力

(2) パスカルの原理 ――― 水圧

(3) 体積弾性係数 ―――― 圧縮率

(4) レイノルズ数 ―――― 表面張力

解説 (4) **レイノルズ数**は，流体の流れが**層流か乱流かを判別**するのに用いられる．一方，**表面張力**は，液体の自由な表面で，**分子同士の引力によりその表面を縮小しようとする性質**が働くことをいう．したがって，レイノルズ数と表面張力は関係がない．

解答▶(4)

問題 5 流体工学

流体に関する用語の組合せのうち，関係のないものはどれか．

(1) 粘性係数 ―――――― 摩擦応力

(2) パスカルの原理 ――― 圧力

(3) 動圧 ――――――――― 表面張力

(4) オリフィス ――――― 流量計測

解説 (3) **動圧とは，ベルヌーイの式では速度エネルギーに当たる部分である．**流速を v〔m/s〕，流体の密度を ρ〔kg/m^3〕とすると，**動圧 P_d〔Pa〕$= \rho v^2/2$** の関係が成立する．一方，**表面張力**とは，**液体の分子間の引力により液体表面が収縮しようとする力**をいう．したがって，動圧と表面張力は関係がない．

解答▶(3)

問題 6 流体工学

水平管中の流体について，全圧，静圧および動圧の関係を表した式として，正しいものはどれか．

ただし，P_t：全圧，P_s：静圧，ρ：流体の密度，v：流速とする．

(1) $P_t = P_s + \rho v$　(2) $P_s = P_t + \rho v$

(3) $P_t = P_s + \rho v^2/2$　(4) $P_s = P_t + \rho v^2/2$

解説 (3) 全圧 P_t は，静圧 P_s に動圧 P_d を加えたもので，$P_t = P_s + P_d$ となる．また，動圧 P_d は流速に関係し，$P_d = \rho \cdot v^2/2$ の関係となるので，$P_t = P_s + (\rho \cdot v^2/2)$ となる．

解答▶(3)

問題 7 流体工学

ピトー管に関する文中，［　　］内に当てはまる用語の組合せとして，適当なものはどれか．

ピトー管は，全圧と［ A ］の差を測定する計器で，この測定値から［ B ］を算出することができる．

　(A)　　(B)

(1) 静圧 ――― 流速

(2) 静圧 ――― 摩擦損失

(3) 動圧 ――― 流速

(4) 動圧 ――― 摩擦損失

解説 (1) **ピトー管は，全圧と静圧の差，つまり動圧を測定する計器**で，この測定値から**流速を求める**ことができる（ピトー管の原理は p.20 を参照）．

解答▶(1)

問題 8 流体工学

流体に関する記述のうち，適当でないものはどれか．

(1) 流体が直管路を満流で流れる場合，圧力損失の大きさは，平均流速と関係しない．

(2) ウォータハンマによる圧力波の伝わる速度は，管の内径や肉厚と関係している．

(3) 毛管現象は，液柱に作用する重力と表面張力の鉛直成分とのつり合いによるものである．

(4) ピトー管は，流速の測定に用いられる．

解説 (1) 流体が**直管路を流れる場合の圧力損失**は，**平均流速に関係する．**

解答▶(1)

流体が直管路を満流で流れる場合（下図），圧力損失（摩擦損失）の大きさは，次のダルシー・ワイズバッハの式により求めることができる．

$$\Delta p = p_1 - p_2 = \lambda \frac{l}{d} \frac{\rho v^2}{2}$$

ここに，λ：管摩擦損失係数，l：管長〔m〕，
d：管径〔m〕，v：平均流速〔m/s〕，
ρ：流体の密度〔kg/m³〕

上式より，圧力損失 Δp は，管の長さ，平均流速の２乗に比例し，管内径に反比例する．

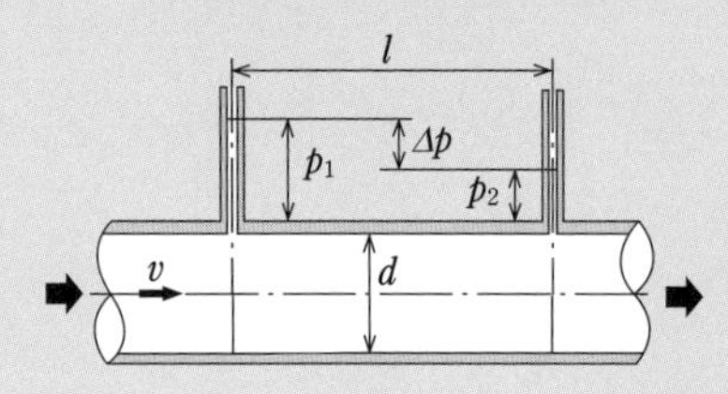

1 3 熱工学

1 熱に関する基本事項

1. 熱　量

⊕**熱量の単位**・・・国際単位（SI 単位）ではJ（ジュール）が用いられる．**1 J は，物体に 1 N（ニュートン）の力を加え，力の向きに物体を 1 m 動かすときの仕事のこと**で，熱量のほか，仕事，エネルギー，電力量の単位である．また，標準大気圧のもとで 1 kg の純水の温度を 1℃上げるのに必要な熱量は 1 kcal で約 4.186 kJ（≒ 4.2 kJ）となる．

⊕**比　熱**・・・単位質量 1 kg の物質の温度を 1℃高めるのに必要な熱量をその物質の比熱という．また，**気体の比熱**には，圧力を一定にしながら加熱したときの**定圧比熱**と，容積を一定に保ちながら加熱したときの**定容比熱**があり，定圧比熱のほうが大きい値となる．一般に比熱というと**定圧比熱**をいう．

水の比熱≒4.2 kJ/(kg･K)，空気の比熱（定圧比熱）≒1.0 kJ/(kg･K)

⊕**顕熱と潜熱**・・・物質の温度を上昇させるために費やされる熱量のことを**顕熱**といい，温度上昇を伴わない物質の状態変化（**図 1･10**）のみに費やされる熱量のことを**潜熱**という．

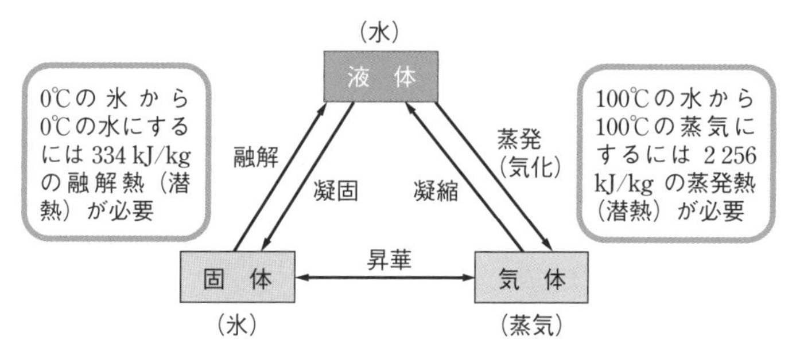

図 1・10　物質の状態変化

2. 熱力学の法則

⊕**熱力学の第一法則**・・・エネルギー保存則に基づき，熱と仕事はともにエネルギーの一種であるから，相互の変換が可能である．すなわち，機械的仕事は熱に変えることができ，熱は機械的仕事に変えることができる．

⊕**熱力学の第二法則**･･･熱の流れの方向性を示したもので，熱と仕事の変換の難易さを経験的に示したものである．

① 熱は高温の物体から低温の物体に移動するが，それ自体では低温の物体から高温の物体への移動ができない（**クラウジウスの原理**）．

② 熱を仕事として連続的に利用するには，高温の物体から低温の物体に移動する途中で，その一部を仕事として取り出すしかない（**熱をすべて仕事に変えることができない**）．

③ 温度の異なる二つの物質を混合し，熱的に一度平衡状態になった場合，もとの状態に戻ることはない（**エントロピーの増大則**）．

2 伝　熱

1. 熱の伝わり方

熱の伝わり方には，**熱伝導**，**対流**，**熱放射**の三つがあり，一般に物体間の伝熱は，それぞれ単独で起こることは少なく，互いに相伴って生じる（**図 1･11**）．

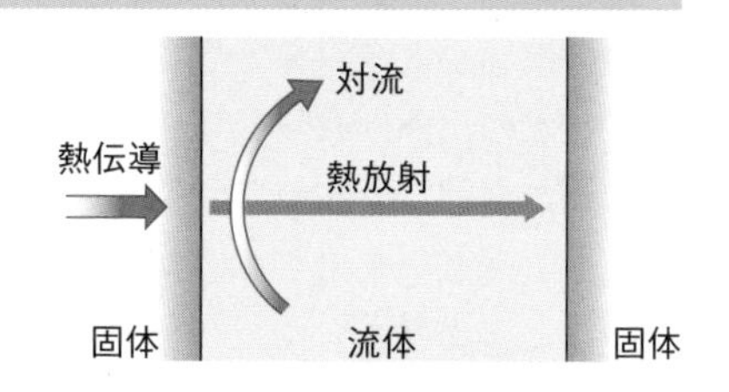

図 1・11　熱の伝わり方

⊕**熱伝導**･･･固体内部において，高温部から低温部へ熱が伝わる現象をいう．

⊕**対　流**･･･流体（空気や水）の温度による密度差によって移動して伝わる現象をいう．

⊕**熱放射**･･･電磁波の形で熱が伝わる現象で，すべての物体は，その温度が 0 K（－273.15℃）でない限り，その温度に応じて表面から電磁エネルギー（放射エネルギー）を発散または吸収している．放射は**空気などの媒体の存在は必要としないので，真空中でも生じる．**

2. 熱通過（熱貫流）

図 1･12 は，熱が建物の壁体などを通過する過程を示したものである．

⊕**熱通過**･･･固体（壁体など）の両側の流体温度が異なるとき，高温側から低温側へ熱が通過する現象で，**熱伝達→熱伝導→熱伝達**の 3 過程をとる．**熱通過率** K〔W/(m^2･K)〕は，壁体の熱の伝わりやすさを示した値で，値が小さいほど

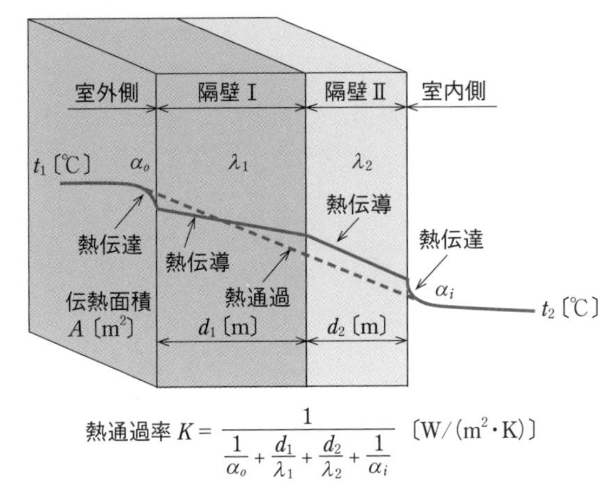

$$熱通過率\ K = \frac{1}{\frac{1}{\alpha_o} + \frac{d_1}{\lambda_1} + \frac{d_2}{\lambda_2} + \frac{1}{\alpha_i}} \quad 〔\mathrm{W/(m^2 \cdot K)}〕$$

図1・12　壁体の熱通過（熱通過率）

断熱性が大きい．

- **熱伝導**・・・固体（材料）の中を熱が高温部から低温部へ伝わる現象をいい，材料の熱の伝わりやすさの程度を表したものを**熱伝導率** λ〔W/(m·K)〕という．また，材料の厚さ d〔m〕を熱伝導率 λ で割った d/λ を，熱伝導抵抗（熱抵抗）という．
- **熱伝達**・・・流体（空気など）から固体表面へ，あるいは固体表面から流体へ熱が伝わる現象をいい，**熱伝達率** α〔W/(m²·K)〕は，対流，伝導，放射を含んだ値で，固体（材料）表面の気流速度によって異なる．

3 冷　凍

1. 圧縮式冷凍機の仕組み

圧縮式冷凍機は**蒸発器**，**圧縮機**，**凝縮器**および**膨張弁**の四つの主要機器から構成され，**フロン冷媒**などがこれらの機器を循環することにより冷凍サイクルを形成している（**図1·13**(a)）．

2. 吸収式冷凍機の仕組み

吸収式冷凍機は，蒸発器，吸収器，再生器および凝縮器の四つの主要機器から構成されている．冷媒は水で，機内を負圧（真空に近い）状態に保つことで，水が低温（低圧）で蒸発する．低温で蒸発した水蒸気は吸収剤（臭化リチウム）に吸収され，薄臭化リチウムとなり，再生器で濃臭化リチウムと水（高温水蒸気）に再生される（図 1·13（b））．再生器は単効用や二重効用があり，二重効用が一般的である．高温水蒸気は冷却水で冷却され，冷媒として再循環する．なお，冷温水発生機はこの原理を利用したもので，1 台で冷水や温水を取り出すことができる．

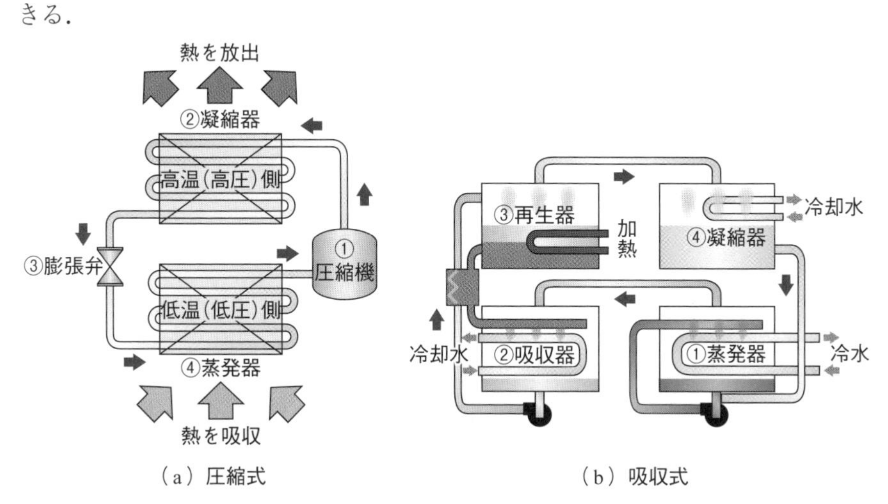

（a）圧縮式　　（b）吸収式

図 1・13　圧縮式冷凍機と吸収式冷凍機の基本構成

必ず覚えよう

❶ 顕熱とは，温度変化のみに費やされる熱をいい，潜熱とは，物体の相変化に費やされる熱をいう．相変化とは凝固・融解，蒸発・凝縮，昇華の変化のことである．
❷ 比熱とは，単位質量の物体の温度を 1℃ 上げるのに必要な熱量をいう．
❸ 比熱には，定容比熱と定圧比熱があり，固体や液体では定容比熱と定圧比熱の値はほとんど同じだが，気体では定圧比熱のほうが大きくなる．
❹ 熱容量とは，物体の温度を 1℃ 上げるのに必要な熱量をいう．
❺ 気体の体積を一定に保った状態で，気体を冷却すると圧力は低くなり，気体を加熱すると圧力は高くなる．
❻ 気体を断熱圧縮すると温度が上昇し，断熱膨張させると温度は下降する．
❼ 熱の移動（伝熱）の形態には，熱伝導，熱対流，熱放射の三つがある．熱伝導は固体内の熱移動，熱対流は流体の温度（密度）差による熱移動，熱放射は物体表面の温度差による熱移動である．
❽ 熱放射による熱エネルギーの移動は，媒体を必要としないため，真空中でも生じる．

問題 1 熱工学

熱に関する記述のうち，適当でないものはどれか．

(1) 体積を一定に保ったまま気体を冷却すると，圧力は低くなる．
(2) 気体では，定容比熱より定圧比熱のほうが大きい．
(3) 潜熱とは，物体の相変化を伴わず，温度変化のみに費やされる熱をいう．
(4) 熱は，低温の物体から高温の物体へ自然に移ることはない．

解説 (3) 潜熱とは，**物体の相変化**（**凝固・融解，蒸発・凝縮，昇華**）**に費やされる熱**をいい，**温度変化のみに費やされる熱**を**顕熱**という．

解答▶(3)

マスターPoint 一定量の気体の体積（V）は，圧力（P）に反比例し，絶対温度（T）に比例するので，PV/T = 一定 が成立する．これをボイル・シャルルの法則という．体積を一定にしたまま気体を冷却すると，圧力も低くなる．

問題 2 熱工学

熱に関する記述のうち，適当でないものはどれか．

(1) 体積を一定に保ったまま気体を冷却すると，圧力は低くなる．
(2) 0℃の水が0℃の氷に変化するときに失う熱は，顕熱である．
(3) 国際単位系（SI）では，熱量の単位としてジュール〔J〕を用いる．
(4) 熱と仕事はともにエネルギーの一種であり，これらは相互に変換することができる．

解説 (2) 0℃の水が0℃**の氷に変化**（**凝固**）するときに失う熱は，**潜熱**である．

解答▶(2)

マスターPoint 標準大気圧のもとで，0℃の水（純水）に熱を加えていくと100℃まで温度が上昇する．このように温度上昇が伴う熱を顕熱という．また，100℃の水にさらに熱を加えると温度変化は伴わず，100℃の水から100℃の蒸気に変化する．このときの状態変化（水→蒸気）に使われた熱を潜熱という．

問題3 熱工学

熱に関する記述のうち，適当でないものはどれか．

(1) 物質内部に温度差があるとき，温度が高いほうから低いほうに熱エネルギーが移動する現象を熱伝導という．

(2) 気体を断熱圧縮した場合，温度は変化しない．

(3) 熱放射による熱エネルギーの移動には，熱を伝える物質は不要である．

(4) 体積を一定に保ったまま気体を冷却した場合，圧力は低くなる．

解説 (2) 気体を**断熱圧縮**した場合は**温度が上昇**し，**断熱膨張**した場合は**温度が降下**する．

解答▶(2)

マスターPoint 熱の伝わり方には，熱伝導，対流，熱放射がある．熱伝導は，固体内部において，高温部から低温部へ熱が伝わる現象，対流は，流体の温度による密度差によって移動して熱が伝わる現象，熱放射は，二つの向き合う物体表面に温度差があるとき，電磁波の形で熱が伝わる現象で，媒体の存在は必要としない．

問題4 熱工学

熱に関する記述のうち，適当でないものはどれか．

(1) 熱容量の大きい物質は，温まりにくく冷えにくい．

(2) 熱伝導とは，物質の内部において，温度の高いほうから低いほうに熱エネルギーが移動する現象をいう．

(3) 熱放射による熱エネルギーの移動には，熱エネルギーを伝達する媒体が必要である．

(4) 固体，液体および気体のような状態を相といい，相が変化することを相変化という．

解説 (3) **熱放射**による熱エネルギーの移動には，熱エネルギーを伝達する**媒体は不要**である．

解答▶(3)

マスターPoint 熱容量とは，物体の温度を1〔K〕上げるために必要な熱量で，比熱に物体の質量を乗じた値となる．熱容量の大きい物質は，温まりにくく冷えにくい．

問題5 熱工学

熱に関する記述のうち，適当でないものはどれか．

(1)熱が低温の物体から高温の物体へ自然に移ることはない．

(2)真空中では，熱放射による熱エネルギーの移動はない．

(3)0℃の氷が0℃の水になるために必要な熱は潜熱である．

(4)物体の温度を1℃上げるのに必要な熱量を熱容量という．

解説 (2) **熱放射による熱エネルギーの移動**は，媒体を必要としないので，**真空中でも生じる**．

解答▶(2)

マスターPoint 熱は高温の物体から低温の物体に移動するが，それ自体では低温の物体から高温の物体への移動ができない（クラウジウスの原理）．これは熱力学の第二法則の一つである。

問題6 熱工学

伝熱に関する記述のうち，適当でないものはどれか．

(1)固体壁における熱通過とは，固体壁を挟んだ流体の間の伝熱をいう．

(2)固体壁における熱伝達とは，固体壁表面とこれに接する流体との間で熱が移動する現象をいう．

(3)気体は，一般的に，液体や固体と比較して熱伝導率が大きい．

(4)自然対流とは，流体内のある部分が温められ上昇し，周囲の低温の流体がこれに代わって流入する熱移動現象等をいう．

解説 (3) **気体，液体，固体の熱伝導率**は，一般的に，**気体 < 液体 < 固体**となる．したがって，**気体の熱伝導率**は，液体や固体と比較して**小さくなる**．

解答▶(3)

マスターPoint 流体（気体や液体）の流れ（熱移動）は，自然対流と強制対流に分類することができる．自然対流は，流体の温度差で生じる浮力によって行われる熱移動現象で，強制対流は，ファンやポンプなどの外部的な要因によって強制的に行われることをいう.

問題 7 熱工学

伝熱に関する記述のうち，適当なものはどれか．

(1) 熱放射（ふく射）とは，壁とそれに接する流体の間で熱が移動する現象である．

(2) 熱通過（熱貫流）とは，壁を隔てた二つの流体間で熱が移動する現象である．

(3) 熱伝達（対流）とは，固体内の高温部から低温部へ熱エネルギーが伝わる現象である．

(4) 熱伝導とは，離れた二つの壁の表面温度の差による熱エネルギーが伝わる現象である．

解説 (2) **壁を隔てた二つの流体間で熱が移動する現象を熱通過（熱貫流）**といい，正しい．(1) **壁とそれに接する流体の間で熱が移動する現象は熱伝達（対流）**である．(3) **固体内の高温部から低温部へ熱エネルギーが伝わる現象は熱伝導**である．(4) **離れた二つの壁の表面温度の差による熱エネルギーが伝わる現象は熱放射（ふく射）**である．

解答▶(2)

問題 8 熱工学

固体，液体および気体の相変化に関する図中，□内に当てはまる用語の組合せとして，適当なものはどれか．

	(A)	(B)
(1)	蒸発	昇華
(2)	蒸発	凝固
(3)	融解	昇華
(4)	融解	凝固

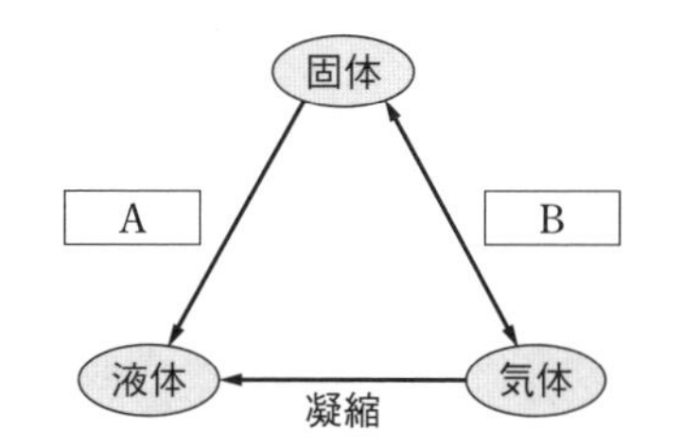

解説 (3) (A) は**固体から液体への状態変化で融解**といい，(B) は**固体から気体へ（または気体から固体へ）の状態変化で昇華**という．このように状態変化に費やされる熱を潜熱という．

解答▶(3)

必須問題

2 電気工学

全出題問題の中における『2章』の内容からの出題内容

出　題	出題数	必要解答数	合格ライン正解解答数
電気工学	1	必須問題 1問	1問（100%）の正解を目標にする

よく出るテーマ

●電気工学

1）電気設備［漏電遮断器と地絡保護，配線用遮断器と短絡保護，接地工事と感電防止，サーマルリレーと電動機の過電流保護，進相コンデンサと力率改善］

2）電気工事［金属管工事，合成樹脂製可とう電線管の特徴，CD管の施設方法，接地工事（C種とD種）］

3）動力設備［電動機（三相誘導電動機）の回転数，周波数，極数］

4）制御機器に関する文字記号と用語［F：ヒューズ，MCCB：配線用遮断器，ELCB：漏電遮断器，2E：過負荷欠相継電器，SC：電力用コンデンサ］

5）その他［接地抵抗とアーステスタ（接地抵抗計），絶縁抵抗とメガー（絶縁抵抗計）］

2 1 電気工学

1 電気設備一般

1. 電圧の種別

⊕**低圧**・・・直流で750V以下，交流で600V以下

⊕**高圧**・・・直流で750Vを超え，交流にあっては600Vを超え，7 000V以下

⊕**特別高圧**・・・7 000Vを超えるもの

2. 電気方式

主な電気（配電）方式を**表2·1**に示す．

表2・1　電気方式

①　単相2線式100V	②　単相3線式100V/200V
住宅など負荷容量が小さいときに用いられる．一般電灯，コンセント，蛍光灯，水銀灯，単相電動機など．	100Vと200Vを同時に供給することができる．

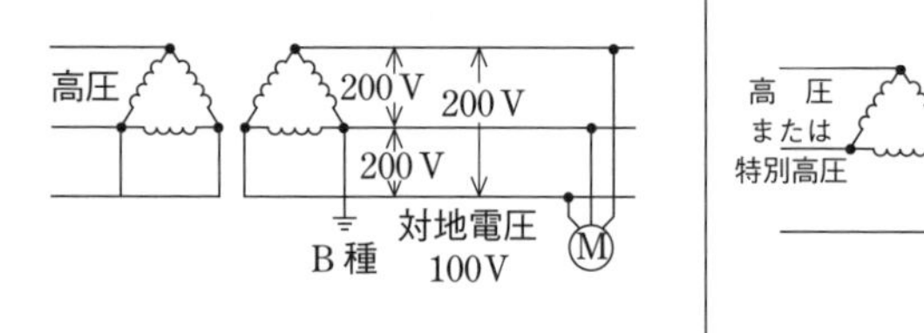

③　三相3線式200V	④　三相4線式240/415V（50Hz） 三相4線式265/460V（60Hz）
動力用に用いられ，建築設備の分野では三相誘導電動機用の電源となる．	大規模のビルや工場で使用されている．

＊　L：電灯，FL：蛍光灯，M：電動機

2 電気工事

1. 金属管工事における主な注意点

- 電線は，絶縁電線（屋外用ビニル絶縁電線を除く）で，より線とする．ただし，短小な金属管に収めるもの，または直径3.2 mm以下のものは，この限りでない．
- **金属管内**では，**電線に接続点を設けない**.
- 使用電圧が**300 V以下**の場合は，管には**D種接地工事**を施す．**300 V**を**超える場合**は，管には**C種接地工事**を施す.

2. 合成樹脂管工事における主な注意点

- 管内に納める電線は，金属管工事と同じである.
- **合成樹脂管内**では，電線に接続点を設けない.

3. 合成樹脂可とう電線管

普通の合成樹脂管は難燃性の硬質ビニル製に対し，合成樹脂製可とう電線管には，PF管とCD管などがある．PF管は耐燃性（自己消火性）で，CD管は非耐燃性（非自己消火性）である．一般的に，**CD管は直接コンクリート埋設**して使用されるが，専用の不燃性または自消性のある難燃性の管またはダクトに収めて施設することも可能である．PF管とCD管を区別できるようCD管はオレンジ色になっている.

なお，合成樹脂製可とう電線管を金属管と比較した場合の特徴は，

- **耐食性に優れている**
- 軽量である
- 非磁性体である
- 機械的強度や熱的強度は劣る

などがあげられる.

4. 接地工事

接地工事の種類にはA種，B種，C種，D種がある．特にC種とD種については覚えておくと良い.

- **C種接地工事**：工事箇所は，**300 V**を**超える低圧用の電気機械器具の鉄台**,

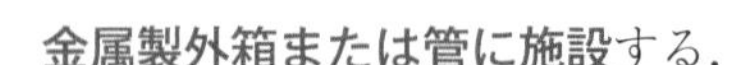

金属製外箱または管に**施設**する．

- **D 種接地工事**：工事箇所は，**300 V 以下の電気機器の鉄台，金属製外箱または管，高圧用計器用変成器の二次側に施設**する．

3 動力設備

1. 電動機の種類

負荷の動力源である電動機を使用する電源により，直流電動機と交流電動機に大別される．建築設備の動力負荷の大部分を占めるポンプや送風機は，回転数の2乗に比例するトルクが必要な負荷であるため，始動トルクが小さくて済む．また，精密な速度制御を必要とされることがほとんどないため，直流電動機はあまり使用されず，汎用性のある交流電動機の**かご形誘導電動機**が広く使われている．

電源容量が特に小さくて大きな始動電流を抑えたい場合や，広範囲の速度制御を必要とする場合には，巻線形誘導電動機，あるいは可変周波数インバータ電源を用いたかご形誘導電動機が使われる．また，大容量機には同期電動機が採用される．

2. 誘導電動機の回転速度

誘導電動機の構造は，固定子と回転子の二つの電気的主要部分から構成されている．固定子は，固定子巻線に三相交流を流すことにより回転磁界が発生する．この1分間当たりの速度（同期速度）N_0 は，次式で与えられる．

$$N_0 = \frac{120f}{p} \text{〔rpm〕}$$

ここに，f：電源周波数〔Hz〕，p：極数（ポール数）

また，すべりを s とすると，電動機の回転数は

$$N = N_0(1-s) \text{〔rpm〕}$$

となる．したがって，**電動機の同期速度（回転数）は，電源周波数に比例し，極数に反比例**する．

また，三相誘導電動機が逆方向に回転した場合は，供給三相電源の**3線のうち2線だけを入れ替えると逆転**する．

3. 三相誘導電動機の始動法

誘導電動機に定格電圧を加えて始動するとき，定格電流の**5～7倍**に及ぶ始動電流が流れる．瞬間的ではあるが，配線の電圧降下を大きくして，同一回路に接続されるほかの機器への悪影響や電動機自体の発熱が大きくなる．このため，始動電流を抑える始動方法として，**全圧始動法**，**スターデルタ始動法**などが用いられている．

4. 低圧三相誘導電動機の分岐回路

図2·1は，主に小容量の電動機を直入れ始動・制御する場合の制御主回路である．図中の各機器の役割は次のとおりである．

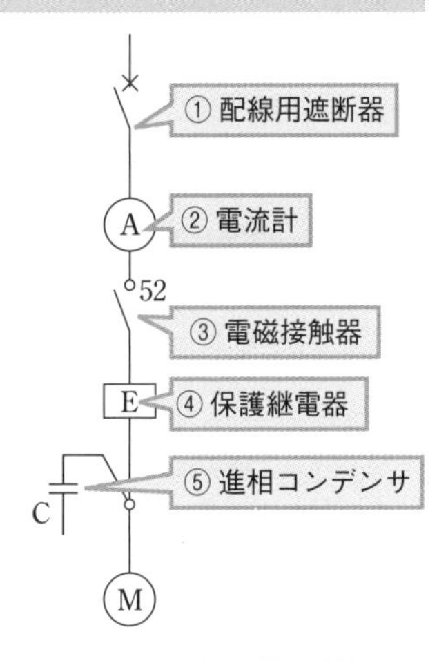

図2・1　三相誘導電動機の分岐回路

① **配線用遮断器**（**MCCB**）：電路を短絡保護するために設置される．また，電動機の過負荷保護と回路の短絡保護の能力を有する電動機保護用遮断器を設置する場合がある．

② **電流計**：電動機の運転状態の監視用に設置する．

③ **電磁接触器**（**MC**）：電動機をON・OFFするための主回路の開閉を行う．また，電動機の過電流保護として，**サーマルリレー**や保護継電器と組み合わせ，トラブルのときに主回路を開放させる．

④ **保護継電器**：電動機の過負荷，欠相，逆相が生じた場合に主回路を開放させる（**過負荷欠相継電器**：**2E**）．

⑤ **進相コンデンサ**（**C**）：誘導電動機は，回転磁界をつくるための励磁電流が流れ無効電力が多くなり，力率が0.7～0.8と悪くなる．進相コンデンサを負荷に並列に接続することで，無効電力を小さくし力率改善を行う．また，力率改善によるメリットとしては，**電路および変圧器内の電力損失の軽減**，**電圧降下の改善**，**電力供給設備余力の増加**，**電力料金の節減**，などがあげられる．

❶ 接地工事→感電防止，配線用遮断器→短絡保護，漏電遮断器→地絡保護，サーマルリレー→電動機の過電流保護，進相コンデンサ→力率改善

❷ 合成樹脂製可とう電線管の長所は，耐食性に優れ，軽量，非磁性体であるなどがある．

❸ CD 管はコンクリートに埋設して施設する．

❹ 電路と大地との間や電線相互管などの絶縁抵抗の測定には，絶縁抵抗計（メガー）を用いる．

❺ 露出コンセントや露出スイッチの取換えなどの「軽微な工事」は，電気工事士の資格は不要である．

❻ 誘導電動機の回転数は，電源の周波数に比例し，電動機の極数に反比例する．

問題 1 電気工学

図に示す電気方式の呼称として，適当なものはどれか．

(1) 単相 2 線式
(2) 単相 3 線式
(3) 三相 3 線式
(4) 三相 4 線式

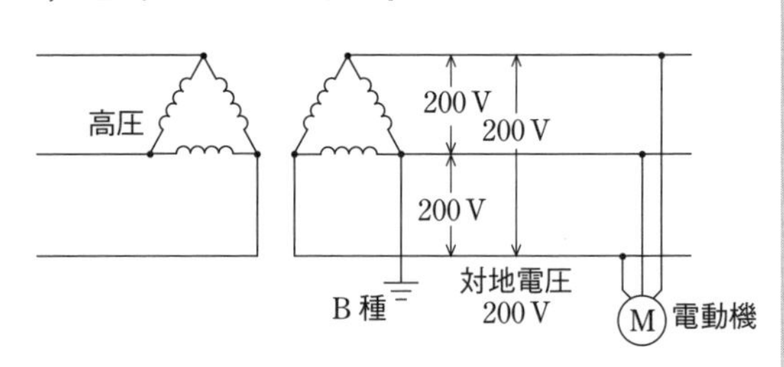

解説 (3) 図の電気方式は三相 3 線式である．**三相 3 線式**は，**動力用**に用いられ，建築設備の分野では，ポンプ，送風機，冷凍機などの三相誘導電動機用の電源となる．

解答▶(3)

マスターPoint 他の電気方式は次のとおりである．

- 単相 2 線式：住宅などの電灯コンセント用で，負荷容量が小さいときに用いられる．
- 単相 3 線式：100 V と 200 V を同時に供給することができる．一般の建築物では，電灯コンセント用として単相 3 線式，動力用として三相 3 線式が用いられている．
- 三相 4 線式：大規模のビルや工場で使用されている．

問題 2 電気工学

交流電気回路に設けた進相コンデンサによる力率改善の効果と最も関係のないものはどれか.

(1) 電路および変圧器内の電力損失の軽減
(2) 電圧降下の改善
(3) 電力供給設備余力の増加
(4) 感電事故の予防

解説 (4) **感電事故の予防にはならない.** 感電事故の予防には，漏電遮断器の設置や接地工事を施設する．**進相コンデンサによる力率改善の効果は** (1) (2) (3) である．そのほかに**電気基本料金の割引**などがある．

解答▶(4)

問題 3 電気工学

合成樹脂製可とう電線管を金属管と比較した場合の長所として，適当でないものはどれか.

(1) 耐食性にすぐれている.
(2) 軽量である.
(3) 機械的強度にすぐれている.
(4) 非磁性体である.

解説 (3) **合成樹脂製可とう電線管**を金属管と比較した場合の長所は，**耐食性**に優れていること，**軽量**であること，**非磁性体**であること，などがあげられる．**機械的強度**や**熱的強度**は**金属管のほうが優れている.**

解答▶(3)

マスターPoint 合成樹脂製可とう電線管には，可燃性の CD 管と難燃性の PF 管がある．CD 管はコンクリートに埋設して施設する．PF 管と区別できるよう CD 管はオレンジ色である.

問題4 電気工学

電気工事に関する記述のうち，適当でないものはどれか．

(1)飲料用冷水機の電源回路には，漏電遮断器を設置する．

(2)CD 管は，コンクリートに埋設して施設する．

(3)絶縁抵抗の測定には，接地抵抗計を用いる．

(4)電動機の電源配線は，金属管内で接続しない．

解説 (3) **絶縁抵抗**の測定（電路と大地との間や，電線相互管の絶縁抵抗の測定など）には，**絶縁抵抗計（メガー）**を用いる．**接地抵抗計**（アーステスタ）は，**接地抵抗**（電路の接地極と大地間の電気抵抗）の測定に用いる．

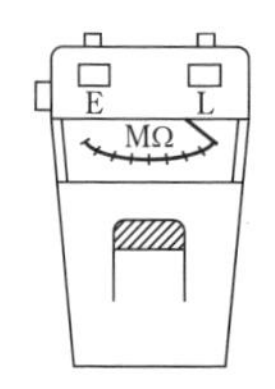

メガー（絶縁抵抗計）

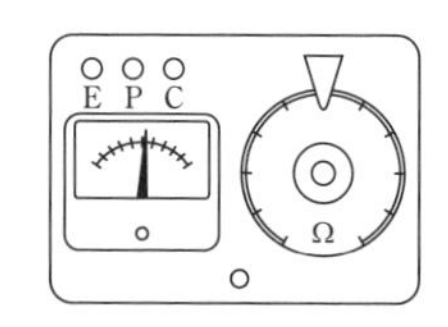

アーステスタ

解答▶(3)

「電気設備技術基準」に接地工事の種類と接地抵抗が定められており，この値を維持する必要がある．

問題5 電気工学

一般用電気工作物において，「電気工事法」上，電気工事士資格を有しない者でも従事できるものはどれか．

(1)電線管に電線を収める作業

(2)電線管とボックスを接続する作業

(3)露出型コンセントを取り換える作業

(4)接地極を地面に埋設する作業

解説 (3) **露出コンセントや露出スイッチの取換え作業は**「**軽微な工事**」となるので，**電気工事士の資格は不要**である．

解答▶(3)

問題6 電気工学

電気設備に関する用語の組合せのうち，関係のないものはどれか．

(1)漏電遮断器 ―――― 地絡保護
(2)配線用遮断器 ―――― 短絡保護
(3)接地工事 ―――― 感電防止
(4)サーマルリレー ―――― 力率改善

解説 (4) サーマルリレーは，**電動機の過電流保護**のために設けられる．**力率改善**を行うのは**進相コンデンサ**である．したがって，サーマルリレーと力率改善は関係がない．

解答▶(4)

問題7 電気工学

電気設備の制御機器に関する「文字記号」と「用語」の組合せとして，適当でないものはどれか．

（文字記号）　　（用語）

(1)　F ―――― ヒューズ
(2)　ELCB ―――― 漏電遮断器
(3)　SC ―――― 過負荷欠相継電器
(4)　MCCB ―――― 配線用遮断器

解説 (3) 文字記号の SC は**電力用コンデンサ**で，電力系統の電圧調整および力率改善を行うものである．**過負荷欠相継電器の文字記号は** 2E である．

解答▶(3)

マスターPoint 電気設備（電動機回路）で用いられる主な制御機器等について下表に示す．

名　称	文字記号	役割（目的）
配線用遮断器	MCCB	幹線および分岐回路の電路保護（短絡・過電流保護）
漏電遮断器	ELCB	地絡保護，感電防止
電磁接触器	MS	電動機回路の開閉(サーマルリレーと組み合わせて使用)
過負荷欠相保護継電器	2E	過電流および欠相保護（3E：過電流・欠相・逆相保護）
電力用コンデンサ	SC	回路の力率改善

問題 8 電気工学

誘導電動機の回転数に関する文中，［　　］内に当てはまる語句の組合せとして，適当なものはどれか．

誘導電動機の回転数は，電源の［ A ］に比例し，電動機の［ B ］に反比例する．

	A		B
(1)	周波数	――――	極　数
(2)	周波数	――――	すべり
(3)	電　圧	――――	極　数
(4)	電　圧	――――	すべり

解説 (1) **誘導電動機の回転数**は，同期速度に関係する．同期速度 N_0 と電源周波数 f〔Hz〕および電動機の極数 p の関係は，$N_0 = 120f/p$ となる．したがって，電動機の回転数は電源の**周波数に比例**し，電動機の**極数に反比例**する．

解答▶(1)

問題 9 電気工学

図に示す低圧三相誘導電動機の分岐回路において，記号と名称の組合せとして，適当でないものはどれか．

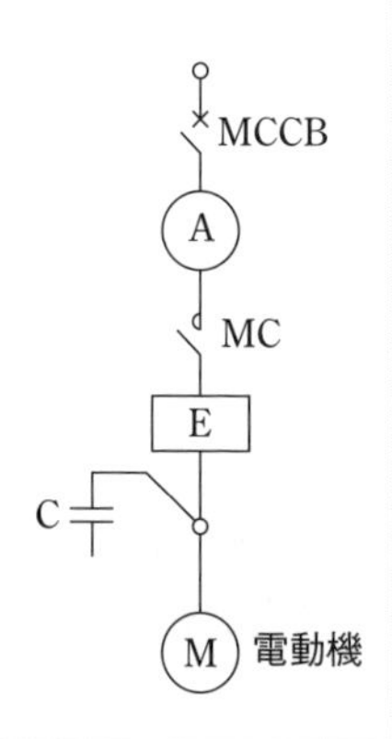

	(記号)		(名称)
(1)	MCCB	――――	配線用遮断器
(2)	A	――――	電流計
(3)	E	――――	保護継電器
(4)	C	――――	電磁接触器

解説 (4) **Cは進相コンデンサで，負荷に並列に設置して電動機の力率改善を行う．**配線用遮断器は電路の短絡を保護するために設置される．電流計は電動機の運転状態の監視用に設置する．保護継電器は電動機の過負荷，欠相，逆相が生じた場合に主回路を開放させる信号を出す．

解答▶(4)

必須問題

3 建築学

全出題問題の中における『3章』の内容からの出題内容

出　題	出題数	必要解答数	合格ライン正解解答数
建築学	1	必須問題 1問	1問（100%）の正解を目標にする

よく出るテーマ

建築学

1）コンクリートはアルカリ性
2）鉄筋は引張力
3）コンクリートは圧縮力
4）水セメント比（コンクリートの強度）
5）鉄筋とコンクリートの線膨張係数は等しい
6）スランプ値
7）コンクリートの中性化
8）異形鉄筋の付着性
9）鉄筋のかぶり厚さ
10）型枠の最小在置期間
11）曲げモーメント図
12）配筋図
13）梁貫通図

3 1 建築構造

1 セメント・コンクリート

1. セメント

⊕セメントの種類

① **ポルトランドセメント**

ポルトランドセメントには，一般的にセメントと呼ばれる**普通ポルトランドセメント**（全体の85％程度），寒冷地での使用に適している**早強ポルトランドセメント**，ダムや道路に使用する**中庸熱ポルトランドセメント**などがある．

② **混合セメント**

混合セメントには，侵食に強い**高炉セメント**や耐久性に優れている**シリカセメント**，ダム工事に用いられ**施工軟度**（ワーカビリティ）が良い**フライアッシュセメント**などがある．

⊕セメントの強度（強さ）

① 水セメント比が**小さいほど圧縮は大**である．

② 水セメント比が**大きくなれば，ひび割れが生じやすい．**

③ 水セメント比が**小さいコンクリートほど，中性化が遅く**なる．

④ 単位セメント量が少ないほど，水和熱や乾燥収縮によるひび割れの発生が少なくなる．

✎**水セメント比：セメントの質量に対する水の質量の比**をいう．**70％以下で使用する．水セメント比はコンクリートの強度に関係する．**

2. コンクリート

コンクリートは，**セメントペースト**（セメント＋水）と**骨材**（砂，砂利）を混ぜ合わせたものをいう．砂を細骨材，砂利を粗骨材という．

⊕コンクリートの特性

① **圧縮強度が大**である．

② **引張強度は，圧縮強度の1/10程度**である．

③ **アルカリ性**である（鉄筋の腐食を防ぐ）．

④ 温度変化による**伸縮割合（熱膨張係数）は鉄筋とほぼ同じ**である．

⑤　熱伝達率は，木材より大きい．

⑥　長い年月，空気中に放置すると，アルカリ性から中性化する．

⊕**コンクリートの強度**･･･コンクリートの強度は，打設4週間後の**圧縮強度**をいう．コンクリートの強度は水セメント比で決まる．

コンクリートの調合強度の確認は，標準養生した供試体の**材齢28日**における**圧縮強度**で行う．十分に湿気を与えて養生した場合のコンクリートの強度は，材齢とともに増進する性状がある．

スランプは，**コンクリートの軟らかさを示すもの**であるが，**スランプ値が小さいと，強度は大きくなるがワーカビリティが低下する**（**図3･1**参照）．

①　生コンクリートは，軟らかいほど**スランプ値が大きい値**になる．

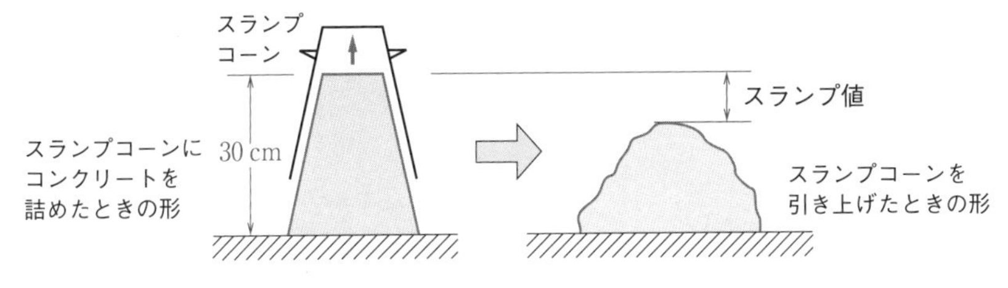

図3・1　スランプ値

②　**AE剤**を入れると硬度は下がる．

③　養生において，一般的に温度，湿度が高いと強度が上がる．冬期の打込み後のコンクリートは，凍結を防ぐために**保温養生**を行う．夏期の打込み後のコンクリートは，急激な乾燥を防ぐために**湿潤養生**を行う．

④　径が同じであれば，砕石を用いたコンクリートより，砂利を用いたコンクリートのほうがワーカビリティが大きい．

✎ **AE剤**（air entraining agent）：コンクリートの中に微細な空気の泡を含ませて，ワーカビリティを高めるために用いられる．一種の界面活性剤である．また，コンクリート中の水分の凍結や融解に伴う膨張と収縮によってコンクリートが劣化するのを防ぐ効果もある．

⊕**コンクリートの種類**･･･普通コンクリートのほかに，軽量骨材を用いた軽量コンクリートや，発泡剤を加えた発泡コンクリート，**AE剤**を加えたAEコンクリート，防水剤を加えた防水コンクリート，砕石を骨材に用いた砕石コンクリートなどがある．

② 鉄筋コンクリート

1. 鉄筋コンクリートの配筋

鉄筋コンクリートは，鉄筋とコンクリートを用いて柱，梁（はり），壁，床を一体化した構造である．

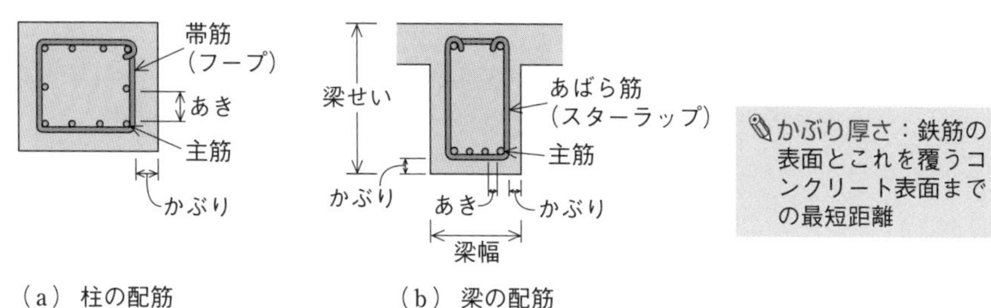

（a） 柱の配筋　　（b） 梁の配筋

図3・2 配 筋

《鉄筋の入れ方》

鉄筋コンクリート構造において，鉄筋に有効に引張力を負担させるには，**曲げモーメント**を理解しておく必要がある．**図3·3**に示す片持ち梁，単純梁の曲げモーメント図で一般的な性質および構造物の記号も覚えておく必要がある．なお，**図3·4**に荷重を受けたときの曲げモーメント図と配筋の位置を示す．

✎モーメント（moment）：物体に回転を起こす能力

⊕**構造物の記号〈支点と接点の種類〉**･･･反力は構造物に荷重が作用したときに移動したり倒れたりしないように構造物を支える力で，支点に生じる．また，反力や応力（部材内部に生じる力）を求める場合，構造物は記号化する．部材は材軸で表し，支点は3種類，接点は2種類のうちいずれかに仮定して計算する．

《支点と接点の種類》

移動端（ローラ）	回転端（ピン）	固定端（フィックス）	滑節点（ヒンジ）	剛節点
反力数1	反力数2	反力数3	伝達数2	伝達数3

ローラ（移動支点）：鉛直反力　　**ピン**（回転支点）：鉛直反力・水平反力

フィックス（固定支点）：鉛直反力・水平反力・モーメント

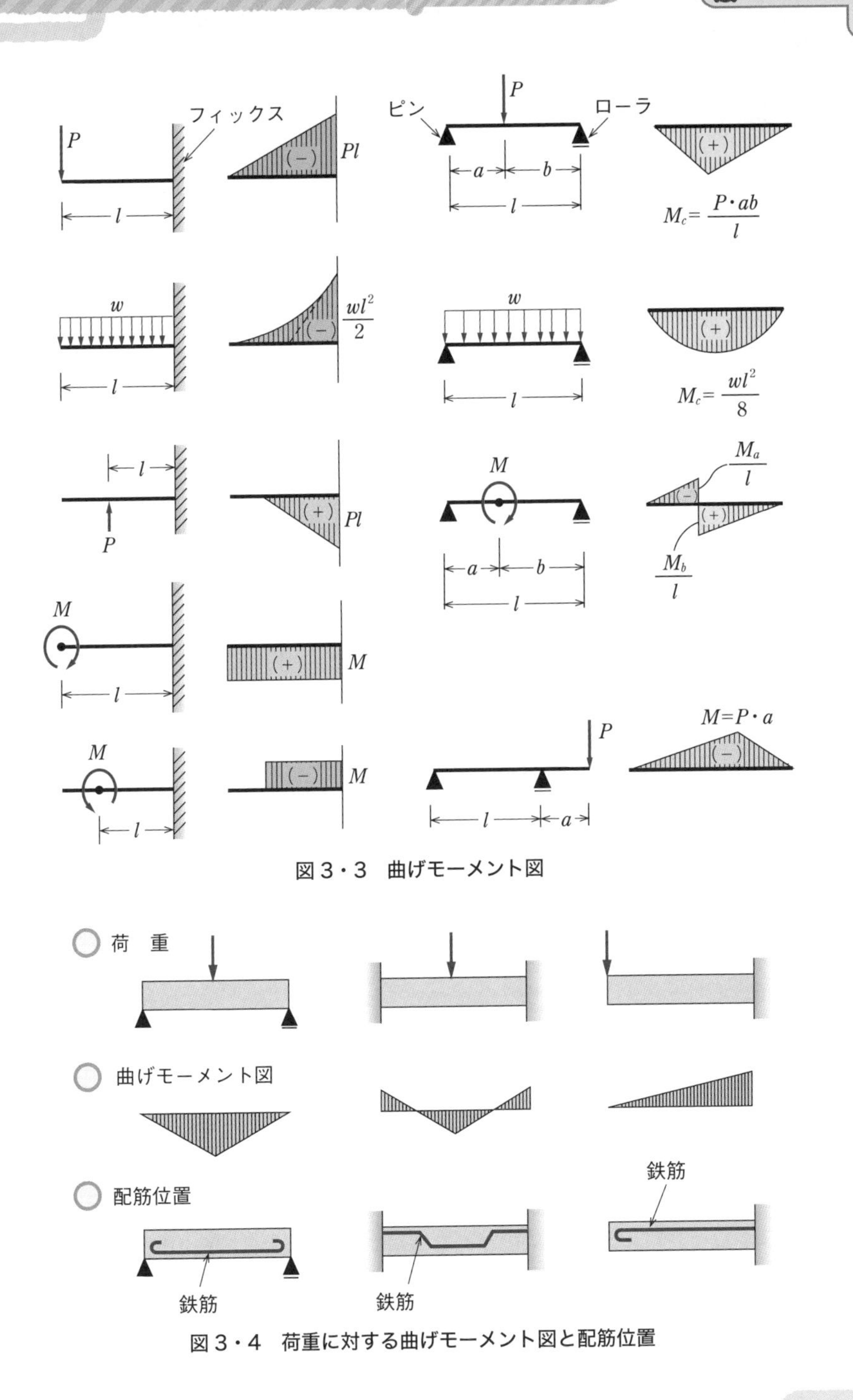

図３・３ 曲げモーメント図

図３・４ 荷重に対する曲げモーメント図と配筋位置

2. 鉄筋コンクリートの梁貫通

① 貫通孔部のせん断強度が低下するので，**せん断補強筋**を増やす．

② RC 造梁は，補強を行えば，**梁せいの 1/3** までの貫通孔を設けることができる．

③ 梁貫通孔が並列する場合の中心間隔は，孔径の**平均値の 3 倍以上**とする．貫通可能位置を**図 3·5** に示す．

④ 貫通孔の径が梁せいの **1/10 以下**で，**かつ 150 mm 未満**の場合は，**補強は省略**できる．

⑤ 梁貫通孔の外面位置は，原則として，柱の面から梁せいの **1.5 倍以上**離さなければならない．

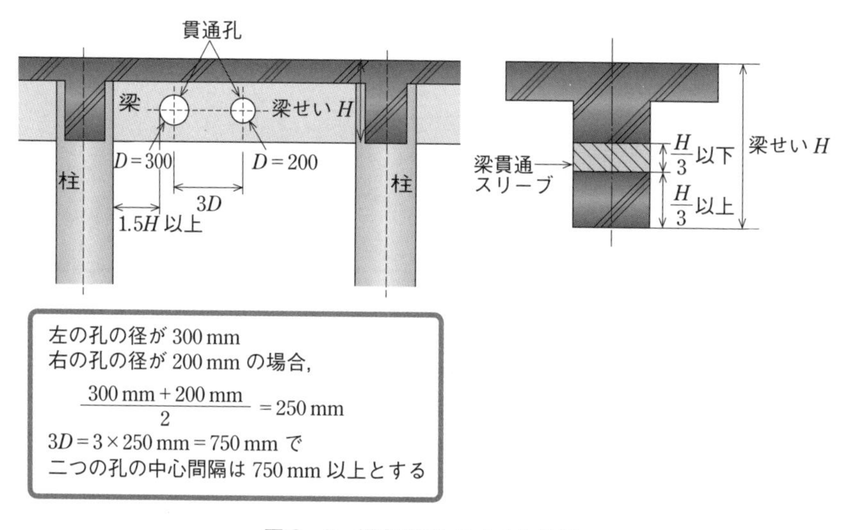

図 3・5　梁を貫通してもよい位置

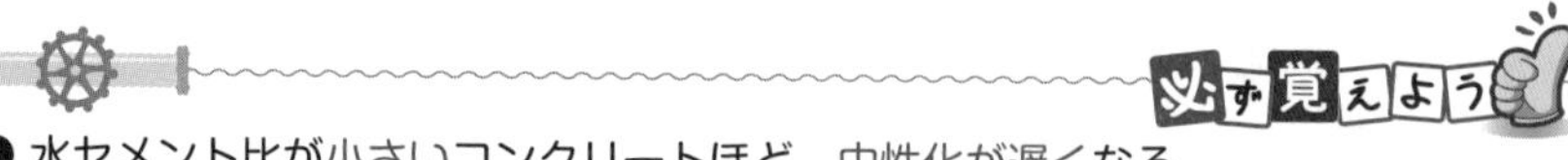

❶ 水セメント比が小さいコンクリートほど，中性化が遅くなる．

❷ 鉄筋とコンクリートの線膨張係数は，ほとんど同じである．

❸ コンクリートのスランプ値が大きくなるとワーカビリティが良くなる．

❹ 鉄筋のかぶり厚さは，鉄筋の表面とこれを覆うコンクリート表面までの最短距離をいう．

問題 1 建築学

鉄筋コンクリート造建築物の鉄筋に関する記述のうち，適当でないものはどれか．

(1) ジャンカ，コールドジョイントは，鉄筋の腐食の原因になりやすい．
(2) コンクリートの引張強度は小さく，鉄筋の引張強度は大きい．
(3) あばら筋は，梁のせん断破壊を防止する補強筋である．
(4) 鉄筋のかぶり厚さは，外壁，柱，梁および基礎で同じ厚さとしなければならない．

(4) 鉄筋のかぶり厚さは，下表のように違ってくる．特に**基礎は厚くなる**．

建築物の部分	かぶり厚さ
柱・はり・耐力壁　一般	3 cm 以上
柱・はり・耐力壁　上に接する部分	4 cm 以上
基礎　布基礎の立上がり部分	4 cm 以上
基礎　その他	6 cm 以上（捨コンクリートの部分を除く）

解答▶(4)

マスターPoint
ジャンカ：粗骨材が多く集まった部分をいう．ジャンカがあると，コンクリートにすき間が生じて鉄筋が腐食しやすい．
コールドジョイント：先に打ち込まれたコンクリートが固まり，後から打ち込まれたコンクリートとの打ち継目をいう．

問題 2 建築学

コンクリート工事に関する記述のうち，適当でないものはどれか．

(1) 打込み後，硬化中のコンクリートに振動および外力を加えないようにする．
(2) 型枠の最小存置期間は，平均気温が低いほど長くする．
(3) コンクリートのスランプ値が大きくなると，ワーカビリティが悪くなる．
(4) 夏期の打込み後のコンクリートは，急激な乾燥を防ぐため湿潤養生を行う．

解説 (3) コンクリートのスランプ値が大きくなると，**ワーカビリティ（施工のしやすさ）が良くなる**．

解答▶(3)

コンクリートのスランプ値が大きくなると，水分が多くなりコンクリートは軟らかく，施工がしやすくなる．

問題③ 建築学

鉄筋コンクリートに関する記述のうち，適当でないものはどれか．

(1)常温では，コンクリートの圧縮強度と引張強度は，ほぼ等しい．

(2)コンクリートは，アルカリ性であるので，鉄筋がさびにくい．

(3)あばら筋は，梁のせん断力に対する補強筋である．

(4)水セメント比が小さいほど，コンクリートの圧縮強度が大きくなる．

解説 (1) コンクリートの圧縮強度は大きく，また**引張強度は圧縮強度の 1/10 程度**であり，等しくない．

解答▶(1)

・RC 造（鉄筋コンクリート造）のコンクリートは，圧縮に強く，引張に弱い．鉄筋は，圧縮に弱く，引張に強い．

・水セメント比が小さいということは，水が少ないということで，コンクリートの圧縮強度は大きくなる．

問題④ 建築学

鉄筋コンクリートに関する記述のうち，適当でないものはどれか．

(1)鉄筋とコンクリートの線膨張係数は，大きく異なる．

(2)鉄筋コンクリートは，主にコンクリートが圧縮力を負担し，鉄筋が引張力を負担する．

(3)柱の帯筋は，柱のせん断破壊を防止する補強筋である．

(4)コンクリートはアルカリ性であるため，鉄筋のさびを防止する効果がある．

解説 (1) 鉄筋とコンクリートの線膨張係数は，ほとんど**同じ**である．

解答▶(1)

RC 造のコンクリート強度が強いのは，鉄筋とコンクリートの線膨張係数がほぼ等しいため剥離しないで強度を保たれているからである．

問題 5 建築学

鉄筋コンクリート造の梁が図のような荷重を受けるときの配筋方法のうち，最も適当なものはどれか.

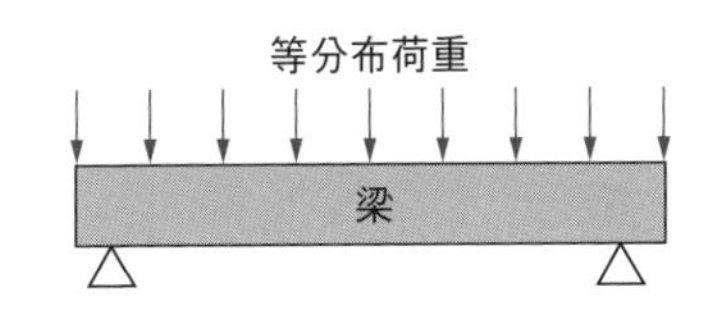

(1)
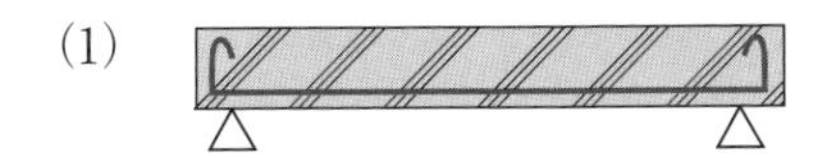

(2)
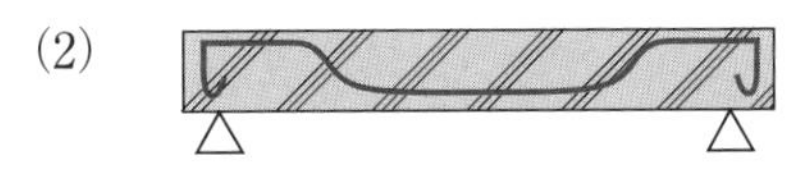

(3)
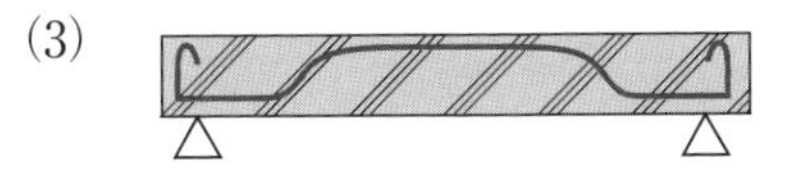

(4)
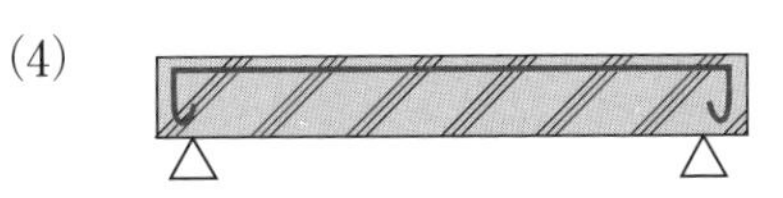

解説 (1) 支点がピンとローラーの**集中荷重**の場合の曲げモーメント図は，支点部分が (0) となり，下図のようになる.

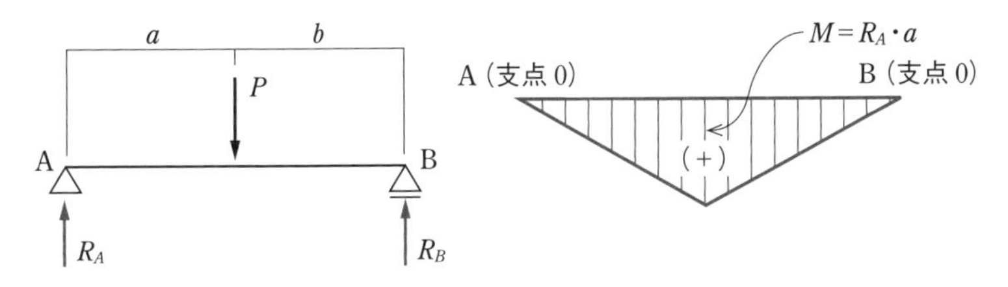

設問の**等分布荷重**の場合の**曲げモーメント図**は，右図のように **弧を描く**. よって，**配筋は梁の下側（+）の曲げ応力の大きい部分**に行う.

解答▶(1)

(2) の配筋方法は，両持ち梁に集中荷重または等分布荷重が作用している場合である.

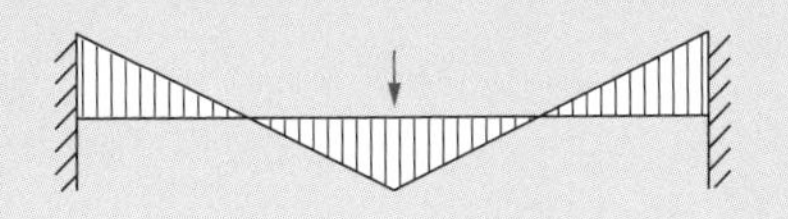

または

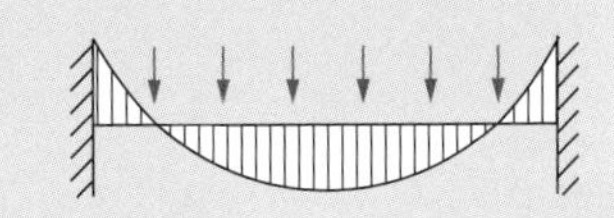

問題 6 建築学

鉄筋コンクリート造の建築物の構造に関する記述のうち，適当でないものはどれか．

(1) バルコニーなど片持ち床版は，設計荷重を割増すなどにより，版厚および配筋に余裕を持たせる．

(2) 柱には，原則として，配管等の埋設を行わない．

(3) 梁貫通孔は，せん断力の大きい部位を避けて設け，必要な補強を行う．

(4) 構造体に作用する荷重および外力は，固定荷重，積載荷重および地震力とし，風圧力は考慮しない．

解説 (4) 構造体に作用する荷重および外力は，**固定荷重**，**積載荷重**，**積雪荷重**，**風圧力**，および**地震力**である．［建築基準法施行令第83条］

解答▶(4)

問題 7 建築学

鉄筋コンクリート造の梁貫通孔に関する記述のうち，[A] 内に当てはまる用語の組合せとして，適当なものはどれか．

一般に，[A] は，1/3以下でなくてはならない．また，孔が2個つく場合，その中心間隔は [B] の3倍以上とらなくてはならない．

	(A)		(B)
(1)	孔径／梁せい	——	梁せい
(2)	孔径／梁スパン	——	最大孔径
(3)	孔径／梁せい	——	平均孔径
(4)	孔径／梁スパン	——	最小孔径

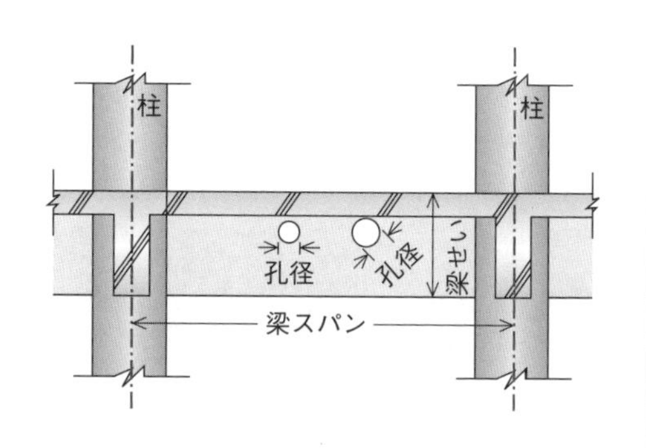

解説 (3) 一般に，**孔径／梁せいは，1/3以下**でなくてはならない．また，孔が2個つく場合，その中心間隔は**平均孔径の3倍以上**とらなくてはならない．

解答▶(3)

選択問題

4 空　調

全出題問題の中における『4章』の内容からの出題内容

出　題	出題数	必要解答数	合格ライン正解解答数
空気調和	3	選択問題 ・出題数（空調8問・衛生9問）計17問の中から任意に9問選択して解答する.	6問（66%）以上の正解を目標にする
冷暖房	2		
換気・排煙	3		
合　計	8		

よく出るテーマ

空気調和設備

1）空気調和設備の計画と省エネルギー
2）各空調方式の特徴［定風量単一ダクト方式，変風量単一ダクト方式，ダクト併用ファンコイルユニット方式，マルチパッケージ形空気調和方式］
3）熱負荷［冷房時の負荷の種類，顕熱，潜熱，顕熱比（SHF），暖房時の負荷］
4）全空気方式における湿り空気線図上の変化とシステム図との関係
5）空気浄化装置［ろ過式エアフィルタに求められる特性，エアフィルタの種類と用途（自動式巻取形，静電式，HEPAフィルタ，活性炭フィルタ）］

冷暖房設備

1）温水暖房と蒸気暖房の特徴（比較）
2）放熱器［コールドドラフト防止］，膨張タンク［開放式，密閉式］の役割と設置法
3）温水床パネル式の低温放射暖房や放射冷暖房の特徴
4）パッケージ形空気調和機［空気熱源ヒートポンプ方式と水熱源ヒートポンプ方式，ガスエンジンヒートポンプ式］の特徴
5）その他［吸収冷凍機，直だき吸収冷温水機の特徴］

換気・排煙設備

1）機械換気方式の特徴［第1種，第2種，第3種の違いと使用される室など］
2）火気使用室の最小有効換気量の算定式［開放型燃焼器具＋レンジフード，$V = 30KQ$］
3）無窓の居室の機械換気と最小有効換気量の算定式［$V = 20A_f/N$］
4）給気（排気）ガラリの大きさの算定

4 1 空気調和設備

1 空気調和とは

空気調和設備の計画上，**省エネルギー**を考慮することは大切なことである．特に効果が大きいものとしては，熱源機器は，**成績係数が高い機器**の採用，複数台に分割して設置，部分負荷性能の高いものにする，などがある．また，外気導入の際は，**予冷・予熱時に外気を取り入れない**，ユニット形空気調和機に**全熱交換器を組み込む**，などがある．

2 空調方式の種類と特徴

1. 定風量単一ダクト方式（CAV 方式）

中央機械室に設置した空気調和機から，空調された空気を1本の主ダクトと分岐ダクトによって各室に**常時一定風量**を供給するものである（**図 4・1**）.

《長所》

- ほかの空気方式に比べ設備費が安い.
- 換気量を十分確保できるので，**中間期などの外気冷房**が可能である.
- 効果的にじんあいが除去できるので，**清浄度の高い室内環境**が得られやすい.
- 中央機械室に機器が集中しているので，運転管理が容易である.

《短所》

- 各室や各ゾーンの**個別制御が困難**である.
- ほかの方式に比べ，**広いダクトスペース**が必要となる.
- 変風量（VAV）方式に比べ，ファン動力が大きく省エネルギー性が劣る.

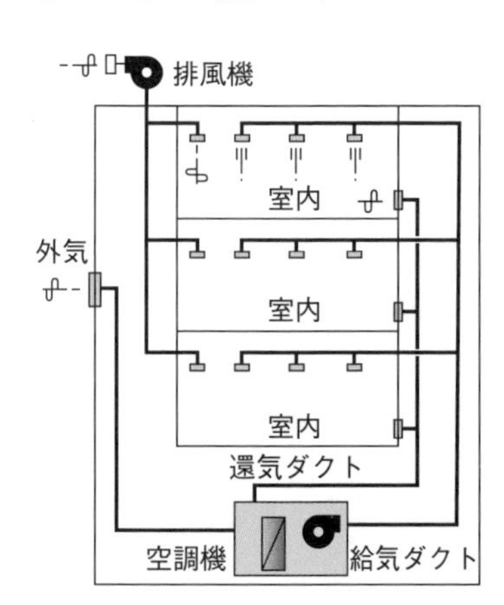

図 4・1　定風量単一ダクト方式（CAV 方式）

2. 変風量単一ダクト方式（VAV 方式）

変風量単一ダクト方式は，各ゾーンまたは各室ごとに VAV ユニットを設け，それぞれの負荷変動に対して送風量を加減し空調するものである（**図 4・2**）.

《長所》

- 負荷変動への応答が速く，ゾーンまたは各室ごとの**個別制御**が可能である.
- 低負荷時には**ファン動力の削減**が可能である.

《短所》

VAV 方式は，**低負荷で風量減少時**は次のことに注意する.

- 気流分布および空気清浄度の確保が困難となる.
- 湿度制御は成り行きになる.
- 必要外気量の確保が困難となる.

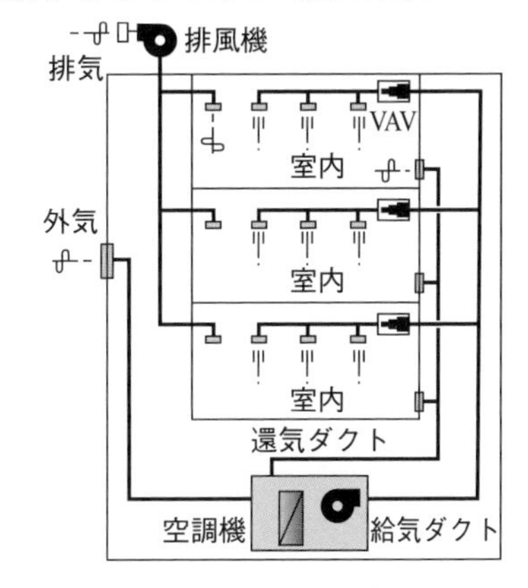

図 4・2　変風量単一ダクト方式（VAV 方式）

3. ダクト併用ファンコイルユニット方式

ファンコイルユニットを各室内の**ペリメータゾーン**（**外周部**）に設置し，中央空調機で調整した一次空気をダクトで**インテリアゾーン**（**内周部**）に供給する方式である（**図 4・3**）.

《長所》

- 各ファンコイルで能力調整が可能なので，**個別制御**が容易である.
- 全空気方式に比べ，**ダクトスペースが小さくなる**.

《短所》

- 全空気方式に比べ，空調機からの送風量が少ないので，室内空気の撹拌や浮遊粉じんの処理が行われにくい.
- ファンコイルユニットが分散化されるので保守がしにくくなる.

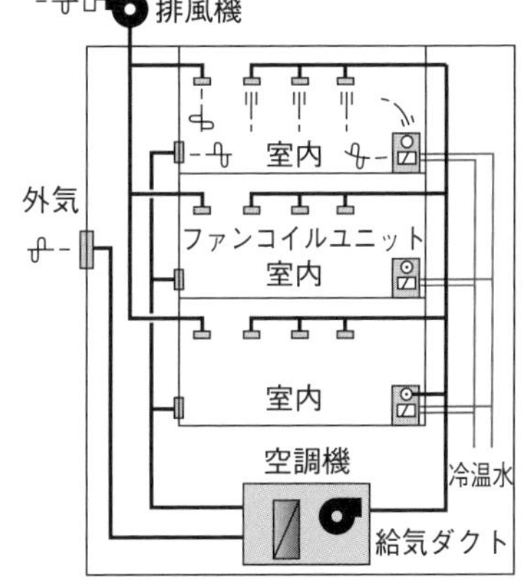

図 4・3　ダクト併用ファンコイルユニット方式

4. 各階ユニット方式

単一ダクト方式の空調機を各階ごとに設置し，各階で制御する方式である（**図 4·4**）.

《長所》

- 運転時間が異なる階や，残業運転に対する適応性がある.
- 各階を貫通する大きなダクトがなくなる.

《短所》

- 空調機の分散，小型化のため保守管理がしにくい.

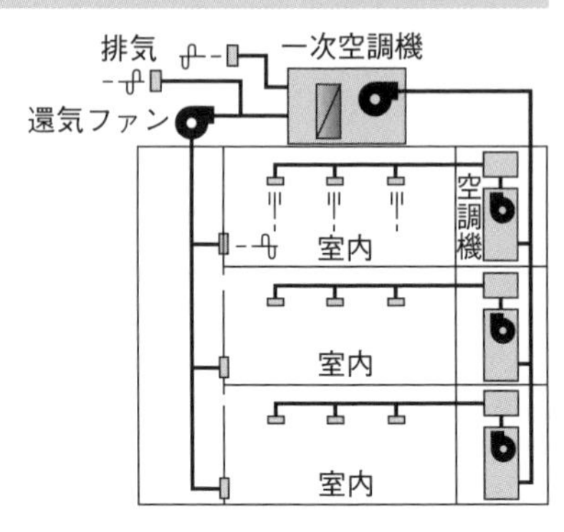

図 4・4　各階ユニット方式

5. パッケージユニット方式

パッケージ形空調機によるもので，冷凍機が内蔵してあり熱源機器が不要となる．冷房専用や冷暖房兼用（ヒートポンプ）式がある．また，凝縮器を水で冷却するか空気で冷却するかによって，水冷式や空冷式に分けられる（**図 4·5**）.

6. マルチパッケージ形空気調和方式

屋外機１基に対して，多数の室内機を設けて空調することができるタイプのもので，最近のビルでは多く用いられている．冷暖房が同時に行えるものがある．基本的に加湿器がないため，別に加湿装置を取り付ける必要がある（**図 4·6**）.

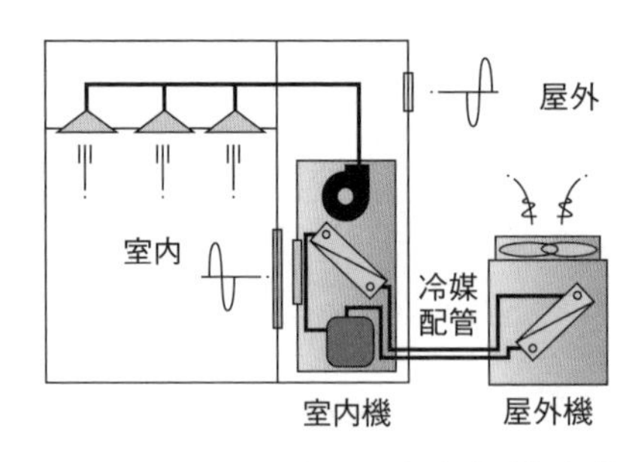

図 4・5　パッケージユニット方式（空冷式）

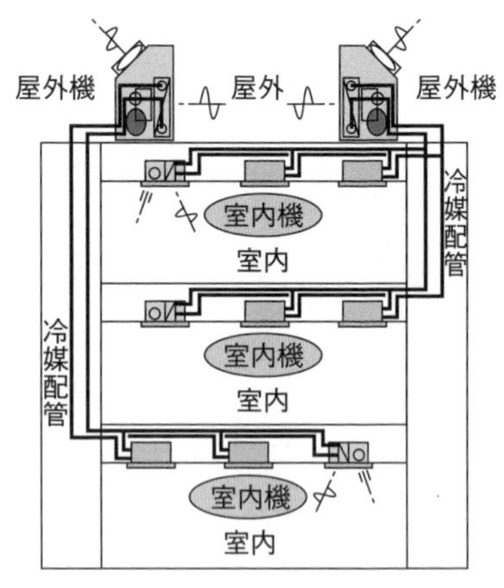

図 4・6　マルチパッケージ形空気調和方式

3 空気調和の負荷

空気調和設備の設計をするうえで，空気調和の負荷計算は不可欠で，概略計算から細部にわたる計算まで，計画や設計手法に応じて使い分ける．

1. 冷房負荷

冷房負荷の種類を**図 4·7**，**表 4·1** に示す．負荷には窓からの日射や照明器具からの発生熱のように，室内気温を変化させる**顕熱負荷**と，在室者から出る水蒸気のように，直接室内気温には変化を与えず，湿度（絶対湿度）に変化を与える**潜熱負荷**がある．

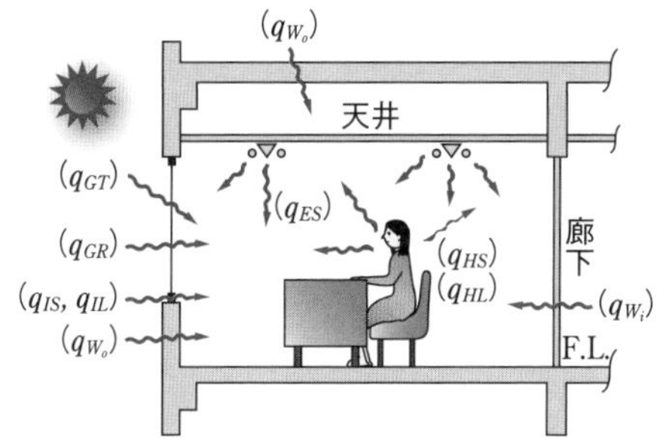

図 4・7　冷房負荷の種類

表 4・1　冷房負荷の種類

種　類	項　目	顕熱（q_S）	潜熱（q_L）
・太陽ふく射熱	・外壁，屋根	q_{W_o}	−
	・窓ガラス日射	q_{GR}	−
・温度差による伝導熱	・窓ガラス伝導	q_{GT}	−
	・間仕切，床，天井	q_{W_i}	−
・内部発生熱	・照明	q_{ES}	−
	・在室者（人体）	q_{HS}	q_{HL}
	・室内設備（OA 機器など）	q_{MS}	q_{ML}
・侵入外気	・すきま風（窓サッシュ，扉）	q_{IS}	q_{IL}
・その他	・送風機の動力熱	q_B	−
・外気負荷		q_{OS}	q_{OL}

⊕外壁および屋根を通過する熱負荷

$$q_{W_o} = A \cdot K \cdot \Delta t_e \ \text{〔W〕}$$

ここに，A：外壁，屋根の面積〔$\mathrm{m^2}$〕，K：熱通過率〔$\mathrm{W/(m^2 \cdot K)}$〕

Δt_e：**実効温度差**※〔K〕

※実際の外壁や屋根は，太陽の直達日射や天空日射，外気温度などの影響を受けているので，その構造体の熱容量を考慮した温度差を実効温度差という．

⊕内壁および床面，天井面を通過する熱負荷

$q_{W_i} = A \cdot K \cdot \Delta t$〔W〕

ここに，Δt：室内外の温度差〔K〕，A：内壁，床，天井の面積〔m^2〕

K：熱通過率〔W/(m^2·K)〕

⊕窓ガラスからの熱負荷

$q_{GR} = A \cdot I_{GR} \cdot k_s$

$q_{GT} = A \cdot K_G(t_o - t_i)$

ここに，q_{GR}：日射による取得熱量〔W〕，q_{GT}：伝熱による取得熱量〔W〕

I_{GR}：ガラス面のふく射量〔W/m^2〕

K_G：ガラスの熱通過率〔W/(m^2·K)〕，A：ガラスの面積〔m^2〕

k_s：遮へい係数，t_o，t_i：外気および室内の温度〔K〕

⊕すき間風のもち込む熱量

・顕熱量 $q_{IS} \fallingdotseq 0.33Q_i(t_o - t_i)$〔W〕　・潜熱量 $q_{IL} = 833Q_i(x_o - x_i)$〔W〕

ここに，Q_i：すき間風の量〔m^3/h〕，t_o，t_i：外気および室温〔K〕

x_o，x_i：外気および室内の絶対湿度〔kg/kg(DA)〕

⊕人体の発熱量

・顕熱量 $q_{HS} = n \cdot H_S$〔W〕　・潜熱量 $q_{HL} = n \cdot H_L$〔W〕

ここに，n：人数〔人〕，H_S，H_L：1人当たりの作業別発生熱量〔W/人〕

⊕照明器具からの発熱量

$q_{ES} = A \cdot W \cdot f$〔W〕

ここに，A：床面積〔m^2〕，W：単位床面積当たりの発熱量〔W/m^2〕

f：換算係数→蛍光灯 1.2，白熱灯 1.0

⊕その他の発生熱量・・・これまであげた熱負荷のほかに，室内器具(OA機器など)からの発生熱や空調機ファンなどからの発生熱がある．

⊕外気負荷・・・外気負荷の計算はすき間風の計算に準ずる．外気負荷は，風量算出には関係ないが，装置負荷（コイル容量）に関係する．

2. 暖房負荷

一般の暖房負荷計算では，**日射による影響や室内発生熱による負荷は安全側に働くので考慮しない場合が多いが**，室内の発生熱が多くなるような場合は，考慮しないと装置が大きくなりすぎるので注意する必要がある．

4 空気調和の設計

ここでは空調方式の基本となる**全空気方式**（単一ダクト方式）についての，空気線図上の変化について考える．

1. 冷房時の変化

外気（点①）と室内空気（点②）の還気が混合されて点③の状態となり，コイルに入る．点③の空気は，冷却コイルを通過すると冷却減湿されて点④の状態となり，室内に送風される．このとき，点④は点②を通る次式で求める**顕熱比**の状態線にあることが必要である（**図 4・8**）．

$$\text{顕熱比（SHF）} = \frac{\text{室内顕熱負荷}(q_S)}{\text{室内顕熱負荷}(q_S) + \text{室内潜熱負荷}(q_L)} = \frac{\text{室内顕熱負荷}(q_S)}{\text{室内全熱負荷}(q_T)}$$

⊕送風量

$$V = \frac{3\,600 q_S}{C_p \cdot \rho \cdot \Delta t} = 3\,000 \times \frac{q_S}{\Delta t}$$

ここに，V：送風量〔m³/h〕，q_S：室内顕熱負荷〔kW〕，
C_p：空気の定圧比熱（≒ 1.00）〔kJ/(kg･K)〕，
ρ：空気の密度（≒ 1.2）〔kg/m³〕，
Δt：吹出温度差〔℃〕（室内温度 − 室内吹出空気温度）

※一般に Δt は，10 ～ 12℃程度にとることが多い．

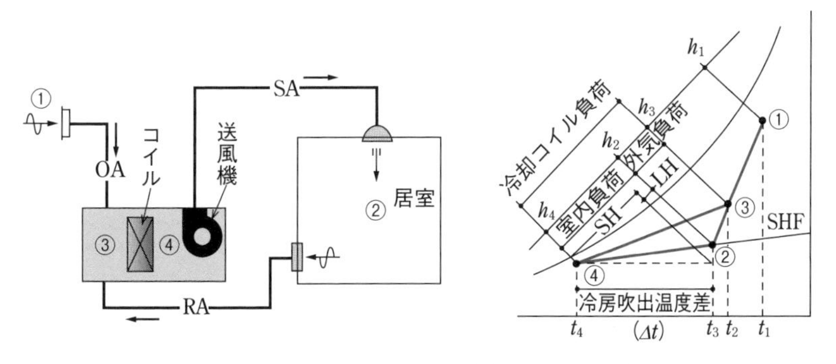

図 4・8　空調システム図と空気線図上の変化

⊕**冷却コイルの容量**（冷却能力）

$$q_C = \frac{1\,000}{3\,600} V \cdot \rho \cdot (h_3 - h_4) \fallingdotseq 0.28 \cdot V \cdot \rho \cdot (h_3 - h_4) \fallingdotseq 0.33 \cdot V \cdot (h_3 - h_4)$$

ここに，q_C：冷却コイル容量〔W〕，ρ：空気の密度（≒1.2）〔kg/m³〕

h_3：冷却コイル入口空気の比エンタルピー〔kJ/kg(DA)〕

h_4：冷却コイル出口空気の比エンタルピー〔kJ/kg(DA)〕

2. 暖房時の変化

外気（点①）と室内還気空気（点②）が混合され，点③の状態となって加熱コイルに入る．加熱コイルを通過した空気は点④の状態となり，加湿器により加湿され，点⑤の状態になり室内に送風される．この場合の加湿は水噴霧加湿（断熱変化）によるものだが，蒸気加湿の場合は④′→⑤となる（**図 4・9**）．

⊕**送風量**・・・送風量は冷房時の計算に準ずる．

⊕**加熱コイルの容量**（加熱能力）

$$q_h = 0.28 \cdot V \cdot \rho \cdot (h_4 - h_3) \fallingdotseq 0.33 \cdot V \cdot (h_4 - h_3)$$

ここに，q_h：加熱コイル容量〔W〕，ρ：空気の密度（≒1.2）〔kg/m³〕

h_3：加熱コイル入口空気の比エンタルピー〔kJ/kg(DA)〕

h_4：加熱コイル出口空気の比エンタルピー〔kJ/kg(DA)〕

⊕**有効加湿量**

$$L = \rho \cdot V \cdot (x_5 - x_4) = 1.2$$

ここに，L：有効加湿量〔kg/h〕，ρ：空気の密度（≒1.2）〔kg/m³〕

V：送風量〔m³/h〕，x_5：室内空気の絶対湿度〔kg/kg(DA)〕

x_4：設計用外気の絶対湿度〔kg/kg(DA)〕

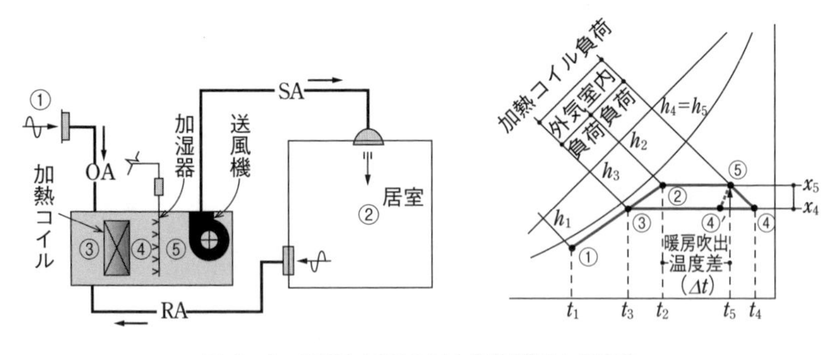

図 4・9　空調システム図と空気線図上の変化

5 空気浄化

1. エアフィルタの種類

⊕**ユニット形エアフィルタ**・・・ろ過式で枠内に納められたろ材で粉じんをろ過するもので，乾式と粘着式がある．捕集効率は重量法で 80 ～ 90％程度である．ろ過式エアフィルタのろ材の特性として必要な要件は，次のとおりである．

- **難燃性または不燃性であること**
- **吸湿性の少ないこと**
- **空気抵抗の小さいこと**
- **粉じん保持容量の大きいこと**
- **腐食およびカビの発生の少ないこと**

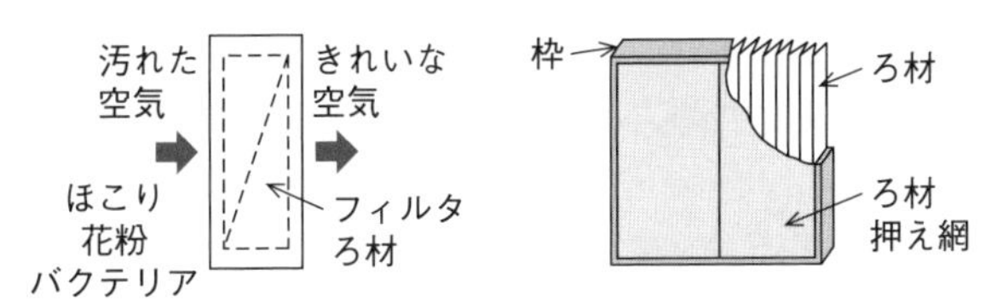

図４・10　ユニット形エアフィルタ（ろ過式フィルタ）の例

⊕**高性能**（HEPA）**フィルタ**・・・微細に特殊加工したガラス繊維をろ材としたもので，適応粒子は 1 μm 以下で，捕集効率は DOP 法で 99.97％以上である．**クリーンルームなどの最終段フィルタ**として使用される．

⊕**自動巻取形エアフィルタ**・・・ロール状にしたろ材をモータで自動的に巻き取らせるもので，捕集効率は重量法で 60 ～ 85％，比色法で 10 ～ 45％である．**一般の空気調和機に使用され**，タイマまたは前後の差圧スイッチにより自動的に巻取りが行われる．

⊕**衝突粘着式フィルタ**・・・ろ材表面に粘着油などが塗ってあり，これに粉じんを付着させて捕集するもので，厨房などの**グリースフィルタとしてオイルミストの捕集**に使用される．捕集効率は 80％程度である．

⊕**静電式**（電気）**集じん器**・・・空気中のじんあいに高電圧を与えて帯電させ，電極板に吸着させて捕集するもので，1 μm 以下の比較的**微細な粉じん用**に使用される．捕集効率は変色度法で 70 ～ 95％で，**屋外粉じんの除去，病院や精密機械室**などで使用されている．

⊕**活性炭フィルタ**・・・塩素ガス（Cl_2）や亜硫酸ガス（SO_2）などの比較的分子量の大きなガスや臭いを活性炭に吸着させて除去する．有害ガスや悪臭を発生する施設で使用されている．

2. エアフィルタの性能試験法

⊕**重量法**・・・エアフィルタに捕集された粉じん量と，エアフィルタを通過した後の粉じん量から捕集効率を求めるものである（例：プレフィルタなど）．

⊕**変色度法**・・・**比色法**ともいい，エアフィルタの上流側と下流側から一定の空気を測定用ろ紙に通して，ろ紙の汚れを光学的に測定するものである（例：電気集じん器など）．

⊕**DOP 法**・・・光散乱法ともいい，高性能フィルタや超高性能フィルタの試験方法である．

❶ 空気調和設備の計画上，省エネルギーの観点から効果が大きいものは，成績係数が高い機器の採用，予冷・予熱時に外気を取り入れない，ユニット形空気調和機に全熱交換器を組み込む，などがある．

❷ 定風量単一ダクト方式は，熱負荷の変動パターンが同じ室への対応は容易だが，負荷変動の異なる室への対応はできない．

❸ 変風量単一ダクト方式は，定風量単一ダクト方式に比べて，搬送エネルギーが小さくなる．

❹ ダクト併用ファンコイルユニット方式（空気−水方式）は，全空気方式に比べてダクトスペースは小さくなる．

❺ ダクト併用ファンコイルユニット方式は，ファンコイルユニットでペリメータ（外皮）負荷を処理し，インテリア負荷と外気負荷は空気調和機で処理し，ダクトでインテリアゾーンに給気する．

❻ 冷房負荷には顕熱と潜熱があり，顕熱と潜熱をもつ負荷には，在室者（人体）の発熱負荷，すきま風による負荷，外気負荷がある．

❼ ガラス面からの熱負荷には，温度差による通過熱負荷と透過日射熱負荷がある．

❽ 顕熱比（SHF）とは，全熱負荷（顕熱負荷＋潜熱負荷）に対する顕熱負荷の割合のことである．

❾ ろ過式のろ材に要求される性能は，空気抵抗が小さいこと，難燃性または不燃性であること，腐食およびカビの発生が少ないこと，吸湿性が小さいこと，粉じん保持容量が大きいこと，などである．

❿ 活性炭フィルタは，有害ガスや悪臭を発生する施設で使用されている．

問題 1 空気調和設備

空気調和設備の計画に関する記述のうち，省エネルギーの観点から，適当でないもの**はどれか．**

(1)熱源機器は，部分負荷性能の高いものにする．
(2)熱源機器を，複数台に分割する．
(3)暖房時に外気導入量を多くする．
(4)空気調和機にインバータを導入する．

解説 (3) **暖房時に外気導入量を多く導入**すると，外気負荷が大きくなるため**省エネルギーにはならない**．外気を導入する際は，**予熱時に外気を取り入れない制御**や，**全熱交換器**の導入を検討するとよい．

解答▶(3)

問題 2 空気調和設備

空気調和設備の計画に関する記述のうち，省エネルギーの観点から，適当でないもの**はどれか．**

(1)湿度制御のため，冷房に冷却減湿・再熱方式を採用する．
(2)予冷・予熱時に外気を取り入れないように制御する．
(3)ユニット形空気調和機に全熱交換器を組み込む．
(4)成績係数が高い機器を採用する．

解説 (1) 一般に，冷却減湿・再熱方式は，冷房時の室内の潜熱負荷が大きく，室内顕熱比（SHF）が小さくなる場合に採用される．省エネルギーの観点から見ると，**冷房時に再熱負荷が発生するため省エネルギーにはならない**．

解答▶(1)

マスターPoint 空気調和設備の計画において，省エネルギーの観点から効果が大きいものとして，①成績係数が高い機器を採用する，②熱源機器を，複数台に分割する ③熱源機器は，部分負荷性能の高いものにする，④空気調和機にインバータを導入する，⑤予冷・予熱時に外気を取り入れない，⑥ユニット形空気調和機に全熱交換器を組み込む，などがあげられる．

問題 3 空気調和設備

定風量単一ダクト方式に関する記述のうち，適当でないものはどれか．

(1) 送風量が多いため，室内の清浄度を保ちやすい．

(2) 各室ごとの部分的な空調の運転・停止ができない．

(3) 換気量を定常的に十分確保できる．

(4) 熱負荷の変動パターンが異なる室への対応が容易である．

解説 (4) **定風量単一ダクト方式**は，熱負荷の**変動パターンが同じ室への対応は容易**だが，負荷変動の異なる室への対応はできない．

解答▶(4)

マスターPoint 設問以外の定風量単一ダクトの主な特徴は次のとおりである．

- 中間期などの外気冷房が可能である．
- 効果的にじんあいが除去できるので，清浄度の高い室内環境が得られやすい．
- 中央機械室に機器が集中しているので，運転管理が容易である．
- ほかの方式に比べ，広いダクトスペースが必要となる．
- 変風量（VAV）方式に比べ，ファン動力が大きく省エネルギー性が劣る．

問題 4 空気調和設備

変風量単一ダクト方式に関する記述のうち，適当でないものはどれか．

(1) 定風量単一ダクト方式に比べて，搬送エネルギーが大きくなる．

(2) 送風量の減少時においても，必要外気量を確保する必要がある．

(3) 部屋ごとの個別制御が可能である．

(4) 室内の気流分布が悪くならないように，最小風量設定が必要となる．

解説 (1) 変風量単一ダクト方式は，部分的に低負荷時になったときに空気調和機のファン制御を行うことができるので，定風量単一ダクト方式に比べて，**搬送エネルギーが小さくなる．**

解答▶(1)

設問以外の変風量単一ダクトの主な短所は次のとおりである．

- 低負荷で風量減少時は，気流分布および空気清浄度の確保が困難となる．
- 低負荷で風量減少時は，湿度制御は成り行きになる．

問題 5 空気調和設備

空気調和方式に関する記述のうち，適当でないものはどれか．

(1) 変風量単一ダクト方式は，VAV ユニットの発生騒音に注意が必要である．
(2) ファンコイルユニット・ダクト併用方式を事務所ビルに採用する場合，一般的に，ファンコイルユニットで外気負荷を含む熱負荷全体を処理する．
(3) 定風量単一ダクト方式は，変風量単一ダクト方式に比べて，室内の良好な気流分布を確保しやすい．
(4) 変風量単一ダクト方式は，給気温度を一定にして各室の送風量を変化させることで室温を制御する．

解説 (2) ファンコイルユニット・ダクト併用方式を事務所ビルに採用する場合，一般に，**ファンコイルユニットでペリメータ（外皮）負荷**を処理し，**インテリア負荷**と**外気負荷**は**空気調和機（エアハンドリングユニット）**で処理し，**ダクトでインテリアゾーンに給気する**ものである．

解答▶(2)

問題 6 空気調和設備

空気調和方式に関する記述のうち，適当でないものはどれか．

(1) ダクト併用ファンコイルユニット方式では，空調対象室への熱媒体として空気と水の両方が使用される．
(2) ダクト併用ファンコイルユニット方式は，全空気方式に比べてダクトスペースが大きくなる．
(3) マルチパッケージ形空気調和方式は，屋内機ごとに運転，停止ができる．
(4) マルチパッケージ形空気調和方式には，屋内機に加湿器を組み込んだものがある．

解説 (2) ダクト併用ファンコイルユニット方式（空気－水方式）は，**全空気方式に比べてダクトスペースは小さく**なる．

解答▶(2)

マスターPoint マルチパッケージ形空気調和方式は，屋外機 1 基に対して，複数の室内機を設けて空調することができるタイプのもので，最近のビルでは多く採用されている．冷暖房切替運転タイプと冷暖房同時運転タイプがある．基本的に加湿器がないため，オプションで加湿装置を取り付けることも可能である．

問題 7 空気調和設備

空気調和設備に関する用語の組合せのうち，関係のないものはどれか．

(1) 冷却水の水質 ―――――――― ブローダウン

(2) 吸収冷温水機 ―――――――― 特定フロン

(3) 変風量（VAV）ユニット ――― 温度検出器

(4) 空調ゾーニング ――――――― ペリメータ

解説 (2) **吸収式冷温水機**は，**冷媒に水**，吸収剤に臭化リチウムを用いている．特定フロンは用いられていない．**特定フロン**は，過去の圧縮式冷凍機などに使用されていたが，**オゾン層の破壊問題で規制**され，現在，**製造および使用が禁止**されている．

解答▶(2)

マスターPoint 吸収冷温水機の仕組みは，吸収式冷凍サイクルによるもので，冷媒に水を用い，真空状態に保たれた蒸発器内で冷水の熱を吸収し，7℃程度に冷却している．蒸発した冷媒の水は吸収器内で臭化リチウムに吸収され，希薄された臭化リチウムは，再生器内で加熱され再生される．

問題 8 空気調和設備

冷房時の熱負荷に関する記述のうち，適当でないものはどれか．

(1) 日射負荷には，顕熱と潜熱がある．

(2) 外気負荷には，顕熱と潜熱がある．

(3) 照明器具による熱負荷は，顕熱のみである．

(4) 窓ガラス面の通過熱負荷計算では，一般的に，内外温度差を使用する．

解説 (1) **日射負荷は，顕熱のみ**である．

解答▶(1)

冷房負荷には顕熱と潜熱がある．それぞれの負荷についてまとめると下表のようになる．顕熱と潜熱をもつ負荷は，在室者（人体），すきま風，外気負荷である．

負荷の内容	顕熱	潜熱	負荷の内容	顕熱	潜熱
外壁，屋根からの通過熱	○	−	在室者（人体）	○	○
窓ガラスからの日射熱	○	−	照明器具	○	−
窓ガラス面の通過熱	○	−	OA 機器	○	−
間仕切，床，天井からの通過熱	○	−	送風機の動力熱	○	−
すきま風（侵入外気）	○	○	外気負荷	○	○

問題 9 空気調和設備

冷房負荷計算に関する記述のうち，適当でないものはどれか．

(1) 外気による熱負荷は，顕熱と潜熱を考慮する．
(2) OA 機器による熱負荷は，顕熱のみを考慮する．
(3) ガラス窓からの熱負荷は，ガラス窓を透過した日射による顕熱のみを考慮する．
(4) 人体による熱負荷は，顕熱と潜熱を考慮する．

解説 (3) ガラス面からの熱負荷には，温度差による通過熱負荷と透過日射熱負荷がある．

解答▶(3)

問題 10 空気調和設備

冷房時の熱負荷に関する記述のうち，適当でないものはどれか．

(1) 窓ガラス面からの熱負荷を算定するときは，ブラインドの有無を考慮する．
(2) 人体や事務機器からの熱負荷を室内負荷として考慮する．
(3) 潜熱負荷に対する顕熱負荷の割合を顕熱比（SHF）という．
(4) OA 機器による熱負荷は，顕熱のみである．

解説 (3) 顕熱比（SHF）は，全熱負荷（顕熱負荷＋潜熱負荷）に対する顕熱負荷の割合をいう．顕熱比（SHF）＝顕熱負荷／全熱負荷．

解答▶(3)

問題⑪ 空気調和設備

熱負荷に関する記述のうち，適当でないものはどれか．

(1) 構造体の空気層は，熱通過率には影響を与えない．

(2) 非空調室と接する内壁の単位面積当たりの熱負荷は，空調対象室と非空調室の温度差と熱通過率より求める．

(3) 冷房負荷計算では，人体や事務機器からの負荷を室内負荷として考慮する．

(4) 暖房負荷計算では，一般的に，外壁，屋根，ピロティの熱負荷には方位係数を乗じる．

解説 (1) 構造体に**空気層（中空層）**があると，一般的に，**熱通過率は小さくなる**．空気層の熱抵抗は，構造（非密閉中空層，半密閉中空層，密閉中空層）や中空層の厚さによって異なる．

解答▶(1)

問題⑫ 空気調和設備

下図に示す冷房時の湿り空気線図のd点に対応する空気調和システム図中の位置として，適当なものはどれか．

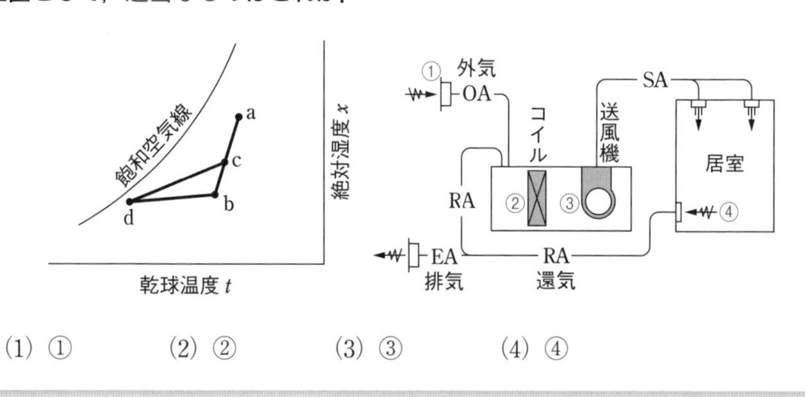

(1) ①　(2) ②　(3) ③　(4) ④

解説 (3) 湿り空気線図上のa点は導入外気①，b点は室内空気④，c点は導入外気と室内空気の混合空気（または冷却コイル入口空気）②，**d点は冷却コイル出口空気**（**または室内吹出空気**）③となる．

解答▶(3)

問題13 空気調和設備

暖房時の湿り空気線図のA点に対応する空気調和システム図上の位置として，適当なものはどれか．

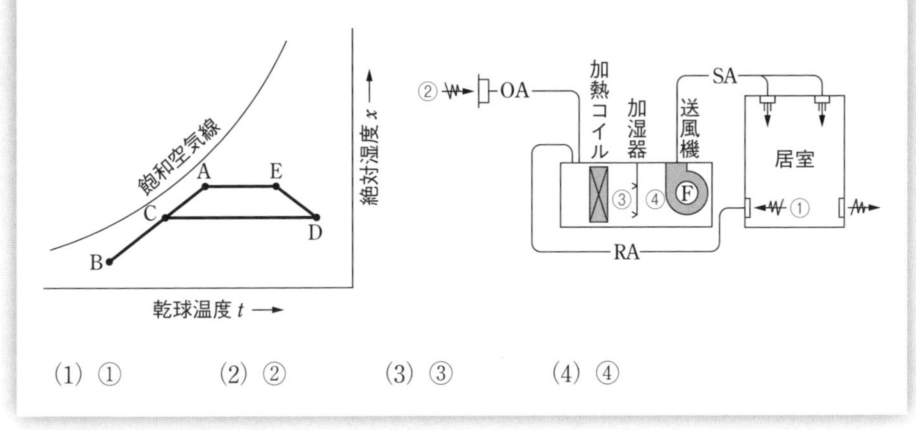

(1) ①　(2) ②　(3) ③　(4) ④

解説 (1) 湿り空気線図上の A 点は室内空気①，B 点は導入外気②，C 点は導入外気と室内空気の混合空気（または冷却コイル入口空気），D 点は加熱コイル出口空気（または加湿器入口空気）③，E 点は加湿器出口空気または室内吹出空気）④となる．

解答▶(1)

問題14 空気調和設備

ろ過式エアフィルタのろ材に求められる特性として，適当でないものはどれか．

(1) 空気抵抗が小さいこと．
(2) 難燃性または不燃性であること．
(3) 腐食およびカビの発生が少ないこと．
(4) 吸湿性が高いこと．

解説 (4) ろ過式のろ材に要求される性能は，空気抵抗が小さいこと，難燃性または不燃性であること，腐食およびカビの発生が少ないこと，吸湿性が小さいこと，粉じん保持容量が大きいこと，などである．

解答▶(4)

問題 15 空気調和設備

空気清浄装置の記述のうち，適当でないものはどれか．

(1) ろ材の特性の一つとして，粉じん保持容量が小さいことが求められる．
(2) 自動式巻取形は，タイマーまたは前後の差圧スイッチにより自動的に巻取りが行われる．
(3) 静電式は，比較的微細な粉じん用に使用される．
(4) 圧力損失は，上流側と下流側の圧力差で，初期値と最終値がある．

解説 (1) **ろ材の特性**の一つとして，**粉じん保持容量が大きいこと**が求められる．

※前問の解説参照のこと．

解答▶(1)

マスターPoint ろ過式フィルタには，粗じん用（プレフィルタ），中性能，高性能（HEPA フィルタ）などの種類がある．また，ろ過式の構造には，自動更新型，ユニット交換形などがある．

問題 16 空気調和設備

エアフィルタの「種類」と「主な用途」の組合せのうち，適当でないものはどれか．

	（種類）	（主な用途）
(1)	活性炭フィルタ	屋外粉じんの除去
(2)	電気集じん器	屋内粉じんの除去
(3)	HEPA フィルタ	クリーンルーム用
(4)	自動巻取形	一般空調用

解説 (1) **活性炭フィルタ**は，**有害ガスや悪臭を発生する施設**で使用されている．

解答▶(1)

マスターPoint HEPA（高性能）フィルタは，特殊加工した微細なガラス繊維をろ材としたもので，微細な粉じんを捕集することができる．クリーンルーム用として多く使用されている．

4 2 冷暖房設備

1 蒸気暖房

1. 蒸気暖房の特徴（温水暖房と比較した場合の特徴）

《長所》

- 装置全体の熱容量が小さいので，**予熱時間が短く**，始動が早い．
- **間欠運転に適している**．
- 熱媒の温度が高いので，**放熱器が小さくてよい**．
- 寒冷地でも凍結事故が少ない．
- 設備費が割安となる．

《短所》

- 負荷変動に対しての放熱器の調節が困難である．
- 放熱温度が高いので，室内上下の空気に温度差がつきやすい．
- 還水管の腐食が速いため，装置の寿命は短い．

2. 蒸気配管

⊕配管方式による区分

① **単管式**：1 本の配管で蒸気と凝縮水を同時に運ぶ方法で，蒸気の流れを妨げたり，**スチームハンマ**を起こしやすいので，あまり用いられていない．

② **複管式**：一般によく用いられる方法で，蒸気配管と凝縮水を流す還水管を分ける方式である．放熱器出口付近に蒸気トラップを設けて蒸気を阻害し，凝縮水を還水管に流す．

⊕供給方式による区分

① **上向き供給方式**：蒸気立て管を流れる蒸気が下から上に流れるもので，蒸気と凝縮水が逆行するため，蒸気の流れを妨げたり，スチームハンマが起こりやすくなる．このため，下向き供給方式より配管サイズを大きくする．

② **下向き供給方式**：蒸気立て管を流れる蒸気が上から下に流れる方式である．

⊕還水方式による区分

① **重力還水式**：放熱器からの凝縮水を，1/100 程度のこう配をつけた還水管により，重力によってボイラーや還水タンクに返す方法である．

② **真空還水式**：還水管に真空給水ポンプを用いて，還水管内の圧力を真空に保ち，凝縮水と空気を強制的に吸引する方式である（**図 4･11** 参照）.

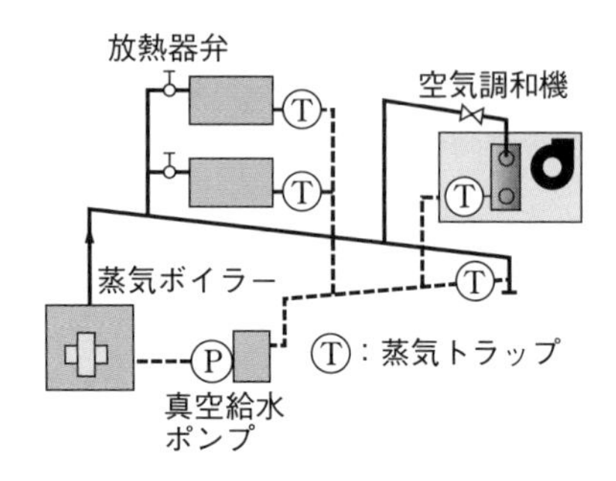

図 4・11　複管真空還水式蒸気配管

3. 付属機器・その他

⊕**管末トラップ配管**･･･蒸気配管の管末に，蒸気管内で凝縮した凝縮水を還水管に導くために設ける.

⊕**リフトフィッティング**（吸上げ継手）･･･真空還水式において還水管が先下がりこう配がとれないときや，還水管を立ち上げたいときに用いる（**図 4･12**）.

⊕**蒸発タンク**（フラッシュタンク）･･･高圧還水を低圧還水に接続する場合は蒸発タンクを用い，高圧還水が再蒸発した分を低圧蒸気管に接続し，凝縮水のみ低圧還水管に接続する（**図 4･13**）.

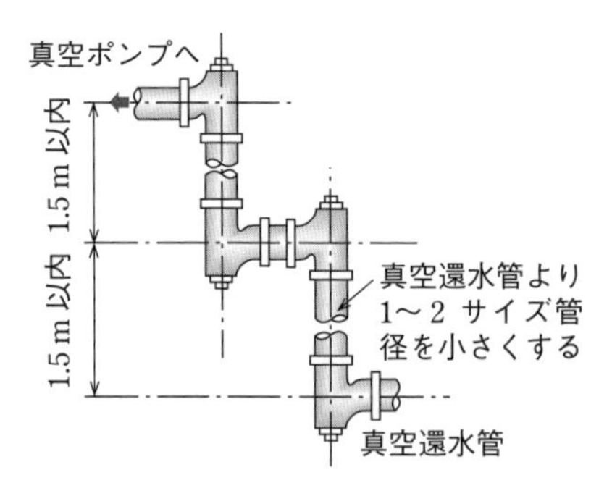

図 4・12　リフトフィッティング

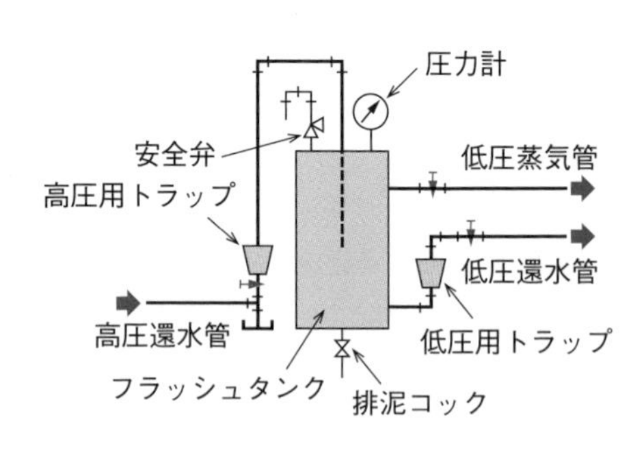

図 4・13　フラッシュタンク

2 温水暖房

1. 温水暖房の特徴（蒸気暖房と比較した場合の特徴）

《長所》

- 負荷変動に対しての**温度調節が容易**である.
- 放熱温度が低いので暖房感が良い.
- 蒸気トラップや減圧弁などの配管付属品がないので故障が少なく，保守が容易である.

《短所》

- 装置の熱容量が大きいため予熱時間が長く，燃料消費量も多い.
- 放熱器や管径が大きくなり，全体として設備費はやや高くなる.
- 寒冷地では停止中に保有水が凍結して，破損するおそれがある.

2. 温水配管

⊕**単管式**・・・1本の温水主管で往管と返り管を連結させる方式であるが，端末に行くと温水の温度が下がる．住宅のような小規模なものしか利用できない．

⊕**複管式**・・・往管と返り管を別々の配管とする方式で，広く一般に使われている．**ダイレクトリターン（直接還水方式）とリバースリターン方式（逆還水方式）**がある．リバースリターン方式は，機器への往管と返り管の総延長がほぼ等しくなるようにし，各機器への流量を一定とする（**図 4･14**）.

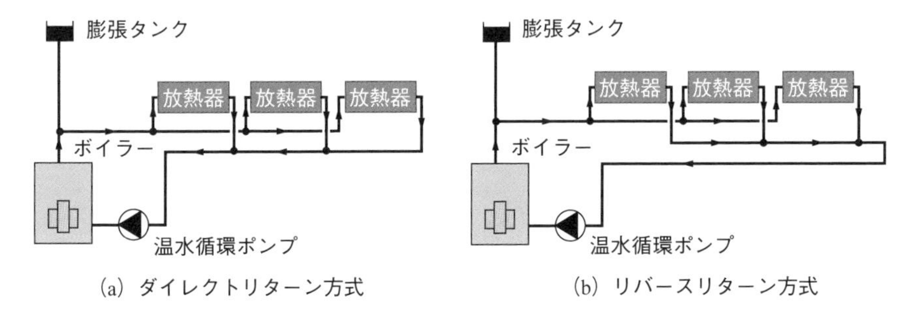

図4・14 配管方式

3. 膨張タンク

温水配管には，次のような目的で膨張タンクが必要となる．

- 温度上昇時の**水の膨張による配管内の圧力上昇を抑える**．
- 停止中でも装置内を一定圧力に保ち，空気の侵入を防ぐ．
- 装置内を正圧に保持することで，配管内での温水の蒸発を防止したり，ポンプのキャビテーションの発生を防ぐ．
- 膨張した温水の排出を防ぎ，熱損失をなくす．

⊕**開放式膨張タンク**・・・水面が大気に開放されており，**装置の最高部より高い位置に設置**する．取付け高さはポンプの位置によって異なり，タンクの大きさは装置容量の約10%の大きさと考えてよい．また，開放式は**空気抜き**の役目や**補給水タンク**として兼用される（**図4･15，図4･16**（a））．

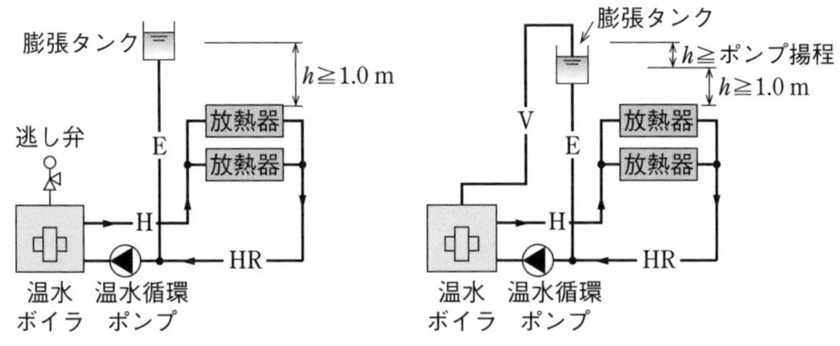

図4・15　温水暖房と開放式膨張タンクの関係

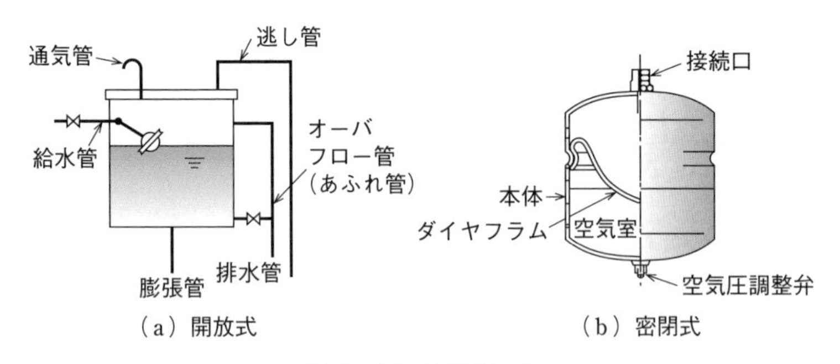

図4・16　膨張タンク

⊕**密閉式膨張タンク**・・・設置場所には制限がなく，上部に空気や不活性ガス（窒素ガスなど）を封入し，温水の膨張を気体の弾力で吸収するもので，ダイヤフラム式のものがよく用いられる（図4·16（b））.

⊕**その他の注意事項**

- 膨張管は単独に立ち上げて弁類を設けてはいけない.
- 膨張タンクは同一システム系統においては二つ以上設けない.

3 温水式放射（ふく射）暖房

《長所》

- 室内の温度分布が良く，**人体に対する快適度が高い**.
- 天井の高い場所でも，高い暖房感が得られる.
- パネルなどの表面温度を高めることで，室内温度を低く保つことができる.

《短所》

- 構造体を暖めるので**立上がり時間が長い**（熱容量が大きい）.
- 大きな放熱面を要するので，建設費が割高となる.
- 竣工後の保守が困難である.

4 ヒートポンプ

⊕**電動式ヒートポンプ**・・・電動式ヒートポンプは，据付け，運転が容易で，1台で冷房，暖房ができ，廃ガスなどの心配もなく，一般家庭用からビル用まで広く普及している．電動式ヒートポンプは，同じ容量の電熱ヒータと比べ効率が良い．しかし，空気熱源の場合は，**夏期は外気温度が高**かったり，**冬期の外気温度が低**かったりすると**成績係数（COP）が悪化**し，冷房能力や暖房能力が低下するので注意が必要である（成績係数：機器のエネルギー効率）.

また，空気熱源ヒートポンプ方式は，屋内機と屋外機は冷媒配管で接続されており，**冷媒配管の長さや高低差には制限**がある.

⊕**ガスエンジンヒートポンプ**（GHP）**および油エンジンヒートポンプ**・・・圧縮機をガスエンジンや油エンジンで動かすため，排熱を暖房や屋外機の熱交換器の除霜に利用することができ，電動式に比べて暖房時の能力が大きいので，寒冷地に向いている.

❶ 温水暖房では，室内の温度制御は，蒸気暖房に比べて容易である．
❷ 温水暖房では，ウォーミングアップにかかる時間は，蒸気暖房に比べて長い．
❸ 温水暖房では，配管径は，一般的に，蒸気暖房に比べて大きくなる．
❹ 温水暖房の配管の耐食性は，一般的に，蒸気暖房に比べて優れている．
❺ 放熱器は，コールドドラフトを防止するため，できるだけ外壁の窓下全体に設置する．
❻ 開放式膨張タンクにボイラーの逃し管や膨張管を接続する場合は，メンテナンス用バルブなどを設けてはならない．
❼ 温水床パネル式の低温放射暖房は，室内空気の上下温度差が小さく，対流暖房方式に比べて快適性が良好である．天井の高い空間の暖房に採用されている．
❽ 空気熱源ヒートポンプ方式で冷房運転した場合，外気温度が高くなるほど成績係数が悪くなる．また，暖房運転のときは，外気温度が低くなるほど成績係数が悪くなる．
❾ 空気熱源ヒートポンプ方式では，屋内機と屋外機を接続する冷媒配管の長さや，屋内機と室内機の高低差には制限がある．
❿ 鋳鉄製温水ボイラーの温水温度は 120℃ 以下である．

問題 1 冷暖房設備

強制対流型放熱器の特徴に関する記述のうち，適当でないものはどれか．

(1) 伝熱面積当たりの加熱量が大きいため，自然対流型放熱器に比べて，空気加熱用熱交換器を小型にできる．
(2) 自然対流型放熱器に比べて，暖房開始から所定の室内温度に達するまでの時間が長い．
(3) 熱媒は温水または蒸気であり，放熱量は熱媒温度，流量および風量により変化する．
(4) 熱媒の温度を高くすると，室内の温度分布の不均一を生じることがある．

解説 (2) 自然対流型放熱器より，暖房開始から**所定の室内温度に達するまでの時間が短い**．

解答▶(2)

問題 2 冷暖房設備

暖房方式に関する記述のうち，適当でないものはどれか

(1)蒸気暖房は，温水暖房に比べてウォーミングアップの時間が短い．

(2)蒸気暖房は，温水暖房に比べて室内の負荷に応じた制御が容易である．

(3)温水暖房は，蒸気暖房に比べて所要放熱面積が大きくなる．

(4)温水暖房は，温水の顕熱のみを利用している．

解説 (2) 蒸気暖房は，温水暖房に比べて室内の負荷に応じた**制御が困難**である．

解答▶(2)

問題 3 冷暖房設備

温水暖房設備の特徴に関する記述のうち，適当でないものはどれか．

(1)配管径は，一般的に，蒸気暖房に比べて小さくなる．

(2)室内の温度制御は，蒸気暖房に比べて容易である．

(3)ウォーミングアップにかかる時間は，蒸気暖房に比べて長い．

(4)配管の耐食性は，一般的に，蒸気暖房に比べて優れている．

解説 (1) **温水暖房は蒸気暖房に比べて，配管径や放熱面積は大きく**なる．

解答▶(1)

問題 4 冷暖房設備

コールドドラフトの防止に関する記述のうち，適当でないものはどれか．

(1)暖房負荷となる外壁面からの熱損失をできるだけ減少させる．

(2)自然対流形の放熱器では，放熱器をできるだけ外壁の窓下全体に設置する．

(3)屋外から侵入するすき間風を減らすため，外気に面する建具回りの気密性を高める．

(4)強制対流形の放熱器では，放熱器を暖房負荷の小さい内壁側に設置する．

解説 (4) 冬期の**コールドドラフト防止**には，**放熱器**（自然対流形，強制対流形）はできるだけ**外壁の窓下全体に設置する**とよい．

解答▶(4)

問題 5 冷暖房設備

温水暖房における膨張タンクに関する記述のうち，適当でないものはどれか．

(1) 開放式膨張タンク容量は，装置全水量の膨張量から求める．

(2) 開放式膨張タンクにボイラーの逃し管を接続する場合は，メンテナンス用バルブを設ける．

(3) 密閉式膨張タンクは，一般的に，ダイヤフラム式やブラダー式が用いられる．

(4) 密閉式膨張タンク内の最低圧力は，装置内が大気圧以下とならないように設定する．

解説 (2) 開放式膨張タンクに**ボイラーの逃し管や膨張管**を接続する場合は，**メンテナンス用バルブなどを設けてはならない**．

解答▶(2)

問題 6 冷暖房設備

温水床パネル式の低温放射暖房に関する記述のうち，適当でないものはどれか．

(1) 室内空気の上下温度むらにより，室内気流を生じやすい．

(2) 放熱器や配管が室内に露出しないので，火傷などの危険性が少ない．

(3) 放射パネルの構造によっては，パネルの熱容量が大きく放射量の調節に時間がかかる．

(4) 室内空気温度を低く設定しても，平均放射温度を上げることにより，ほぼ同様の温熱感が得られる．

解説 (1) **温水床パネル式の低温放射暖房**は，室内空気の**上下温度差が小さく**，対流暖房方式に比べて**快適性が良好**である．**天井の高い空間の暖房**に採用されている．

解答▶(1)

問題 7 冷暖房設備

放射冷暖房に関する記述のうち，適当でないもの**はどれか．**

(1) 放射暖房は，対流暖房に比べて，室内温度の上下むらが少ない．

(2) 放射暖房は，天井の高い工場などでは効果が得られにくい．

(3) 放射冷房の場合，放熱面温度を下げすぎると，放熱面で結露が生じる．

(4) 冷温水パネルの場合，天井などに水配管を必要とし，水損事故のリスクがある．

解説 (2) **放射暖房**は，**天井の高い空間に適している**暖房方式である．

解答▶(2)

問題 8 冷暖房設備

空冷ヒートポンプパッケージ形空気調和機に関する記述のうち，適当でないもの**はどれか．**

(1) 屋外機と屋内機の設置場所の高低差には制限がある．

(2) 暖房運転において，外気温度が低いときには屋外機コイルに霜が付着することがある．

(3) 冷房の場合，外気温度が高いほど成績係数が向上する．

(4) ガスエンジンヒートポンプ方式は，圧縮機の駆動機としてガスエンジンを使用するものである．

解説 (3) 空冷ヒートポンプパッケージ形空気調和機で**冷房運転**した場合，**外気温度が高くなるほど成績係数が悪くなる**．また，**暖房運転**のときは，**外気温度が低くなるほど成績係数が悪くなる**．

解答▶(3)

マスターPoint ガスエンジンヒートポンプ方式は，ガスエンジンヒートポンプや油エンジンヒートポンプは，エンジンの排熱が利用できるため，暖房能力が大きくでき，デフロスト運転が不要となるなど，寒冷地に適している．

問題 9 冷暖房設備

パッケージ形空気調和機に関する記述のうち，適当でないものはどれか.

(1) ガスエンジンヒートポンプ方式は，暖房運転時にガスエンジンの排熱が利用できる.

(2) 空気熱源ヒートポンプ方式では，冷媒配管の長短は能力に影響しない.

(3) ヒートポンプ方式のマルチパッケージ形空気調和機には，屋内機ごとに冷房運転または暖房運転の選択ができる方式がある.

(4) ヒートポンプ方式には，空気熱源ヒートポンプ方式と水熱源ヒートポンプ方式がある.

解説 (2) **空気熱源ヒートポンプ方式**は，屋内機と屋外機で構成され，冷媒配管で接続されている．**冷媒配管の長さ，高低差には制限がある.**

解答▶(2)

問題 10 冷暖房設備

吸収冷温水機の特長に関する記述のうち，適当でないものはどれか.

(1) 木質バイオマス燃料の木質ペレットを燃料として使用する機種もある.

(2) 立上がり時間は，一般的に，圧縮式冷凍機に比べて短い.

(3) 運転時，冷水と温水を同時に取り出すことができる機種もある.

(4) 二重効用吸収冷温水機は，一般的に，取扱いにボイラー技士を必要としない.

解説 (2) **吸収冷温水機**は再生器が温まるまで時間を要するため，圧縮式冷凍機に比べて**立上がり時間は長い.**

解答▶(2)

マスターPoint 上記設問のほかに，吸収冷温水機および吸収冷凍機と圧縮式冷凍機と比べた場合の主な特徴は，機内が大気圧以下で圧力による破裂等のおそれがない，回転部分が少なく振動および騒音が小さい，電力消費量が小さい，冷却塔の能力が大きくなる，などがある.

問題11 冷暖房設備

暖房に関する記述のうち，適当でないものはどれか．

(1) 蒸気暖房には，一般的に，蒸気圧力 100 kPa 以下の低圧蒸気が使用される．

(2) 温水暖房は，一般的に，50 ～ 80℃の温水が使われる．

(3) 鋳鉄製放熱器での暖房の場合，蒸気より温水のほうが負荷変動に応じた制御が容易である．

(4) 鋳鉄製温水ボイラーの温水温度は，ボイラー構造規格により，最高 100℃までに制限されている．

解説 (4) **鋳鉄製温水ボイラーの温水温度は 120℃以下**である．労働安全衛生法に「温水温度120 度を超える温水ボイラーは鋳鉄製としてはならない」とある．

解答▶(4)

問題12 冷暖房設備

放熱器を室内に設置する直接暖房方式に関する記述のうち，適当でないものはどれか．

(1) 暖房自然対流・放射形放熱器には，コンベクタ類とラジエータ類がある．

(2) 温水暖房のウォーミングアップにかかる時間は，蒸気暖房に比べて長くなる．

(3) 温水暖房の放熱面積は，蒸気暖房に比べて小さくなる．

(4) 暖房用強制対流形放熱器のファンコンベクタには，ドレンパンは不要である．

解説 (3) 温水暖房は，50 ～ 80℃の温水が使用されるが，蒸気暖房は高温の蒸気（100℃以上）を利用して暖房を行う．したがって，**放熱面積は，蒸気暖房のほうが小さくなる**．

解答▶(3)

マスターPoint ドレンパンは，熱交換器（コイル）で発生する結露水をためておく受皿のことである．ファンコイルユニットなどに内蔵されている冷水コイル（または冷温水コイル）がある場合はドレンパンが必要である．暖房用放熱器のファンコンベクタなどは，ドレンパンが不要である．

4 3 換気・排煙設備

1 換気設備

1. 換気設備の目的

換気とは，室内の汚染された空気を室外に排出し，新鮮な外気と入れ換えることをいい，「室内空気の清浄化」，「熱や水蒸気の除去」，「酸素の供給」などの目的がある．

2. 換気方式

⊕**自然換気設備**・・・機械力は使わず，自然風によって生じる圧力差を利用した風力換気と，建物内外の温度差によって生じる空気密度の差（浮力）を利用した重力換気（温度差換気）がある．居室の自然換気については，p.272 を参照のこと．

⊕**機械換気設備**・・・送風機などを利用して，強制的に換気を行うものである．

① **第 1 種機械換気**：**給気側と排気側にそれぞれ送風機**を設ける方式で，劇場，映画館，地下街，厨房，熱源機械室，喫煙室などで適用される．

② **第 2 種機械換気**：**給気側のみに送風機**を設けて室内を**正圧**に保ち，排気口（ガラリなど）から排気する方式で，ボイラー室などで適用される．

③ **第 3 種機械換気**：**排気側のみ送風機**を設けて室内を**負圧**に保ち，給気口から給気する方式で，便所，倉庫，浴室などで適用される．

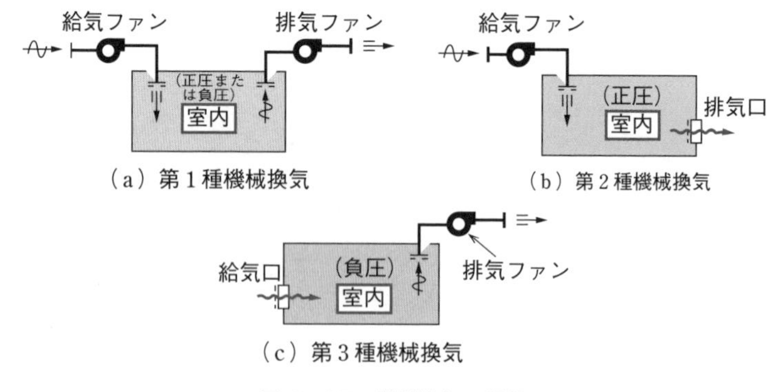

図 4・17　機械換気の種類

3. 換気量の求め方

⊕**換気回数による計算**・・・室の容積を求め，換気回数を乗じて換気量を算出する方法で，室内の環境基準値や汚染の状態が明確ではない場合などに用いられる．

⊕**許容値による計算**・・・室内の許容値と汚染量が提示された場合には，その許容値を守るため必要換気量を算出しなければならない．その計算式を**表4·2**に示す．

表4・2　必要換気量（V）の計算式

No.	換気因子	計算式	備　考
①	熱	$V=\dfrac{H_s}{0.29(t_i-t_o)}$	H_s：発生顕熱量〔kW〕 t_i：許容室内温度〔℃〕 t_o：導入外気温度〔℃〕
②	水蒸気	$V=\dfrac{W}{1.2(x_i-x_o)}$	W：水蒸気発生量〔kg/h〕 x_i：許容室内絶対湿度〔kg/kg(DA)〕 x_o：導入外気絶対湿度〔kg/kg(DA)〕
③	ガス	$V=\dfrac{100M}{K-K_o}$	M：ガス発生量〔m^3/h〕 K：許容室内ガス濃度〔vol%〕 K_o：導入外気ガス濃度〔vol%〕
④	じんあい	$V=\dfrac{M}{C-C_o}$	M：じんあい発生量〔mg/h〕 C：許容室内じんあい濃度〔mg/m^3〕 C_o：導入外気じんあい濃度〔mg/m^3〕

⊕**法規制による計算**（建築基準法）・・・法規制によって，法的換気量を順守するように義務づけられている．

① **機械換気設備における居室の換気量**は，次式による．

$$V=\frac{20A_f}{N}$$

ここに，V：有効換気量〔m^3/h〕，A_f：居室の床面積（窓などの有効な開口部がある場合は，その20倍したものを減じる）

N：1人当たりの占有面積〔m^2〕（$N>10$ の場合は10とする）

② **火気使用室の換気量**：**図4·18**のように，煙突や排気フードの形状などによって計算式が異なる．

4. 給排気ガラリの大きさ

給気ガラリや排気ガラリの大きさは，次式で求めることができる．

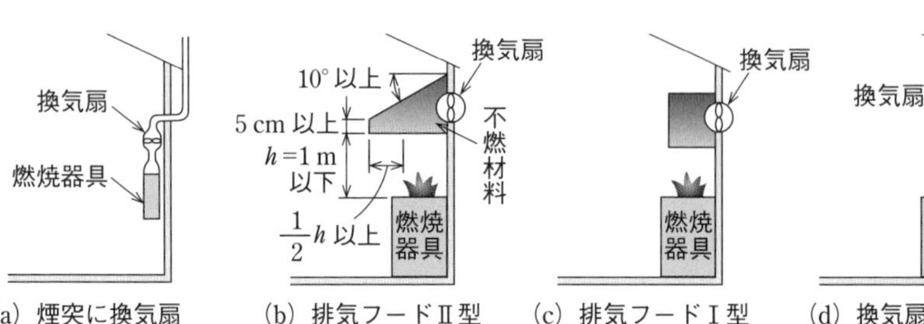

(a) 煙突に換気扇を設けた場合 $V=2KQ$

(b) 排気フードⅡ型を設けた場合 $V=20KQ$

(c) 排気フードⅠ型（レンジフード）を設けた場合 $V=30KQ$

(d) 換気扇のみの場合 $V=40KQ$

ここに，V：有効換気量〔m^3/h〕
K：理論廃ガス量〔$m^3/kW \cdot h$〕
Q：燃料消費量〔kW〕〔kg/h〕

［理論廃ガス量
都市ガス：0.93 $m^3/kW \cdot h$
LPG：0.93 $m^3/kW \cdot h$，灯油：12.1 $m^3/kW \cdot h$］

図４・18　火気使用室における機械換気と有効換気量の求め方

$$\text{ガラリの面積}\ A\ 〔m^2〕 = \frac{Q}{3\,600 \cdot v \cdot \alpha}$$

ここに，Q：風量〔m^3/h〕，v：平均風速〔m/s〕，α：有効開口率（ドア 0.35）

上式で求めた A〔m^2〕から，ガラリの大きさを決定する．

2　排煙設備

1．排煙設備の目的

排煙設備は，建築物で火災が起きたときに，**発生した煙やガスを排除し，人命の安全を目的とするとともに，消火活動上必要な設備**となっている．建築基準法や消防法にその設置や構造基準などが規定されている．

2．排煙設備の設置対象となる建築物

⊕ **延べ面積が 500 m^2 を超える特殊建築物**（特殊建築物とは，劇場，映画館，集会場，病院，ホテル，博物館，百貨店，遊技場など）

《設置免除の建物》

共同住宅で防火区画が 100 m^2 以下（ただし，高さ 31 m 以下の部分にある共同住宅の住戸では防火区画 200 m^2 以下）

- 学校または体育館
- 延べ面積が 500 m^2 以下の建物

⊕**3 階以上の建物で，延べ面積が 500 m² を超える建物**（事務所ビルなど）

⊕**延べ面積が 1 000 m² を超える建物**（床面積が 200 m² を超える大居室と，無窓の居室の場合が主となる．階数が 2 階以下の建物に適用される）

⊕**排煙上有効な開口部のない居室**（無窓の居室）

3．排煙・防煙方式の種類

⊕**自然排煙方式**・・・自然排煙については，p.273 を参照のこと．

⊕**機械排煙方式**・・・排煙機を用いて強制的に煙を吸引し，排煙ダクトを使って煙を建物外に排出する方式で，火炎を減圧するため煙の拡散防止の効果もある．

⊕**加圧防煙方式**・・・避難計画上重要な階段などに設置され，室内の内圧を高めて煙の侵入を防ぐ方式のものである．

⊕**蓄煙方式**・・・大空間など天井が高い場合に有効な方法で，上部に煙を蓄えることで，煙の拡散の防止と，煙が下部に降下するのを遅らせる．この場合，火災室は密閉となる．

なお，**自然排煙と機械排煙を同一区画内では併用しないこと**．

表 4・3　排煙設備の構造

分類		構造
防煙区画		・500 m² 以内ごとに間仕切壁，天井面から 50 cm 以上の垂れ壁，その他不燃材料でつくり，または覆う．
排煙口	設置位置	・天井面または天井面から下方 80 cm 以内で，かつ防煙垂れ壁以内の壁面，また，防煙区画の各部分からの水平距離で 30 m 以下になるように設ける． 直線距離は不可 排煙口（不燃材料）
	手動開放装置の操作部	・壁面の場合，床面から 0.8 ～ 1.5 m． ・天井吊下げの場合，床面からおおむね 1.8 m． ・排煙口は常時閉鎖状態とする．
排煙ダクト		・小屋裏，天井裏の部分は金属以外の不燃材料で覆う． ・木材その他可燃物から 15 cm 以上離す．
排煙機		・280℃で 30 分以上耐える耐熱構造とする． ・天井高さ 3 m 以下の一般建築物では 120 m³/min 以上とし，防煙区画の床面積 1 m² につき 1 m³/min 以上． ・2 以上の防煙区画にかかるものは，最大床面積 × 2 m³/min 以上． ・停電の場合，予備電源（非常用発電機）を必要とする． ・エンジン駆動としてもよい．

4. 排煙設備の構造

表 4･3 に排煙設備の構造基準について示す.

❶ 第 1 種機械換気は，給排気側に送風機を設けた方式，第 2 種は給気側のみ送風機を設けた方式，第 3 種は排気側のみ送風機を設けた方式である.

❷ 室別の換気の主な目的，室圧，一般的な機械換気方式は下表のとおり.

室　名	主な目的	室　圧	換気方式
居　室	室内空気の浄化	正負どちらでも可	第 3 種（第 1 種）
便　所	臭気の除去	負　圧	第 3 種
浴　室	水蒸気の除去	負　圧	第 3 種
シャワー室	水蒸気の除去	負　圧	第 3 種
更衣室	臭気の除去	負　圧	第 3 種
書庫・倉庫	湿気の除去	負　圧	第 3 種（第 1 種）
ボイラー室	酸素の供給	正　圧	第 2 種（第 1 種）
エレベータ機械室	熱の排除	負　圧	第 3 種（第 1 種）
駐車場	排ガスの除去	負　圧	誘引誘導換気

❸ 必要換気量とは，室内の汚染質濃度を許容値以下に保つために，室内空気と外気（新鮮空気）を入れ替える空気量をいう.

❹ 便所などの汚染物質が発生する室の換気は，独立させた換気設備とする.

❺ 居室に機械換気設備を設ける場合，有効換気量の必要最小値 V〔m³/h〕は，$V = 20A_f/N$ で算出する.

❻ 台所にレンジフード（フード I 型）を設けた場合の有効換気量 V〔m³/h〕は $V = 30KQ$ で算出する.

❼ 給排気ガラリの開口有効面積 A〔m²〕は，$A = V/(3\,600 \cdot v \cdot \alpha)$ で求める（v：面風速，α：有効開口率）.

問題 1 換気

換気の「対象となる室」と「主な目的」の組合せのうち，適当でないものはどれか．

（対象となる室）　　　（主な目的）

(1)　居室 ―――――― 室内空気の浄化
(2)　更衣室 ――――― 熱の排除
(3)　ボイラー室 ―――― 酸素の供給
(4)　浴室 ―――――― 水蒸気の排除

解説 (2) 更衣室の換気の主な目的は，**臭気の除去**である．

解答▶(2)

ボイラー室は，完全燃焼させるための空気（酸素）が多く必要となるため，第 2 種機械換気方式または第 1 種機械換気方式とし，室内を正圧とする．

問題 2 換気

換気方式に関する記述のうち，適当でないものはどれか．

(1) 第 1 種機械換気方式では，換気対象室内の圧力の制御を容易に行うことができる．
(2) 第 2 種機械換気方式では，換気対象室内の圧力は正圧となる．
(3) 第 3 種機械換気方式では，換気対象室内の圧力は負圧となる．
(4) 温度差を利用する自然換気方式では，換気対象室のなるべく高い位置に給気口を設ける．

解説 (4) 自然換気方式の場合，**給気口の位置は天井高さの 1/2 以下**に設ける（下図参照）．詳細は，p.272 を参照のこと．

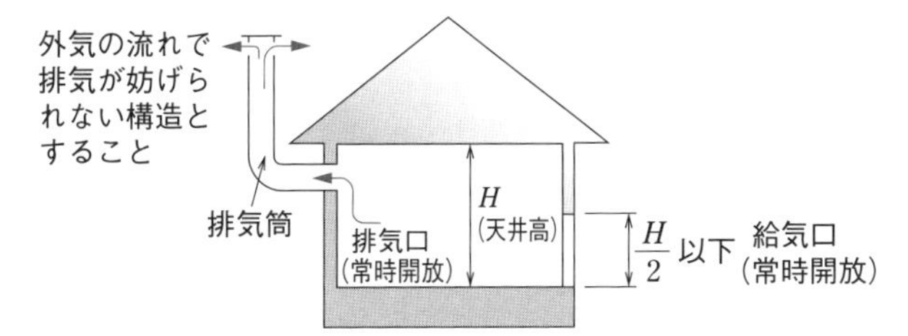

解答▶(4)

問題 3 換気

換気設備に関する記述のうち，適当でないものはどれか．

(1) 発電機室の換気は，第1種機械換気方式とする．

(2) 無窓の居室の換気は，第1種機械換気方式とする．

(3) 便所の換気は，居室の換気系統にまとめる．

(4) 駐車場の換気は．誘引誘導換気方式とする．

解説 (3) **便所の換気**は臭気の排除が主な目的である．**汚染物質が発生する室の換気は**，**独立させた換気設備**とする．

解答▶(2)

問題 4 換気

換気設備に関する記述のうち，適当でないものはどれか．

(1) 換気回数とは，換気量を室容積で除したものである．

(2) 必要換気量とは，室内の汚染質濃度を許容値以下に保つために循環する空気量をいう．

(3) 自然換気には，風量によるものと温度差によるものがある．

(4) シックハウスを防ぐには，室内中の TVOC（総揮発性有機化合物の濃度）を低く保つ必要がある．

解説 (2) **必要換気量**とは，室内の汚染質濃度を許容値以下に保つために，**室内空気と外気**（**新鮮空気**）**を入れ替える空気量**をいう．

解答▶(2)

問題 5 換気

換気設備に関する記述のうち，適当でないものはどれか．

(1) 汚染度の高い室を換気する場合の室圧は，周囲の室より高くする．

(2) 汚染源が固定していない室は，全体空気の入替えを行う全般換気とする．

(3) 排気フードは，できるだけ汚染源に近接し，汚染源を囲むように設ける．

(4) 排風機は，できるだけダクト系の末端に設け，ダクト内を負圧にする．

解説 (1) **汚染度の高い室**を換気する場合の室圧は，周囲の室より**負圧**にする．

解答▶(1)

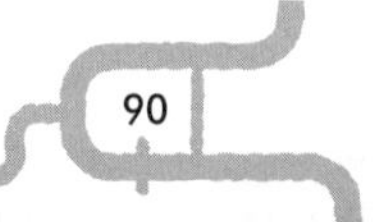

問題 6 換気

換気に関する記述のうち，適当でないものはどれか．

(1) 第3種機械換気方式では，換気対象室内は負圧となる．

(2) 第1種機械換気方式は，他室の汚染した空気の侵入を嫌う室や，燃焼空気を必要とする室の換気に適している．

(3) 臭気，燃焼ガスなどの汚染源の異なる換気は，各々独立した換気系統とする．

(4) 局所換気は，汚染質を汚染源の近くで捕そくする換気で，全般換気に比べて換気量を多くする必要がある．

解説 (4) **局所換気**は，汚染源の近くで捕そくするので全般換気に比べて**換気量を多くする必要はない**．

解答▶(4)

問題 7 換気

特殊建築物の居室に機械換気設備を設ける場合，有効換気量の必要最小値を算定する式として，「建築基準法」上，正しいものはどれか．

ただし，V：有効換気量〔m³/h〕，A_f：居室の床面積〔m²〕，

N：実況に応じた1人当たりの占有面積（3を超えるときは3とする）〔m²〕とする．

(1) $V = \dfrac{10A_f}{N}$

(2) $V = \dfrac{20A_f}{N}$

(3) $V = \dfrac{A_f}{10N}$

(4) $V = \dfrac{A_f}{20N}$

解説 (2) 建築基準法施行令第20条の2第一号ロの規定により，1人1時間当たりの供給外気量を **20 m³** としている．なお，A_f/N は**法定在室人員**を算定している．

解答▶(2)

問題 8 換気

床面積の合計が 100 m^2 を超える住宅の調理室に設置するこんろの上方に，下図に示すレンジフード（排気フードⅠ型）を設置した場合，換気扇等の有効換気量の最小値として，「建築基準法」上，正しいものはどれか．

ただし，K：燃料の単位燃焼量当たりの理論廃ガス量〔m^3/kW･h〕

Q：火を使用する設備または器具の実況に応じた燃料消費量〔kW〕

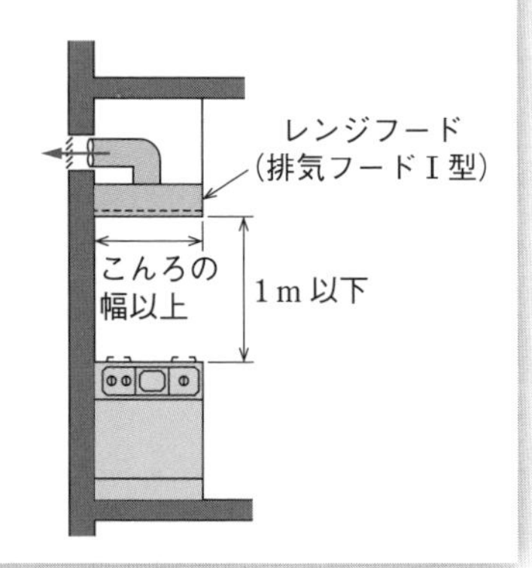

(1) $2KQ$〔m^3/h〕
(2) $20KQ$〔m^3/h〕
(3) $30KQ$〔m^3/h〕
(4) $40KQ$〔m^3/h〕

解説 (3) 建築基準法上［建築基準法施行令第 20 条の 3 第 2 項，昭和 45 年建設省告示第 1826 号］において，台所などの火を使用する調理室等に設ける換気設備の有効換気量 V〔m^3/h〕を求める計算式が定められている．設問の図は**排気フードⅠ型**なので，$V = 30KQ$ で求めた値となる．

解答▶(3)

問題 9 換気

第 3 種機械換気における排気ガラリの面積 A〔m^2〕の算出式として，適当なものはどれか．

ただし，排気風量を Q〔m^3/h〕，有効開口面風速を v〔m/s〕，ガラリの有効開口率を α とする．

(1) $A = v \times \alpha / Q$
(2) $A = 3\,600 \times v \times \alpha / Q$
(3) $A = Q/(v \times \alpha)$
(4) $A = Q/(3\,600 \times v \times \alpha)$

解説 (4) 排気ガラリの面積 A〔m^2〕の算出式は，$A = Q/(3\,600 \times v \times \alpha)$ である．

解答▶(4)

問題 10 換気

図に示す室を換気扇で換気する場合，給気口の寸法として，適当なものはどれか.

ただし，換気扇の風量は 360 m³/h，給気口の有効開口率は 40%，有効開口面風速は 2 m/s とする.

(1) 250 mm × 250 mm
(2) 350 mm × 250 mm
(3) 450 mm × 250 mm
(4) 500 mm × 250 mm

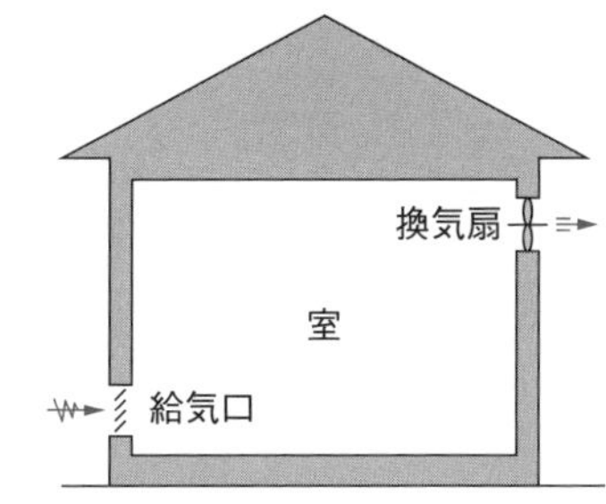

解説 給気口の開口面積 A〔m²〕は，下式により求めることができる.

$$A = \frac{Q}{3\,600 \cdot v \cdot \alpha}$$

ここに，Q：換気扇の風量〔m³/h〕 ➡ 360 m³/h

v：有効開口面風速〔m/s〕 ➡ 2 m/s

α：給気口の有効開口率 ➡ 40% = 0.4

上式に数値を代入して求めると

$$A = \frac{Q}{3\,600 \cdot v \cdot \alpha} = \frac{360}{3\,600 \times 2 \times 0.4} = 0.125 \text{〔m}^2\text{〕}$$

短辺を 250 mm = 0.25 m とすると

$0.125 \div 0.25 = 0.5$〔m〕

よって，500 mm × 250 mm となり，(4) が正しい.

解答▶(4)

問題 11 換気・排煙設備

排煙設備の目的に関する記述のうち，適当でないものはどれか．
ただし，本設備は「建築基準法」上の「特殊な構造」によらないものとする．

(1) 爆発的な火災の拡大による他区画への延焼を防止することができる．
(2) 機械排煙設備の作動中は，室内が負圧になるため，煙の流出を抑えることができる．
(3) 消防隊による救出活動および消火活動を容易にすることができる．
(4) 避難経路の安全を確保し，避難活動を容易にすることができる．

解説 (1) 排煙設備は，火災時に発生する煙やガス類を排出することで，避難や消火活動を容易にするもので，**火災の拡大防止にならない．**

解答▶(1)

問題 12 換気・排煙設備

排煙設備に関する記述のうち，適当でないものはどれか．
ただし，本設備は「建築基準法」上の「階および全館避難安全検証法」および「特殊な構造」によらないものとする．

(1) 排煙設備の排煙口，ダクトその他煙に接する部分は，不燃材料で造る．
(2) 排煙口には，手動開放装置を設ける．
(3) 電源を必要とする排煙設備には，予備電源を設ける．
(4) 排煙口の設置は，天井面に限定されている．

解説 (4) 排煙口は，**天井または天井から下方 80 cm 以内の距離にある壁面**に設けることと規定している．

解答▶(4)

選択問題

5 衛　生

全出題問題の中における『5章』の内容からの出題内容

出　題	出題数	必要解答数	合格ライン正解解答数
上下水道	2	選択問題 ・出題数（空調8問・衛生9問）計17問の中から任意に9問選択して解答する	6問（66%）以上の正解を目標にする
給水・給湯	2		
排水・通気	2		
消火設備	1		
ガス設備	1		
浄化槽	1		
合　計	9		

よく出るテーマ

上下水道

1）水質基準（大腸菌），2）上水道施設のフロー
3）分水栓・サドル付分水栓，4）桝の間隔（管径の120倍）
5）インバート・泥だめ・ドロップ桝，6）給水管の埋設深さ
7）ほかの埋設物との距離（30 cm以上），8）遊離残留塩素
9）桝の内径（15 cm以上），10）下水道流速とこう配

給水・給湯

1）給水方式，2）給水タンクの設置，3）ウォータハンマの防止
4）バキュームブレーカ，5）クロスコネクション，6）給湯温度
7）元止め式・先止め式，8）逆サイホン作用，9）吐水口空間
10）ガス瞬間湯沸器の出湯能力（号数），11）レジオネラ属菌

排水・通気

1）自己サイホン作用，2）封水深（50～100 mm），3）間接排水
4）排水トラップ，5）ループ通気管・伸頂通気管の取出し方
6）各個通気，7）大便器の接続口径（75 mm），8）逃し通気管

消火設備・ガス設備・浄化槽

1）屋内消火栓ポンプ，2）非常電源，3）消火栓設置（水平距離）
4）開閉弁の高さ（1.5 m），5）LNG・LPGの主成分，6）ガス漏れ警報器
7）LPGの充てん容器，8）FRP浄化槽の施工，9）処理対象人員
10）嫌気ろ床接触ばっ気方式のフロー

5 1 上下水道

1 上水道

上水道は，**水道法上の水道**のことである．水道とは，導管およびその他の工作物により水を人の飲用に適する水として供給する施設の総体をいう．ただし，臨時に施設されたものを除く．

1. 上水道の施設

水道の水源水が需要者に供給されるまでには，原水の質および量，地理的条件，水道の形態などに応じ，**取水施設**（貯水施設），**導水施設**，**浄水施設**，**送水施設**，**配水施設**，**給水装置**の作業プロセスを経ている．**図 5·1** に，上水道施設一般構成図の例を示す．

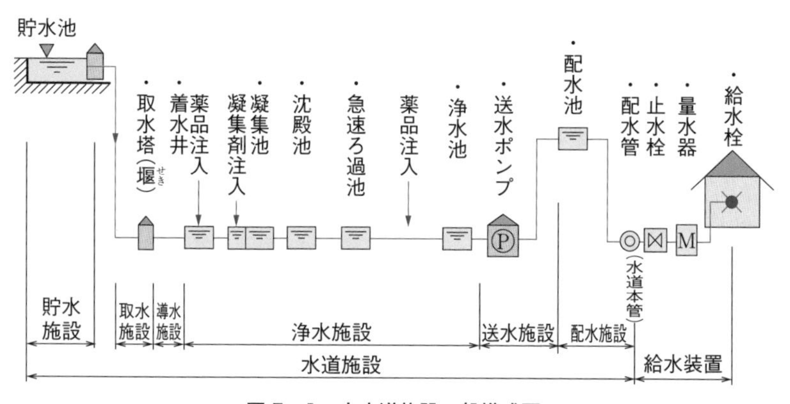

図 5・1　上水道施設一般構成図

⊕**取水施設・・・河川，湖沼，または地下水源から水を取り入れ，粗いごみなどを取り除いて導水施設へ送り込む施設である．**

計画取水量：計画 1 日最大給水量

水道水の水源は，地表水と地下水に大別される．

① **地表水**：河川水，貯水池水など

② **地下水**：浅層水，深層水，湧泉水，伏流水など

浅層水 < 地表から深さ 30 m ≦ 深層水

⊕**導水施設**・・・原水を取水施設（取水池）より浄水施設（浄水場）まで送る施設である．導水方式には，水源と浄水場の水位関係によって，自然流下方式とポンプ加圧方式がある．

計画導水量：計画 1 日最大原水量

⊕**浄水施設**・・・浄水施設は，原水の質および量に応じて，水道基準に適合させるために必要な沈殿池，ろ過池，消毒設備がある施設である．

計画浄水量：計画 1 日最大給水量

着水井は，河川などから原水を導入する際に原水の水位の動揺を安定させるとともに，その水量を調節するために設ける．

《浄水の処理フロー》

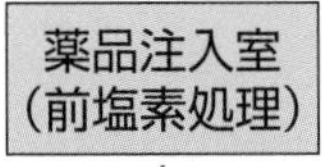

…原水中に浮遊している砂などの粒子を短時間で沈殿除去させるために薬品を注入する．

↓

沈殿池（凝集池）…急速混和池およびフロック形成池の総称である．凝集剤には硫酸アルミニウム（硫酸バンド），水道用ポリ塩化アルミニウム（PAC）などが使用されている．

↓

急速ろ過池…ろ過速度 120～150 m/日でろ過させる池をいう．急速ろ過に対して緩速ろ過があり，ろ過速度は 3～5 m/日である．急速ろ過は，緩速ろ過に比べ濁度，色度の高い水を処理する場合によく使用される．

↓

塩素注入室（塩素滅菌室）…ろ過法では細菌を完全に除去できないので消毒剤（さらし粉，液化塩素，次亜塩素酸ナトリウムまたは次亜塩素酸カルシウム）を用いる．これは水道法施行規則で定められている．

⊕**送水施設**・・・浄水場から配水施設（配水池）まで浄水を送る施設である．

浄水を送るのに必要なポンプ，送水管などの設備で，送水方式は自然流下が望ましいが，水位関係により必要に応じてポンプ加圧式とする．

計画送水量：計画 1 日最大給水量

⊕**配水施設**・・・浄水を配水池から給水区域（公道下）の配水管まで供給し，需要者に所要の水量を配布するための施設である．

配水池の有効容量は，計画１日最大給水量の８～12時間分である．

計画配水量：計画時間最大給水量

⊕**給水装置・・・配水管から分岐した給水管と，これに直結する給水栓などの給水器具**のことで，配水管に直結していない受水槽以下の設備は水道法の対象となる給水装置ではないが，その構造，材質などについて建築基準法に定められている．湯沸し器などは，水道事業者の承認を受けた場合に限り，給水装置として使用できる．

水道法施行規則に，「**給水栓における水が，遊離残留塩素**を **0.1 mg/ℓ**（結合**残留塩素**の場合は **0.4 mg/ℓ**）**以上保存するように塩素消毒をする**こと．ただし，供給する水が病原性物に著しく汚染されるおそれがある場合，または病原性物に汚染されたことを疑わせるような生物若しくは物質を多量に含むおそれがある場合の給水栓における水の遊離残留塩素は，0.2 mg/ℓ（結合残留塩素の場合は，1.5 mg/ℓ）以上とする．」と定められている．

2. 配水管路の水圧

- **最大静水圧**　**0.74 MPa** を超えてはならない．
- **最大動水圧**　**最高 0.5 MPa 程度**とすることが望ましい．
- **最小動水圧**　**0.15 ～ 0.2 MPa** を標準とする．

3. 配水管の埋設深度と施工

⊕**給水管の埋設深度**

- 公道内　（車道部分）**1.2 m 以上**　（歩道部分）**0.9 m 以上**
- 私道内　**0.75 m 以上**
- 宅地内　**0.3 m 以上**（車道部分 0.6 m 以上）

⊕**配水管の施工**

①　**道路内に配管する場合**：ほかの埋設物との間隔は **30 cm 以上**とする．

②　**敷地内に配管する場合**：できるだけ直線配管とする．

③　**開渠を横断する場合**：なるべく開渠の上に布設する．

④　**分水栓によって給水管を取り出す場合**：ほかの給水装置の取付け口から **30 cm 以上**離す．

⑤　**給水管を埋設する場合**：企業者名，布設年次，業種別名などを**明示するテープやシールを貼り付ける**．

4. 水道法

⊕**用語の定義**（水道法第3条第7項）・・・「**簡易専用水道**とは，水道事業の用に供する水道及び専用水道以外の水道であつて，水道事業の用に供する水道から供給を受ける水のみを水源とするものをいう.」と定められている．なお，水道法施行令第2条（簡易専用水道の適用除外の基準）に「ただし，水道事業の用に供する水道から水の供給を受けるために設けられる水槽の有効容量の合計が**10 m^3 以下**のものを除く.」と定められている．

⊕**水質基準**（水道法第4条）・・・水道により供給される水は，次の各号に掲げる用件を備えるものでなければならない．

一　病原生物に汚染され，又は病原生物に汚染されたことを疑わせるような生物若しくは物質を含むものでないこと．

二　シアン，水銀その他の有毒物質を含まないこと．

三　銅，鉄，弗素，フェノールその他の物質をその許容量を超えて含まないこと．

四　異常な酸性又はアルカリ性を呈しないこと．

五　異常な臭味がないこと．ただし，消毒による臭味を除く．

六　外観は，ほとんど無色透明であること．

2　前項各号の基準に関して必要な事項は，**厚生労働省令**で定める．

上記の一～六については水質基準として51項目が定められているが，**表5·1**に抜粋して記す．

表5・1　水質基準

項　目	基準値
一般細菌	1 mℓの検水で形成される集落数が100以下であること．
大腸菌	**検出されないこと．**
水銀及びその化合物	水銀の量に関して，0.0005 mg/ℓ以下であること．
シアン化物イオン	シアンの量に関して，0.01 mg/ℓ以下であること．
鉄及びその化合物	鉄の量に関して，0.3 mg/ℓであること．
銅及びその化合物	銅の量に関して，1.0 mg/ℓであること．
pH値	**5.8以上8.6以下**であること．
味	異常でないこと．
臭　気	異常でないこと．
色　度	5度以下であること．
濁　度	2度以下であること．

② 下　水　道

下水道は，下水（生活排水や工業廃水または雨水をいう）を排除するために設けられる排水管，排水渠，その他の排水施設，これに接続して下水を処理するために設けられる処理施設など，その他施設の総体をいう．

1. 下水道の種類

⊕**公共下水道**・・・下水道法に，「主として市街地における下水を排除し又は処理するために，地方公共団体が管理する下水道で，**終末処理場**を有するもの又は流域下水道に接続するものであり，かつ，汚水を排除すべき排水施設の相当部分が暗渠である構造のものをいう.」と定義されている.

⊕**流域下水道**・・・河川や湖沼の流域内にある，二つ以上の市町村の行政区域を越えて下水を排除するものである.各市町村ごとに公共下水道を建設するよりも，一括して下水を処理することにより，建設費も安く，運営上からも効果的である.

⊕**都市下水路**・・・市街地の雨水を排除する目的でつくられるものであるが，終末処理場をもたないため，水質の規制がある.

2. 下水の排除方式

⊕**排除方式**

① **分流式**：汚水と雨水とを別々の管路系統で排除する.

② **合流式**：汚水と雨水とを同一の管路系統で排除する.

⊕**分流式の長所と短所**

《長所》

雨天時に汚水を水域に放流することがないので，水質保全上有利である.

《短所》

汚水管渠は小口径のため，所定の管内流速をとるのに，こう配が急になり埋設が深くなる．経済的でない.

⊕**合流式の長所と短所**

《長所》

下水管が1本ですむため，施工が容易である.

《短所》

降雨時に管渠内の沈殿物が一時に掃流され，公共用水域を汚濁する.

3. 下水管渠(かんきょ)の流速と最小管径

① **汚水管渠**：0.6 ～ 3.0 m/s，200 mm

② **雨水管渠，合流管渠**：0.8 ～ 3.0 m/s，250 mm

- 汚水の最小流速は，合流最小流速より小さい．
- 流速は，下水中の沈殿しやすい物質が**沈殿しないだけの流速にすること**．
- **下流にいくほど漸増させる**．
- **こう配は，下流にいくに従い緩やかにする**（管径が大きくなる）．
- **排水管の土かぶりは**，建物の敷地内では原則として 20 cm 以上とする．

4. 下水管渠の接合

一般的に，次の方法が用いられる（**図 5･2** 参照）．

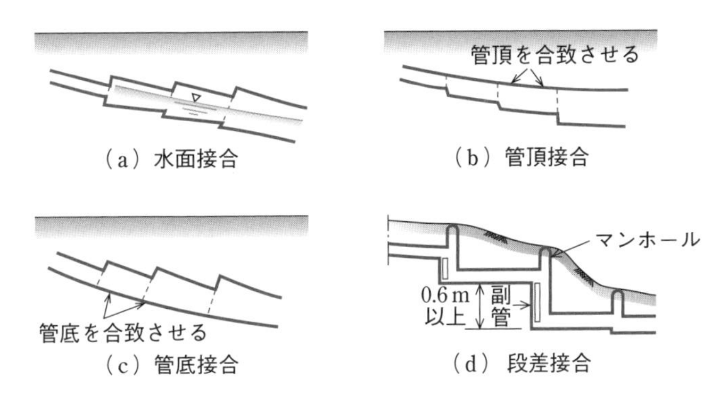

図 5・2　管渠の接合方法

① **水面接合**：水理学上最も理想的な方法で，おおむね計画水位となるように接合する．

② **管頂接合**：地表こう配が大きく，工事費への影響が多い場合に用いる．

③ **管底接合**：地表こう配が小さく，放流河川などの流末水位に制限を受ける場合に用いる．

④ **段差接合**：地表面のこう配が急な敷地において，下水道管渠のこう配を適切に保つために用いる．

5. 管渠の基礎

- 硬質ポリ塩化ビニル管などは，**自由支承**（基礎が管の変形とともに変わる）の**砂や砕石基礎**とする．
- 鉄筋コンクリートなどの管渠は，条件に応じて自由支承の基礎や**固定支承**の**コンクリート基礎**とする．

6. 桝（ます）

- 桝は，内径または内法（うちのり）**15 cm 以上**の円形または角形のものとする．
- 汚水桝の底部には，**インバート**を設ける（**図 5･3** 参照）．

✎インバート（管の底面）：桝の底をえぐるように溝を掘る．

- 雨水桝の底部には，**深さ 15 cm 以上の泥だめ**を設ける（**図 5･4** 参照）．
- 上流，下流の排水管の落差が大きい場合は，**ドロップ桝**などを使用する．
- 合流式の雨水排水管を汚水管に接続する箇所の桝は，臭気の発散を防止するため，**トラップ桝**とする．
- 排水管の土かぶりは，原則として **20 cm 以上**とする．

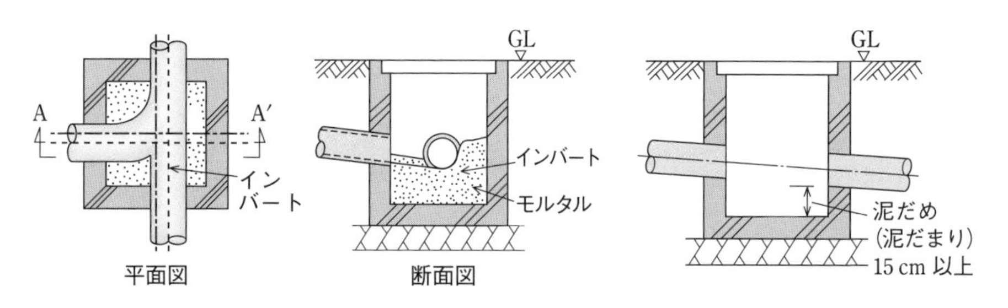

図 5・3　汚水桝（インバート桝）

図 5・4　雨水桝

7. 取付け管と 2 本の管渠の合流

取付け管の取付け位置は，**本管の水平中心線より上方に取り付け**，その取付け部は本管に対し **60° または 90°** とする（**図 5･5**）．

- 取付管の最小管径は，**150 mm** を標準とする．
- 取付けこう配は，**1/100 以上**とする．
- 2 本の管渠が合流する場合の中心交角は，なるべく **60° 以下**とする．
- 曲線をもって合流する場合の曲線の半径は，内径の **5 倍以上**とする．

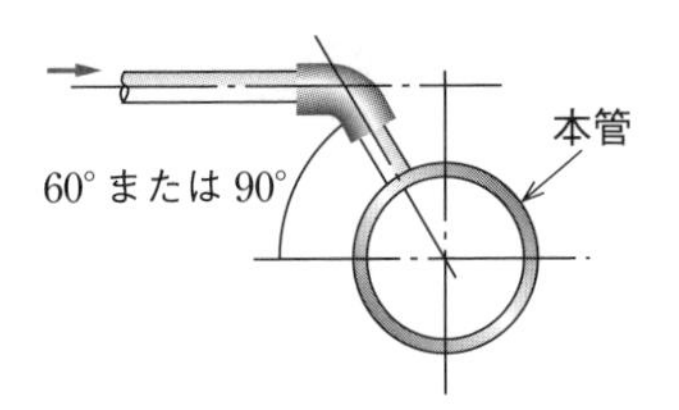

図５・５　取付管の取付け位置

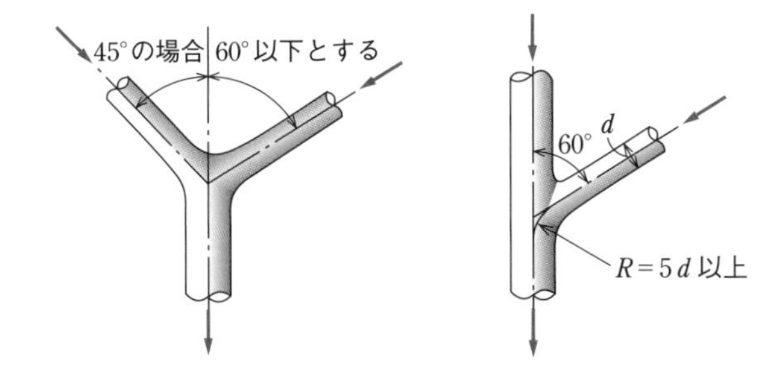

図５・６　２本の管渠の合流

❶ 取水施設から配水施設に至るまでのフローは，取水施設 → 導水施設 → 浄水施設 → 送水施設 → 配水施設
❷ 急速ろ過は，緩速ろ過に比べ濁度，色度の高い水を処理する.
❸ 結合残留塩素より遊離残留塩素のほうが，殺菌力が高い.
❹ 配水管から給水管を取り出す場合，他の給水管の取出し位置との間隔は 30 cm 以上とする.
❺ 大腸菌は検出されてはならない.
❻ 汚水管の管内流速は，掃流力を考慮して，最小 0.6 ～ 3.0 m/s とする.
❼ 合流管渠の最小管径は，汚水管渠より大きい.
❽ 排水設備の桝は，排水管の長さが内径の 120 倍を超えない範囲内に設ける.
❾ 流速は管渠内に沈殿物が堆積するのを防ぐため，下流に行くほど漸増させ，勾配は下流に行くほど緩やかにする.
❿ 汚水桝の底部には，インバート桝を設ける.
⓫ 取付管は，本管の中心線から上方に取り付ける.

問題 1 上水道

水道水の水質基準に関する記述のうち，適当でないものはどれか．

(1) 一般細菌は，1 mℓの検水で形成される集落数が 100 以下であること．

(2) 大腸菌は，1 mℓにつき 10 個以下であること．

(3) 鉄およびその化合物は，鉄の量に関して，0.3 mg/ℓ以下であること．

(4) pH 値は，5.8 以上 8.6 以下であること．

解説 (2) 大腸菌は，基準値に関係なく**検出されてはならない**． **解答▶(2)**

水道水の水質基準（厚生労働省第 101 号）は 51 項目あるが，大腸菌がよく出題されている．大腸菌の基準値は，「検出されないこと」である．

問題 2 上水道

上水道の取水施設から配水施設に至るまでのフローのうち，適当なものはどれか．

(1) 取水施設 → 導水施設 → 浄水施設 → 送水施設 → 配水施設

(2) 取水施設 → 導水施設 → 送水施設 → 浄水施設 → 配水施設

(3) 取水施設 → 送水施設 → 導水施設 → 浄水施設 → 配水施設

(4) 取水施設 → 浄水施設 → 送水施設 → 導水施設 → 配水施設

解説 (1) が上水道施設のフローなので，**しっかりと覚えておこう！** **解答▶(1)**

問題 3 上水道

上水道施設に関する記述のうち，適当でないものはどれか．

(1) 取水施設は，河川，湖沼，地下の水源から水を取り入れ，粗いごみや砂を取り除く施設である．

(2) 導水施設は，取水施設から浄水施設まで原水を送る施設である．

(3) 浄水施設は，原水を水質基準に適合させるために，沈殿，ろ過，消毒などを行う施設である．

(4) 送水施設は，浄化した水を給水区域内の需要者に必要な圧力で必要な量を供給する施設である．

解説 (4) の設問は，配水施設のことであり，**送水施設は，浄水場から配水施設まで浄水を送る施設**である．

解答▶(4)

問題 4 上水道

上水道における水道水の消毒に関する記述のうち，適当でないものはどれか．

(1) 浄水施設には，必ず消毒設備を設けなければならない．
(2) 水道水の消毒薬には，液化塩素，次亜塩素酸ナトリウム等が使用される．
(3) 遊離残留塩素より結合残留塩素のほうが，殺菌力が高い．
(4) 一般細菌には，塩素消毒が有効である．

解説 (3) **結合残留塩素より遊離残留塩素**のほうが，殺菌力が高い．

解答▶(3)

問題 5 上水道

上水道の配水管および給水装置に関する記述のうち，適当でないものはどれか．

(1) 市街地等の道路部分に布設する外径 80 mm 以上の配水管には，管理者名，布設年次等を明示するテープを取り付ける．
(2) 配水管の水圧試験は，管路に充水後，一昼夜程度経過してから行うことが望ましい．
(3) 水道事業者は，配水管への取付け口からメータまでの給水装置について，工法，工期その他工事上の条件を付すことができる．
(4) 配水管から分水栓またはサドル付分水栓により給水管を取り出す場合，他の給水管の取出し位置との間隔を 15 cm 以上とする．

解説 (4) 配水管から分水栓またはサドル付分水栓により給水管を取り出す場合，他の給水管の取出し位置との間隔を **30 cm 以上**とする．

解答▶(4)

マスターPoint サドル付分水栓とは，配水管（水道本管）に取り付けるサドル（鞍）機構と止水機構を一体にした構造であり，一般に小口径（50 mm 以下）のものである．また，75 mm 以上で，仕切弁が組み込まれた構造の割 T 字管がある．これらは，不断水で分岐ができる．なお，配水管から給水管を分岐して取り出す場合は，配水管の管径より小さいものとする．

問題 6 下水道

下水道に関する記述のうち，適当でないものはどれか．

(1) 公共下水道と敷地内排水系統の排水方式において，分流式と合流式の定義は同じである．

(2) 管きょの接合方法には，水面接合，管頂接合，管中心接合および管底接合がある．

(3) 公共下水道の設置，改築，修繕，維持その他の管理は，市町村が行う．

(4) 取付管は，本管の中心線から上方に取り付ける．

解説 (1) 分流式と合流式の**定義は別**である．本節 2 項「下水道」2. 下水の排除方式，及び 5・3 節「排水・通気」1 項「排水」表 5・5 排水方式（p.121）を参照のこと．

解答▶(1)

問題 7 下水道

下水道に関する記述のうち，適当でないものはどれか．

(1) 汚水管きょにあっては，計画下水量は，計画時間最大汚水量とする．

(2) 下水道は，公共下水道，流域下水道および都市下水路に分けられる．

(3) 公共下水道は，汚水を排除すべき排水施設の相当部分が暗きょ構造となっている．

(4) 下水道本管に接続する取付管の勾配は，1/200 以上とする．

解説 (4) 下水道本管に接続する取付管の勾配は，**1/100 以上**とする．

解答▶(4)

問題 8 下水道

硬質土の地盤に，可とう性を有する下水道管きょを布設する場合，管きょの基礎として，適当なものはどれか．

(1) コンクリート基礎　　(2) はしご胴木基礎

(3) くい打ち基礎　　(4) 砂基礎

解説 (4) 硬質塩化ビニル管や強化プラスチック複合管等の可とう性を有する下水道管きょは，自由支承の**砂基礎**か**砕石基礎**とする．

解答▶(4)

問題 9 下水道

下水道管きょに関する文中，［　　］内に当てはまる用語の組合せとして，適当なものはどれか．

下水道管きょは，原則として，放流管きょを除いて［ A ］とする．また，合流式の下水道管きょ径が変化する場合の接合方法は，原則として，［ B ］または管頂接合とする．

	(A)	(B)
(1)	開きょ	水面接合
(2)	暗きょ	管底接合
(3)	暗きょ	水面接合
(4)	開きょ	管底接合

解説 (3) 下水道管きょは，原則として，放流管きょを除いて**暗きょ**とする．また，合流式の下水道管きょ径が変化する場合の接合方法は，原則として，**水面接合**または管頂接合とする．

解答▶(3)

下水道管きょは，原則として暗きょとする．接合方法は水面接合が最も理想的である．

問題 10 下水道

図に示す排水に用いられる桝（ます）の名称として，適当なものはどれか．

(1) ため桝
(2) ドロップ桝
(3) 雨水浸透桝
(4) トラップ桝

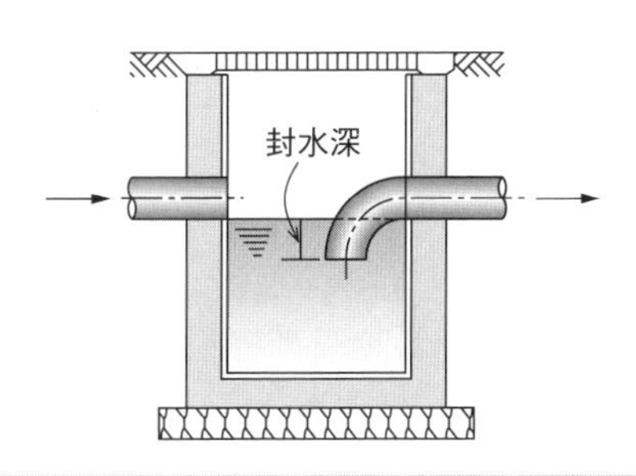

解説 (4) 図の封水深の部分は臭いを封じるための**トラップ桝**である．

解答▶(4)

5-2 給水・給湯

1 給　水

1. 給水量

給水は，建物の種類や規模などによって，水を使う量が異なる．**表5·2**に，建物種類別１人当たりの１日平均給水量を示す．

表５・２　建物種類別１人当たりの１日平均給水量

建物種類	事務所	住　宅	アパート	ホテル	劇　場	デパート
１日平均給水量〔ℓ〕	在勤者 １人当たり 60 ～ 100	居住者 １人当たり 200 ～ 400	居住者 １人当たり 200 ～ 350	客数当たり 350 ～ 450	客席 m^2当たり 25 ～ 40	客 １人当たり 15 ～ 30

2. 給水圧力

給水は，給水圧力によって大きく左右されることがある．**表5·3**に，器具の最低必要圧力を示す．

給水圧力は，一般的に**0.4 ～ 0.5 MPa**以下とし，これ以上の圧力の場合は減圧弁を取り付けること．また，管内流速は0.6 ～ 2.0 m/s以下（平均1.5 m/s）にするのが望ましい．

給水圧力および流速が大きいと，給水器具（蛇口など）や食器類が破損しやすくなる．また，**ウォータハンマの原因**となりやすい．

表５・３　器具の最低必要圧力

器　具	必要圧力〔kPa〕
一般水栓	30
洗浄弁	**70**
シャワー	**70**
瞬間湯沸器 （小） （中） （大）	 40 50 80

3. 給水方式

給水方式には，水道直結方式（直結直圧方式，直結増圧方式），高置タンク方式，圧力タンク方式，およびポンプ直送方式などがある（**図5·7**参照）．

⊕**水道直結直圧方式**・・・直結直圧方式は，直接給水方式ともいわれている．

水道本管から直接に水道管を引き込み，止水栓および量水器を経て各水栓器具類に給水するものである．一般住宅，2階建ての建物にこの方式がとられる．

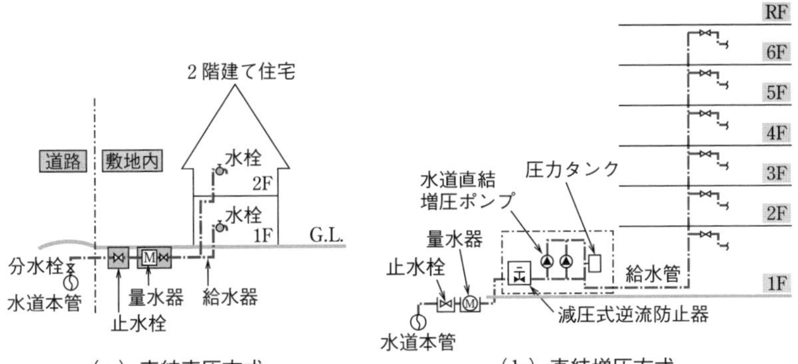

（a）直結直圧方式　（b）直結増圧方式

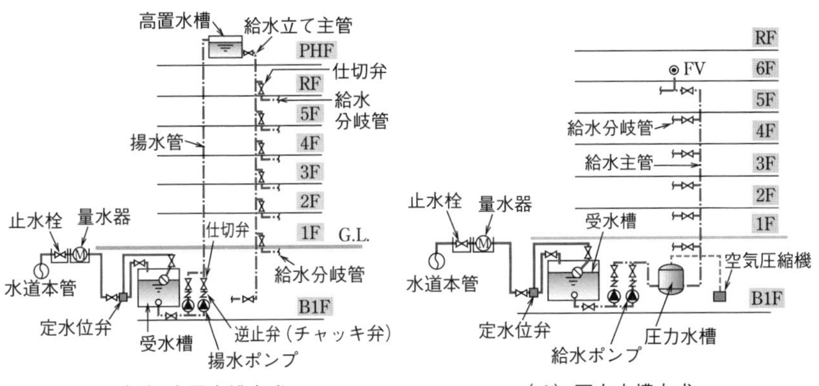

（c）高置水槽方式　（d）圧力水槽方式

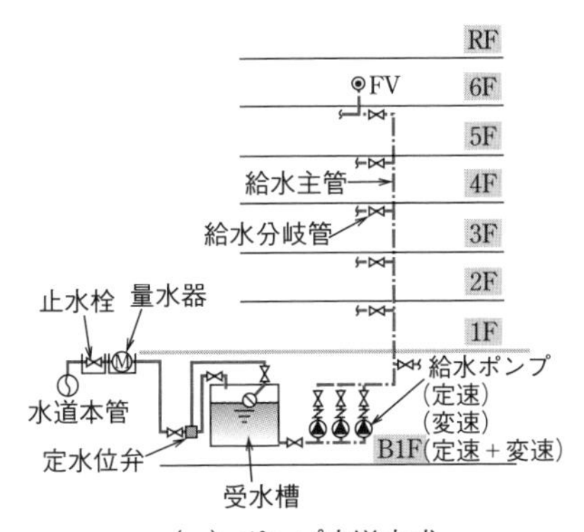

（e）ポンプ直送方式

図5・7　各種給水方式

《長所》

- 断水のおそれがない.
- 設備機器（ポンプ，受水槽など）が不要で，設備費が最も安い.
- 水質汚染の可能性が低い.

《短所》

- 給水量が多い場合は不可.
- 近隣の状態により**給水圧の変動がある**.

⊕**水道直結増圧方式**・・・直結増圧給水方式などともいわれている.

水道本管から引き込まれた給水を，受水槽を通さず直結給水用増圧装置（増圧ポンプの口径が 75 mm 以下）を利用して直接中高層階へ給水する方式である. 対象となる建物は，事務所ビル，共同住宅などで，階高は10階程度の建物を対象としている．ただし，病院，ホテルなど常時水が必要とされ，断水による影響が大きい施設は対象外となる．**減圧式逆流防止器**（逆止弁）が必要である.

《長所》

- 配水管の水が，直接蛇口まで供給されるため，**水が新鮮**である.
- 水槽の清掃・点検にかかる費用が不要である.
- 受水槽の設置スペースが有効に利用できる.

《短所》

- 水道工事や災害時には断水のおそれがある.

⊕**高置水槽方式**・・・高架水槽方式ともいわれている．**水道本管から引き込まれた給水管の水をいったん受水槽にため，揚水ポンプで建物の屋上部にある高置水槽へと揚水し，そこから重力で各水栓器具類に給水するものである.** 高層建物にこの方式がとられる.

《長所》

- **給水圧がほかに比べ最も安定**している.

《短所》

- 設備費が割高である.
- 水質汚染の可能性が大きい.

⊕**圧力水槽方式**・・・加圧給水方式ともいわれている.

水道本管から引き込まれた給水管の水をいったん受水槽にため，圧力タンクをもったポンプにより各水栓器具類に加圧給水するものである. 中層建物，日照権問題などで高置水槽が置けない場合などに，よくこの方式がとられる.

《長所》

- 設備費が高置水槽方式に比べ安い.
- 高置水槽が不要.

《短所》

- **給水圧の変動が大きい.**
- 維持管理費が割高である.

⊕**ポンプ直送方式**・・・タンクレス加圧方式またはタンクなしブースタ方式ともいわれている. **水道本管から引き込まれた給水管の水をいったん受水槽にため, 数台のポンプにより各水栓器具類に給水するものである.** この方式には, 定速方式, 変速方式, および定速・変速併用方式があり, 変速方式とは, 使用水量に応じてポンプの回転速度を変え（**インバータ制御**), 圧力を一定にさせる方式である.

《長所》

- **給水圧がほぼ一定**である.

《短所》

- 設備費が最も高価である.

2 タンク類の法的基準

タンク類の法的基準が昭和 50 年建設省告示第 1597 号（改正 平成 12 年建設省告示第 1406 号）に規定されている（**図 5·8** 参照).

- 飲料用給水タンクの周囲は, 保守点検のための点検スペースを確保する. 受水槽の下部, 周囲は **600 mm 以上**, 上部は **1 000 mm 以上**のスペースを確保すること.
- **マンホール**（直径 **600 mm 以上**の円が内接することができるものに限る）を設けること.
- 飲料用給水タンクの通気管および**オーバフロー管**の管端開口部には, **防虫金網**を設ける.
- 内部には, 飲料水の配管設備以外の配管設備を設けないこと.
- 飲料用給水タンク上部には, 原則として, 空気調和用などほかの用途の配管を設けない.

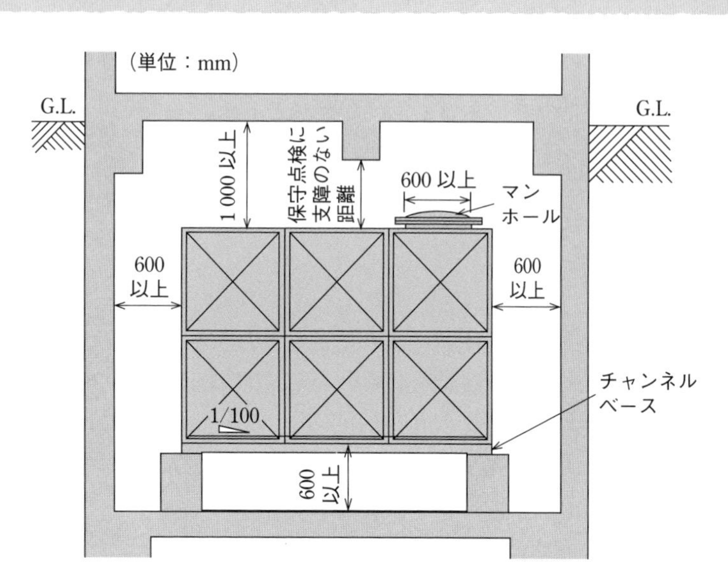

図５・８　受水槽の設置

3 給水設備用語

水の汚染に関する給水設備用語について述べる．

⊕**クロスコネクション**（cross connection）・・・飲料水系統の配管とその他の系統（雑排水管，汚水管，雨水管，ガス管など）の配管を接続することをいう．クロスコネクションすると水の汚染につながるので禁止されている．

⊕**逆サイホン作用**（back siphonage）・・・断水あるいは過剰流量のとき，給水管内が負圧になることがあり，いったん吐水された**水が逆流して給水管内に混入する作用**をいう．洗浄弁付大便器などは，必ずバキュームブレーカを取り付けること．

⊕**バキュームブレーカ**（vacuum breaker）・・・給水系統へ逆流することを防止するものである．圧力式と大気圧式があり，大便器についているものは**大気圧式**である（**図5･9**参照）．

⊕**あふれ縁**（flood level rim）・・・衛生器具におけるあふれ縁は，**洗面器などのあふれる部分**をいい，**図5･10**の位置である．水槽類のあふれ縁は，**図5･11**のようにオーバフローの位置をいう．

⊕**吐水口空間**（air gap）・・・図5･10，図5･11のように，**給水栓または給水管の吐水口端とあふれ縁との垂直距離をいう**．必ず吐水口空間をとらないと，逆流し水の汚染につながる．

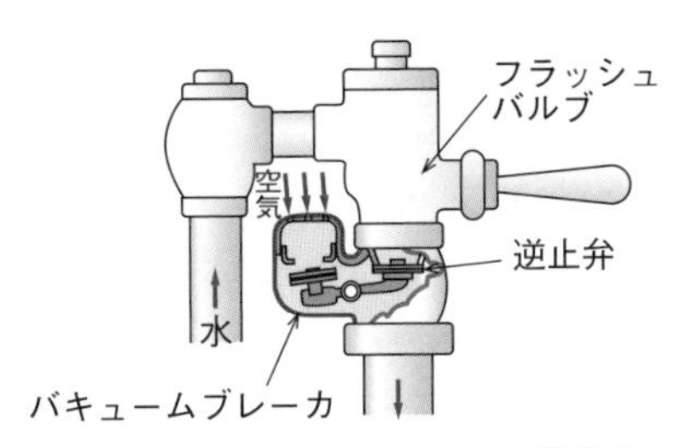

図５・９　バキュームブレーカ構造図

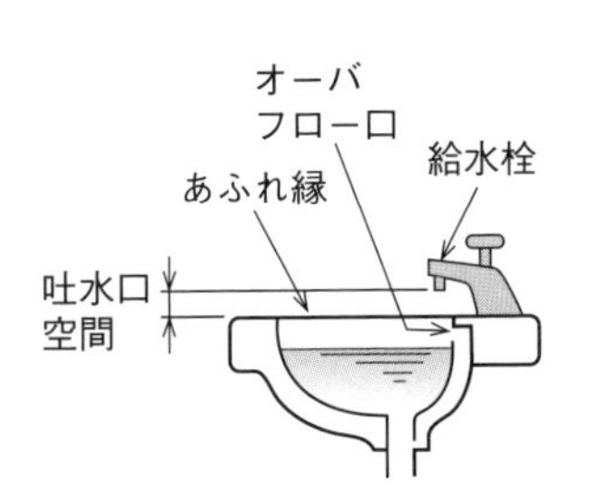

図５・10　衛生器具における吐出口空間とあふれ縁

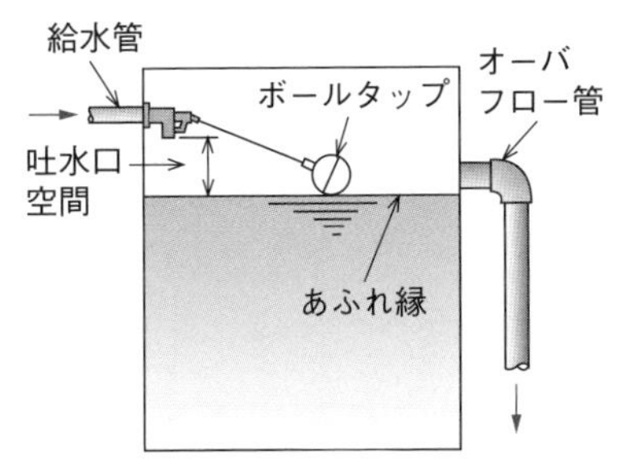

図５・11　水槽類における吐出口空間とあふれ縁

⊕**ウォータハンマ**（water hammer）･･･水による衝撃作用をいう．配管内の流速が速くなり流水音を発したり，**配管内の流れを急閉**または停電などにより**ポンプが停止**したときなどに衝撃音が発生し振動や騒音を起こす．ウォータハンマ防止策としては，**エアチャンバ**（管内の圧力変動を吸収するもの）を発生の原因となる弁などの近くに設けることなどがある．弁の急閉鎖による**ウォータハンマの水撃圧は，流れていたときの流速に比例する**．

4 給　湯

1. 給湯方式

給湯方式は，局所式と中央式に分けられる．

⊕**局所式**･･･給湯する場所にそれぞれ湯沸器を設置し，個別に給湯する方式である．

⊕**中央式**･･･中央（機械室など）に加熱機器（ボイラー，湯沸器）を設置して，給湯する場所にそれぞれ湯を送る方式である．

2. 加熱方式

加熱方式には，瞬間式と貯湯式がある．

⊕**瞬間式**・・・瞬間湯沸器を用い，水道水を直接瞬間湯沸器に通して，瞬間的に温めて給湯する方式をいう．小規模な建物（住宅など）に多く見られる．

⊕**貯湯式**・・・貯湯槽（ストレージタンク）に，加熱した湯をいったん蓄えてから給湯する方式をいう．大規模な建物（ホテルなど，一斉に湯を使用する建物）に多く見られる．家庭用として，ボイラーと貯湯槽が一体化されたものもある（**図 5･12**）．

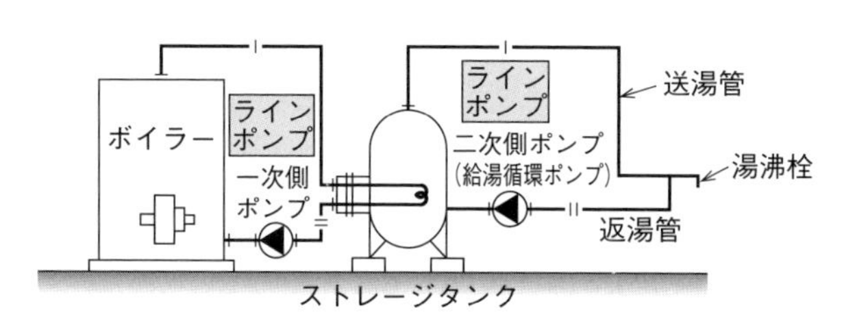

図 5・12　加熱方式（貯湯式）

3. 瞬間湯沸器

瞬間湯沸器には，元止め式と先止め式とがある．

⊕**元止め式**・・・瞬間湯沸器についているスイッチにより，元で止める方式をいう．瞬間湯沸器は，一般に 5 号，6 号，…などと号数で呼ぶ．**瞬間湯沸器の能力は，水を一定温度**（25℃）**上昇させるときの出湯量を号数で表す**．1 号は 1 時間当たり 1.75 kW の熱量で，また 1 **分間当たり** 1 **ℓ の湯量**である．

⊕**先止め式**・・・それぞれ給湯栓（蛇口）の開閉によって止める方式である（瞬間湯沸器より先で止める）．一般家庭では 16 ～ 24 号が多い．

4. 給湯温度

給湯温度は，一般的に 60℃ **程度の湯を水と混合して適当な温度**とする．

中央式給湯設備（循環式給湯方式）の場合の温度は，**レジオネラ症患者**（レジオネラ属菌）の発生を防ぐために，原則として **60℃ 以上**とし，**55℃ 以下にしないほうがよい**．

用途別使用温度を**表 5･4** に示す．

表5・4　用途別使用温度

用　途	使用温度〔℃〕
一般水栓	50 ～ 55
浴　用（成人）	42 ～ 45
（小児）	40 ～ 42
（治療用）	35
シャワー	43
洗面・手洗い用	40 ～ 42
厨房用（一般）	45
（皿洗い機洗浄用）	60
（皿洗い機すすぎ用）	70 ～ 80
プール	21 ～ 27

5. 給湯配管方式

給湯方式は，配管方式と供給方式によって次のように分類される．

強制式は，給湯循環ポンプを使用して強制的に湯を循環させるものである（強制循環方式）．

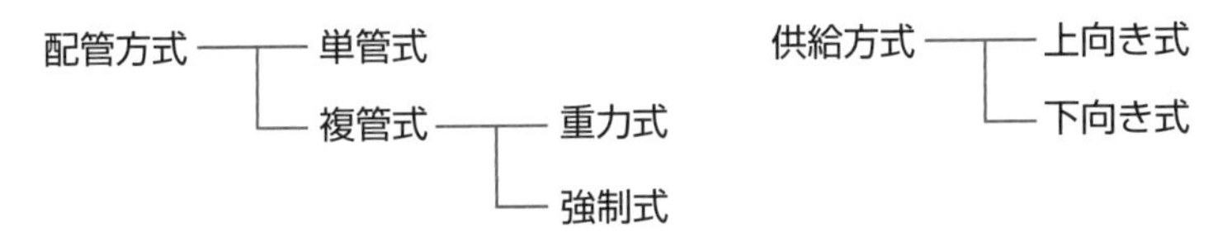

給湯配管に銅管を用いる場合，管内流速**1.5 m/s 以下**になるように管径を決めること．流速が速くなると**銅管の腐食の原因**（潰食：エロージョン・コロージョン，孔食：ピンホール）となる．

6. 給湯循環ポンプ

① 湯を循環させることにより，**配管内の湯の温度の低下を防ぐため**にある．

② 循環ポンプの**循環水量**は，循環配管系からの**放散熱量を給湯温度と返湯温度との差で除す**ことにより求められる．

③ 給湯管と返湯管との温度差は5℃程度である．

④ 中央式給湯の循環用ポンプの**揚程**は，**給湯管と返湯管の長さの合計が最も長くなる系統の摩擦損失**である．

⑤ 一般に，循環ポンプは**返湯管側**に設ける．

⑥ **返湯管の管径**は，給湯管径のおおむね**1/2を目安**とする．

7. 安全装置

加熱による水の膨張で装置内の圧力を異常に上昇させないために設ける装置で，法令上，材質，構造，性能，設置の規制がある．

⊕**膨張タンク**・・・膨張タンクには開放式と密閉式があり，ボイラーや配管内の膨張した水を吸収するものである．

- 開放式膨張タンクの膨張管には，**止水弁は設けてはならない．**
- 密閉式膨張タンクは，開放式と異なり補給水タンクを兼用しないため，設置位置の制限を受けない．

⊕**安全弁**・・・安全弁は自動圧力逃し装置のことで，単式安全弁と複式安全弁がある．

⊕**逃し管**・・・給湯ボイラーや貯湯槽の逃し管は単独配管とし，膨張タンクに開放する．

⊕**逃し弁**・・・スプリングによって弁体を弁座に押さえつけている弁である．逃し弁は，1か月に1回，レバーハンドルを操作して作動を確認する．

⊕**自動空気抜き管**・・・負圧になるような箇所には設置してはならない．

必ず覚えよう

❶ 水道直結増圧方式は，高置タンク方式に比べ，ポンプの吐出量が大きくなる．
❷ ウォータハンマを防止するには，給水管内の流速を小さくする．
❸ 受水槽の下部および周囲 600 mm 以上，上部 1 000 mm 以上のスペースを確保する．
❹ 飲料水系統と井水系統の配管を接続すると，止水弁と逆止弁を設けてもクロスコネクションとなる．
❺ バキュームブレーカは，大便器に付いているものは，大気圧式である．
❻ 瞬間湯沸器の号数は，水温 25℃ 上昇させるときの流量の値をいう．1号は1分間当たり1ℓの湯量である．
❼ 屋内に給湯する屋外設置のガス湯沸器は，先止め式である．
❽ 給湯温度は，レジオネラ属菌の繁殖を防止するため，60℃ 以上とする．
❾ 循環ポンプは，一般に貯湯タンクの入口側の返湯管に設ける．
❿ 逃し管は，貯湯タンクなどから単独で立ち上げ，保守用の仕切弁は設けてはならない．

問題 1 給　水

給水設備に関する記述のうち，適当でないものはどれか．

(1) 水道直結増圧方式には，逆流を確実に防止できる逆流防止器を設けた．
(2) 飲料用受水タンクには，直径 60 cm の円が内接するマンホールを設けた．
(3) 建物内に設置する有効容量が所定の容量を超える飲料用受水タンクには，周囲に 50 cm の保守点検スペースを設けた．
(4) 給水管のウォータハンマを防止するため，エアチャンバを設けた．

解説 (3) 建物内に設置する有効容量が所定の容量を超える飲料用受水タンクには，**周囲に 60 cm** の保守点検スペースを設ける．なお，**上部は 1 m** とする．

解答▶(3)

問題 2 給　水

給水設備に関する記述のうち，適当でないものはどれか．

(1) クロスコネクションとは，飲料水配管とそれ以外の配管が直接接続されることをいう．
(2) ウォータハンマを防止するため，給水管にエアチャンバを設置した．
(3) 水道直結増圧方式の給水栓にかかる圧力は，水道本管の圧力に応じて変化する．
(4) 水道直結増圧方式は，高置タンク方式に比べて，ポンプの吐出量が大きくなる．

解説 (3) 水道直結増圧方式の給水栓にかかる圧力は，水道本管の圧力に応じて**変化しない**．いったん増圧ポンプでこれまでの圧力が途切れるので，給水栓には影響しない．

解答▶(3)

マスターPoint ウォータハンマの原因と対策

《原因》配管延長が長く，その経路が不適当な場合／急閉鎖形の弁や水栓が使用されている場合／配管内の圧力が高い場合や流速が速い場合／配管内の不適当な逆流や空気だまりが発生する場合．

《防止対策》水栓類や弁類は，急閉止するものをなるべく使用しないようにする／常用圧力を過度に高くしない．また，流速を過度に大きくしない（一般に 2.0 m/s 程度以下）．配管内に不適当な逆流や空気だまりを発生させない／発生の原因となる弁などの近くにエアチャンバ（水撃防止器具）を設けること／高置タンクに給水する揚水管の横引き配管は，できるだけ下階層で配管を展開することが望ましい．

問題③ 給　水

給水設備に関する記述のうち，適当でないものはどれか．

(1) 飲料水系統と井水系統の配管を接続すると，止水弁と逆止弁を設けてもクロスコネクションとなる．

(2) 給水が上水系統の場合，洗浄弁を用いた大便器には，バキュームブレーカを設ける．

(3) ウォータハンマを防止するためには，管内流速が小さくなるように設計する．

(4) ポンプ直送方式の給水ポンプは，高置水槽方式の揚水ポンプに比べて，一般に，ポンプの揚水量が小さくなる．

解説 (4) ポンプ直送方式・圧力タンク方式・直結増圧給水方式などによる給水ポンプの揚水量（給水量）は，高置水槽方式による揚水ポンプの揚水量（給水量）より**多くなる**．

解答▶(4)

マスターPoint クロスコネクションとは，飲料水（水道水）の配管と井水など水道以外の配管が直接接続されていることをいう．滅菌されている井水でも，また止水弁や逆止弁を設けてあっても，絶対にクロスコネクションしてはならない．

問題④ 給　水

給水設備に関する記述のうち，適当でないものはどれか．

(1) 飲料用給水タンクのオーバフロー管にはトラップを設け，虫の侵入を防止する．

(2) 散水栓のホース接続水栓は，バキュームブレーカ付きとする．

(3) ウォータハンマを防止するには，給水管内の流速を小さくする．

(4) 逆サイホン作用とは，水受け容器中に吐き出された水などが，給水管内に逆流することである．

解説 (1) 飲料給水タンクの**オーバフロー管は間接排水とし，トラップは設けない**．下端に防虫網を取り付ける．一般に，トラップは間接排水の水受け容器に設けるものである．

解答▶(1)

問題 5 給　湯

給湯設備に関する記述のうち，適当でないものはどれか.

(1) 潜熱回収型給湯器は，燃焼排ガス中の水蒸気の凝縮潜熱を回収することで，熱効率を向上させている.

(2) 先止め式ガス瞬間湯沸器の能力は，それに接続する器具の必要給湯量を基準として算定する.

(3) Q 機能付き給湯器は，出湯温度を短い時間で設定温度にする構造のものである.

(4) シャワーに用いるガス時間湯沸器は，湯沸器の湯栓で出湯を操作する元止め式とする.

解説 (4) シャワーに用いるガス時間湯沸器は，湯沸器の湯栓で出湯を操作する**先止め式**とする.

解答▶(4)

マスターPoint 元止め式は，台所の流し台の前などに設置し，湯沸器から直接給湯するタイプのものである．先止め式は，給湯器本体から離れた蛇口などの開閉により給湯するタイプのものである.

問題 6 給　湯

給湯設備に関する記述のうち，適当でないものはどれか.

(1) 瞬間式湯沸器の能力は，それに接続する器具の必要給湯量を基準として算定する.

(2) 屋内に給湯する屋外設置のガス湯沸器は，先止め式である.

(3) 給湯配管で上向き式供給の場合，給湯管は先上がり，返湯管は先下がりとする.

(4) 中央式給湯用の循環ポンプは，一般に，貯湯タンクの出口側の給湯管に設ける.

解説 (4) 循環ポンプは，一般に，貯湯タンクの**入口側の返湯管に設ける.**

解答▶(4)

マスターPoint 循環ポンプは，配管内の湯の温度の低下を防ぐためにあり，強制的に循環させて水量・水圧を出すためのものではない.

問題⑦ 給　湯

給湯設備に関する記述のうち，適当でないものはどれか．

(1) 湯沸室の給茶用の給湯には，一般的に，局所式給湯設備が採用される．
(2) 循環式給湯設備の給湯温度は，レジオネラ属菌の繁殖を防止するため，45℃に維持する．
(3) ガス瞬間湯沸器の先止め式は，給湯先の湯栓の開閉により給湯するもので，給湯配管が接続できるものである．
(4) 給湯管に銅管を用いる場合は，かい食を防ぐため，管内の流速は1.5 m/s以下とする．

解説 (2) レジオネラ属菌の繁殖を防止するため **60℃以上**とし，**55℃以下**にしないほうがよい．

解答▶(2)

マスターPoint かい食（潰食：エロージョン）とは，管内流速の速い場所に発生し，特に接手後部の乱気流域に発生する腐食である．

問題⑧ 給　湯

給湯設備に関する記述のうち，適当でないものはどれか．

(1) 逃し管は，貯湯タンクなどから単独で立ち上げ，保守用の仕切弁を設ける．
(2) ヒートポンプ給湯機は，大気中の熱エネルギーを給湯の加熱に利用するものである．
(3) 中央給湯方式に設ける循環ポンプは，一般的に，貯湯タンクへの返湯管に設置する．
(4) 密閉式膨張タンクは，設置位置や高さの制限を受けずに設置することができる．

解説 (1) 逃し管に取り付けるのは逃し弁であり，絶対に**仕切弁は設けてはならない**．もし仕切弁が閉鎖されていると，圧力が逃げずに破損のおそれがある．

解答▶(1)

5 3 排水・通気

1 排　水

1. 排水方式

排水には，汚水，雑排水，雨水および特殊排水（工業廃液，放射能を含んだものなど）がある.

排水方式は，合流式と分流式に分けられる（**表 5·5** 参照）.

表 5・5　排水方式

方　式	建物内排水系統	敷地内排水系統	下水道
合流式	汚水＋雑排水	汚水＋雑排水	汚水（雑排水含む）＋雨水
		雨水	
分流式	汚水	汚水	汚水（雑排水含む）
		雑排水	
	雑排水	雨水	雨水

2. 排水こう配と流速

排水で最も問題となるのが，こう配と臭気である.

建物内の排水横枝管の一般的こう配（HASS）を**表 5·6** に示す.

また，管内流速は **0.6 ～ 2.4 m/s 以下**（平均 1.2 m/s）にするのが望ましい.

表 5・6　排水こう配

管径〔mm〕	こう配
65 以下	1/50
75 ～ 100	1/100
125	1/150
150 以上	1/200

3. 排水トラップ

トラップの役目は

- **臭気を防ぐ**
- **ネズミや害虫が外から入らないようにする**

ことである.

⊕**トラップの種類**・・・臭気を防ぐためには，**図 5·13** のようなトラップをつけなければならない.

一般に，S トラップや P トラップのように，トラップにたまっている水が破

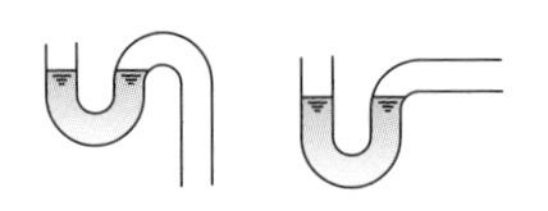

（a）サイホン型

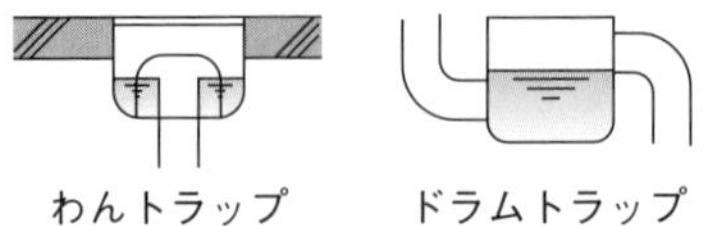

（b）非サイホン型

図5・13　トラップの種類

られやすいトラップを**サイホン型**といい，わんトラップやドラムトラップのように封水が破られにくいトラップを**非サイホン型**という．

⊕**トラップの機能と構造**・・・建設省告示第1674号に，次のように規定している．

① 排水管内の臭気，衛生害虫などの移動を有効に防止することができる構造とすること．

② 汚水に含まれる汚物などが付着し，または沈殿しない構造とすること．ただし，阻集器を兼ねる排水トラップについては，この限りでない．

③ 封水深さは，**5 cm以上10 cm以下**（阻集器を兼ねる排水トラップについては5 cm以上）とすること（**図5·14**参照）．

④ 容易に掃除ができる構造とすること．

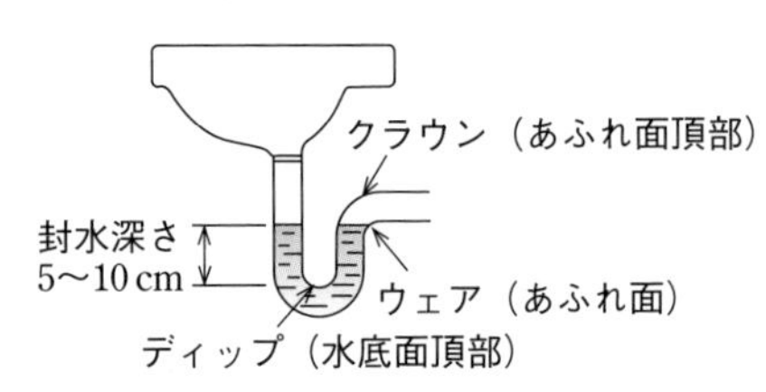

図5・14　トラップの封水深さ

4. 二重トラップの禁止

トラップは，**器具1個に対して1個**が原則である．

2個以上のトラップが同一排水管系統上にあると，トラップ間の空気が密閉状態となり，水が流れなくなってしまうことがあるため，禁止されている．

5. トラップの封水破壊の原因

封水とは，水で封をすることにより臭気などが室内に入らないようにした部分をいい，以下のような場合にこれが破壊されることがある．

⊕**自己サイホン作用**・・・**図5·15**のように，洗面器を満水にし，流したときなどに起きる現象（水が引っ張られて強引に流れていく作用）をいう．**Pトラップよりも S トラップに接続したほうが封水が破られやすい．**

⊕**跳ね出し作用**・・・跳び出し作用ともいい，排水立て管が満水状態（多量）で流れたときに空気圧力が高くなり，逆に室内側に跳ね出すことがある．

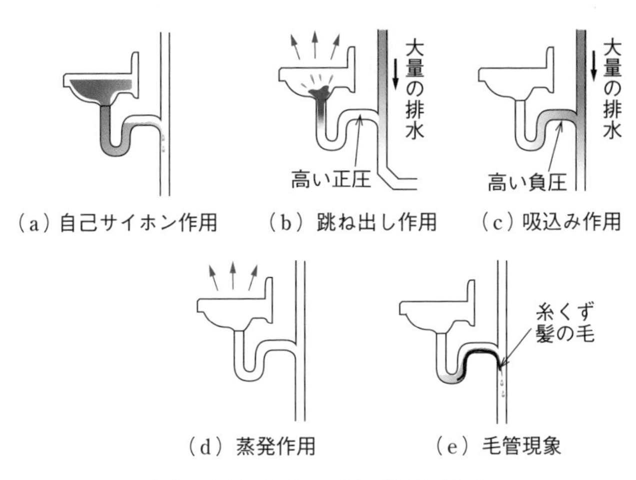

図5・15　トラップ封水破壊の原因

⊕**吸込み作用**（誘導サイホン作用）・・・吸出し作用ともいい，排水立て管が満水状態で流れたとき，トラップの器具側は負圧となり，立て管のほうへと引っ張られてサイホン作用を起こすことがある．

⊕**蒸発作用**・・・器具を長い時間使用していないと，蒸発して封水が破壊されることがある．特に，便所や浴室の床排水トラップ（わんトラップ）は，誤って人為的に取り外され，封水が破られやすいので気をつけなければならない．

⊕**毛管現象**（毛細管現象）・・・トラップ部に毛髪や布糸などが引っかかっていると，毛管作用で封水が破られることがある．

6. 排水管の掃除口

掃除口の大きさは，管径が **100 mm 以下**の場合は配管と**同一管径**とし，管径が **100 mm を超える場合**には **100 mm より小さくしてはならない**．

《排水管の掃除口の設置位置》

- 排水横主管および排水横枝管の起点．
- 延長が長い排水横管の途中．
- 排水管が 45° を超える角度で方向を変える箇所．
- 排水横主管と敷地排水管の接続箇所に近いところ．
- 排水立て管の最下部またはその付近．
- 管径 100 mm 以下の排水横管には，その管長が **15 m 以内**ごと．100 mm を超えた場合は **30 m 以内**ごと．

5章 衛生

7. 間接排水（図 5·16）

食料，水，消毒物などを貯蔵または取り扱う機器（冷蔵庫，厨房，水飲み器，医療・研究用機器，水泳プールなど）からの排水は**間接排水**とする．これらの排水管が一般の排水管（汚水管，雑排水管など）に接続されると，詰まったときなどに逆流するおそれがある．

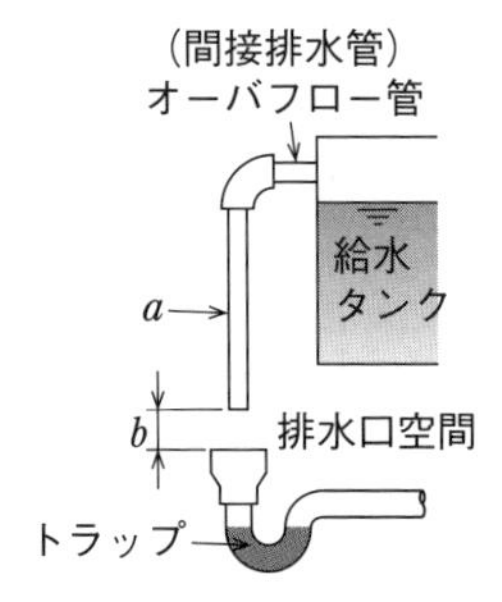

（a）間接排水管径と排水口空間

間接排水管径 a	排水口空間 b
25 mm 以下	最小 50 mm
30 ～ 50 mm	最小 100 mm
65 mm 以上	最小 150 mm

＊飲料用貯水槽などの排水口空間の最小寸法は，**150 mm** とする．

（b）間接排水管径と排水口空間距離

図 5・16　間接排水

飲料用給水タンクのオーバフロー管の末端には，虫の侵入を防止するため**防虫網**を設け，**150 mm 以上の排水口空間**を開け**間接排水**とする．なお，間接排水とする水受け容器には，**トラップを設ける**．

8. 排水槽および排水水中ポンプ（図 5·17）

- ピットに向かってこう配をつける（**1/15 ～ 1/10 のこう配**）.
- **吸込みピット**は，フート弁や水中ポンプの吸込み部の周囲および下部に**200 mm 以上の間隔**をもった大きさとする．排水水中ポンプは，流入部を避けた位置とし，周囲の壁などから**200 mm 以上**離して設置する．

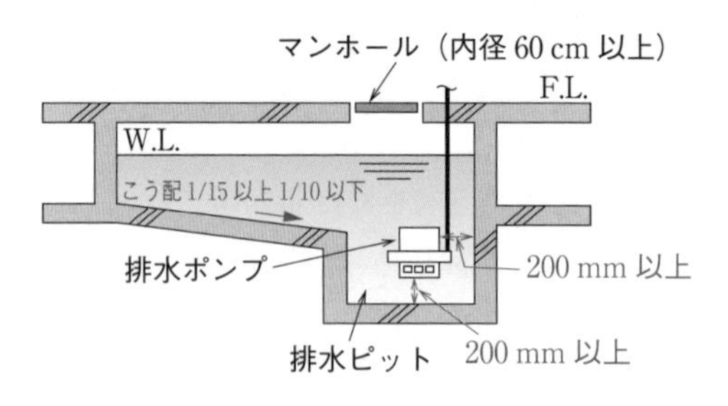

図 5・17　排水槽と排水水中ポンプ

- 排水タンクには点検・清掃のため，内径 **60 cm 以上のマンホール**を設ける.
- 排水槽の通気管は，単独通気管とし，**最小 50 mm 以上**とする.

2 通　気

通気の役目を以下に示す.

- **排水管内の流れをスムーズにする**
- **封水を保つ（排水管の圧力変動を緩和する）**
- **排水管内に空気を流し清潔にする**

1. 通気方式

通気方式は，各個通気方式，ループ通気方式，伸頂通気方式に大別される.

⊕**各個通気方式**・・・系統のすべての器具の立て管側（トラップ下流の器具排水管）から取り出す方式をいう．この方式は，最も安全度の高い方式である.

⊕**ループ通気方式**・・・回路通気ともいう．最も一般的な方法で，**図 5・18** のように，**その系統の末端にある器具の立て管寄りに通気管を取り出す方式である.** **器具が 8 個以上**ある場合には，**逃し通気管**を**図 5・19** のように取り出すとよい．なお，ループ通気管は，図 5・18 のように，その階における最高位の器具のあ**ふれ縁より 15 cm 以上立ち上げ**，通気立て管に接続する．また，**通気管の取出しは，垂直または 45° 以内の角度で取り出すこと.**

⊕**伸頂通気方式**・・・集合住宅など排水立て管から器具が近い場合に，排水立て管の頂部を延長した方式である.

⊕**通気立て管**・・・排水立て管で**ブランチ間隔が 3 以上**の場合，通気方式をループ通気方式または各個通気方式とするときには，通気立て管を設ける.

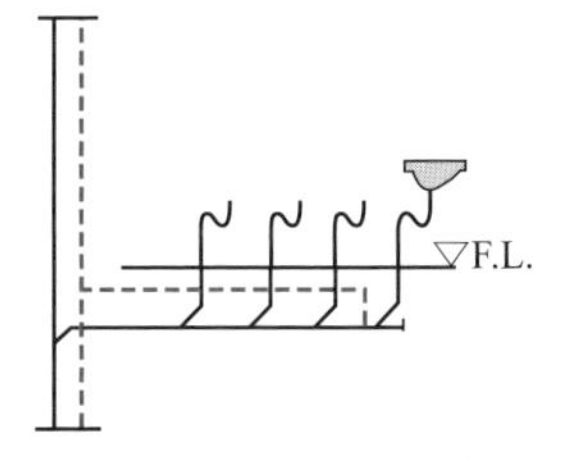

（a）禁止されている通気管

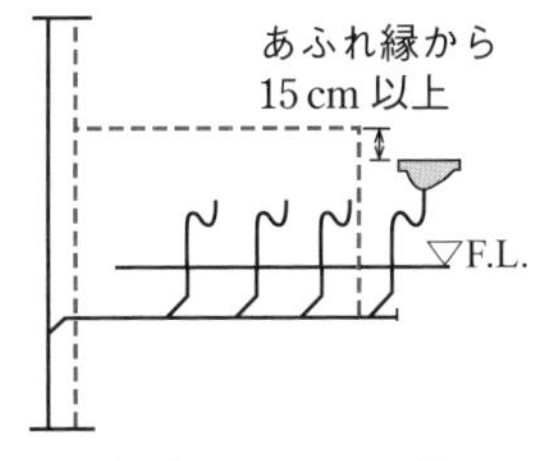

（b）正しい通気管

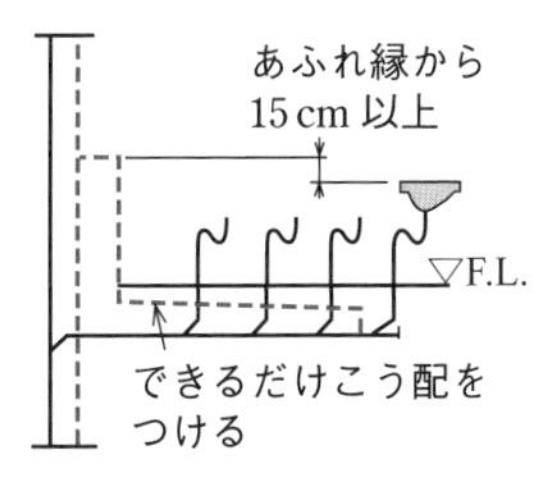

（c）条件つきで認められる通気管

図 5・18　ループ通気管の接続方法

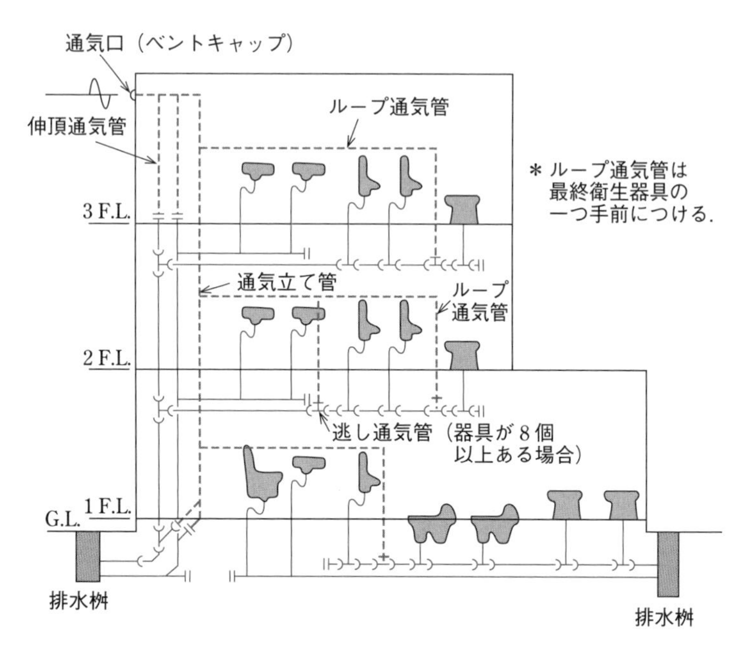

図5・19　排水・通気系統図

⊕**逃し通気管**・・・**便器8個以上は，逃し通気管**を設ける（**図5･20**）．一つのループ通気管が受け持つことのできる大便器等の器具の数は，平屋建ておよび屋上階を除き**7個以下**で，それ以上ある場合は，**排水横枝管の器具最下部から逃し通気管を設け，ループ通気管へ接続**する．

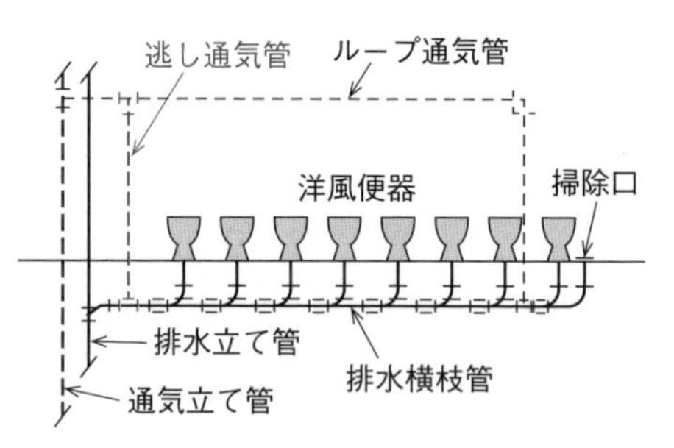

図5・20　逃し通気管の取り方

⊕**結合通気管**・・・高層建築物にこの方式が取り入れられ，排水立て管より分岐し通気立て管に接続するものをいい，最上階から数えて**ブランチ間隔10以内**ごとに設ける．

✎ブランチ間隔：排水立て管に接続する排水横枝管または排水横主管の間隔をいい，2.5 m と決まっている．「1 ブランチ間隔」は 2.5 m を超えるものをいう．

2. 通気配管の禁止項目

- 床下通気管は禁止
- 雨水立て管に通気立て管を接続することは禁止
- し尿浄化槽，汚水ピット，雑排水ピットなどは単独通気配管とし，ほかの通気配管に接続することは禁止
- 換気ダクトに接続することは禁止

3. 通気管の管径決定共通事項

- 通気管の最小管径は，30 mm とする．
- 各個通気管の管径は，それが接続される排水管の管径の **1/2 以上**とする．
- 伸頂通気管は，原則として**排水立て管の上端の管径**とする．
- ループ通気管の管径は，排水横枝管と通気立て管のいずれか小さいほうの管径の **1/2 以上**とする．
- 逃し通気管の管径は，それに接続する排水横枝管の **1/2 以上**とする．

4. 通気管の大気開口部

通気管の大気開口部の窓と出入口などとの関係について，**図 5･21** に示す．

通気管の末端を，窓・換気口などの付近に設ける場合は，それらの上端から **600 mm 以上**もち上げて開口するか，開口部から水平に **3 m 以上**離して開口する．

- 通気管の末端の有効開口面積は管内断面積以上とし，防虫網を取り付ける．
- 通気管の末端は，建物の張出しの下部に開口してはならない．
- 屋上に通気管を立ち上げて開口する場合は，**200 mm 以上**立ち上げること．また屋上を庭園，物干し場等に使用する場合は，通気管は **2 m 以上**立ち上げた位置で開口する．

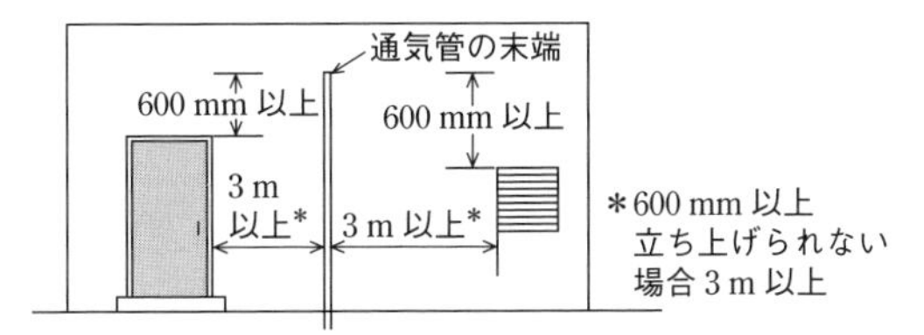

図 5・21　通気管と大気開口部の関係

3 衛生器具

衛生器具の接続最小口径を**表 5･7** に，大便器の形式を**図 5･22** に示す．

表 5・7　衛生器具の接続最小口径（トラップ口径）

器　具	JIS 記号	接続口径〔mm〕	器　具	JIS 記号	接続口径〔mm〕
大便器	C	75	床排水		40 ～
小便器	U	40	汚物流し		75
小便器（ストール型）	U	50	医療用流し		40
洗面器	L	30	掃除用流し	S	65
手洗い器	L	30	浴　槽		40

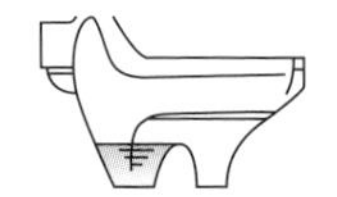
（a）洗い出し式

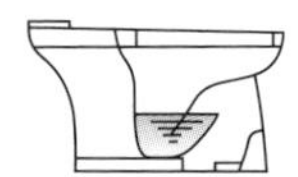
（b）洗い落し式

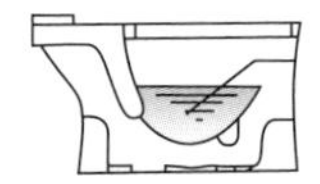
（c）サイホン式

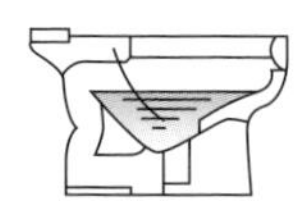
（d）サイホンジェット式

図 5・22　大便器の形式

❶ 管径が 65 mm 以下の排水横枝管の最小こう配は，1/50 とする．
❷ 厨房の場合，一般に阻集器があるので器具トラップを設けると，二重トラップになる恐れがある．
❸ 間接排水の水受け容器には，排水トラップを設ける．
❹ 飲料用貯水槽などの排水口空間の最小寸法は，150 mm とする．
❺ 各個通気方式は，通気方式の中で一番安全度が高く，自己サイホン作用が起こりにくい．
❻ 伸頂通気管の管径は，排水立て管の上端の管径とする．
❼ 最上階を除き，大便器 8 個以上を受け持つ排水横枝管には，ループ通気管を設けるほかに，逃し通気管を設ける．
❽ 通気管の末端は，窓・換気口から上端から 600 mm 以上持ち上げ開口するか，開口部から水平に 3 m 以上離して開口する．
❾ 大便器のトラップ最小口径は，75 mm であり，掃除流しは 65 mm である．

問題 1 排水・通気

建築物の排水に関する記述のうち，適当でないものはどれか．

(1) 排水は，汚水，雑排水，雨水などに分類される．

(2) 大小便器およびこれと類似の用途をもつ器具から排出される排水を汚水という．

(3) 厨房排水は，建物内の排水管を閉塞させやすい．

(4) 雨水は，建物内で雑排水系統と合流させてもよい．

解説 (4) 雨水は，建物内で雑排水系統と**合流させてはならない**．下水道が分流式の場合はそのまま雨水下水道本管に放流し，合流式の場合は，最終桝（会所桝）まで別系統として下水道本管に放流する．

解答▶(4)

マスターPoint 雨水管は絶対に雑排水管や汚水管と接続してはならない．もし，雑排水管が詰まったら，雨水が建物内に浸入してくるおそれがある．

問題 2 排水・通気

排水トラップに関する記述のうち，適当でないものはどれか．

(1) トラップは，サイホン式と非サイホン式に大別される．

(2) ドラムトラップは，サイホン式トラップである．

(3) 阻集器にはトラップ機能をあわせ持つものが多いので，器具トラップを設けると，二重トラップになるおそれがある．

(4) トラップますは，臭気が逆流しない構造とする．

解説 (2) ドラムトラップは，**非サイホン式**トラップである．

解答▶(2)

マスターPoint 二重トラップの禁止

トラップは，器具1個に対してトラップ1個が原則である．2個以上あるとトラップ間の空気が密閉状態となり，水が流れづらくなるので，禁止されている．

問題 3 排水・通気

排水設備に関する記述のうち，適当でないものはどれか．

(1) 排水管径を決定する代表的な方法として，器具排水負荷単位法と定常流量法がある．

(2) 排水管の管径は，最小 30 mm，かつ，器具トラップ口径より小さくしてはならない．

(3) 地中埋設管の管径は，50 mm 以上が望ましい．

(4) 間接排水の水受け容器には，排水トラップを設けてはならない．

解説 (4) 間接排水の水受け容器には，**排水トラップを設ける**（図 5·16 間接排水 (a) を参照のこと．

解答▶(4)

マスターPoint 器具排水負荷単位法は，器具排水負荷単位（洗面器の器具排水単位流量 28.5 ℓ/min を 1 排水単位）と，こう配を基準として排水管の管径を決める方法である．

問題 4 排水・通気

排水・通気設備に関する記述のうち，適当でないものはどれか．

(1) 管径が 65 mm 以下の排水横枝管の最小こう配は，1/100 とする．

(2) 排水横主管の管径は，これに接続する排水立て管の管径以上とする．

(3) ループ通気管の最小管径は，30 mm とする．

(4) 屋外埋設排水管のこう配が著しく変化する箇所には，排水ますを設ける．

解説 (1) 管径が 65 mm 以下の排水横枝管の最小こう配は，**1/50** とする（p.121，表 5·6 排水こう配）．

解答▶(1)

マスターPoint 排水ますの設置場所

- 敷地排水管の直管で，管内径の 120 倍を超えない範囲内．
- 敷地排水管の起点．
- 排水管の合流箇所および敷地排水管の方向変換箇所．
- 勾配が著しく変化する箇所．
- その他，清掃・点検上必要な箇所．

問題5 排水・通気

排水設備に関する記述のうち，適当でないものはどれか．

(1) 特殊継手排水システムは，ホテル客室系統，共同住宅等に多く使用されている．

(2) ルームエアコンのドレン管は，直接雑排水管に接続する．

(3) 阻集器にはトラップ機能を持つものが多く，器具トラップを設けると二重トラップになるおそれがある．

(4) ドラムトラップは，排水混入物をトラップ底部に堆積させ，後に回収できる構造になっている．

解説 (2) ルームエアコンのドレン管は，**単独にて屋外に放流**するか，側溝や雨水桝に放流する．直接雑排水管や雨水立て管には，絶対に接続してはならない．

解答▶(2)

マスターPoint 特殊継手排水システムとは，排水横枝管と排水立て管のジョイント部に特殊な継手（排水横枝管から特殊継手を通るときに，立て管へと螺旋（らせん）状に水を流し，トラップの破封を防ぐ継手）をセットした排水システムのことで，伸頂通気方式の一種である．

問題6 排水・通気

排水・通気設備に関する記述のうち，適当でないものはどれか．

(1) ループ通気管の管径は，当該ループ通気管を接続する排水横枝管と通気立て管の管径のうち，いずれか小さいほうの1/2以上とする．

(2) 伸頂通気管の管径は，排水立て管の管径の1/2以上とする．

(3) 水封式トラップの機能は，封水を常時保持することで維持される．

(4) Uトラップは，排水配管の途中に設置するトラップである．

解説 (2) 伸頂通気管の管径は，原則として**排水立て管の上端の管径**とする．

解答▶(2)

マスターPoint 通気管の最小管径は，30 mmとする．ただし，排水槽に設ける場合は，50 mm以上とする．

問題 7 排水・通気

排水・通気設備に関する記述のうち，適当でないものはどれか．

(1) 伸頂通気方式は，通気立て管を設けず，排水立て管上部を延長し通気管として使用するものである．

(2) ループ通気管は，通気立て管または伸頂通気管に接続するか，あるいは大気に開放する．

(3) 伸頂通気方式は，ループ通気方式に比べて機能上優れている．

(4) 最上階を除き，大便器 8 個以上を受け持つ排水横枝管には，ループ通気管を設けるほかに，逃し通気管を設ける．

解説 (3) 伸頂通気方式は，ループ通気方式に比べて機能上劣る．

解答▶(3)

マスターPoint 伸頂通気方式は，一般にマンションのユニットバスやホテルの部屋などのように，長い横枝管がない場合，各室の器具が単独に排水立て管に接続されている場合に適している．機能上一番優れているのは，各個通気方式である．

問題 8 排水・通気

衛生器具の「名称」と当該器具の「トラップの最小口径」の組合せのうち，適当でないものはどれか．

（名称）　　（トラップの最小口径）

(1) 掃除流し ―――― 50 mm

(2) 壁掛け小型小便器 ―――― 40 mm

(3) 汚物流し ―――― 75 mm

(4) 大便器 ―――― 75 mm

解説 (1) 掃除流しは，65 mm である．

解答▶(1)

排水管の最小管径

- トラップ口径以上とし，かつ 30 mm とする．ただし，地中に埋設する場合または地階の床下に設ける場合は，50 mm 以上とする．
- 汚水管は，75 mm とする．

5-4 消火設備

消火設備（消防設備）には，水を使用する屋内消火栓設備，屋外消火栓設備，スプリンクラー設備,水噴霧消火設備（**冷却消火**,水噴霧は**冷却および窒息消火**），泡を使用する泡消火設備（冷却および窒息消火），ガス，粉を使用する不活性ガス消火設備，ハロゲン化物消火設備，粉末消火設備（冷却および窒息消火）などがある．

1 屋内消火栓設備

1. 1号消火栓，2号消火栓

屋内消火栓の系統図を**図5･23**に示す．

屋内消火栓には，1号消火栓と2号消火栓がある．

表5･8に，1号消火栓と2号消火栓の比較を示す．

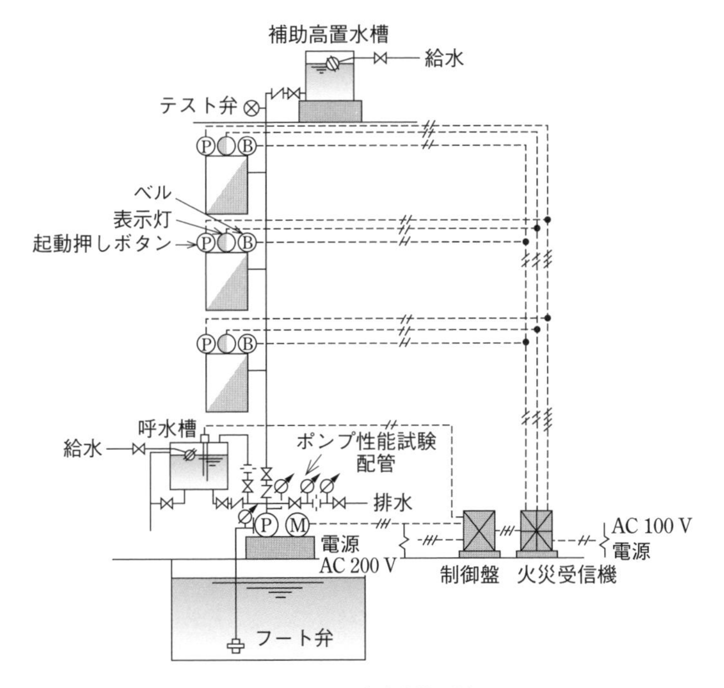

図5・23　屋内消火栓系統図

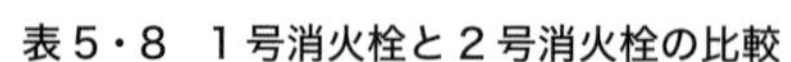

表5・8　1号消火栓と2号消火栓の比較

項目		1号消火栓	2号消火栓
防火対象物の区分		1. 工場または作業場 2. 倉庫 3. 1，2の地階，無窓階，4階以上の階 4. 指定可燃物を貯蔵または取り扱うもの 5. 1～4以外の防火対象物	左欄1～4以外の防火対象物
消火栓箱	水平距離 放水圧力 放水量 ノズルの機能 ホースの収納方式	**25m以下**（図5·24（a）） 0.17～0.7 MPa **130 ℓ/min以上** 規定なし 規定なし	**15 m以下**（図5·24（b）） 0.25～0.7 MPa **60 ℓ/min以上** 容易に開閉できる装置付き 延長および格納の操作が容易にできること
ポンプなど	吐出能力 ポンプ起動方式	消火栓設置個数（最大2）×150 ℓ/min ポンプ直近の制御盤で起動および停止操作ができ，かつ，消火栓からの遠隔操作でも起動できること	消火栓設置個数（最大2）×70 ℓ/min ポンプ直近の制御盤で起動および停止操作ができ，かつ，開放弁の開放または消防用ホースの延長操作などと連動して起動できること
配管	立上がり管	呼称50 mm以上	呼称32 mm以上
水源水量		消火栓設置個数（最大2）× 2.6 m^3	消火栓設置個数（最大2）× 1.2 m^3

＊上記比較表にない項目は1号消火栓に準ずる．

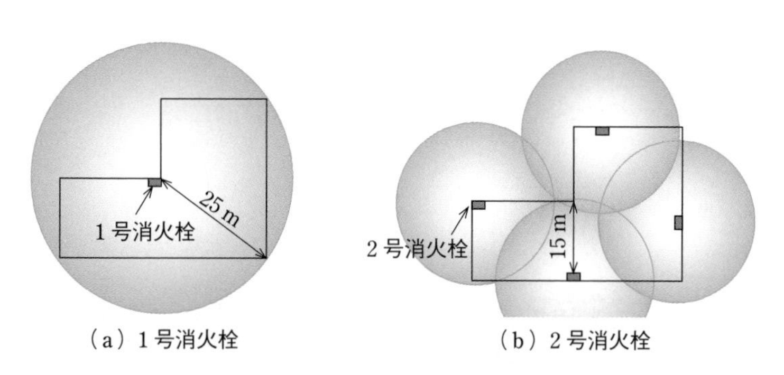

（a）1号消火栓　　（b）2号消火栓

図5・24　屋内消火栓の位置

2. 屋内消火栓ポンプ（加圧送水装置）

① 屋内消火栓ポンプは，**非常電源が必要**である．

② ポンプの起動は遠隔操作でもよいが，**停止は，直接ポンプ直近の制御盤により停止**できること．

③　ポンプの**締切圧力の 1.5 倍以上**の水圧に耐えられること．
④　屋内消火栓ポンプには，吐出側に圧力計，吸込み側に**連成計**を設ける．
⑤　屋内消火栓ポンプの呼水槽（専用）には，減水警報装置および呼水槽へ水を自動的に供給するための装置を設ける．
⑥　屋内消火栓ポンプの吐出側直近部分の配管には，逆止弁および止水弁を設ける．
⑦　屋内消火栓ポンプの吸水管は専用とする．

ポンプの性能は，下記のもので決定される．

- 放水量
- 吸込揚程
- ホースの抵抗
- ノズルの先端の放水圧力
- 設置個数
- 配管の摩擦損失

3. 屋内消火栓箱

①　表面に消火栓と表示する．
②　屋内消火栓箱の上部には，取り付ける面と **15° 以上の角度**となる方向に沿って 10 m 離れた場所から容易に識別できる赤色のランプ（始動表示灯）をつけること．
③　消火栓の開閉弁は，**床面から 1.5 m 以下**の高さに設置すること．

4. スプリンクラー設備

①　スプリンクラー設備には**閉鎖形**と**開放形**がある．
②　開放形は，劇場の舞台部など火のまわりが速い部屋などに用いられる．
③　閉鎖形は，一般的に使用される設備である．

5. 連結送水管設備

公設の消防隊の動力消防ポンプ車を使って外部の水を建物内部に送水するもので，消防隊員によって消火活動が行われる．地階を除き **7 階建て以上**の建築物全てに設置し放水口は **3 階以上に設置**する．送水口（**双口型**）は，外壁等の見やすい箇所に設置する**消防隊専用栓（サイアミューズコネクション）**である．

6. 連結散水設備

消火用設備などのうち，消火活動上必要な施設の一つで，火災が発生したとき，煙や熱が充満することによって消防活動が困難となる地下街や地下階に設置する設備である．地階の床面積の合計が **700 m^2 以上**のものに設置する．

問題 1 消火設備

屋内消火栓設備に関する記述のうち，適当でないものはどれか．

(1) 1 号消火栓のノズル先端での放水量は，120 ℓ/min 以上とする．

(2) 1 号消火栓は，防火対象物の階ごとに，その階の各部からの水平距離が 25m 以下となるように設置する．

(3) 2 号消火栓（広範囲型を除く．）のノズル先端での放水量は，60 ℓ/min 以上とする．

(4) 2 号消火栓（広範囲型を除く．）は，防火対象物の階ごとに，その階の各部からの水平距離が 15 m 以下となるように設置する．

解説 (1) 1 号消火栓のノズル先端での放水量は，**130 ℓ/min 以上**とする．

解答▶(1)

屋内消火栓には，2 人で操作する 1 号消火栓と，1 人で操作する 2 号消火栓がある．その他，1 人で操作する易操作性 1 号消火栓がある．

問題 2 消火設備

屋内消火栓設備において，ポンプの仕様の決定に関係のないものはどれか．

(1) 実揚程

(2) 消防用ホースの摩擦損失水頭

(3) 屋内消火栓の同時開口数

(4) 水源の容量

解説 (4) 水源の容量は重要であるが，**ポンプの仕様の決定には関係ない**．

解答▶(4)

ポンプの仕様の決定には

- 放水量（吐出能力）… 屋内消火栓の同時開口数（最大 2 個）
- 実揚程（吸込揚程，ホースの摩擦損失水頭，ノズル先端の放水圧力，配管の摩擦損失）
- 動力

などが関係する．

問題3 消火設備

屋内消火栓設備に関する記述のうち，適当でないものはどれか．

(1)屋内消火栓設備には，非常電源を附置する．

(2)屋内消火栓箱の上部には，設置の表示のための緑色の灯火を設ける．

(3)屋内消火栓の開閉弁は，自動式のものでない場合，床面からの高さが1.5 m以下の位置に設ける．

(4)加圧送水装置には，高架水槽，圧力水槽またはポンプを用いるものがある．

解説 (2) 屋内消火栓箱の上部には，設置の表示のための**赤色**の灯火を設ける．

解答▶(2)

屋内消火栓箱の上部に取り付ける赤色のランプは，取付け面と15°以上の角度となる方向に沿って10 m離れた場所から容易に識別できるものとする．

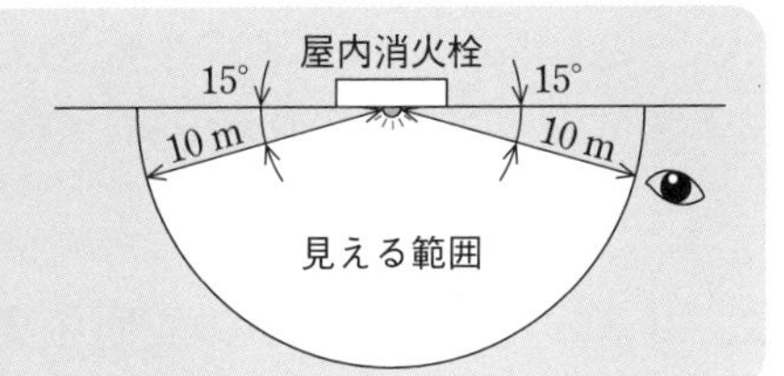

問題4 消火設備

次の設備のうち，「消防法」上，消防の用に供する設備に該当しないものはどれか．

(1)屋内消火栓設備　(2)連結散水設備

(3)スプリンクラー設備　(4)泡消火設備

解説 (2) 連結散水設備は，「**消火活動上必要な施設**」である．

解答▶(2)

マスターPoint

消防の用に供する設備とは

(1) 消火設備　(2) 警報設備　(3) 避難設備

消火設備の中には，屋内消火栓設備，スプリンクラー設備，水噴霧消火設備，泡消火設備，不活性ガス設備，ハロゲン化物消火設備，粉末消火設備，屋外消火栓設備などがある．

消火活動上必要な施設とは

(1) 排煙設備　(2) 連結散水設備　(3) 連結送水管　などがある．

5 5 ガス設備

ガスエネルギーは，都市ガスとLPガスに大別される．

1 都市ガス

都市ガス（LNG）は，液化天然ガスの略称であり，**メタン**を主成分とする天然ガスを冷却して液化したものである．ガスの比重は，空気より軽い．

1. 供給方式と供給圧力

ガス事業法に規定するガス供給方式には，低圧供給方式，中圧供給方式，高圧供給方式などがある．**表5·9**に，供給方式と供給圧力を示す．

表5・9　供給方式と供給圧力

供給方式	供給圧力
低　圧	0.1 MPa未満
中　圧	0.1 MPa以上1.0 MPa未満
高　圧	1.0 MPa以上

2. ガス栓とガスメータの設置位置

ガス栓とガスメータを設置する場所には，**表5·10**のような注意が必要である．

表5・10　ガス栓とガスメータの設置位置

ガス栓	ガスメータ
①　使用されるガス機器の近くで，日常障害とならない，できるだけ近い位置とする． ②　簡単に取付けできる位置であること．また，維持管理が容易にできること． ③　電気設備と触れない場所であること．	①　電気シャフト内など電気設備があるところは避ける． ②　火気，熱気，水気，または，石油などの危険物を貯蔵する場所を避ける．

2 LPガス

液化石油ガスをLPG（LPガス）といい，プロパンガス，ブタンガスの総称である．LPガスは，圧力を加えて液化したものがガスボンベに充てんされていて，常温·常圧で気体になる．発熱量は100 000 kJ/m^3（標準状態0℃，1気圧）である．LPガスは**空気より重い**ため，都市ガスに比べ滞留しやすい．

1. ボンベの設置位置（図5·25）

①　代表的な充てん容器には，**10 kg，20 kg および 50 kg 容器**がある．

②　内容積20 ℓ以上の容器は，火気の**2 m 以内**に近づけてはならない．また，

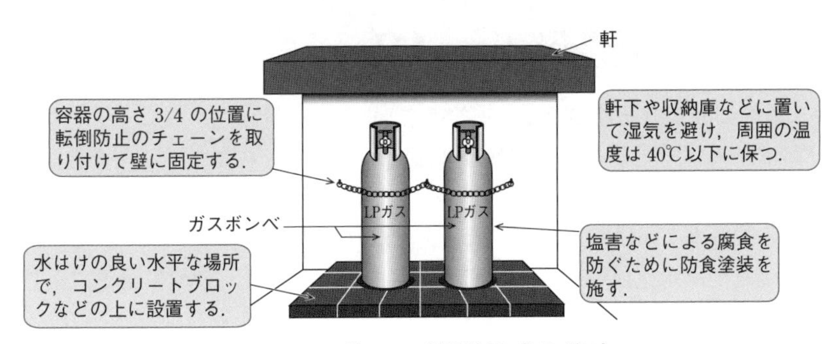

図 5・25　ボンベの設置位置（LP ガス）

屋外に置き，軒下，収納庫などに設置すること.

③　湿気，塩害などによる腐食を防止するため防食塗装を施し，水はけの悪いところに置く場合には，コンクリートブロックなどの上に置くこと.

④　転落，転倒を防ぐため，**転倒防止チェーンで固定する**こと.

⑤　周囲温度は **40℃以下**に保つこと.

2. ガス燃焼機器

ガス燃焼機器には，開放式，半密閉式，密閉式がある.

開放式ガス機器・・・コンロやレンジ，ガスストーブなどで，燃焼用空気を**室内**から取り，燃焼廃ガスをそのまま**室内**に排出する方式のガス器具をいう.

半密閉式ガス機器・・・風呂がまや瞬間湯沸器などのように，燃焼用空気を**室内**から取り，燃焼廃ガスを排気筒で**屋外**に排出する方式のガス器具をいう.

密閉式ガス機器・・・ストーブ，風呂がま，瞬間湯沸器などで，**屋外**から新鮮な空気を取り入れて燃焼し，**屋外**に燃焼廃ガスを排出する方式のガス器具をいう.

一般に，強制給排気式のことを **FF 式**，自然給排気式のことを **BF 式**という.

防火区間を貫通するガス湯沸器の排気筒には，**防火ダンパを設けてはならない**.

3. ガス漏れ警報機

①　**都市ガス**：ガス機器から**水平距離 8 m 以内**で，**天井面から 30 cm 以内**の位置に設置する.

②　**LP ガス**：ガス機器から**水平距離 4 m 以内**で，**床面から 30 cm 以内**の位置に設置する.

なお，ガス漏れ警報機の検知部は，換気口などの空気吹出口の近接したところに設けないこと.

問題 1 ガス設備

ガス設備に関する記述のうち，適当でないものはどれか．

(1) 都市ガスの引込みで，本支管分岐箇所から敷地境界線までの導管を供給管という．

(2) 液化天然ガス（LNG）は，一酸化炭素が含まれている．

(3) 液化石油ガス（LPG）の一般家庭向け供給方式には，戸別供給方式と集団供給方式がある．

(4) 液化石油ガス（LPG）の充填容器の設置においては，容器が常に 40℃以下に保たれる措置を講じる．

解説 (2) 液化天然ガス（LNG）は，**一酸化炭素が含まれていない**．　**解答▶(2)**

マスターPoint 都市ガス（液化天然ガス）の主成分はメタン（CH_4）である．
LP ガスの主成分は重炭化水素（C_mH_n）で，エタン（C_2H_6），プロパン（C_3H_8），ブタン（C_4H_{10}）の総称である．

問題 2 ガス設備

ガス設備に関する記述のうち，適当でないものはどれか．

(1) 液化天然ガスは，メタンを主成分とした天然ガスを冷却して液化したものである．

(2) 都市ガスのガス漏れ警報器は，天井付近に排気口がある室内では，燃焼器等から最も近い排気口付近に設置する．

(3) 液化石油ガス用のガス漏れ警報器の有効期間は，8 年である．

(4) 半密閉式ガス機器は，燃焼用の空気を屋内から取り入れ，燃焼ガスを屋外に排出するものである．

解説 (3) 液化石油ガス用のガス漏れ警報器の有効期間は，**5 年**である．　**解答▶(3)**

マスターPoint 「ガス事業法」による特定ガス用品の基準に適合している器具には，PS マークが表示されている．なお，特定ガス用品の検査機関による認定の有効期限は，5 年である．

PS-TG マーク

問題 3 ガス設備

ガス設備に関する記述のうち，適当でないものはどれか．

(1) 液化石油ガスの一般家庭用のガス容器には，10 kg，20 kg，50 kg などのものがある．

(2) 都市ガスの中圧供給方式は，供給量が多い場合，または，供給先までの距離が長い場合に採用される．

(3) マイコンメータは，災害発生のおそれのある大きさの地震動を検知した場合，ガスを遮断する機能を有している．

(4) 液化石油ガスは，プロパン，ブタン等を主成分としており，空気より軽いため，漏洩すると高いところに滞留する．

解説 (4) 液化石油ガスは，プロパン，ブタン等を主成分としており，**空気より重いため，漏洩すると低いところに滞留**する．

解答▶(4)

マスターPoint 液化石油ガス（LP ガス）のガス漏れ警報器，ガス器具から水平距離 4 m 以内で，床面から 30 cm 以内の位置に設置する．

問題 4 ガス設備

ガス設備に関する記述のうち，適当でないものはどれか．

(1)「ガス事業法」では，ガスの供給圧力が 0.1 MPa 未満を低圧としている．

(2) 液化石油ガス（LPG）のバルク供給方式は，一般に，工場や集合住宅などに用いられる．

(3) 液化石油ガス（LPG）は，比重が空気より小さいため空気中に漏洩すると拡散しやすい．

(4)「ガス事業法」による特定ガス用品の基準に適合している器具には，PS マークが表示されている．

解説 (3) 液化石油ガス（LPG）は，比重が空気より**大きく重い**ため空気中に漏洩すると下に淀む．

解答▶(3)

マスターPoint バルク（Bulk）とは，「一纏めにする」という意味で，貯蔵タンクを備えたタンク車により直接 LP ガスを充てんする方式である．

5 6 浄化槽設備

1 浄化槽設備

浄化槽とは，便所と連結してし尿を，またはし尿とあわせて雑排水を処理し，終末処理場を有する公共下水道以外に放流するための設備または施設である．活性汚泥法，生物膜法等の生物学的処理法によって処理する施設をいう．

1. 合併処理浄化槽

し尿と雑排水（工場排水，雨水そのほかの特殊な排水を除く）とを合併して処理するし尿浄化槽である．構造については，し尿浄化槽構造基準として昭和55年建設省告示第1292号に定められている．

2. 生物処理方式

生物処理方式は，生物膜法と活性汚泥法に分類される．

⊕**生物膜法**・・・生物膜を利用し汚水中の**有機物質**を除去して浄化させる方式である．

✎**有機物質**：し尿や台所・風呂などからの水中の汚れ．

⊕**活性汚泥法**・・・汚水中の汚濁物を活性汚泥（**微生物フロック**）によって，吸着，酸化したあとに固液分離して浄化させる方式である．

✎**フロック**：水に凝集剤を混和させたときに形成される金属水酸化物の凝集体．

3. 小規模合併処理浄化槽（図5·26）

微生物には，酸素を好まない**嫌気性微生物**と酸素を好む**好気性微生物**があり，

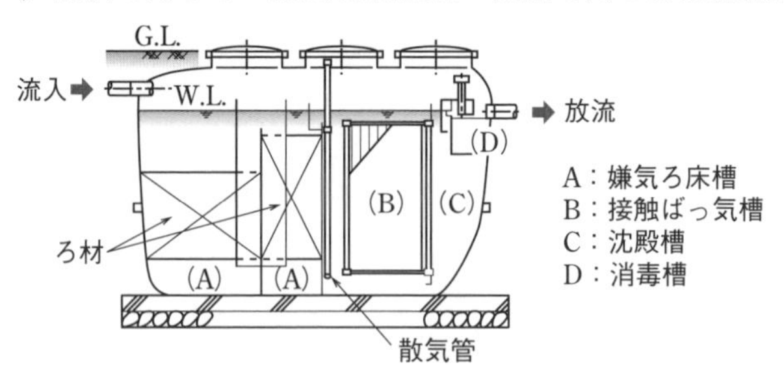

図5・26　小形合併処理浄化槽（嫌気ろ床接触ばっ気）

小規模合併処理浄化槽には，主として好気性微生物を利用した**分離接触ばっ気方式**（**図5·27**）と嫌気性・好気性微生物を併用した**嫌気ろ床接触ばっ気方式**（**図5·28**）のほか，生活排水中の窒素を高度に処理できる**脱窒ろ床接触ばっ気方式**の三方式がある．

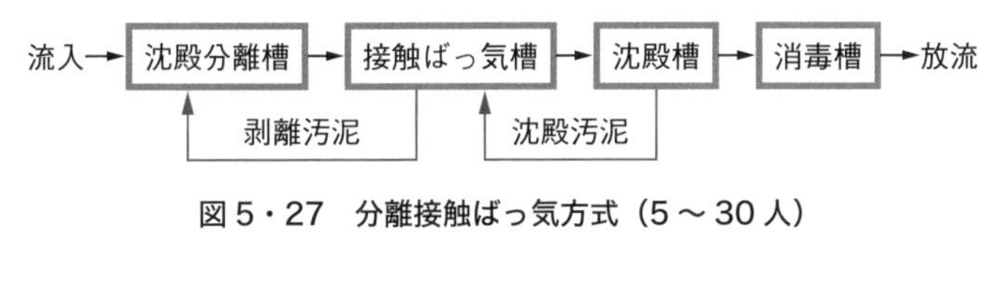

図5・27　分離接触ばっ気方式（5～30人）

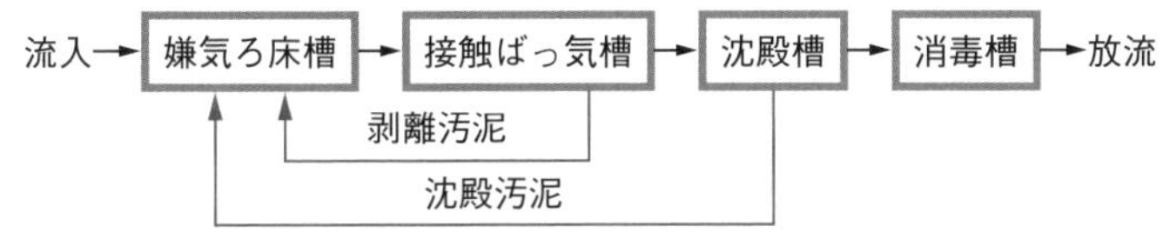

図5・28　嫌気ろ床接触ばっ気方式（31～50人）

4. BOD除去率

し尿浄化槽の性能は，BODの除去率〔%〕と放流水のBODで表される．

$$\text{BOD除去率} = \frac{\text{流入水BOD〔mg/L〕} - \text{放流水のBOD〔mg/L〕}}{\text{流入水BOD〔mg/L〕}} \times 100\text{〔\%〕}$$

※ mg/L = ppm

5. 処理対象人員

し尿浄化槽の算定処理対象人員は，JIS A 3302-2000に規定されている．
下記に，し尿浄化槽の処理対象人員の算定式を抜粋して，**表5·11**に示す．
同一建物2以上異なる用途がある場合，処理対象人員は，**それぞれの用途ごとに算定し，加算する．**

- 集会場内に，飲食店が設けられている場合の処理対象人員は，**それらの建築用途部分の人員を算出し合計する．**
- 保育所，幼稚園，小・中学校は，**定員に定数を乗じて算出**する．
- 診療所，医院：延べ面積に定数を乗じて算出する．
- 処理対象人員の算定式に，**延べ面積が用いられている建築用途**は，**集会場，共同住宅，寄宿舎，ホテル，旅館，デパート，映画館，事務所**などがある．

表5・11　処理対象人員算定基準抜粋（JIS A 3302-2000）

建築用途		処理対象人員	
		算定式	算定単位
住　宅	$A \leqq 130$ の場合	$n = 5$	n：人員〔人〕 A：延べ面積〔m^2〕
	$130 < A$ の場合	$n = 7$	
共同住宅		$n = 0.05A$	n：人員〔人〕　ただし，1戸当たりの n が，3.5人以下の場合は，1戸当たりの n を3.5人または2人（1戸が1居室だけで構成されている場合に限る）とし，1戸当たりの n が6人以上の場合は，1戸当たりの n を6人とする． A：延べ面積〔m^2〕
事務所	業務用厨房設備を設ける場合	$n = 0.075A$	n：人員〔人〕 A：延べ面積〔m^2〕
	業務用厨房設備を設けない場合	$n = 0.06A$	

6. その他浄化槽の設置について

浄化槽の躯体は，鉄筋コンクリート，プレキャスト（既存壁式：PC）鉄筋コンクリート，ガラス繊維強化ポリエステル樹脂（FRP：Fiberglass Reinforced Plastics）でつくられ，現場施工型やユニット型がある．

① 浄化槽の外形に対して，**周囲を30 cm程度広く掘削**する．

② 状況によって，土留めや水替え工事を行う．

③ 掘削後，割栗，砂利で地盤を**十分突き固めて捨てコンクリートを打ち，底盤面を水平にし，高さの調整**を行う．

④ コンクリートが固まったら，浄化槽本体を所定の位置に下ろし，流入管底の深さを確かめて，**水平にして設置**する．

⑤ 正しく設置したら，槽内に水を入れて漏水のないことを確認する．

⑥ FRP製浄化槽は衝撃に弱いので，**石などの混入がない良質な土を使用**し，均等に突き固めていく．

⑦ 槽本体の漏水検査は，満水状態にして**24時間**放置し，漏水のないことを確認する．

必ず覚えよう

❶ 消火活動上必要な施設とは，排煙設備・連結散水設備・連結送水管である．

❷ 都市ガスは，軽いので天井面から30 cm以内の位置にガス漏れ警報器を設置する．

❸ ポンプの停止は，直接ポンプ直近の制御盤により停止する．

問題 1 浄化槽設備

浄化槽に関する記述のうち，適当でないものはどれか．

(1) 放流水に病原菌が含まれないようにするため，放流前に塩素消毒を行う．

(2) 浄化槽の構造方法を定める告示に示された処理対象人員が50人以下の処理方式には，散水ろ床方式などがある．

(3) 生物処理法の一つである嫌気性処理法では，有機物がメタンガスや二酸化炭素などに変化する．

(4) 飲食店の浄化槽で，油脂類濃度が高い排水が流入する場合は，油脂分離槽などを設けて前処理を行う．

解説 (2) 浄化槽の構造方法を定める告示に示された処理対象人員が50人以下の処理方式は，**分離接触ばっ気方式，嫌気ろ床接触ばっ気方式，脱窒ろ床接触ばっ気方式**である．散水ろ床方式は，**501人以上**である．

解答▶(2)

問題 2 浄化槽設備

分離接触ばっ気方式浄化槽（5人～30人）のフローシート中，［　　］内に当てはまる槽の名称の組合せとして，正しいものはどれか．

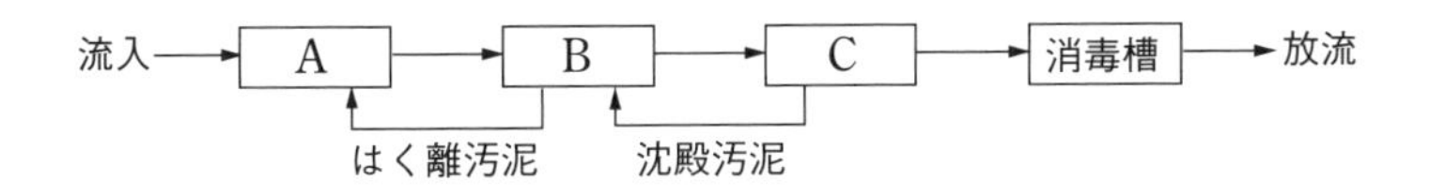

	(A)	(B)	(C)
(1)	沈殿分離槽	接触ばっ気槽	沈殿槽
(2)	接触ばっ気槽	沈殿分離槽	沈殿槽
(3)	沈殿分離槽	沈殿槽	接触ばっ気槽
(4)	沈殿槽	接触ばっ気槽	沈殿分離槽

解説 (1) 流入⇒**沈殿分離槽→接触ばっ気槽→沈殿槽→**消毒槽⇒放流

（接触ばっ気槽から沈殿分離槽へ：はく離汚泥，沈殿槽から接触ばっ気槽へ：沈殿汚泥）

解答▶(1)

問題3 浄化槽設備

JISに規定する「建築物の用途別による屎尿浄化槽の処理対象人員算定基準」において，処理対象人員の算定式に，延べ面積が用いられていない建築用途はどれか．

(1)集会場　(2)公衆便所　(3)事務所　(4)共同住宅

解説 (2) 公衆便所の処理対象人員は，**総便器数に定数を乗じて算定**する．　**解答▶(2)**

<table>
<tr><th colspan="2" rowspan="2">建築用途</th><th colspan="2">処理対象人員</th></tr>
<tr><th>算定式</th><th>算定単位</th></tr>
<tr><td colspan="2">公会堂・集会場・劇場・映画館・演芸場</td><td>$n = 0.08A$</td><td>n：人員〔人〕
A：延べ面積〔m^2〕</td></tr>
<tr><td rowspan="2">ホテル・旅館</td><td>結婚式場または宴会場をもつ場合</td><td>$n = 0.15A$</td><td rowspan="2">n：人員〔人〕
A：延べ面積〔m^2〕</td></tr>
<tr><td>結婚式場または宴会場をもたない場合</td><td>$n = 0.075A$</td></tr>
<tr><td colspan="2">保育所・幼稚園・小学校・中学校</td><td>$n = 0.20P$</td><td rowspan="2">n：人員〔人〕
P：定員〔人〕</td></tr>
<tr><td colspan="2">高等学校・大学・各種学校</td><td>$n = 0.25P$</td></tr>
</table>

※なお，共同住宅，事務所は，p.144，表5·11参照．

問題4 浄化槽設備

FRP製浄化槽の施工に関する記述のうち，適当でないものはどれか．

(1) 掘削が深すぎた場合，捨てコンクリートで所定の深さに調整する．

(2) 地下水位による槽の浮上防止策として，固定金具や浮上防止金具などで槽本体を基礎コンクリートに固定する．

(3) 槽の水張りは，水圧による本体および内部設備の変形を防止するため，槽の周囲を埋め戻してから行う．

(4) 槽に接続する流入管，放流管等は，管の埋設深さまで槽の周囲を埋め戻してから接続する．

解説 (3) 槽の水張りは，各部を水平にし，**槽を満水にしてから24時間以上漏水をしないことを確認してから良質土で埋め戻す**．　**解答▶(3)**

マスターPoint 本体の水平の微調整はライナー（プレート）などで行い，微調整後，槽とコンクリートのすき間が大きいときは，すき間をモルタルで充填する．

必須問題

6 設備に関する知識

全出題問題の中における『6章』の内容からの出題内容

出　題	出題数	必要解答数	合格ライン正解解答数
機材	2	必須問題 ５問	４問（80％）以上の正解を目標にする
配管・ダクト	2		
設計図書	1		
合　計	5		

よく出るテーマ

●機材

1）渦巻ポンプ，2）冷却塔，3）自動巻取形エアフィルタ
4）自動制御の制御対象，5）吸収冷凍機，6）多翼送風機
7）ガス湯沸器，8）真空式（無圧式）温水発生機
9）給水タンクの構造，10）保温材

●配管，ダクト

1）銅管・SGP-VD・VU 管，2）仕切弁と玉形弁の比較
3）伸縮管継手，4）逆止弁・バタフライ弁，5）管の接合方式
6）スパイラルダクト，7）ダクトの急拡大と急縮小，8）アスペクト比
9）フレキシブルダクト，10）長方形ダクトと円形ダクトの摩擦抵抗の比較
11）曲管部の内側半径，12）吸込口の指向性，13）案内羽根付エルボ
14）シーリングディフューザ

●設計図書・機器仕様

1）公共工事標準請負契約約款（設計図書の仕様）
2）JIS 配管材料
3）配管の識別色

6 1 機　材

1 ボイラー

ボイラーは，温水または蒸気をつくる温熱源で，次のような種類がある．

⊕**鋳鉄製ボイラー**（**図 6･1**）･･･低圧で蒸気用の場合，**最高使用圧力**は **0.1 MPa**（1.0 kgf/cm²）以下，温水用の場合，**最高使用水頭圧 50 m**（0.5 MPa）以下で，最高使用温度は **120℃以下**である．

何枚かの鋳鉄製のセクションを接続して缶体を構成したもので，**分解が可能なため搬入・搬出が容易**，かつ**能力アップも可能**で，**寿命が長く**価格も安い．

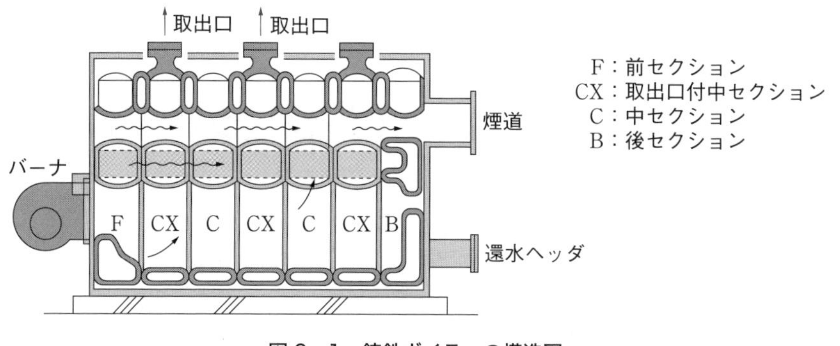

図 6・1　鋳鉄ボイラーの構造図

① 燃焼するためのバーナはガンタイプバーナが使われる．

② 蒸気用ボイラーの付属品としては，圧力計，安全弁，水面計，ボイラーの低水位による事故防止装置（水位制御装置・低水位燃焼遮断装置，低火位警報装置）などを付ける．

③ 温水用ボイラーの付属品としては温度計および水高計，安全弁または逃し弁などを付ける．**水高計**は圧力計と同じ構造のものであるが，目盛が水頭圧〔m〕で示されている．

⊕**炉筒煙管ボイラー**（**図 6･2**）･･･能力の大きいものがあり，使用圧力は一般的に 0.2 ～ 1.2 MPa 程度で高圧蒸気が得られる．蒸気用の場合，最高使用圧力は 1.6 MPa 以下で，温水温度は 170℃以下である．

円筒形の缶胴の中に炉筒と多数の煙管を用いた胴だき式のボイラーであり，

保有水量が多いので負荷変動に対して安定性がある．

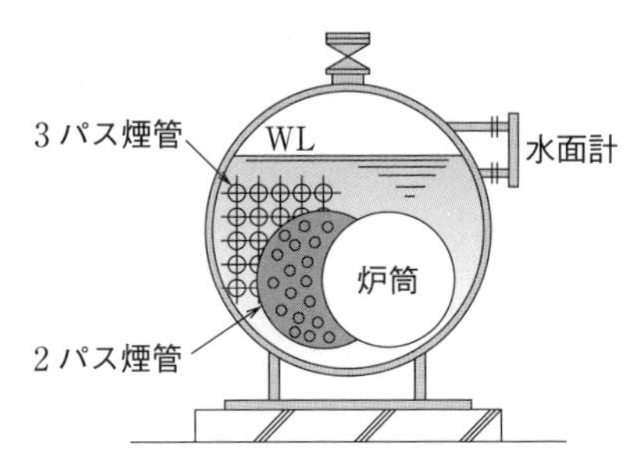

図6・2　炉筒煙管ボイラーの構造図

⊕**水管ボイラー**・・・地域暖房用として，能力は炉筒煙管ボイラーよりさらに大きい．蒸気用の場合，最高使用圧力は2.0 MPa以下で，温水用としては200℃程度までの温水をつくることができる．

多数の小口径の管を配列して燃焼室と伝熱面を構成しているボイラーで，**負荷変動に対して追従性があり，過熱や予熱が簡単で熱効率が良い．**

⊕**小型貫流ボイラー**・・・水管ボイラーの変形で，蒸気ボイラーである．最高使用圧力は1.6 MPa以下で，**保有水量が少なく，負荷変動の追従性が良いが，**起動時間が短い．寿命が短く，また騒音が大きく高価なため，使用例は少ない．高度な水処理が必要とされる．

⊕**立てボイラー**・・・一般的に**小型温水ボイラー**（簡易ボイラー）のことで，最高使用水頭は**10 m**（0.1 MPa）**以下**である（**伝熱面積4 m^2 以下**）．

蒸気用としては，最高使用圧力50 kPa以下である．住宅の暖房や給湯用としてよく使われている．

⊕**真空式温水発生機**（無圧式温水発生機）（**図6·3**）・・・このボイラーは温水専用で，大気圧以下で運転されるため，労働安全衛生法上のボイラーには該当せず，**ボイラー技士などの資格は不要**である．最高使用水頭は，50 m（0.5 MPa）以下である．本体に封入されている**熱媒水の補給は不要**である．2回路以上のものがあり，ボイラー1台で暖房も給湯もできる．

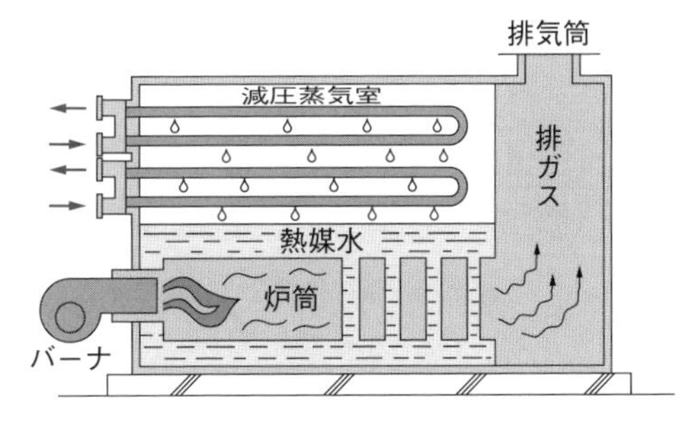

図6・3　真空式温水発生機の構造図

2 冷凍機

1冷凍トンとは，0℃の水1tを1日（24時間）で0℃の氷にするのに必要な冷凍能力をいう．

1日本冷凍トン（JRT）= 3.86 kW（3 320 kcal/h）

1米冷凍トン（USRT）= 3.52 kW（3 024 kcal/h）

冷凍機は，**蒸気圧縮式**と**吸収式**に分けられる．

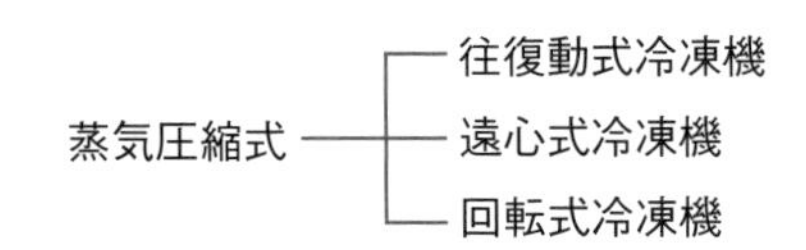

⊕**往復動式冷凍機**（レシプロ冷凍機）・・・空調用としては，100 ～ 120 冷凍トン程度以下の中・小型冷凍機として用いられている．価格はほかに比べて安いが，振動・騒音が大きい．

⊕**遠心式冷凍機**（ターボ冷凍機）・・・空調用としては，100 冷凍トン程度以上の大型冷凍機として用いられている．保守管理が容易である．

⊕**回転式冷凍機**（ロータリ冷凍機，スクリュー冷凍機，スクロール冷凍機）・・・ロータリ冷凍機は，住宅用ルームエアコンによく使われている．

スクリュー冷凍機，スクロール冷凍機は，空気熱源のヒートポンプチラーによく使われている．容量制御性が吸収式冷凍機とともに最も優れている．

圧縮式冷凍機の構造図と冷凍サイクルを，**図6·4**に示す．

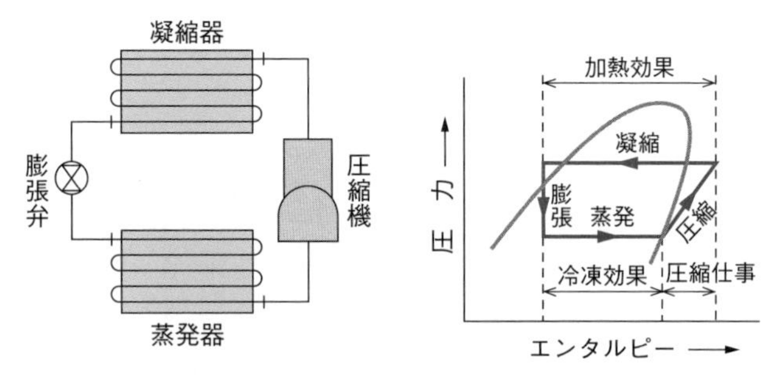

図6・4 圧縮式冷凍機の構造図と冷凍サイクル

⊕**吸収式冷凍機**・・・吸収式冷凍機のエネルギー源は，蒸気やガスの直だきなどによるもので，**蒸発器**，**吸収器**，**再生器**，**凝縮器**の四つから構成されており，冷

媒には清浄な水，吸収液にはリチウムブロマイド（臭化リチウム）を用いている．10冷凍トン以下の単効用吸収式冷凍機は，住宅用冷房によく使われている．

二重効用吸収式冷凍機は，単効用より蒸気消費量が50～60％程度少なくなる．

冷水回路を温水回路とすると，暖房に用いることができる．これを冷温水発生機（**直だき吸収冷温水機**）という．

ほかの冷凍機に比べ，大型モータがないため**振動，騒音が小さく**，また電力量が少ない．ただし，**冷却塔容量は圧縮式に比べて大きい**．

3 冷却塔（クーリングタワー）

冷却塔は，**冷凍機の凝縮器に使用する冷却水を冷却する（冷凍機によって奪われた熱を放出する）**ものである．

1．冷却塔の種類

⊕**開放式冷却塔**・・・開放式冷却塔には，向流形と直交流形がある（**図6･5**参照）．

① **向流形（カウンタフロー形）**：丸形が多く，据付け面積は小さいが高さがある．

② **直交流形（クロスフロー形）**：角形が多く，据付け面積は大きいが高さは低い．

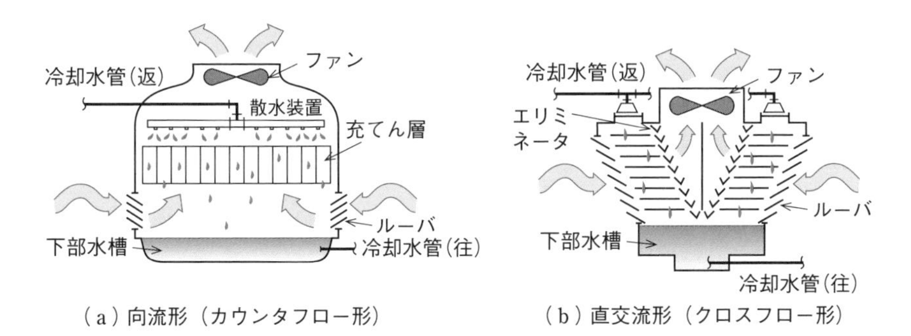

（a）向流形（カウンタフロー形）　（b）直交流形（クロスフロー形）

図6・5　開放式冷却塔

⊕**密閉式冷却塔**・・・角形が多く，据付け面積が開放式に比べ3～4倍となる．

利点は，冷却水の汚染を防ぎ，空調機器内のコイルや配管内の腐食やスケールなどの問題がなくなることである．

2. 蒸発による冷却

蒸発による冷却のわかりやすい例として，人体が，周囲の温度が高くなると発汗して，体温を37℃以下にしようとすることがあげられる．**冷却塔は蒸発潜熱が主な冷却効果**となり，空気をぬれ面に接触通過させるか，落下水に直接触れさせて水を冷却する．

3. 冷却レンジとアプローチ

冷却レンジとは，冷却塔により水が冷却される温度差をいい，出入口水温の差（5～7℃）をいう．

アプローチとは，冷却塔から出る冷やされた**水の温度と外気空気の湿球温度との差**をいう（**図6·6**参照）．

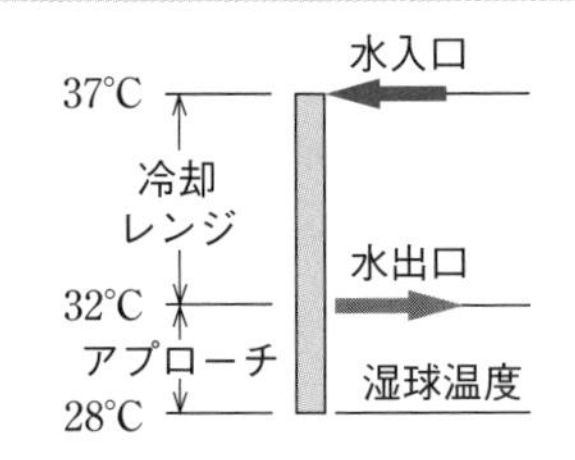

図6・6　冷却レンジとアプローチ

4. 冷却水の水質

冷却水の水質を一定基準内（pH 6.0～8.0など）に納めるには，ブローダウンや連続してブローするか，添加剤を投入する．

✎ブローダウン：水の中の化学成分の凝固を防ぐため，循環水の一部を少しずつ排水すること．

4 送風機

1. 送風機の種類

送風機は，遠心式と軸流式に大別される．

⊕**遠心式**・・・多翼送風機（シロッコファン），リミットロードファン，ターボファンに分けられ，**羽根車の中に軸方向から空気が入り，半径方向に通り抜ける構造**である．そのうちの**多翼送風機**は，**羽根車の出口の羽根形状が回転方向に対して前に湾曲**している．

⊕**軸流式**・・・一般にプロペラファンと呼ばれ，構造的に**小型で，低圧力，大風量に適した**送風機である．

表6·1に，種類による羽根の形状と一般的風量の範囲，静圧を示す．また，

表6・1 送風機の種類

種類	シロッコファン	リミットロードファン	ターボファン	プロペラファン
羽根形状				
風量〔m^3/min〕	10 ～ 2 000	20 ～ 3 000	60 ～ 1 000	10 ～ 500
静圧〔Pa〕	100 ～ 1 000	500 ～ 2 000	1 250 ～ 3 000	0 ～ 600

多翼送風機の性能曲線図を**図6·7**に示す．

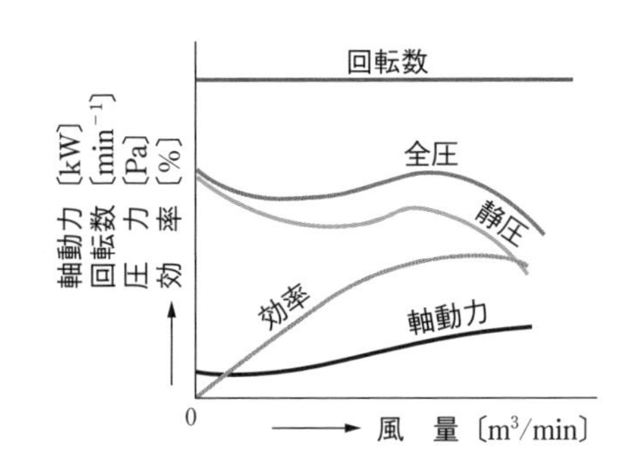

図6・7 多翼送風機の性能曲線

送風機の性能は，風量，圧力，軸動力などによって表される．

- 風量は回転数に比例する

$$\frac{Q_1}{Q_2} = \frac{n_1}{n_2}$$

- 圧力は回転数の2乗に比例する

$$\frac{P_1}{P_2} = \left(\frac{n_1}{n_2}\right)^2$$

- 軸動力は回転数の3乗に比例する

$$\frac{L_1}{L_2} = \left(\frac{n_1}{n_2}\right)^3$$

ただし，Q_1，Q_2：風量，P_1，P_2：圧力

L_1，L_2：軸動力，n_1，n_2：回転数

2. 送風機の回転数を調整する方法

送風機の回転数を調整するには，次の方法がある．

- 電動機の回転数を変える
- プーリーを取り替える

3. サージング

一定の回転数で運転しながら吐出ダンパを絞って風量を減少していくと，急に激しい振動や息をつくような状態（脈動）となる現象をいう．同様のことが，ポンプにも当てはまる．

⑤ ポンプ

1. ポンプの種類

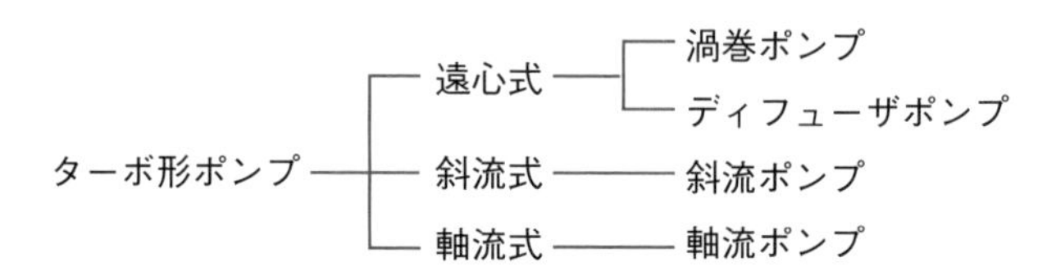

その他，ポンプにはいろいろな種類があるが，次に渦巻ポンプの説明をする．

2. 遠心式（渦巻ポンプ）

遠心ポンプの中に**渦巻ポンプ**（**ボリュートポンプ**）と**ディフューザポンプ**（**タービンポンプ**）がある．一般に，**吐出量の増加とともに揚程は低く**なる．

渦巻ポンプは，**低揚程**用のポンプで，**多段式**渦巻ポンプ（ディフューザポンプ）は，**高揚程**用のポンプのことである．

多段式渦巻ポンプのことをタービンポンプといい，高揚程用として使用される．

① 渦巻ポンプは，羽根車の回転によって，**速度水頭（速度エネルギー）**を**渦巻室で圧力水頭（圧力エネルギー）に変換するポンプ**をいう．

② ポンプの**吸込揚程は，水温が高いほど飽和蒸気圧が低く蒸発しやすい．**

③ ポンプの揚程は，羽根車の外径と回転数を増せば高くなる．**揚程は外径の2乗に比例する．**一般の清水を扱うポンプでは，**吸込揚程は約6m程度**である．

④ ポンプの吸上作用は，ポンプの吸込側が完全に真空状態となれば，理論上，標準大気圧のもとでは10.33mの高さまで吸い上げることができる．

⑤ 吸込揚程が高い場合は**キャビテーション**を起こしやすい．吸込口の圧力が低くなり，水が蒸発して気泡をつくりやすくなる．キャビテーションとは，ある温度のもとで，何らかの原因で水の圧力が低下することによって液体が気化して気泡をつくることをいう．

3. キャビテーションの防止

キャビテーションを防止するには，次の方法がある．

- **ポンプの吸込揚程を小さくする**
- **ポンプの吸込側管路の抵抗を少なくする**

• 吸い上げる水の温度を低くする

4. その他のポンプ

① **自吸水ポンプ**：ポンプ自身で自動的に吸込管の空気を排出し，揚水することができる．よって，**フート弁が不要**である．

② **渦流**（かりゅう）**ポンプ**：カスケードポンプとかウェスコポンプなどと呼ばれていて，構造が比較的簡単で安価であり，小容量で高揚程のため家庭用井戸ポンプや小規模建築に使用されている．

③ **歯車ポンプ**：自吸引作用を有し，給油ポンプ（オイルギヤポンプ）として使用されている．

④ **インライン形遠心ポンプ（ラインポンプ）**：ポンプとモータが一体となったポンプで，配管の途中に簡単に取付けができ，場所をとらず基礎もいらない．

⑤ **エアリフトポンプ**：空気の浮力を利用したポンプであり，浄化槽の汚泥返送用，砂の多い井戸や酸性の強い温泉の吸上げなどに使用されている．

⑥ **ボルテックス形およびブレードレス形遠心ポンプ**：固形物を含んだ汚水を汲み上げる汚物ポンプとして使用されている．

5. ポンプの 2 台運転

同一ポンプを並列運転，直列運転したときの特性曲線を**図 6·8** に示す．

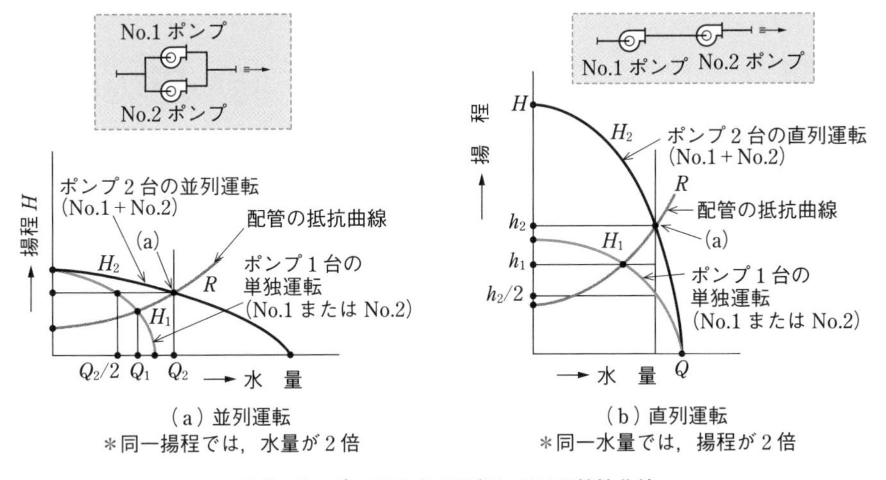

図 6・8 ポンプ 2 台の運転における特性曲線

⊕**並列運転**・・・同一仕様のポンプを2台並列したときの特性は，同一揚程点で水量が2倍になる．しかし，実際は並列特性曲線と抵抗曲線の交点（a）で運転されるので，**水量は2倍にならない**．抵抗曲線が緩やかなほど2倍に近くなる．

⊕**直列運転**・・・並列運転と同じことがいえる．単一の配管系において，ポンプを直列運転して得られる揚程は，それぞれのポンプを単独運転した場合の揚程の和より小さい．

6 保温材

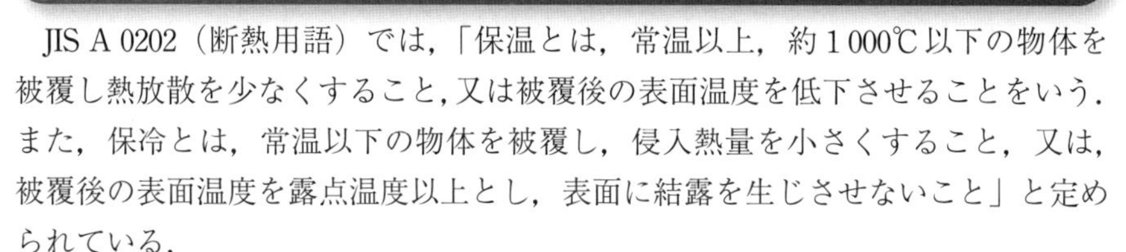

JIS A 0202（断熱用語）では，「保温とは，常温以上，約1 000℃以下の物体を被覆し熱放散を少なくすること，又は被覆後の表面温度を低下させることをいう．また，保冷とは，常温以下の物体を被覆し，侵入熱量を小さくすること，又は，被覆後の表面温度を露点温度以上とし，表面に結露を生じさせないこと」と定められている．

保温材には次のような種類がある．

① **グラスウール保温材**は，ポリスチレンフォーム保温材に比べて**吸水性や透湿性が大きい**．

② **ロックウール保温材**は，耐火性に優れ，防火区画の貫通部等に使用される．

③ **ポリスチレンフォーム保温材**は，主に保冷用として使用される．

④ **人造鉱物繊維保温材**には，保温筒，保温板，保温帯等の形状のものがある．

必ず覚えよう

❶ 鋳鉄製ボイラーは，分解が可能で，搬入・搬出が容易である．

❷ 小型貫流ボイラーは，保有水量が少なく，負荷変動の追従性が良いが，高度な水処理が必要とされる．

❸ 吸収式冷凍機は，冷媒には清浄な水，吸収液には，リチウムブロマイド（臭化リチウム）を用いる．

❹ 冷却塔は，蒸発潜熱が主な冷却効果である．

❺ 密閉式ガス湯沸器は，燃焼空気を屋外から取り入れ，燃焼ガスを直接屋外に排出するものである．

❻ 遠心ポンプでは，吐出量の増加とともに揚程は低くなる．

問題 1 機 材

空気調和機に関する記述のうち，適当でないものはどれか．

(1) ユニット形空気調和機は，冷却，加熱の熱源装置を持たず，ほかから供給される冷温水等を用いて空気を処理し送風する機器である．

(2) ファンコイルユニットは，冷温水を使用して室内空気を冷却除湿または加熱する機器である．

(3) パッケージ形空気調和機は，空気熱源のものと水熱源のものがある．

(4) 気化式加湿器は，通過する空気に水を噴霧気化させることで加湿を行う．

解説 (4) **気化式加湿器**は，加湿器本体の加湿エレメントに，均等に水を流し通過する空気と接触させて**空気の持つ顕熱により水を気化させて加湿する機器**である．

解答▶(4)

問題 2 機 材

給湯設備の機器に関する記述のうち，適当でないものはどれか．

(1) 小型貫流ボイラーは，保有水量が少ないため，起動時間が短く，負荷変動への追従性が良い．

(2) 空気熱源ヒートポンプ給湯機は，大気中の熱エネルギーを給湯の加熱に利用するものである．

(3) 真空式温水発生機は，本体に封入されている熱媒水の補給が必要である．

(4) 密閉式ガス湯沸器は，燃焼空気を室内から取り入れ，燃焼ガスを直接屋外に排出するものである．

解説 (4) **密閉式ガス湯沸器**は，燃焼空気を**屋外**から取り入れ，燃焼ガスを直接**屋外**に排出するものである（p.139 のガス燃焼機器を参照のこと）．

解答▶(4)

マスターPoint 電気ヒートポンプ・ガス瞬間式併用型給湯機（ハイブリッドタイプ）：ガス給湯器とヒートポンプ給湯機を組み合わせたハイブリッドタイプの給湯機で，冷媒に CO_2，HFC（フルオロカーボン：フロンの一種）を使用したヒートポンプユニットと貯湯ユニットが一体化させたものなどがある．外気の熱をくみ上げるため，エネルギーが少なく経済的であり高効率である．

問題3 機　材

冷却塔に関する記述のうち，適当でないものはどれか．

(1) 冷却作用は，主に空気の顕熱を利用したものである．

(2) 送風機を用いた開放式冷却塔は，冷却効率が良く，多く使用されている．

(3) 冷却塔は，スケール障害対策として，定期的に水をブローする．

(4) 向流形冷却塔は，上部から冷却水を滴下させ，塔下部から空気を吸い込んで熱交換を行うので，冷却効率が良い．

解説 (1) 冷却作用は，空気の**潜熱**を利用したものである．

解答▶(1)

マスターPoint 冷却塔は，冷凍機の凝縮器に使用する冷却水を冷却するものである．冷却塔は，スケール障害対策として，定期的に水をブローする．そのことをブローダウンといい，ブローダウン量は 0.3％くらいとする．
冷却塔の水は，蒸発，キャリオーバ（冷却塔において噴霧で落下する途中，蒸発しないで失われる少量の水），ブローダウンおよび漏れなどによって失われるため，補給しなければならない．補給水量は冷却循環水量の 1.5 ～ 2.0％くらい．

問題4 機　材

設備機器に関する記述のうち，適当でないものはどれか．

(1) 遠心ポンプでは，一般的に，吐出量が増加したときは全揚程も増加する．

(2) 飲料用受水タンクには，鋼板製，ステンレス製，プラスチック製および木製のものがある．

(3) 軸流送風機は，構造的に小型で低圧力，大風量に適した送風機である．

(4) 吸収冷温水機は，ボイラーと冷凍機の両方を設置する場合に比べ，設置面積が小さい．

解説 (1) 遠心ポンプでは，一般的に，**吐出量（水量）が増加とともに揚程は低くなる．**

解答▶(1)

遠心ポンプの軸動力は，吐出量の増加とともに増加する．
右図は渦巻ポンプの性能曲線．

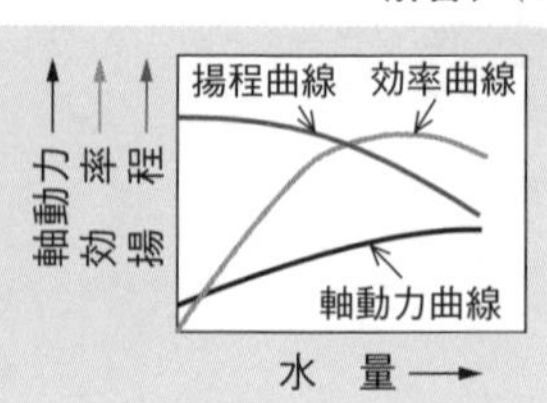

問題 5 機　材

設備機器に関する記述のうち，適当でないものはどれか．

(1) 吸収冷凍機は，吸収溶液として臭化リチウムと水の溶液，冷媒として水を使用している．

(2) 冷却塔は，冷却水の一部を蒸発させることにより，冷却水の温度を下げる装置である．

(3) 軸流送風機は，構造的に小型で，高圧力，小風量に適した送風機である．

(4) 渦巻ポンプの実用範囲における揚程は，吐出し量の増加とともに低くなる．

(3) 軸流送風機は，構造的に小型で，**低圧力**（低静圧），**大風量**に適した送風機である．

解答▶(3)

マスターPoint　軸流送風機は，プロペラ形の羽根にモータの軸と同一方向に空気を送る装置であり，一般家庭の換気扇などである．

問題 6 機　材

保温材に関する記述のうち，適当でないものはどれか．

(1) グラスウール保温材は，ポリスチレンフォーム保温材に比べて吸水性や透湿性が小さい．

(2) ポリスチレンフォーム保温材は，主に保冷用として使用される．

(3) 人造鉱物繊維保温材には，保温筒，保温板，保温帯等の形状のものがある．

(4) ロックウール保温材は，耐火性に優れ，防火区画の貫通部等に使用される．

(1) グラスウール保温材は，ポリスチレンフォーム保温材に比べて**吸水性や透湿性が大きい**．

解答▶(1)

マスターPoint
- ロックウール保温材の最高使用温度は，グラスウール保温材より高い．
- ポリスチレンフォーム保温材（保温筒）は，吸湿性が小さい．また，蒸気配管には使用できない．

保温材	最高使用温度〔℃〕	保温材	最高使用温度〔℃〕
ポリスチレンフォーム	70	グラスウール	350
ウレタンフォーム	100	ロックウール	600

問題⑦ 機　材

保温材に関する記述のうち，適当でないものはどれか．

(1) ロックウール保温材の最高使用温度は，グラスウール保温材より高い．

(2) グラスウール保温板は，その密度により区分されている．

(3) ポリスチレンフォーム保温材は，蒸気管には使用できない．

(4) ポリエチレンフォーム保温筒は，吸湿性が高い．

解説 (4) ポリエチレンフォーム保温筒は，吸湿性が低い．なお，前ページ問題⑥マスターPointの表に，保温材と最高使用温度について示しているので，覚えておくこと．

解答▶(4)

問題⑧ 機　材

飲料用給水タンクの構造に関する記述のうち，適当でないものはどれか．

(1) 2槽式タンクの中仕切り板は，一方のタンクを空にした場合にあっても，地震等により損傷しない構造のものとする．

(2) 屋外に設置するFRP製タンクは，藻類の増殖防止に有効な遮光性を有するものとする．

(3) タンク底部には，水の滞留防止のため，吸込みピットを設けてはならない．

(4) 通気口は，衛生上有害なものが入らない構造とし，防虫網を設ける．

解説 (3) タンク底部には1/100程度のこう配を付け排水溝，**吸込みピットを設ける．**

解答▶(3)

タンク内の照度は，100 lx以下とする．タンク内照度率（タンク内照度をタンク外照度で除した数値）を**0.1%**以下と定められている．

- 貯水タンク等の天井，底または周壁は建築物の他の部分と兼用しないこと．
- 容量が大きい場合には，迂回壁（間仕切り壁）を設ける．
- 飲料用FRP製水槽と鋼管との接続には，フレキシブルジョイントを設け，配管の重量や配管の変位による荷重が直接槽にかからないようにする．
- パネル組立て式受水槽の組立てボルトは，上部気相部には**鋼製ボルト**を合成樹脂で被覆したものを，液相部にはステンレスボルトを使用する．
- タンク内の照度は，100 lx以下とする．タンク内照度率（タンク内照度をタンク外照度で除した数値）を**0.1%**以下と定められている．

問題 9 機 材

建物内に設置する有効容量 5 m^3 の飲料用給水タンクの構造に関する記述のうち，適当でないものはどれか．

(1) タンクの底部には，水抜きのためのこう配をつけ，ピットを設ける．
(2) タンク内部の点検清掃を容易に行うために，直径 45 cm 以上のマンホールを設ける．
(3) オーバフロー管の排水口空間は，150 mm 以上とする．
(4) 衛生上有害なものが入らないようにするため，通気管に防虫網を設ける．

解説 (2) タンク内部の点検清掃を容易に行うために，**直径 60 cm 以上**のマンホールを設ける．

解答▶(2)

マスターPoint 給水タンクは，下部，周囲は 600 mm 以上，上部は 1 000 mm 以上点検スペースを確保すること．

問題 10 機 材

設備系の制御や監視に用いられる機器と制御・監視対象の組合せのうち，適当でないものはどれか．

（機器）――（制御・監視対象）
(1) 電極棒 ―――― 受水タンクの水位監視
(2) サーモスタット ―――― 室内の湿度制御
(3) 電動二方弁 ―――― 冷温水の流量制御
(4) レベルスイッチ ―――― 汚物用水中モータポンプの運転制御

解説 (2) サーモスタットは，室内の**温度制御**装置である．

解答▶(2)

マスターPoint サーモスタット（Thermostat）とは，室内空気の温度制御装置である．
ヒューミディスタット（humidistat）とは，室内空気の湿度制御装置である．

- その他，（機器）――（制御対象）
  - 電極棒 ―――― 高置タンクの水位
  - 電動二方弁 ―――― ファンコイルユニットのコイルの冷温水量
  - フロートスイッチ ―――― 汚物排水槽のポンプの発停

6 2 配管・ダクト

1 配　管

1. 管　材

管材の名称および一般的配管用途を，**表6·2**に示す．

表6・2　各管における用途

名　称	記　号	配管用途
配管用炭素鋼鋼管（白）	SGP	冷温水，膨張，消火
配管用炭素鋼鋼管（黒）	SGP	蒸気，油
硬質ポリ塩化ビニル管	VP	給水，排水（一般）
硬質ポリ塩化ビニル管	VU	排水（一般）
一般配管用ステンレス鋼管	SUS-TPD	給水，給湯，冷温水
硬質塩化ビニルライニング鋼管	SGP-VA	給水，冷却水
銅管（L）	CUP	ガス，給水，給湯
銅管（M）	CUP	給湯，給水，冷温水
鉛管	LP	排水（一般），給水
セメント管		排水（下水）

⊕管の種類

① **配管用炭素鋼鋼管**（JIS G 3452）：配管用炭素鋼鋼管には**黒管と白管**があり，**白管は，黒管に溶融亜鉛めっきを施したもの**である．最高使用圧力は**1 MPa.**

② **圧力配管用炭素鋼鋼管**（JIS G 3454）：配管用炭素鋼鋼管より高い圧力の流体輸送に使用される．最高使用圧力は10 MPa.

③ **硬質ポリ塩化ビニル管**（JIS K 6741）：**VPは，VUより肉厚が厚く**，多少の圧力にも耐えられるものである．VPの最高使用圧力は1.0 MPa, VUは0.6 MPaである．VPは給水，排水に使用される．

④ **水道用硬質塩化ビニルライニング鋼管**（JWWA K 116）：水道用硬質塩化ビニルライニング鋼管には，SGP-VA管（黒ガス管に内面ライニング），SGP-VB管（亜鉛めっき鋼管に内面ライニング），地中埋設用としてSGP-VD管（黒ガス管に内外面ライニング）があり，腐食を防ぐ．ねじ接合する場合には，**管端防食継手**を使用する．

⑤ **排水用硬質塩化ビニルライニング鋼管**（WSP 042）：配管用炭素鋼鋼管に準ずる薄肉鋼管の内面に硬質ポリ塩化ビニル管をライニングした管である．薄肉のため，ねじ加工ができないため**排水鋼管用可とう継手**（**MD ジョイント**）を用いる．

⑥ **排水用リサイクル硬質ポリ塩化ビニル管**（AS 58）は，使用済み塩ビ管や継手をマテリアルリサイクルした**屋外排水用の塩化ビニル管**である．

⑦ **銅管**（L）：M より肉厚が厚く（K ＞ L ＞ M），硬質ポリ塩化ビニル管（VP）と同様の性質をもつ．一般的に，M タイプを用いることが多い．

⑧ **鉛管**（LP）：柔軟性があり施工が容易で，ほかの管との接続が簡単である．耐食性や可とう性に優れ，寿命も長い．

2. 弁　類

一般用バルブとして，仕切弁（gate valve），玉形弁（globe valve），バタフライ弁（butterfly valve），逆止弁（check valve），コック（cocks），ボール弁（ball valve）などがある．

⊕仕切弁（ゲート弁，スルース弁）（**図 6・9** 参照）

《長所》

- 圧力損失は，ほかの弁に比べ小さい．
- ハンドルの回転力が玉形弁に比べ軽い．

《短所》

- 開閉に時間がかかる．
- 半開状態で使用すると，流体抵抗が大きく振動が起きる．

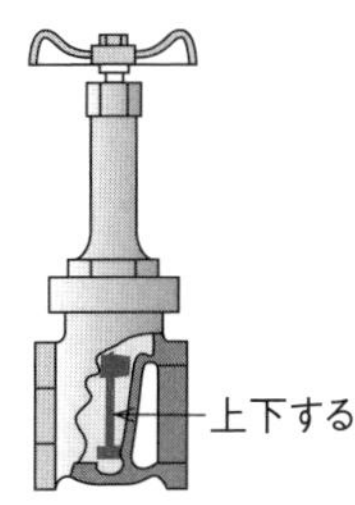

図 6・9　仕切弁

⊕玉形弁（ストップ弁，球形弁）（**図 6・10** 参照）

《長所》

- 開閉に時間がかからない．
- **流量調節に適している．**

《短所》

- 圧力損失が大きい．

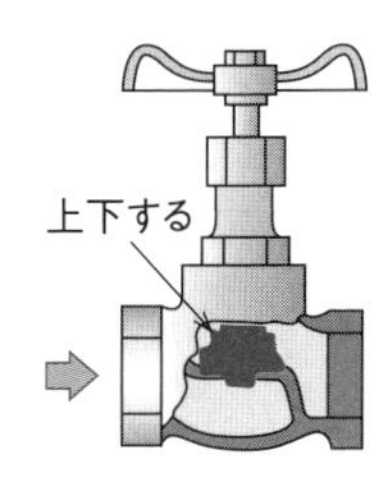

図 6・10　玉形弁

⊕バタフライ弁

《長所》

- 開閉に力がいらない．
- **取付けスペースが小さく，操作が簡単．**
- 流量調節が良い．

・コストが安い．
・低圧空気にも使用できる．

《短所》

・流体の漏れが多い．

⊕**逆止弁**（チェッキ弁）・・・逆止弁には，スイング式とリフト式がある．

① スイング式：**水平方向，垂直方向に使用できる**（**図 6･11** 参照）．

② リフト式：**水平方向のみに使用できる**（**図 6･12** 参照）．

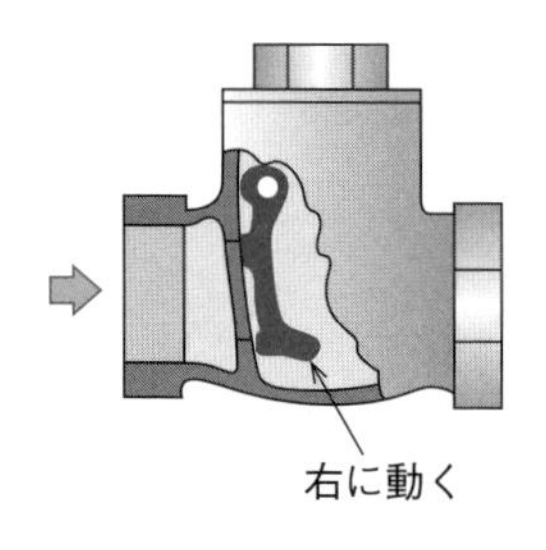

図 6・11　スイング式逆止弁

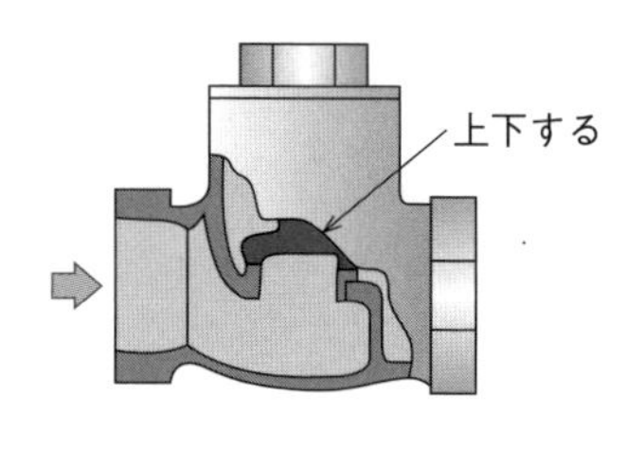

図 6・12　リフト式逆止弁

3. ストレーナ

ストレーナは，配管中のごみ（鉄くずなど）を取る役目をする．

ストレーナには，Y 型ストレーナ（**図 6･13** 参照），U 型ストレーナ，V 型ストレーナ，オイルストレーナなどがある．

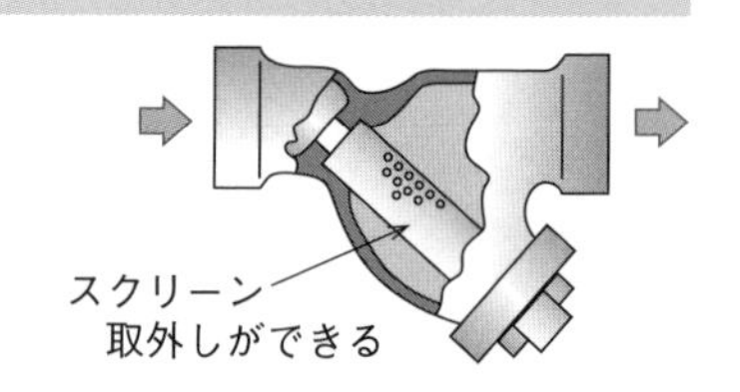

図 6・13　Y 型ストレーナ

4. 伸縮継手（伸縮管継手）

伸縮継手は，**配管の温度変化による伸縮を吸収する**ための継手である．

伸縮継手には，スリーブ形伸縮継手（すべり伸縮継手），ベローズ形伸縮継手，ベンド継手（曲管継手），ボールジョイントなどがある．

① **スリーブ形伸縮継手**：グランドパッキンで流体の漏れを防ぐ構造となっていて，スリーブパイプと継手本体とをスライドさせ伸縮を吸収させるものである．

② **ベローズ形伸縮継手**：ベローズによって流体の漏れを防ぐ構造となっていて，ステンレス製やりん青銅製のベローズによって伸縮を吸収させるものである．継手には，単式と複式がある．

③ **ベンド継手**：曲管のたわみを利用し伸縮を吸収するもので，高温高圧に適し，よく蒸気管の伸縮に使用される（たこベンド）．

④ **ボールジョイント**：一般的に3個または2個一組として使用し，長い配管に適し大きな伸縮量が吸収できる．主に超高層ビルや地域冷暖房配管で使用されている．

5. 防振継手

ポンプからの振動の伝搬を防止する役目をする．その他，配管のたわみ，ねじれを吸収する．また，騒音防止にも用いられる．

2 ダクト

1. 矩形ダクト

矩形ダクトは，亜鉛鉄板（トタン板）が一般的だが，厨房等の**湿度の高い室の排気ダクトには使用するステンレス鋼板製ダクト**や，腐食性ガス等を含む排気ダクトに用いる**硬質塩化ビニル板製ダクト**または吹出口および吸込口のボックス等に用いる**グラスウール製ダクト**がある．

⊕**ダクト寸法**・・・ダクト寸法は，長辺 × 短辺で示す．例えば，1 000 mm × 500 mm と示す．**長辺と短辺の比をアスペクト比**といい，一般的に**4：1 以下**としたい．**大きいほど摩擦抵抗は大きくなる**（**図 6･14** 参照）．

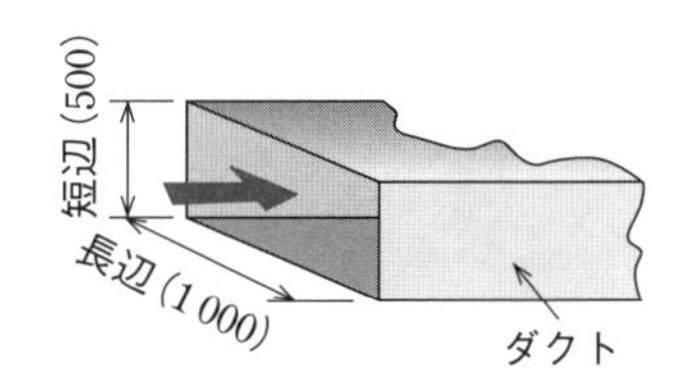

図 6・14　矩形ダクト

⊕**ダクト板厚**・・・長方形ダクトの板厚は，一般にその**長辺の長さ**により決定する．

ダクトは，風速によって低速ダクトと高速ダクトに分けられる．

低速ダクト ≦ 15 m/s ＜ 高速ダクト

それぞれのダクトの板厚を，**表 6･3**，**表 6･4** に示す．

⊕**ダクトの補強材**・・・補強の方法には，ダイヤモンドブレーキ，補強リブなどのほかに，形鋼補強，タイロッドによる補強などがある（**図 6･15** 参照）．

長辺が 450 mm を超える保温を施さないダクトには，ダイヤモンドブレーキまたは**補強リブ**（300 mm 以下のピッチ）を施すこと．

表６・３　低速ダクトの板厚

板厚〔mm〕	風道の長辺 a
0.5	$a \leqq 450$
0.6	$450 < a \leqq 750$
0.8	$750 < a \leqq 1\,500$
1.0	$1\,500 < a \leqq 2\,200$
1.2	$2\,200 < a$

表６・４　高速ダクトの板厚

板厚〔mm〕	風道の長辺 a
0.8	$a \leqq 450$
1.0	$450 < a \leqq 1\,200$
1.2	$1\,200 < a$

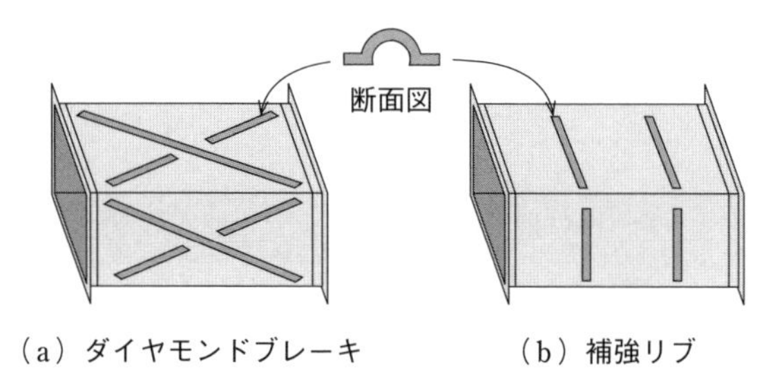

（a）ダイヤモンドブレーキ　（b）補強リブ

図６・15　ダクトの補強

⊕**ダクトの継目**・・・ダクトの継目には，はぜ折り工法という工法がある．立てはぜは，ダクトの継手および補強の役目もする（**図6･16**参照）．

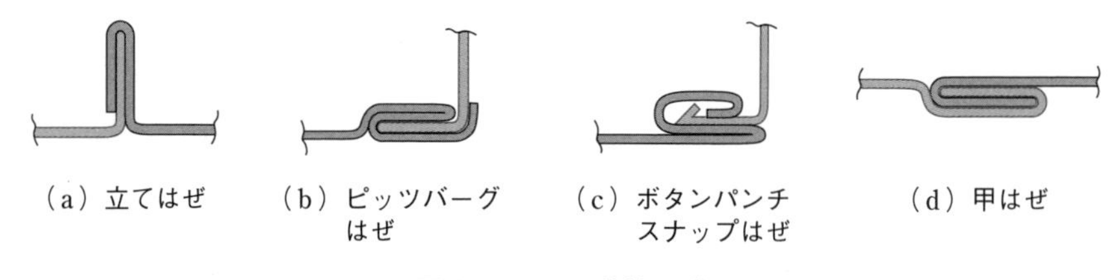

（a）立てはぜ　（b）ピッツバーグはぜ　（c）ボタンパンチスナップはぜ　（d）甲はぜ

図６・16　はぜ折り工法

⊕**ガスケット**・・・フランジ用**ガスケット**（シール材）の材質は，繊維系，ゴム系，樹脂系があり，ガスケットも厚さは，一般に，**アングルフランジ**用は 3 mm 以上，**コーナーボルト工法**フランジ用は 5 mm 以上のものを使用する．コーナーボルト工法には，**共板フランジ工法**と**スライドオンフランジ工法**がある．

2. 丸ダクト

丸ダクトには，スパイラルダクトやフレキシブルダクトがある．

スパイラルダクトは，**亜鉛鉄板をスパイラル状に甲はぜ掛け機械巻きしたもの**で，接続には，差込み継手またはフランジ継手を用いる．

フレキシブルダクトは，特にダクトと吹出口などとの接続用として用いられている．保温付きフレキシブルダクトはグラスウールを主材としたもので，補強として鋼線がスパイラル状に巻かれている．

3 吹出口・吸込口類

1. 吹出口

吹出口には，**図6･17**に示すものがある．

このほかに，パンカルーバといい，厨房などに取り付け，局所冷房（人間に直接送風する）を行うものがある．

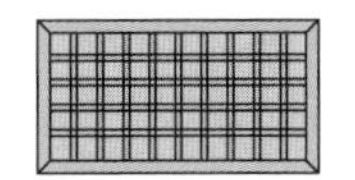
（a）ユニバーサル吹出口（VHS）

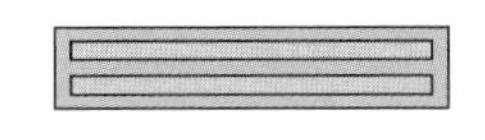
（b）ラインディフューザ（ブリーズライン）

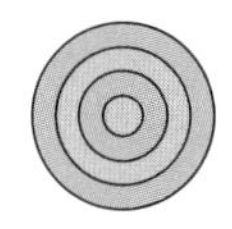
（c）アネモ形吹出口

（d）ノズル形吹出口

図6・17　吹出口類

アネモ形吹出口（**シーリングディフューザ形吹出口**）は，**誘引作用**（吹出気流と室内空気がよく混合する）**が非常に大きく**，最も優れた空気分布となる吹出口である．また，気流の拡散が良いので，吹出しの空気速度が小さくてよい．

アネモ形吹出口は数層のコーンからなり，コーンの上下により気流の方向を変える（**図6･18**参照）．

冬は，コーンを上げると，図左側の矢印のように暖かい空気（温風）は軽く上昇するため，気流を下に向ける．夏は，逆に図右側のようにコーンを下げ，冷たい空気（冷風）は重く下降するため，気流を天井面に向ける．

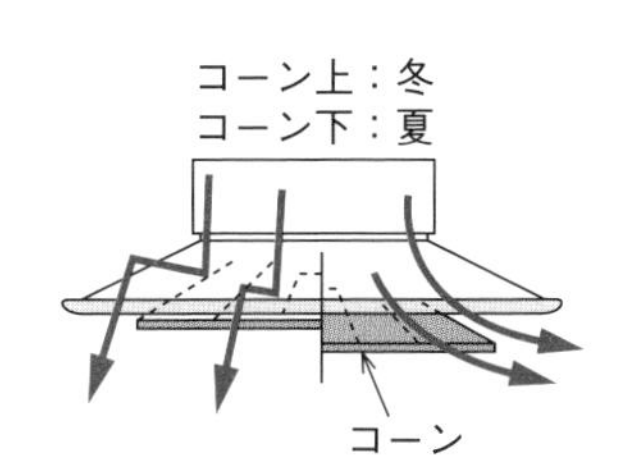

図6・18　アネモ形吹出口の気流方向

2. 吸込口

吸込口には，①ユニバーサル（HS，VS），②スリット，③マッシュルーム形などがある．

マッシュルームとは，劇場などの椅子の下に取り付けるものである．

3. 吹出気流と到達距離

到達距離とは，吹出口から吹き出された**空気の中心気流速度が 0.25 m/s** となった場所をいう（**図 6･19** 参照）．

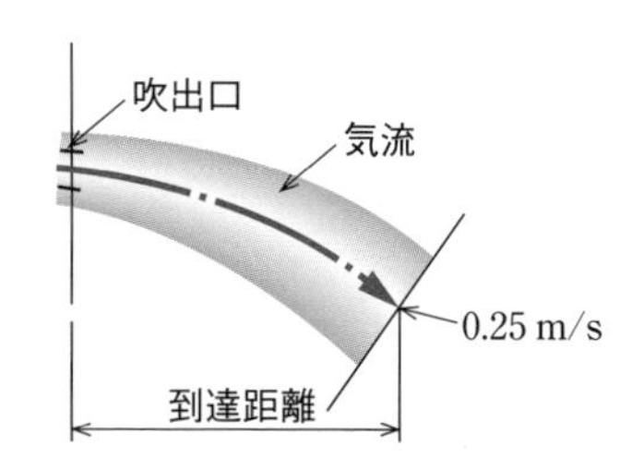

図 6・19　吹出口における到達距離

4. 吹出口誘引比

吹出口誘引比が大きいほど，吹出温度差を大きくできる．

$$吹出口誘引比 = \frac{一次空気量 + 二次空気量}{一次空気量}$$

ここに，一次空気量：吹出口から吹き出された空気，
　　　　二次空気量：室内の誘引される空気

4 ダンパ類

ダンパとは，空気の流れや通風を調節するための可動板のことをいう．

ダンパ類には，**VD**（ボリュームダンパ）：風量調節ダンパ，**FD**（ファイヤダンパ）：防火ダンパ，**SD**（スモークダンパ）：防煙ダンパ，**CD**（チェッキダンパ）：逆流防止ダンパ，**MD**（モータダンパ）：自動風量調節ダンパ，その他，それぞれを組み合わせたダンパなどがある．

① 連動閉鎖装置の可動部部材は，腐食しにくい材料を用いること．

② 温度ヒューズが当該温度ヒューズに連動して閉鎖するダンパに近接した場所で，風道の内部に設けられていること．

③ ダンパ類を天井内に設ける場合は，保守点検が容易に行える点検口を設けること．

④ 防火ダンパには，温度ヒューズ型ダンパ，熱感知器連動型ダンパ等があり，ヒューズが溶解してダンパが閉じるものである．防火ダンパのケーシングおよび可動羽根は，厚さ **1.5 mm 以上**の鋼板製とする（273 頁：上から 1 行目③を参照のこと）．

❶ VU 管のほうが VP より肉厚が薄い．
❷ 配管用炭素鋼鋼管には，白管と黒管があり，白管は，黒管に亜鉛めっきを施したものである．
❸ 排水用硬質塩化ビニルライニング鋼管の継手には，MD ジョイントを用いる．
❹ 排水用リサイクル硬質ポリ塩化ビニル管は，屋外排水用の塩化ビニル管である．
❺ 銅管には肉厚により K，L，M の 3 タイプがあり，水や給湯用としては，主として L タイプが用いられる．
❻ スイング式逆止弁は，水平・垂直方向ともに使用できる．
❼ ストレーナは，配管内の不要物をろ過して，下流側の弁類や機器類を保護するものである．
❽ ウォータハンマ防止には，衝撃吸収式逆止弁（スプリングと案内ばねで構成）がある．
❾ アスペクト比は，ダクト断面の長辺と短辺の比であり，4 以下とする．
❿ 長方形ダクトの板厚は，その長辺の長さにより決定する．
⓫ スパイラルダクトは，亜鉛鉄板をスパイラル状（らせん状）に甲はぜ機械がけしたものである．
⓬ たわみ継手（キャンバス継手）は，送風機などからの振動がダクトに伝わることを防止するために用いられる．
⓭ シーリングディフューザ形吹出口は，誘引作用が大きい．
⓮ 防火ダンパのケーシングおよび可動羽根は，厚さ 1.5 mm 以上の鋼板製とする．
⓯ 厨房用防火ダンパの温度ヒューズの公称作動温度は，120℃ である．

問題1 配　管

配管材料および配管付属品に関する記述のうち，適当でないものはどれか．

(1) 伸縮管継手は，流体の温度変化に伴う配管の伸縮を吸収するために設ける．
(2) 硬質ポリ塩化ビニル管のVU管は，VP管に比べ耐圧性が高い．
(3) 銅管は，肉厚の大きい順にK，L，Mタイプがあり，一般的に，Mタイプを用いることが多い．
(4) フレキシブルジョイントは，ゴム製とステンレス製に大別され，使用流体の種類，温度および圧力により使い分ける必要がある．

解説 (2) 硬質ポリ塩化ビニル管のVU管は，VP管に比べ耐圧性が**低い**．

解答▶(2)

VU管のほうがVP管より肉厚が薄い．
- 伸縮管継手は，温度変化によって配管の伸縮を吸収するものである．
- フレキシブルジョイントは，軸に対して直角方向のたわみ（変形）などを吸収するものである．

問題2 配　管

配管材料に関する記述のうち，適当でないものはどれか．

(1) 排水・通気用耐火二層管は，防火区画貫通部1時間遮炎性能の規定に適合する．
(2) 水適用硬質ポリ塩化ビニル管の種類には，VPとHIVP（耐衝撃性）がある．
(3) 水道用ポリエテレン二層管の種類には，1種，2種，3種がある．
(4) 排水用リサイクル硬質ポリ塩化ビニル管（REP-VU）は，屋内排水用の塩化ビニル管である．

解説 (4) 排水用リサイクル硬質ポリ塩化ビニル管（REP-VU）は，**屋外排水用**の塩化ビニル管である．

解答▶(4)

マスターPoint 排水用リサイクル硬質ポリ塩化ビニル管（AS58：塩化ビニル管・継手協会規格）は，使用済みの塩ビ管などマテリアルリサイクル（熱エネルギーを回収して利用するリサイクル方法）した屋外排水用の塩化ビニル管である．

問題3 配　管

配管材料および配管付属品に関する記述のうち，適当でないものはどれか.

(1)逆止弁は，チャッキ弁とも呼ばれ，スイング，リフト式などがある.
(2)水道用ポリエチレン二層管は，外層および内層ともポリエチレンで構成されている管である.
(3)ストレーナは，配管内の不要物をろ過して，下流側の弁類や機器類を保護するものである.
(4)玉形弁は，仕切弁に比べて全開時の流体抵抗が小さい.

解説 (4) 玉形弁は，仕切弁に比べて全開時の流体抵抗が**大きい**.

解答▶(4)

マスターPoint 玉形弁と仕切弁の比較
玉形弁は，流量調節に適している．開閉には時間がかからないが圧力損失が大きい．仕切弁は，玉形弁のすべて逆である.

問題4 配　管

配管付属品とその設置目的の組合せのうち，関係のないものはどれか.

（配管付属品）	（設置目的）
(1)ボールタップ	給水の自動補給
(2)ベルトラップ	蒸気凝縮水の排水
(3)バキュームブレーカ	上水の逆流防止
(4)伸縮管継手	給湯配管の軸方向の変位吸収

解説 (2) ベルトラップはわんトラップともいい，トイレや便所に設置し，**臭気や害虫の外部からの侵入を防ぐ目的**がある.

解答▶(2)

マスターPoint 蒸気トラップ（スチームトラップ）は，装置または配管内で生じた凝縮水を自動的に還水管に排出させるためのものである.
バケットトラップ（上向きと下向きがあり，多量の凝縮水を排出）は，空調器やユニットヒータなどに使用される．フロートトラップ（多量の凝縮水を排出するが，自動空気抜き弁を内蔵していて空気を排出）は，空調器や熱交換器，ストレージタンクなどに使用される．その他，衝撃式トラップ（オリフィス形とディスク形）は管末トラップに使用され，熱動トラップ（低圧用）は放熱器に使用される.

問題 5 配　管

配管材料および配管付属品に関する記述のうち，適当でないものはどれか．

(1) ボールタップは，比較的小さなタンクの水位を一定に保つために用いる．
(2) 架橋ポリエチレン管は，構造により単層管と二層管に分類される．
(3) スイング逆止弁を垂直配管に取り付ける場合は，下向きの流れとする．
(4) 配管用炭素鋼鋼管には黒管と白管があり，白管は，黒管に溶融亜鉛めっきを施したものである．

解説 (3) スイング逆止弁を垂直配管に取り付ける場合は，**上向きの流れ**とする．

解答▶(3)

マスターPoint スイング逆止弁の取付け姿勢は，水平方向は正立（直立），垂直方向は，上向きの流れとする（164 ページ参照）．

問題 6 ダクト

ダクトおよびダクト付属品に関する記述のうち，適当でないものはどれか．

(1) ステンレス鋼板製ダクトは，厨房等の湿度の高い室の排気ダクトには使用しない．
(2) 硬質塩化ビニル板製ダクトは，腐食性ガス等を含む排気ダクトに用いられる．
(3) グラスウール製ダクトは，吹出口および吸込口のボックス等に用いられる．
(4) フランジ用ガスケットの材質は，繊維系，ゴム系，樹脂系がある．

解説 (1) ステンレス鋼板製ダクトは，**厨房等の湿度の高い室の排気ダクトに使用する**．

解答▶(1)

マスターPoint グラスウール製ダクト（円形ダクト）は，断熱材のグラスウールの外側をアルミニウムクラフト紙で被覆したもので，内側にはガラス不織布などを貼ったものである．

問題 7 ダクト

ダクトおよびダクト付属品に関する記述のうち，適当でないものはどれか．

(1) シーリングディフューザ形吹出口は，誘引作用が大きい．

(2) スパイラルダクトは，亜鉛鉄板をらせん状にボタンパンチスナップはぜ機械がけしたものである．

(3) 長方形ダクトの板厚は，一般に，長辺の寸法を基準に決める．

(4) 案内羽根付エルボの案内羽根の板厚は，ダクトの板厚と同じ厚さとする．

解説 (2) スパイラルダクトは，亜鉛鉄板をらせん状に**甲はぜ**機械がけしたものである．

解答▶(2)

スパイラルダクトの甲はぜは，補強の役目をもっている．

問題 8 ダクト

ダクトおよびダクト付属品に関する記述のうち，適当でないものはどれか．

(1) 長方形ダクトのアスペクト比（長辺 / 短辺）は，小さいほうが圧力損失の面から有利である．

(2) 防火ダンパは，ヒューズが溶解してダンパが閉じるものである．

(3) 長方形ダクトの板厚は，ダクトの周長により決定する．

(4) ダクトの曲り部にガイドベーンを入れると，局部抵抗を減少できる．

解説 (3) 長方形ダクトの板厚は，ダクトの**長辺方向の長さ**により決定する．

解答▶(3)

マスターPoint

アスペクト比は，ダクト断面の長辺と短辺の比であり，4 以下とする．

角（正方形）ダクトと丸（スパイラル）ダクトで，抵抗が少ないのは丸ダクトである．アスペクト比が大きくなるほど摩擦損失（抵抗）が大きくなり，風速も速くなる．

スパイラルダクトは直管に使用され，フレキシブルダクトは自由に曲がるので吹出口や吸込口を取り付けるときによく使用される．

問題 9 ダクト

ダクトおよびダクト付属品に関する記述のうち，適当でないものはどれか．

(1) エルボの圧力損失は，曲率半径が大きいほど大きくなる．

(2) シーリングディフューザ形吹出口は，誘引作用が大きく気流分布が優れた吹出口である．

(3) スパイラルダクトの接続には，差込み継手またはフランジ継手が用いられる．

(4) たわみ継手は，送風機などからの振動がダクトに伝わることを防止するために用いられる．

解説 (1) エルボの圧力損失は，曲率半径（半径部分）が大きいほど**小さく**なる．

解答▶(1)

マスターPoint ダクトのエルボの内側半径は，ダクト幅の 1/2 以上とする．

- シーリングディフューザ形吹出口は，誘引作用が大きい．
- スパイラルダクトは，亜鉛鉄板をらせん状に甲はぜ機械がけしたものである．甲はぜは，補強の役目を持っている．
- たわみ継手（キャンバス継手）は，一般にガラスクロスにアルミニウム箔を貼ったものであり，吸込み側（負圧）が，全圧 300 Pa を超える場合は補強用としてピアノ線を挿入する．

問題 10 ダクト

防火ダンパに関する記述のうち，適当でないものはどれか．

(1) 防火ダンパのケーシングおよび可動羽根は，厚さ 1.2 mm 以上の鋼板製とする．

(2) 防火ダンパには，温度ヒューズ型ダンパ，熱感知器連動型ダンパ等がある．

(3) 空気調和設備のダクトに設置する防火ダンパの温度ヒューズは，公称作動温度 72℃のものとする．

(4) 厨房排気のダクトに設置する防火ダンパの温度ヒューズは，公称作動温度 120℃のものとする．

解説 (1) 防火ダンパのケーシングおよび可動羽根は，厚さ **1.5 mm 以上**の鋼板製とする．

解答▶(1)

マスターPoint 排煙用防火ダンパの温度ヒューズの公称作動温度は，**280℃** である．
一般系統防火ダンパの温度ヒューズの公称作動温度は，**72℃** である．

6 3 設計図書・機器仕様

1 設計図書

1. 公共工事標準請負契約約款

公共工事は，中央建設審議会が定めた公共工事標準請負契約約款が用いられている（〔昭和 25 年 2 月 21 日中央建設業審議会決定〕改定令和元年 12 月 13 日より抜粋）.

総則（第 1 条）に,「発注者及び受注者は,この約款（契約書を含む）に基づき,**設計図書（別冊の図面，仕様書，現場説明書及び現場説明に対する質問回答書**をいう.）に従い，日本国の法律を遵守し，この契約（この約款及び設計図書を内容とする工事の請負契約をいう.）を履行しなければならない.」と定められている.

2. 設計図書の優先順位

設計図書とは，図面，仕様書（標準仕様書，特記仕様書），現場説明書，質問回答書のことで，これらの設計図書は，相互に足りないところを補うものである.**設計図書間に相違があった場合**には，優先順位を次のようにする.

① **質問回答書**
② **現場説明書**
③ **特記仕様書**
④ **図面**
⑤ **標準仕様書（共通仕様書）**

3. 引渡し図書の提出

完成検査後に引き渡す図書は，次のとおりである.

① 取扱説明書（運転，保守，法規など）
② 機器メーカーの連絡先
③ 完成図
④ 保証書（機器関係）
⑤ 引渡し書
⑥ 緊急連絡先一覧表
⑦ 工具類，予備の器具一覧表

② 機器の仕様

設計図書の中には，機器表，器具表を書く必要がある．**表 6･5** に，どのような項目を明記するかを示す．

表 6・5　機器仕様

機器名	機器仕様
鋳鉄製 セクショナルボイラー	温水・蒸気の種別，**定格出力**，燃料の種類，使用圧力（温水の場合，水頭），バーナ形式，電動機出力および電源仕様
吸収式冷凍機	形式，冷却能力，冷水量，冷却水量，**冷水出入口温度**，**冷却水出入口温度**，電動機出力および電源仕様
冷却塔	形式，冷却能力，冷却水量，冷水出入口温度，**外気湿球温度**，電動機出力および電源仕様，騒音値
ファンコイルユニット	**形式・型番**，加熱冷却容量，循環冷温水量，**冷温水出入口温度**，吸込空気条件，コイルの水抵抗値，許容騒音，電動機出力および電源仕様
ポンプ	形式，**口径**，水量，**揚程**，電動機出力および電源仕様
送風機	形式，**呼び番号**，風量，**全（静）圧**，電動機出力および電源仕様

③ 配管図示記号

主な配管図示記号を**表 6･6** に示す．

表 6・6　配管図示記号

種　類	図示記号	種　類	図示記号
弁（一般）		伸縮継手	
逆止弁		空気逃し弁	
操作弁（電動式）	M	温度計	T
操作弁（電磁式）	S	圧力計	P

問題 ① 設計図書に関する知識

次の書類のうち，「工事標準請負契約約款」上，設計図書に含まれないものはどれか．

(1) 現場説明書　　(2) 現場説明に対する質問回答書

(3) 工程表　　(4) 仕様書

解説 (3) 工程表など施工に関わるものは設計図書ではない.

解答▶(3)

工程表，見積書，施工計画書，請負代金内訳書など施工に関わるものは，含まれない.

問題 2 設計図書に関する知識

設計図書間に相違がある場合において，一般的な適用の優先順位として，適当でないものはどれか.

(1)図面より質問回答書を優先する.

(2)標準仕様書より図面を優先する.

(3)現場説明書より標準仕様書を優先する.

(4)現場説明書より質問回答書を優先する.

解説 (3) 標準仕様書より現場説明書を優先する.

解答▶(3)

問題 3 設計図書に関する知識

「設備機器」と，その仕様として設計図書に「記載する項目」の組合せのうち，適当でないものはどれか.

(設備機器)　　　　(記載する項目)

(1)ガス瞬間湯沸器 ──── 号数

(2)遠心送風機 ──────── 初期抵抗

(3)遠心ポンプ ──────── 吸込口径

(4)ルームエアコン ──── 冷房能力

解説 (2) 送風機は，初期抵抗ではなく**静圧**〔Pa〕である．初期抵抗は，エアフィルタや全熱交換機のような，フィルタなどが詰まり清掃交換が必要なものに記載される.

解答▶(2)

マスターPoint 送風機は，形式・呼び番号・風量・静圧・電動機出力などを記載する．呼び番号は送風機の大きさを表すものである（シロッコファン：羽根車の外径が150 mm を呼び番号 1 としている：#1).

問題4 設計図書に関する知識

「設備機器」と，その仕様として設計図書に「記載する項目」の組合せのうち，適当でないものはどれか．

（設備機器）　　　　（記載する項目）

(1) ボイラー ―――――― 定格出力
(2) 給湯用循環ポンプ ―――― 循環水量
(3) 吸収冷温水機 ―――――― 圧縮機容量
(4) ファンコイルユニット ――― 型番

解説 (3) 吸収冷温水機は，吸収式冷凍機（表6·5）と同じとし，温水がつくれるので，ほかに**温水量**，**温水出入口温度など**を追記する．圧縮式でないため**圧縮機容量は不要**である．

解答▶(3)

問題5 設計図書に関する知識

「設備機器」とその仕様として設計図書に「記載する項目」の組合せのうち，適当でないものはどれか．

（設備機器）　　　　（記載する項目）

(1) パッケージ形空気調和機 ―――― 冷房能力
(2) 排水用水中モータポンプ ―――― 呼び番号
(3) 全熱交換器 ―――――――― 全熱交換効率
(4) 冷却塔 ―――――――――― 騒音値

解説 (2) 排水用水中モータポンプは，一般ポンプと同じように形式，**口径**，揚水量，揚程，電動機出力および電源仕様である．**呼び番号は送風機である．**

解答▶(2)

マスターPoint 上記問題③～⑤のほか，最近出題された適当でない組合せ問題を示す．

（設置機器）　　　　（記載する項目）

(1) 遠心ポンプ ―――――― 吸込口径
(2) エアフィルタ ――――― 初期圧力損失
(3) ユニット形空気調和機 ―― 有効加湿器
(4) 貯湯式ガス湯沸器 ――――― 号数

解答▶(4)
貯湯式ガス湯沸器の仕様は，設置形式，貯湯量，ガスの種類，台数．
号数は，瞬間式湯沸器である．

選択問題・必須問題

7 施工管理

全出題問題の中における『7章』の内容からの出題内容

<table>
<tr><th colspan="2">出　題</th><th>出題数</th><th>必要解答数</th><th>合格ライン正解解答数</th></tr>
<tr><td rowspan="4">施工管理</td><td>施工計画</td><td>1</td><td rowspan="9">出題数10問の中から任意に８問選択し解答する</td><td rowspan="9">５問（63％）以上の正解を目標にする</td></tr>
<tr><td>工程管理</td><td>1</td></tr>
<tr><td>品質管理</td><td>1</td></tr>
<tr><td>安全管理</td><td>1</td></tr>
<tr><td rowspan="4">工事施工</td><td>機器据付</td><td>1</td></tr>
<tr><td>配管</td><td>1</td></tr>
<tr><td>ダクト</td><td>1</td></tr>
<tr><td>その他</td><td>3</td></tr>
<tr><td colspan="2">合　計</td><td>10</td></tr>
<tr><td colspan="2">施工管理法
（基礎的な能力）</td><td>4</td><td colspan="2">出題数4問に解答する（必須問題）.
2問以上の正解必要</td></tr>
</table>

よく出るテーマ

●施工計画

1）工事完成時に監督員へ提出する図書，2）施工図の検討事項と作成時期，3）工事に使用する仮設材

●工程管理

1）総合工程表，2）機器類の搬入時期，3）ネットワーク工程表の特徴・比較・クリティカルパス・用語の組合せ

●品質管理

1）試験，検査の確認（排水水中ポンプ，防火区画の貫通箇所），2）抜取検査と全数検査，3）高置タンク以降の給水配管の水圧試験

●安全管理

1）作業床の構造（わく組足場の高さ），2）脚立の構造，3）既設汚水ピット作業，4）軟弱地盤上のクレーの設置，5）移動はしごの構造

●工事施工（機器据付け）

1）吸収冷温水機機の基礎，2）ボイラーの基礎，3）基礎のアンカーボルト，4）天井吊り送風機の据付け

●工事施工（配管・ダクト）

1）水道用 VLP の切断，2）給水管の分岐，3）ダクトおよびダクト付属品の施工，4）スパイラルダクトの特徴

●工事施工（その他）

1）多翼送風機の試運転調整（回転方向，V ベルト，風量調整ダンパ），2）水・蒸気・油・ガスの配管識別色，3）渦巻ポンプ試運転調整，4）保温外装材のテープ巻き，5）冷水管の吊り支持部

●施工管理法（基礎的な能力）

1）工程管理（各種工程の特徴等），2）工事施工（機器の据付け等），3）配管の施工等，4）ダクトの施工等

7 1 施工計画

施工計画は，工事施工に先立って工事全体を計画・立案するもので，契約条件に基づき，設計図どおりの構造物を工期内に経済的で安全に作るため，施工の各段階別に検討・策定する．

1 業務の流れ

施工計画は，各部門別工事の進め方，方法，手段などを策定することで，計画を順に並べて大別すると次のようになる．

① 着工業務（施工を開始する前に必要な総合計画）
② 施工中業務（施工中に必要な計画）
③ 完成時業務（完成時に必要な計画）

1. 着工業務（施工前業務）

着工業務には，次のものがある．

① 契約書（現場代理人の通知など），設計図書の確認と検討
② **工事組織の編成**（施工体系図の作成）
③ **実行予算書の作成**
④ **総合施工計画書の作成**
⑤ **総合工程表の作成**
⑥ 仮設計画の作成
⑦ 着工に伴う諸届，申請
⑧ **資材・労務計画**

✎**実行予算書：請負者が，施工中の工事にかかる費用を予算として管理する基本資料のことで，請負者の内部資料であり，発注者に見せるものではない．**

✎**総合工程表：現場の仮設工事から，完成時の試運転調整，後片づけ，清掃までの全工程を表したもの．**

2. 工事着工時の計画

工事着工時の計画作成時の注意事項には，次のものがある．

① **敷地周辺を調査**して，周囲の状況，隣接建物と敷地境界線の関係，ガス管

引込位置，上下水道と道路状況などの確認を行う．

② 工事請負契約書および設計図書を精査して，契約請負金額，支払い条件，工期，その他の契約等について，内容の確認をする．

③ 設計図より工事内容を把握して，着工前に**許認可申請**，**届出**を必要とする事項を確認する．

④ 特記仕様書から，着工前に工事に使用される使用機器，材料の特記仕様，試験方法を確認する．

⑤ トラブルの多い項目の検討と打合せを行い，工事区分表を作成して，**関連工事区分表**を作成する．

3. 施工中業務

施工中業務には，次のものがある．

① **細部工程表の作成**

細部工程表は，一般に**詳細工程表**と**部分工程表**に分ける．

② 工種別施工計画書の作成

③ **施工図・製作図**などの作成

④ **機器材料の発注・搬入計画**の作成

⑤ **諸官庁への申請，届出**

⑥ 工事写真，記録，報告書の作成

✎詳細工程表：総合工程表の内容をさらに細かく表現するもの．

✎部分工程表：後期の長さによって，月間工程表，旬間（じゅんかん）工程表，週間工程表などに分けられ，その期間だけの工程を詳細に表現するもの．

4. 施工図の作成（収まりの検討）

施工図の作成時の注意事項には，次のものがある．

① 施工図作成計画書を作成して，できるかぎり早く完成させる．

② 設計図の意図とすることを理解して，設計図書と内容が違っていないかを確認する．

③ 建築工事，電気工事との取合いおよび技術上の関連を検討して，施工時に支障が出ないようにする．

④ **設計図では書けない部分**の確認，工夫，解決を図り**作業員が能率良く正確な施工**ができるようにする．

5. 製作図の作成

製作図の作成時の注意事項には，次のものがある．

① 製作図を必要とするものには，**吹出口・吸込口**（**図 7·1**），**風量調整ダンパ**（**図 7·2**），**パネル型排煙口**（**図 7·3**），ダンパ類，機器類，自動制御機器，消火栓類，煙道，浄化槽，防振装置，架台，フード，桝類などがある．

② **仕様や性能について確認し，搬入，据付けや保守点検が容易にできるかどうか検討する．**

③ 機器の製造者は設計図書によって決定したか検討する．

④ 設計図書の寸法，性能，材質，電圧，起動方式などの条件を満足しているか検討する．

⑤ 接続口，取付口の位置，サイズは良いか検討する．

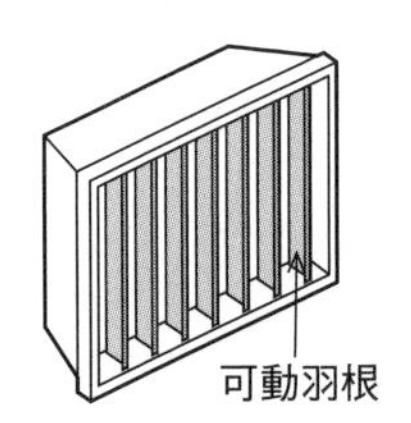

図 7・1　ユニバーサル吹出口・吸込口

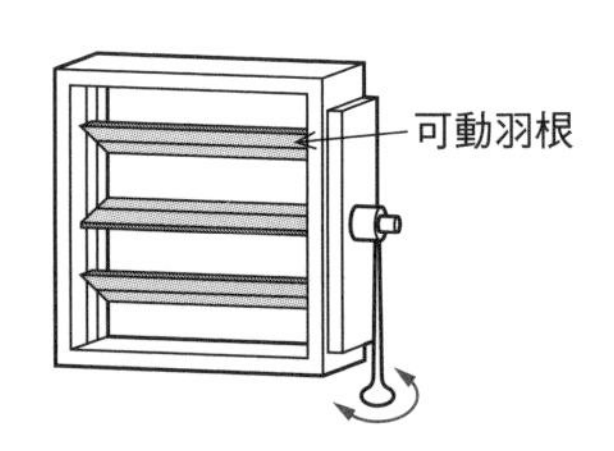

図 7・2　風量調整ダンパ

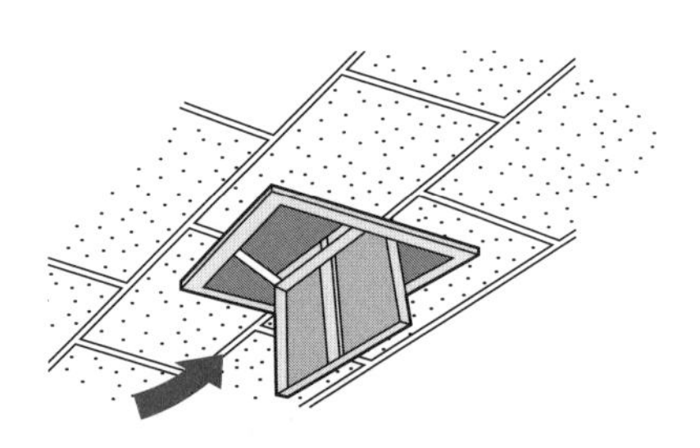

図 7・3　パネル型排煙口

6. 機器材料の発注

機材の発注は，設計図書のメーカーリストから見積を取り寄せ，実行予算書と照合し，製造者を決めて，**監督員等の承諾**を受け発注する．

発注時期は工程表から，製作期間の長いもの，特殊な製品を，監督員，設計者らと早めに打合せを行う．

7. 搬入計画の作成

搬入時の注意事項には，次のものがある．

① 搬入口の大きさ，位置を検討する．

② 事前に搬入機械などの点検や整備をしておく．

③ 現場内での搬入は，作業員の危害防止，躯体壁面等の損傷防止対策を検討しておく．

④ 現場内での保管場所を確保する．

⑤ 機材は，作業量に合った数量を分けて搬入し，余分が生じないようにする．

8. 機材の検査試験

機材の試験には，主要機器の工場試験と現場に搬入された機材の検収がある．

① 工場試験は，製作された機器のサイズ・容量・材質・性能などについて製作承諾図に基づき製造者が行う．発注者，監督員らの立会いもある．

② 搬入された機器，材料は，必ず注文書，送り状，納品書と照合して，品名，規格，数量，形状寸法，材質，運搬途中の破損の有無などを確認して受入れ完了の手続きをとる．

9. 完成時の業務

完成時の業務には，次のものがある．

① 完成に伴う自主検査により未済箇所をチェックし，完成検査までにすべて完成させる．

② 完成検査の実施時には，設計図，契約書，仕様書，機器の試験成績表，試運転記録，官庁届出書類控，工事記録写真などを用意する．

③ 引渡し業務の実施時には，取扱い説明書，機器メーカーの一覧表，完成図（CAD データは契約図書による），緊急連絡先などの書類を準備しておき，機器類の運転操作の手順について説明する．

④ 予備品，工具

⑤ 撤収業務の実施（仮設物の撤去）

撤収業務の際に撤去する仮設物には，次のものがある．

- 電源，電気設備
- 給水・排水・ガス設備
- 電話設備
- 事務所，倉庫

② 施工計画の作成

施工計画書には，**総合施工計画書**，**工種別の施工計画書**がある．

1. 総合施工計画書の作成

① 他工事との取合いは，トラブルの多い項目を検討して工事区分表を作り，関連工事を区分別に整理する．

② 工事現場の現地調査では，周囲の状況，隣接建物と敷地境界線，周囲の道路状況（上下水道と道路状況の確認，ガス引込位置など）を調査･整理する．

2. 工種別の施工計画書の作成

設計図書を使って使用材料，使用機器などの性能，施工準備，施工方法，特別な注意事項，養生などについて具体的に記載し，**監督員に提出し承諾を受ける**．

③ 仮設計画の作成（施工中に必要な諸設備の設置）

① 仮設計画は現場事務所，作業員詰所，作業場，仮設水道・下水・ガス・電力・照明などの仮設備の設置を計画することである．

② 仮設備は，設計図書に**記載されておらず，工事完了時に撤去**される．

③ 設計図書に特別の記載がない限り，**請負者の責任において作成**する．

④ **火災予防**，**盗難防止**，安全管理作業，騒音対策などについても考慮する．

⑤ 仮設用の資材は，新品でなくてもよい．

④ 資材労務計画の作成（総合工程表と実行予算書を使う）

① 資材労務計画の目的は，仕様に合った資材を，必要な時期に必要な数量を，必要な場所へ，**低価格で供給**することである．

② 供給には，資材手配の計画資料となる**資材一覧表**を作成する．

③ **労務計画**作成の際は，労務書の量，質，作業量などを把握しておき，調達管理の資料を作成し，人員の確保に考慮する．

✎労務計画：職種別に作業員の技量や動員力などを把握し，施工計画に合わせて経済的な人員の配置をするための計画のことである．

5 諸官庁への申請・届出

① 都道府県，市町村などによっては，**手続きが異なる**ことがあるので，着工前に関係部署との打合せ・確認が必要である．

② 危険物の貯蔵取扱い量が指定数量以上となる場合，申請が必要となる．消防法の指定数量は，第一石油類（ガソリンなど）では200ℓ，第二石油類（灯油，軽油など）では1000ℓ，第三石油類（重油など）では2000ℓと規定されている．

表7・1　申請・届出書類と提出時期・提出先

申請内容	工事場所	届出書類	提出時期	提出先
振動	指定地域内	①**特定施設設置届出書**	**着工30日前まで**	市町村長
		②特定建設作業実施届出書	作業開始7日前まで	
道路使用	給排水管理設など	①**道路占用許可申請書**	**着工前**	**道路管理者**
		②**道路使用許可申請書**	**着工前**	**所轄警察署長**
騒音	指定地域内	①**特定施設設置届出書**	**着工30日前まで**	市町村長
		②特定建設作業実施届出書	作業開始7日前まで	

6 施工計画と公共工事

施工計画の内容が，**公共工事標準請負契約約款**の具体的な内容にある監督員，現場代理人の設置と権限，工事の検査や材料の品質などと深く関係がある．

⊕契約書の検討と確認

① 工事の契約は請負契約となる．

② 注文者と請負者の間で工事請負の契約書が取り交わされることで締結される．

③ 契約書には，工事名，工事場所，工期，請負代金，契約保証金，調停人などを記載される．

④ 添付書類は，**工事請負契約約款**，**内訳明細書**，**仕様書**，設計図が添付される．

⑤ 現場説明事項（補足説明事項），質疑回答書が付け加えることもある．

⊕現場代理人・主任技術者

① 請負者は，次に掲げる者を定めて工事現場に置き，氏名など必要な事項を発注者に通知する．変更したときも同様とする．

② 現場代理人・主任技術者・監理技術者・専門技術者

③　現場代理人は，契約の履行に関し，工事現場に常駐しその**運営・取締り**を行う．

④　請負代金額の変更，請負代金の請求，受領の決定，通知ならびにこの契約の解除にかかる権限を除き，この契約に基づく請負者の一切の権限を**行使することができる**．

⑤　現場代理人，主任技術者（監理技術者），専門技術者は，これを兼ねることができる．

⊕工事材料の品質と検査

①　工事材料の品質は，設計図書の定めによる．

②　設計図書に品質明示がない場合は，**中等の品質**とする．

③　請負者は，設計図書から監督員の検査（確認を含む）を受け，使用の指定された材料は，検査に合格したものを使用する．

④　③の検査に要する費用は，請負者の負担とする．

⑤　**監督員**は，請負者から，この検査を請求されたときは，請求を受けた日から別に定めた期間以内に応じる．

⑥　請負者は，搬入材料を監督員の承諾を受けないで工事現場外に搬出しない．

⑦　請負者は，不合格とされた工事材料は，決定を受けた日から別に定めた期間以内に工事現場外に搬出する．

⑧　発注者は，必要があると認められるときは，その理由を受注者に通知して最小限度破壊して検査することができる．この場合の検査および復旧に直接要する費用は，受注者の負担とする．

⑨　発注者は，検査によって工事の完成を確認した後，受注者が工事目的物の引渡しを申し出たときは，直ちに当該工事目的物の引渡しを受けなければならない．

⊕請負代金の支払い・瑕疵（かし）担保

①　完成検査合格後，発注者は受注者から請負代金の支払いの請求があったときは，請求を受けた日から40日以内に請負代金を支払わなければならない．

②　発注者は，工事目的物に**瑕疵**があるときは，請負者に対して相当の期間を定めてその瑕疵の修補を請求することができる．

⊕瑕疵（かし）・・・「きず」を意味する言葉で，通常，一般的に備わっているにもかかわらず，本来あるべき機能・品質・性能・状態が備わっていないこと．

問題 1 施工計画

公共工事において，工事完成時に監督員への提出が必要な図書等に該当しないものはどれか．

(1) 工事安全衛生日誌等の安全関係書類の控え
(2) 官公署に提出した届出書類の控え
(3) 空気調和機等の機器の取扱説明書
(4) 風量，温湿度等を測定した試運転調整の記録

解説 (1) **工事完成時に監督員への提出が必要な図書**には，以下のものがある．

① 官公署に提出した届出書類の控え
② 機器の取扱説明書
③ 機器類の試運転調整の記録，試験成績表

- **安全関係書類の控えは，含まれていない．**

解答▶(1)

問題 2 施工計画

公共工事において，工事完成時に監督員への提出が必要な図書等に該当しないものはどれか．

(1) 空気調和機等の機器の取扱説明書
(2) 官公署に提出した届出書類の控え
(3) 工事安全衛生日誌等の安全関係書類の控え
(4) 風量，温湿度等を測定した試運転調整の記録

解説 (3) **工事完成時に監督員への提出が必要な図書**

- 機器の取扱説明書　・官公署に提出した届出書類の控え，検査証
- 機器類を測定した試験成績表，試運転調整の記録
- 工事記録写真，施工中の水圧，検査記録　・完成図

(3) の**工事安全衛生日誌等の安全関係書類の控えは，該当しない．**

解答▶(3)

問題 3 施工計画

施工計画に関する記述のうち，適当でないものはどれか．

(1) 施工図を作成する際は，施工上の納まりのほか，他工事との取合いについても調整する．

(2) 仮設に使用する機材は，設計図書に定める品質および性能を有するもので，かつ，新品とする必要がある．

(3) 機器を選定する際は，コスト，品質および性能のほか，納期についても考慮する必要がある．

(4) 施工図は，工事工程に支障のないように，作成順序，作成予定日等をあらかじめ定めて作成する．

解説 (2) 公共工事標準仕様書に「**仮設に使用する機材は，新品でなくても良い**」と定められている．

解答▶(2)

問題 4 施工計画

総合的な施工計画を立てる際に行うべき業務として，適当でないものはどれか．

(1) 設計図書にくい違いがある場合は，現場代理人が判断し，その結果の記録を残す．

(2) 材料および機器について，メーカーリストを作成し，発注，納期，製品検査の日程などを計画する．

(3) 設計図書により，工事内容を把握し，諸官庁へ提出が必要な書類を確認する．

(4) 敷地の状況，近隣関係，道路関係を調査し，設計図書で示されない概況を把握する．

解説 (1) 設計図書にくい違いがある場合は，**監督員等と協議**を行い，その結果を記録として残しておく．

解答▶(1)

7 2 工程管理

1 工程表の種類

工程表は，工事の途中で進捗状況を常に把握し，進度管理の手段として予定と実績を比較検討するためのものである．

1. 工程表の形態（図7·4）

① 横線式工程表（ガントチャート式，バーチャート式）
② 曲線式工程表
③ ネットワーク工程表
④ タクト工程表

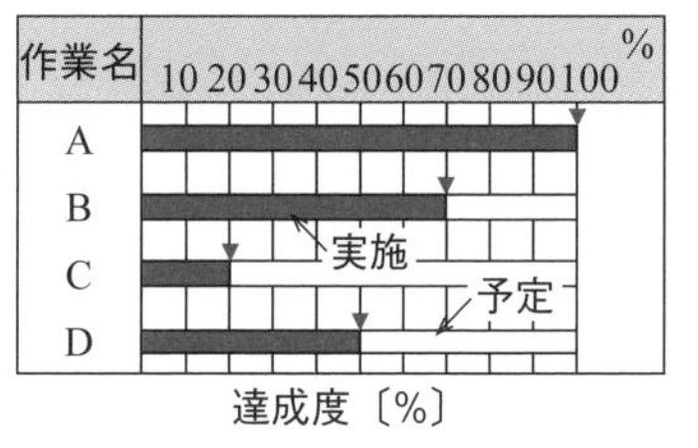

（a）ガントチャート工程表

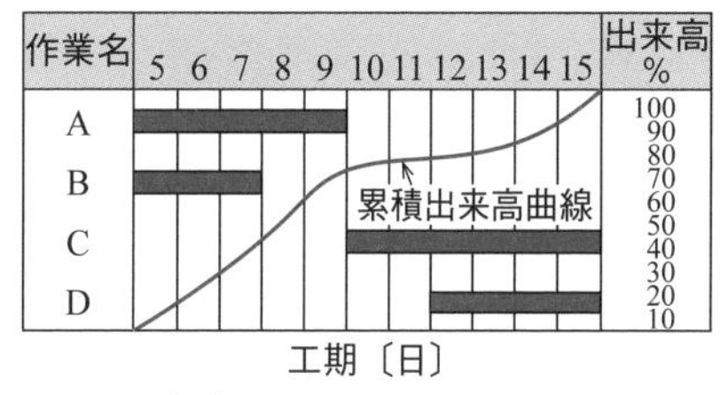

（b）バーチャート工程表

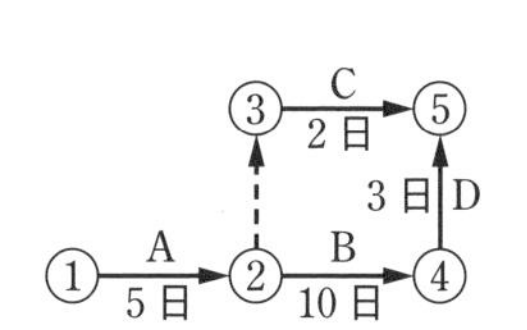

（c）ネットワーク工程表

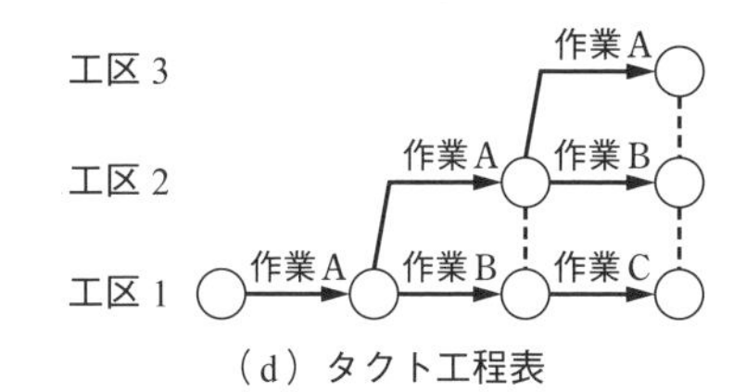

（d）タクト工程表

図7・4　工程表の形態

2. ガントチャート工程表

縦に各作業名，横軸に各作業の完了時点を100%として達成度をとり，現在の進行状況を，棒グラフで表現したものである．

《特徴》

① バーチャート工程表よりも必要な作業日数がわかりづらい．

② 各作業の進行状態は達成度によりわかるが，必要な作業日数がわかりづらい．
③ 各作業の前後関係が不明で，各作業の日程および所要工数が不明である．
④ チャートに表れた進行状態が他の作業に及ぼす影響が把握しにくい．
⑤ 予定工程表として使えない．

3. バーチャート工程表

縦に各作業名，横に暦日（月，日）などの工期をとり，各作業の実施予定を棒グラフで示したものである．

《特徴》

① 各作業の開始日，終了日および日数（工期）が明確である．
② ネットワーク工程表に比べて，作成が容易なため，比較的小さな工事に適している．
③ バーチャート工程表上の各工事細目の予定出来高から，Sカーブと呼ばれる予定進度曲線ができる．
④ ネットワーク工程表に比べて，作業間の関連が明確でなく，各作業の工期に対する影響度合いを把握しにくい．
⑤ 一つの作業の流れが，全体に及ぼす影響を把握できないので，重点管理作業がどれか把握しにくい．

4. ネットワーク工程表

丸と矢線などの記号を使用して，各作業の順序関係を表す工程表で，丸および矢線には，作業名称，作業量，所要時間など工程管理上必要な情報を書き込み，管理するためのものである．

《特徴》

① 作業の余裕時間が容易にわかるため，経済的な労働人員の配員や資材の手配が行いやすい．
② バーチャート工程表より，各作業の前後関係が把握しやすく，作業工程，日程の変更対応ができる．
③ 各工事種目別の余裕日数の算出，短絡対象工事種目などの割出しルールがあるので，遅れに対する対策が立てやすい．
④ 工期の短縮，遅れによって計画や条件が変更された後に，先行ができる作業，並行してできる作業，その後の作業について理解がしやすいので対策が立てやすい．

2 ネットワーク

⊕ネットワークの記号と基本ルール

① アクティビティとは，矢線（アロー）で示す**矢印**（➡）をいい，作業時間の経過を示す．

② 矢線は，**左から右**に書き，長さは時間とは関係がない．

③ 矢線の上には作業内容，下には所要日数を記入する（**図 7·5**）．

④ **イベント**は，○印で示し**作業の開始**，**終了時点**および作業と作業の結合点を表す（**図 7·6**）．

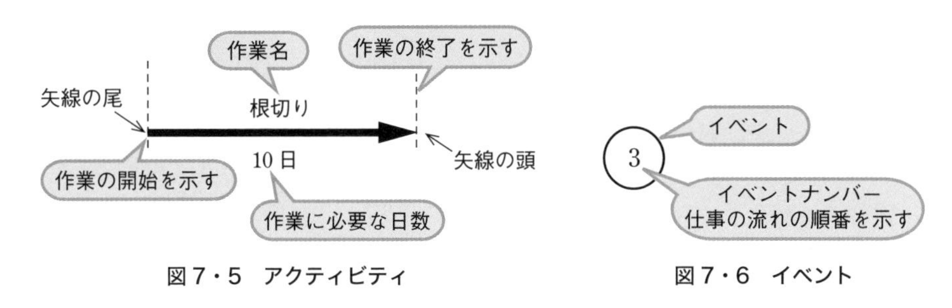

図 7・5 アクティビティ　　図 7・6 イベント

⑤ イベントに付けられた番号をイベント番号と呼び，**同じ番号を複数付けてはならない**．

⑥ 作業は，矢線の尾が接する結合点に入ってくる矢線群が，すべて終了してからでないと着手できない．

⑦ **図 7·7** において，A が先行矢線，B が後続矢線，イベント②は A の終点と B の始点を兼用する．

⑧ ダミーは，**図 7·8** のように**破線の矢印**で示し，架空の作業の意味で，**作業名は無記入**，作業日数は 0（ゼロ）で仕事の順序だけを示す．

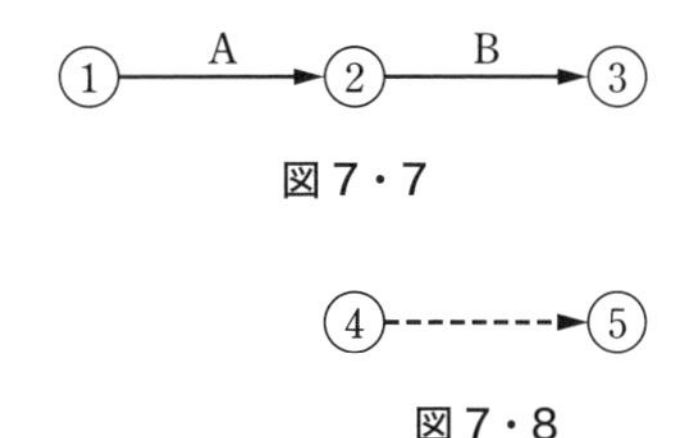

図 7・7

図 7・8

⊕ネットワークの基本ルール

① 一つの結合点から次の後続結合点に入る**矢線の数は 1 本**でなければならない．

② 二つの作業が並行する場合，**図 7·9** のようなネットワークは，B と D がどちらを示しているのかわからないため**使えない**．

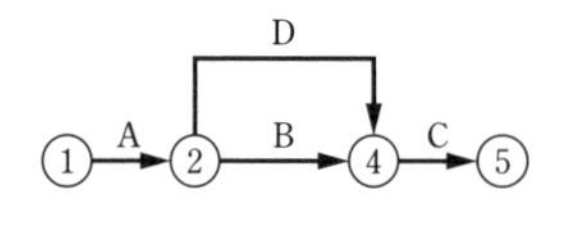

図 7・9　誤ったネットワーク

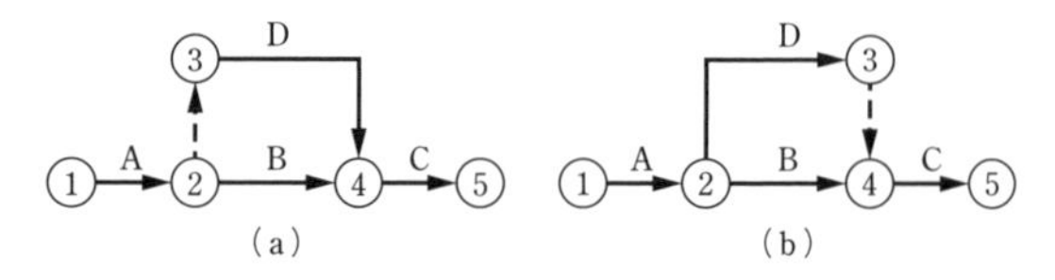

図 7・10　ダミーを入れて修正したネットワーク

③　解決策は，イベント③を②と④の間に入れて，**図 7·10**（a），(b) のようにどちらかの矢線をダミーにする．

④　A，B の二つの矢線があって，B は A が終わらないと開始することができないとき，「B は，A に従属している」といい，これを**従属関係**という．

⑤　**図 7·11** では，作業 D は A，B に従属していて，C は A のみに従属し，B には従属していないことになる．

⑥　図 7·11 で，作業 D は A，B が終了しないと着手できないが，C は A が終了すれば着手ができ，B，D とは無関係である．

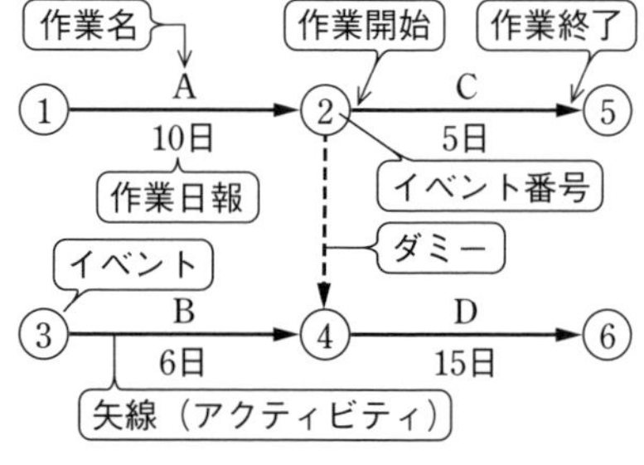

図 7・11

3 作業時間の算定

⊕最早開始時刻（EST：Earliest Start Time）

①　各イベントにおいて，最も早く開始できる時刻を**最早開始時刻**と呼ぶ．

②　イベント番号の右上に（　）で示し，開始日数を記入する．

⊕計算方法（**図 7·12** 参照）

1)　イベント番号①**がスタート**で①の右上に最早開始時刻の（**0**）**を記入する．**

2)　イベント番号②への矢線は 1 本のみなので，②の右上に（**6**）を記入する．
　《①の（0）に作業 A の 6 日を加えたもの》

3)　イベント番号③への矢線は 1 本のみで，ダミーの矢線なので日数は，0 となり，③の左上に（**6**）を記入する．
　《②の（6）にダミーの 0 日を加えたもの》

4)　イベント番号④への矢線は 1 本のみで，④の右上に（**13**）を記入する．
　《②の（6）に作業 B の 7 日を加えたもの》

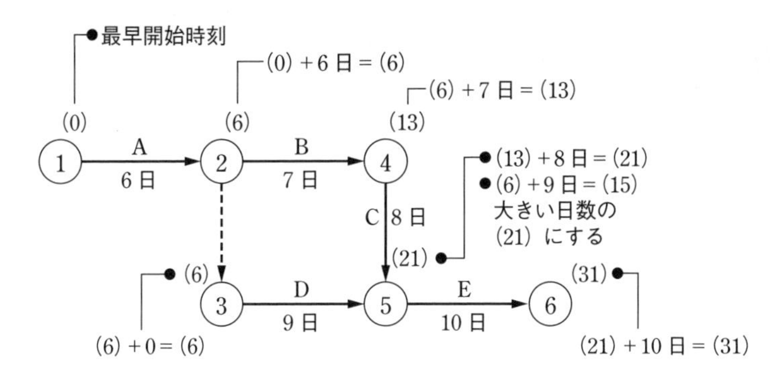

図 7・12

5) • ⑤への矢線は，作業 C と D の 2 系統からなる.
 • ①②③⑤の合計日数で 15 日，①②④⑤の合計日数で 21 日となる.
 • ①②③⑤のルートは，作業日数の多い①②④⑤のルート作業が終わらないと⑤⑥の作業ができないので，作業日数の大きいルートの（21）となる.

6) イベント番号⑥への矢線は 1 本のみで，⑥の右上に（**31**）を記入する.
 《⑤の（21）に作業 E の 10 日を加えたもの》

7) イベント番号⑥の**最早開始時刻**（31）は，このネットワークの**所要日数**または**所要工期**と呼ぶ.

⊕**クリティカルパス**・・・工事が終了に至る工程のうち，**最も日数を要するルート**をいう．すなわち，このルートの所要日数が**工期**である．クリティカルパスは，場合によっては **2 ルート以上**になることがある.

クリティカルパスは，以下のように求める（**図 7・13**）.

イベント番号①から⑥に至る 2 ルートの所要日数を計算する.

1) ①②③⑤⑥（A + D + E）
 = 6 日 + 0 日 + 9 日 + 10 日
 = 25 日

2) ①②④⑤⑥（A + B + C + E）
 = 6 日 + 7 日 + 8 日 + 10 日
 = **31 日**

※**最大日数の 31 日のルートがクリティカルパスとなる.**

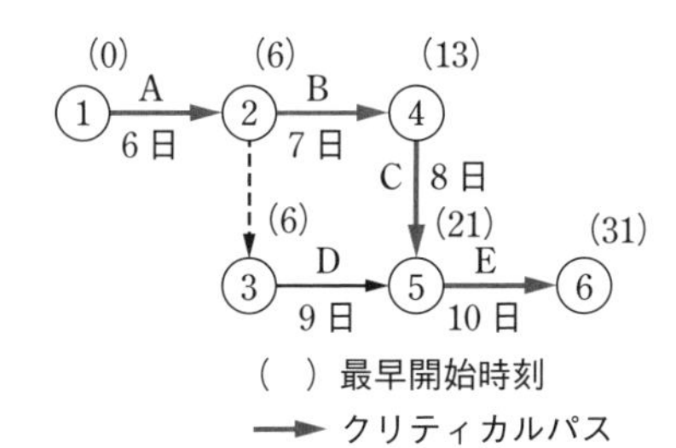

図 7・13　クリティカルパス

問題 1 工程管理

工程表に関する記述のうち，適当でないものはどれか.

(1) バーチャート工程表は，作業間の関連が明確ではないという欠点がある.

(2) バーチャート工程表は，工事の進捗状況を把握しやすいので，詳細工程表に用いられることが多い.

(3) バーチャート工程表は，各作業の施工時期や所要日数が明確で，クリティカルパスを把握しやすい.

(4) ネットワーク工程表は，フロート（余裕時間）がわかるため，労務計画および材料計画を立てやすい.

解説 (3) バーチャート工程表は，各作業の施工時期や所要日数が明確であるが，クリティカルパスは**ネットワーク工程表で使われる**もので，バーチャート工程表とは関係しない.

解答▶(3)

問題 2 工程管理

工程表に関する記述のうち，適当でないものはどれか.

(1) ガントチャート工程表は，各作業の現時点における進行状態が達成度により把握でき，作成も容易である.

(2) ネットワーク工程表は，ガントチャート工程表に比べて，他工事との関係がわかりやすい.

(3) バーチャート工程表は，ネットワーク工程表より遅れに対する対策が立てやすい.

(4) バーチャート工程表は，通常，横軸に暦日がとられ，各作業の施工時期や所要日数がわかりやすい.

解説 (3) **ネットワーク工程表**は，工期短縮や遅れなどの計画や条件の変更などに即応でき，バーチャート工程表と比べて**対策が立てやすい**.

解答▶(3)

問題3 工程管理

下図に示すネットワーク工程表に関する記述のうち，適当でないものはどれか．ただし，図中のイベント間の A ～ K は作業内容，日数は作業日数を表す．

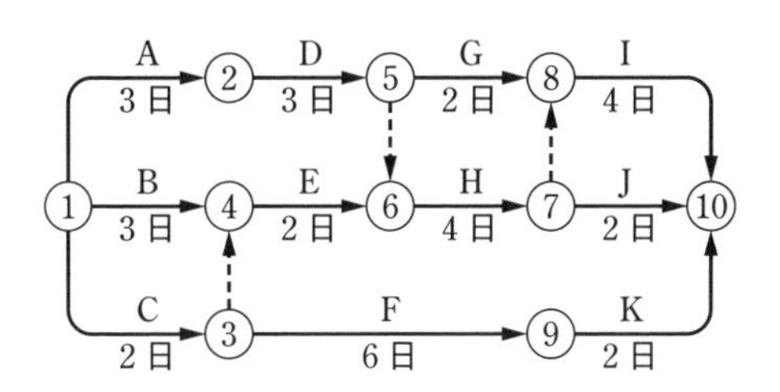

(1) クリティカルパスは，2本ある．
(2) 作業Hの所要日数を3日に短縮すれば，全体の所要日数も短縮できる．
(3) 作業Gの着手が2日遅れても，全体の所要日数は変わらない．
(4) 作業Eは，作業Dよりも1日遅く着手することができる．

解説 (1) ①の開始イベントから⑩の最終イベントに至るルートは8本あり，それぞれの矢線に要する日程を集計し，最大日数のルートを求める．

①→②→⑤-->⑥→⑦-->⑧→⑩のルートが最大の14日となり，**クリティカルパス**はこのルートで**一つ**となる．

(2) 作業Hの所要日数を4日から3日に短縮しても，クリティカルパスのルートは変わらないが，全体の所要日数は，13日となり**1日短縮**できる．

(3) 作業Gは，作業Hが終わる10日までに完了すればよいので，着手が2日遅れても全体の所要日数は変わらない．

(4) 作業Eは，作業Dが終わる6日までに完了すればよいので，作業Dよりも**11日遅く**着手することができる．

解答▶(1)

クリティカルパスとは，工事に要する最大日数のルートのことで，このルートの所要日数が工期となる．

問題 4 工程管理

図に示すネットワーク工程表に関する記述のうち，適当でないものはどれか．

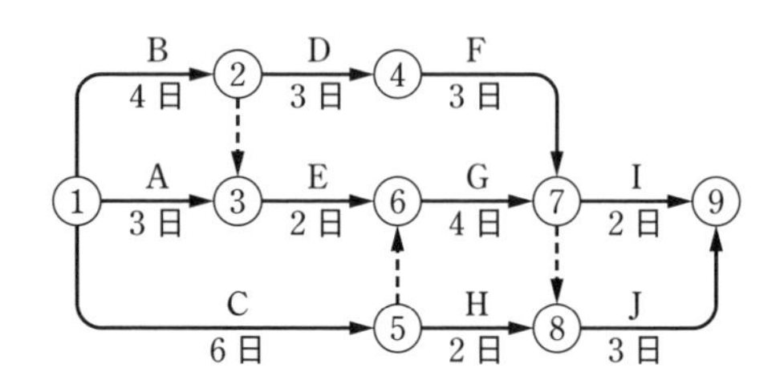

(1) 作業Gは，作業Eと作業Cが完了していなければ開始できない．

(2) 作業C，作業Dおよび作業Eは，並行して行うことができない．

(3) 作業Jは，作業Hが完了していても，作業G，作業Fが完了していなければ開始できない．

(4) クリティカルパスの所要日数は，13日である．

解説 (1) 作業Gは，ダミー（--->）で作業Cと関連づけられ，作業Eと作業Cが完了していなければ開始できない．

(2) 作業C，D，Eは，作業の関連性がないので，**並行して行うことができる．**

(3) 作業Jは，ダミーで作業G，Fと関連づけられているので，作業Hが完了していても，作業G，Fが完了していなければ開始できない．

(4) ①のイベントから⑨の最終イベントに至るルートは9本となる．それぞれの作業に要する日数を集計し，最大日数のルートを求める．

〔1ルート〕 ①→②--→③→⑥→⑦--→⑧→⑨ ＝ **4＋0＋2＋4＋0＋3＝13日**

〔2ルート〕 ①→⑤--→⑥→⑦--→⑧→⑨ ＝ **6＋0＋4＋0＋3＝13日**

〔3ルート〕 ①→②→④→⑦--→⑧→⑨ ＝ **4＋3＋3＋0＋3＝13日**

最大日数は13日となり，この3**ルートがクリティカルパス**（下図の色線）となる．

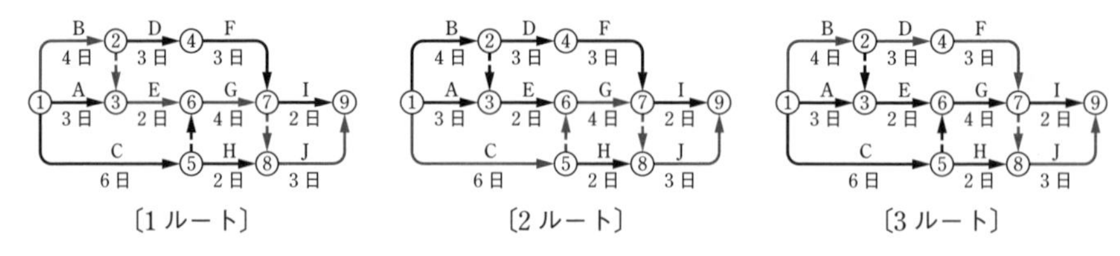

解答▶(2)

問題 5 工程管理

下図に示すネットワーク工程表について，クリティカルパスの「本数」と「所要日数」の組合せとして，適当なものはどれか.

ただし，図中のイベント間のA～Hは作業内容，日数は作業日数を表す.

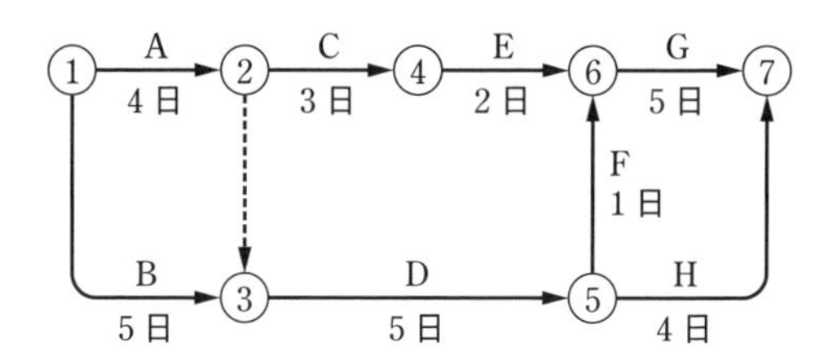

（本数）　（所要日数）

(1) 1本 ――― 14日

(2) 1本 ――― 16日

(3) 2本 ――― 14日

(4) 2本 ――― 16日

解説 各ルートの作業日数について，①の開始イベントから⑦の最終イベントに至るまでの各ルートの日数を集計すると，次の5本となる.

(a) ①→②→④→⑥→⑦ ――― 4日 + 3日 + 2日 + 5日 = 14日

(b) ①→②⇢③→⑤→⑦ ――― 4日 + 0日 + 5日 + 4日 = 13日

(c) ①→②⇢③→⑤→⑥→⑦ ――― 4日 + 0日 + 5日 + 1日 + 5日 = 15日

(d) ①→③→⑤→⑦ ――― 5日 + 5日 + 4日 = 14日

(e) **①→③→⑤→⑥→⑦ ――― 5日 + 5日 + 1日 + 5日 = 16日**

この工事の最大日数はルート(e)の**16日**となり，このルートに沿った各作業が日程を支配（所要工期）している．このような各ルートのうち，最も長い日程を要するルート（色線）を**クリティカルパス**と呼ぶ.

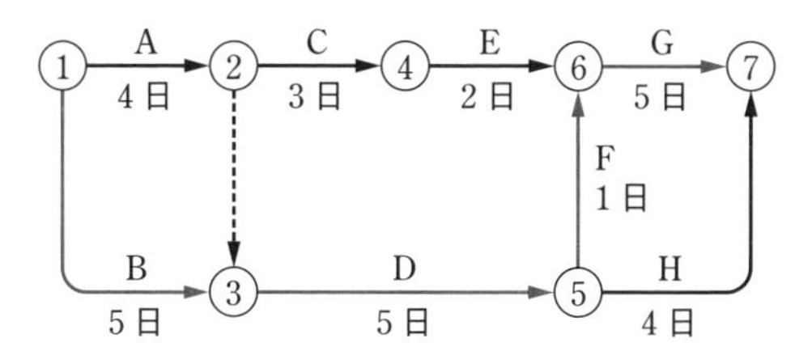

解答▶(2)

7 3 品質管理

検査には，**無試験検査**，**全数検査**，**抜取検査**がある．無試験検査は，規格証明書により無試験としている．**全数検査**は,1個1個すべてを検査する．**抜取検査**は，抜き取ったサンプルを検査し，物品量が多い場合や連続して生産されるものの場合に行われる．

1 抜取検査

⊕抜取検査が必要な場合

① 検査ロットからサンプルを抜き取って検査を行い，その結果で**合格か不合格かを判定する**場合

✎ロット：ロットとは,検査の対象となる1まとめの検査単位の集まりをいう．合格，不合格はロットごとに判定する．

② 1回，2回，多数回の各検査で判定する場合

③ 破壊しなければ検査の目的を達しないものや試験を行うと商品価値がなくなるものの場合

④ 連続体やカサモノ（油，セメント，電線，ワイヤロープ，砂など）など，すべての検査ができない場合

⊕抜取検査が有利な場合・・・抜取検査には，**計数抜取検査**と，品質特性を測定する**計量抜取検査**がある．

① 検査対象が多種多量で，ある程度は**不良品の混入が許される場合**

② 検査項目が多くて，**全数検査の実施が困難な場合**

③ 不完全な全数検査より，信頼性の高い結果が必要な場合

④ 平均品質の向上，改善を図る場合

⑤ **非破壊検査でなく，破壊検査が必要となる場合**

⑥ 全数検査と比較して，検査費用を安くしたい場合

⑦ 防火ダンパ用温度ヒューズの作動試験，不活性ガス消火設備の放出試験などの場合

⑧ 配管のねじ加工の検査の場合

⑨ ダクトの板厚や寸法などの検査の場合

⑩ コンクリート強度試験検査の場合

⑪ 配管の吊りおよび支持間隔，支持方法，振止めなどの取付け状況検査の場合

2 全数検査

全数検査が必要な場合

① **全ての製品について検査を行い合格か不合格かを判断する必要がある場合**

② 不良品を見落とすと人身事故の発生がある場合

③ 不良率が高く，最初に決めた品質水準に達していない場合

全数検査が有利な場合

① ボイラーに備える**安全弁の作動検査**の場合

② **防火区画貫通箇所の穴埋めの検査**の場合

③ 埋設排水管の勾配検査の場合

④ 送風機の回転方向の検査の場合

⑤ 冷凍機と関連機器との連動試験の検査の場合

⑥ **消火管の水圧試験の検査**の場合

⑦ 初めて作られるものや製作台数が極端に少ない特殊機器の検査の場合

⑧ 製作開始後の間もない新機種の検査の場合

⑨ 搬入後に搬入口がなくなり，取外し困難な機器，後から取替えの利かない機器の検査の場合

不活性ガス消火設備：駐車場，通信機器室，変電室などの火災時の消火に使い，消火剤には二酸化炭素，窒素などが使われている.

計数抜取検査：不良品の個数を数える方法と欠点数を合計してロットの合否を決める方法がある.

計量抜取検査：試料の特性を測定して，平均値，標準偏差，範囲などが決められた条件に合格しているか否かを判断する検査.

3 施工の品質確認

① 排水用水中ポンプの試験は**レベルスイッチからの信号による発停を確認する.**

② 排水用水中ポンプの外側や底部は，ピットの壁や底面より 200 mm 程度の間隔があることを確認する.

③ 渦巻ポンプの軸心の調整は，ポンプ，モータの水平をチェックし，**軸継手（カップリング）**のフランジ面について，外周と隙間を確認する.

④ 渦巻ポンプの試運転起動するときは，**吐出し弁を全閉**にした後，**徐々に弁を開いて**規定水量になるよう調整する（**図 7・14**）.

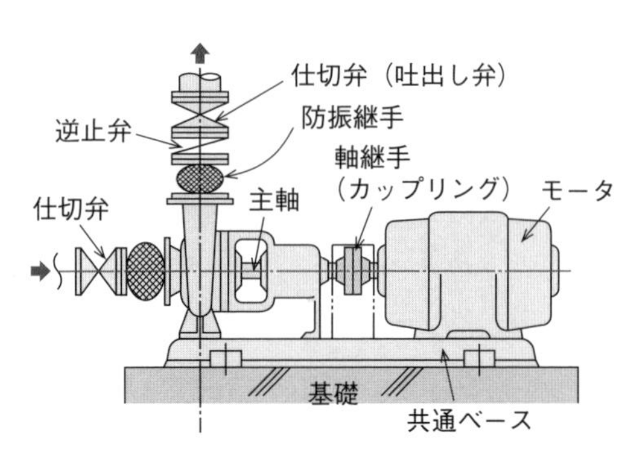

図7・14　渦巻ポンプの回り

⑤　冷温水管の継手は，熱による管の伸縮を考慮して，伸縮継手やスイベル継手の使用を確認する．

⑥　防火区画を給水管が貫通する箇所において，貫通部のすき間をモルタル，その他の不燃材で埋めてあることを確認する．

⑦　振動を伴う機器の固定は，ナットが緩まないように**ダブルナット**とし，増締め後に確認のマーキングがあることを確認する．

⑧　低圧ダクトの常用圧力は，**正圧側が＋500 Pa以内**，**負圧側が－500 Pa以内**であることを確認する．

⑨　排煙ダクトのうち横引きダクトは，立てダクトまで別系統であることを確認する．

⑩　冷温水配管の保温施工に，防湿・防水のためポリエチレンフィルムがあることを確認する．

⑪　空気調和機のドレンパンからの排水管に，送風機の機内静圧に相当する**封水深さの排水トラップ**であることを確認する．

⑫　遠心送風機の据付け位置は，羽根車，軸受の点検取替えが可能なスペースであることを確認する．

⑬　送風機のVベルトの張力が，指で押して**Vベルトの厚さ**くらいたわむことを確認する．

⑭　ボイラーの据付けは，**運転時の全体荷重の3倍以上**の長期荷重に耐えられる鉄筋コンクリート基礎上に据え付けることを確認する．

⑮　冷却塔を複数台設置する場合，排出された高温多湿の空気が，空気取入れ口でショートサーキットしないように離隔距離を確認する．

⑯　吸収冷温水機は，据付け後に工場出荷時の**気密が保持されている**か確認する．

問題1 品質管理

次の試験・検査のうち，全数試験・検査が必要なものはどれか．

(1)防火ダンパ用温度ヒューズの作動試験
(2)給水栓から吐き出した水の残留塩素濃度試験
(3)ボイラー用安全弁の作動試験
(4)配管のねじ加工の検査

解説 (3) **ボイラー用安全弁**の作動試験は設問のとおり**全数検査**が必要となる．

(1) 防火ダンパ用温度ヒューズは，試験で溶けてしまいヒューズとして機能がなくなるので抜取検査となる．

(2) 給水栓から吐出した水の残留塩素濃度試験は，給水系統の一番遠い水栓で抜取検査を行い，遊離残留塩素の濃度が 0.2 mg/ℓ 以上検出するまで行う．

(4) 配管のねじ加工の検査は，配管のねじを連続して加工するので抜取検査となる．

解答▶(3)

問題2 品質管理

品質を確認するための試験・検査に関する記述のうち，適当でないものはどれか．

(1)防火区画貫通箇所の穴埋めの確認は，抜取検査とした．
(2)ダクトの板厚や寸法などの確認は，抜取検査とした．
(3)排水配管の通水試験実施にあたり，立会計画を立て監督員に試験の立会いを求めた．
(4)完成検査時に，契約書や設計図書のほか，工事記録写真，試運転記録などを用意した．

解説 (1) **防火区画貫通箇所の穴埋め**の確認は，全数検査となる．**抜取検査**で行うと，不良施工箇所を見逃すことがあるためである．

解答▶(1)

マスターPoint 防火区画は，火災が起きたときに建物内の延焼・煙の拡散を防ぎ，避難を容易にするためのもので，一定の面積ごとに耐火構造の床，壁または特定防火設備で区画することをいう．

問題 3 品質管理

施工の品質を確認するための試験または検査に関する記述のうち，適当でないものはどれか．

(1) 高置タンク以降の給水配管の水圧試験において，静水頭に相当する圧力の2倍の圧力が0.75 MPa未満の場合，0.75 MPaの圧力で試験を行う．

(2) 準耐火構造の防火区画を水道用硬質塩化ビニルライニング鋼管の給水管が貫通する箇所において，貫通部のすき間が難燃材料で埋め戻されていることを確認する．

(3) 洗面器の取付けにおいて，がたつきがないこと，および付属の給排水金具等から漏水がないことを確認する．

(4) 排水用水中モータポンプの試験において，レベルスイッチからの信号による発停を確認する．

解説 (2) 防火区画を給水管が貫通する場合には，建築基準法施行令第112条第20項の規定より，貫通部分のすき間を**モルタルその他の不燃材料**で埋めなければならないと規定されている．難燃材料は使用できない．

解答▶(2)

問題 4 品質管理

施工の品質を確認するための試験または検査に関する記述のうち，適当でないものはどれか．

(1) 排水用水中モータポンプの試験において，レベルスイッチからの信号による発停を確認する．

(2) 防火区画を給水管が貫通する箇所において，貫通部のすき間が難燃材料で埋め戻されていることを確認する．

(3) 洗面器の取付けにおいて，がたつきがないこと，および付属の給排水金具等から漏水がないことを確認する．

(4) 高置タンク以降の給水配管の水圧試験において，静水頭に相当する圧力の2倍の圧力が0.75 MPa未満の場合，0.75 MPaの圧力で試験を行う．

解説 (2) 防火区画を給水管が貫通する場合には，貫通部分の隙間を**モルタルその他の不燃材料**で埋めなければならない．難燃材料は使用できない．

解答▶(2)

安全管理

1 危険の防止

墜落などによる危険の防止

① 足場（一側足場を除く）における高さ**2m以上**の作業場所には，作業床を設ける．

② 吊り足場の場合を除き，**足場の幅は40cm以上**とし，床材間の**すき間は3cm以下**とする．

③ わく組足場は，交差筋かいおよび高さ15cm以上40cm以下のさん（**図7·15**），もしくは高さ**15cm以上**の幅木または，これらと同等以上の機能を有するものとする（**図7·16**）．

④ わく組足場以外は，**高さ85cm以上の手すり**またはこれと同等以上の機能を有する設備および中さんなどとする（**図7·17**）．

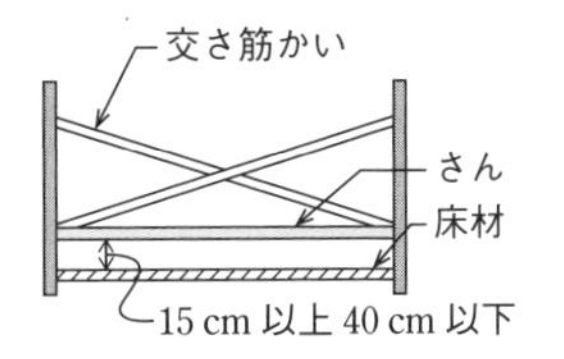

図7・15　さんの設置

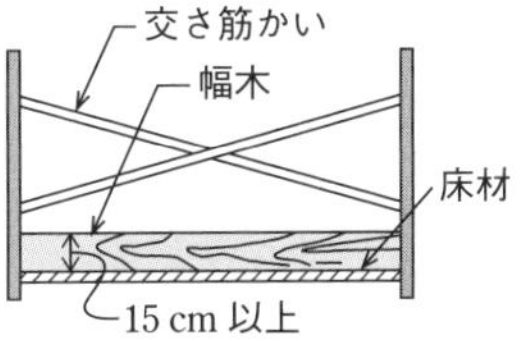

図7・16　幅木の設置

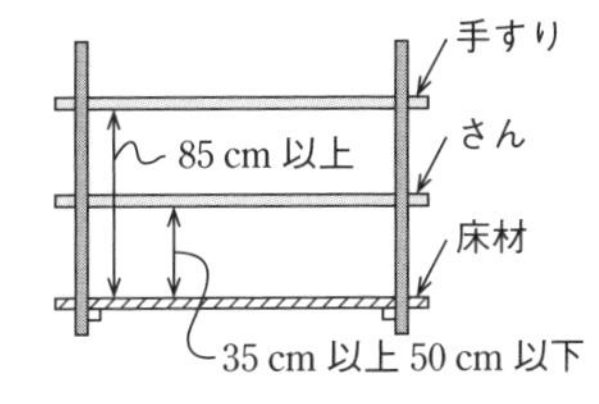

図7・17　わく組足場以外の足場（短管足場）

囲いなど･･･事業者は，高さが**2m以上**の作業床の端，開口部などで墜落により労働者に危険を及ぼすおそれのある箇所には，**囲い**，**手すり**，**覆い**などを設ける．

悪天候時の作業禁止･･･事業者は，高さが**2m以上**の箇所で作業を行う場合において，強風，大雨，大雪などの悪天候のため，当該作業の実施について危険が予想されるときは，当該作業に労働者を**従事させてはならない**．

昇降するための設備の設置等･･･事業者は，高さまたは深さが**1.5mを超える**箇所で作業を行うときは，当該作業に従事する労働者が安全に昇降するための設備などを設けなければならない．

⊕**移動はしご**

① 材料は，著しい損傷，腐食等がないものとすること．

② 幅は，**30 cm 以上**とすること．

③ すべり止め装置の取付けおよび転位防止のために必要な措置などを講ずること．

⊕**脚　立**

① 丈夫な構造とすること．

② 材料は，著しい損傷，腐食等がないものとすること．

③ 脚と水平面との角度を**75° 以下**とし，かつ折りたたみ式のものにあっては，脚と水平面との角度を確実に保つための**金具**などを備えること（**図 7·18**）．

④ 踏み面（づら）は，作業を安全に行うため必要な面積を有すること．

図 7・18　脚立

⊕**高所からの物体投下による危険の防止**・・・事業者は，**3 m 以上**の高所から物体を投下するときは，適当な投下設備を設け，監視人を置くなど，労働者の危険を防止するための措置を講じなければならない（**図 7·19**）．

⊕**手袋の使用禁止**・・・**回転する刃物**を使用する作業は，手を巻き込むおそれがあるので，**手袋の使用を禁止する**．

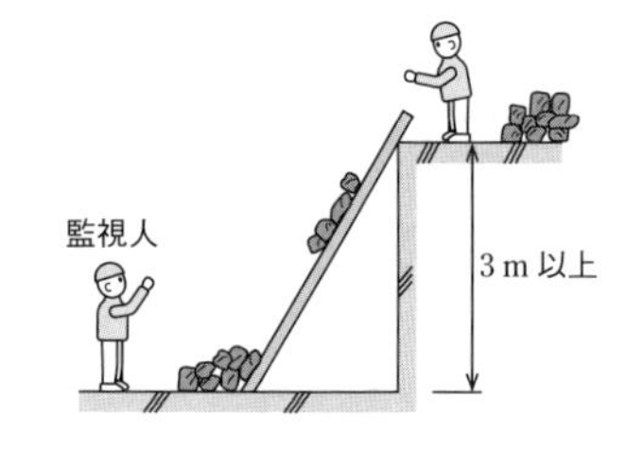

図 7・19　高所からの投下

2 通路，足場

⊕**架設通路**

① 丈夫な構造とすること．

② こう配は **30° 以下**とすること．ただし，階段を設けたものまたは高さが **2 m 未満**で丈夫な手掛を設けたものはこの限りでない（**図 7·20**）．

③ こう配が **15° を超える**ものには，踏さんその他のすべり止めを設けること．

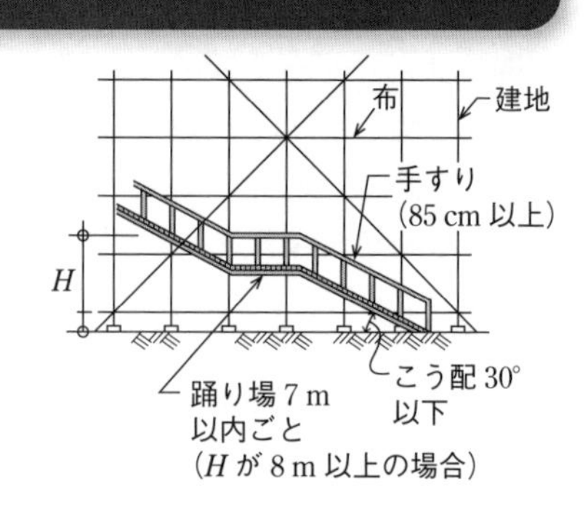

図 7・20　架設通路

④　墜落の危険のある箇所には，次に掲げる設備を設けること．

a）高さ **85 cm 以上**の手すり．

b）高さ **35 cm 以上 50 cm 以下**のさんまたはこれと同等以上の機能を有する設備．

⑤　建設工事に使用する高さ **8 m 以上**の登りさん橋には，**7 m 以内**ごとに踊場を設けること．

3 クレーン

⊕就業制限

①　吊上げ荷重が **1 t 以上**の移動式クレーン（**図 7・21**）の運転業務は，**移動式クレーン運転士免許**を受けた者でなければならない．

②　吊上げ荷重が 1 t 以上 **5 t 未満**の移動式クレーン（小型移動式クレーン）の運転業務は，**小型移動式クレーン運転技能講習修了者**が行ってもよい．

図 7・21　移動式クレーン

③　特別教育を必要とする業務

- 吊上げ荷重が **1 t 未満**の移動式クレーンの運転業務
- 建設用リフトの運転業務
- ゴンドラの操作の業務
- 吊上げ荷重が **1 t 未満**のクレーン，移動式クレーンまたはデリックの**玉掛け**運転業務

⊕自主検査の記録・・・事業者は，移動式クレーンの自主検査の結果を記録し，これを **3 年間保存**しなければならない．

⊕検査証の有効期間

①　移動式クレーン検査証の**有効期間は 2 年**とする．

②　製造検査または使用検査の結果により当該期間を **2 年未満**とすることができる．

⊕搭乗の制限・・・事業者は，原則として，クレーンにより労働者を運搬し，または吊り上げて作業を**させてはならない**．

⊕立入禁止・・・事業者は，吊り上げられている荷の下に労働者を**立ち入らせてはならない**．

⊕**運転位置からの離脱禁止**・・・事業者は，クレーンの運転者を，荷を吊ったままで運転位置から**離れさせてはならない**．

⊕**玉掛け業務**・・・玉掛け業務（荷に，ワイヤーやロープを掛けること）をする作業者は，労働安全衛生法に定められた有資格者が行う．

④ 酸素欠乏

⊕**酸素欠乏危険作業**

① 酸素欠乏は，空気中の酸素の濃度が18% 未満である状態をいう．

② 酸素欠乏症は，酸素欠乏の空気を吸入することにより生ずる症状が認められる状態をいう．

③ 硫化水素中毒は，硫化水素の濃度が100 万分の10 以下（10/1 000 000）を超える空気を吸入することにより生ずる症状が認められる状態をいう．

④ 酸素欠乏危険作業は，酸素欠乏危険場所における作業をいう．

⑤ **第一種酸素欠乏危険作業**は，酸素欠乏危険作業のうち，第二種酸素欠乏危険作業以外の作業をいう．

⑥ **第二種酸素欠乏危険作業**は，酸素欠乏危険場所のうち，酸素欠乏症にかかるおそれおよび**硫化水素中毒**にかかるおそれのある場所における作業をいう．

⑦ 事業者は，その日の作業を開始する前に作業場の酸素濃度を測定しなければならない．測定記録は，**3 年間保存**する．

⑧ 酸素欠乏危険作業主任者は，**酸素欠乏危険作業主任者技能講習修了者**より選任する．

⊕**安全施工サイクル**・・・作業現場の日常活動のことをいう．

①安全朝礼（体操）→②作業開始前ＫＹミーティング→③巡視点検是正確認→④作業中の指導監督→⑤工程打合せ→⑥終業時の持場片づけ

安全管理は責任者を決めて，その現場に合った方法で行うことが必要である．

決められた責任者だけが考えるものではなく，その現場全員に参加意識を持たせることが大事である．

⊕**電機機械器具などの使用前点検**・・・**交流アーク溶接機用自動電撃防止装置**を使用するときは，**その日の使用を開始する前**に，電気機械器具などの点検事項について**点検**し，異常を認めたときには直ちに捕集し，取り換えなければならない．

問題 1 安全管理

建設工事現場の安全管理に関する記述のうち，適当でないものはどれか．

(1) 回転する刃物を使用する作業は，手を巻き込むおそれがあるので，手袋の使用を禁止する．

(2) 安全施工サイクルとは，安全朝礼から始まり，安全ミーティング，安全巡回，工程打合せ，片づけまでの日常活動サイクルのことである．

(3) 高さが 2 m の箇所の作業で，作業床を設けることが困難な場合は，防網を張り，作業者に安全帯を使用させる．

(4) 交流アーク溶接機を用いた作業の継続期間中，自動電撃防止装置の点検は，1 週間に一度行わなければならない．

解説 (4) 交流アーク溶接機を用いた作業の継続期間中は，**その日の使用を開始する前に，点検事項について点検し，異常を認めたときは，直ちに補修し，または取り替えなければならない**と規定されている．［労働安全衛生法施行規則第 352 条］

解答▶(4)

問題 2 安全管理

建設工事現場の安全に関する記述のうち，適当でないものはどれか．

(1) 脚立は，脚と水平面との角度を 80° とし，その角度を保つための金具を備えたものとした．

(2) 事業者は，作業主任者を選任したので，その者の氏名および行わせる事項を作業場の見やすい箇所に掲示した．

(3) 移動はしごは，すべり止め装置の取付けその他，転位を防止するために必要な措置を講じたものとした．

(4) 吊上げ荷重 5 トンの移動式クレーンを使用した玉掛け業務に，玉掛け技能講習を修了した者を就けた．

解説 (1) 脚立は，脚と水平面との角度を **75° 以下**とし，折りたたみ式はその角度を保つために，脚と水平面の角度を保つための金属を備えたものとする．［労働安全衛生法施行規則第 528 条］

解答▶(1)

問題③ 安全管理

建設工事における安全管理に関する記述のうち，適当でないものはどれか．

(1) わく組足場における高さ 2 m 以上の作業場所に設ける作業床の幅は，30 cm 以上とする．

(2) わく組足場における高さ 2 m 以上の作業場所に設ける作業床の床材間のすき間は，3 cm 以下とする．

(3) 脚立の脚と水平面との角度は，75° 以下とする．

(4) 折りたたみ式の脚立は，脚と水平面との角度を確実に保つための金具等を備えたものとする．

解説 (1) わく組足場における高さ 2 m 以上の作業場所に設ける作業床の幅は，**40 cm 以上**，床材相互の**すき間を 3 cm 以下**とする．

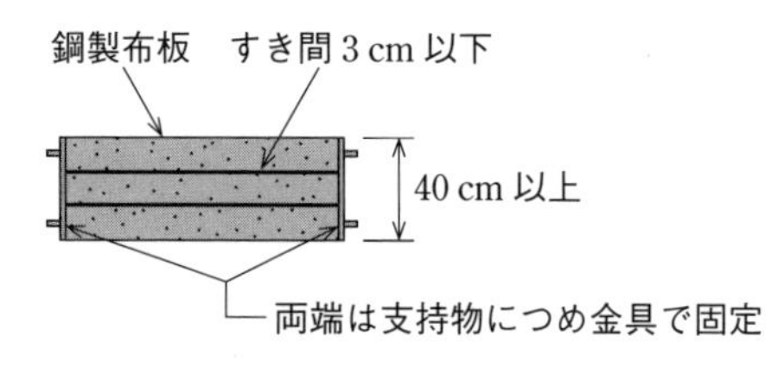

解答▶(1)

問題④ 安全管理

建設工事現場の安全管理に関する記述のうち，適当でないものはどれか．

(1) 既設汚水ピット内の作業前における酸素濃度の測定は，酸素欠乏症等に関する特別の教育を受けた作業員が行う．

(2) 高所作業には，高血圧症，低血圧症，心臓疾患等を有する作業員を配置しない．

(3) 気温の高い日に作業を行う場合，熱中症予防のため，暑さ指数（WBGT）を確認する．

(4) 軟弱地盤上にクレーンを設置する場合に，クレーンの下に強度のある鉄板を敷く．

解説 (1) 既設汚水ピット内の作業前における酸素濃度の測定は，酸素欠乏・硫化水素危険作業主任者技能講習を修了した**酸素欠乏危険作業主任者**に行わせなければならない．

解答▶(1)

7 5 工事施工

1 機器の据付け

1. コンクリート基礎工事

一般的に,屋上の基礎工事（防水絡みは建築工事）以外は設備工事としている.

⊕**多量に使用する場合**・・・レディーミクストコンクリートとし，設計基準強度を $18\ N/mm^2$（スランプ 18 cm）とする.

⊕**少量使用する場合**・・・現場練りとし，容積比を

1（セメント）: 2（砂）: 4（砂利）

程度とする.

表 7·2 に，機器とコンクリート基礎の高さについて示す．**幅は，架台より 100 ～ 200 mm** とする.

表 7・2　機器とコンクリート基礎の高さ

機　器	コンクリート基礎の高さ
冷凍機	150 mm 以上
送風機	150 ～ 300 mm
ポンプ	300 mm

2. 機器の基礎

① **コンクリート打設後 10 日以内には機器を据え付けない**こと.

② 機器は水平かつ堅固に据え付ける.

③ 機器の荷重は基礎に均等に分布するようにする.

④ 地震時に耐えられるように機器のずれや**転倒防止を施す**.

⑤ 保守点検が容易にできるように据え付ける.

⑥ 耐震基礎において，アンカーボルトは鉄筋と緊結する.

⑦ 振動を伴う機器の固定はダブルナットを使用し，頂部はねじ山が 3 山程度出る.

⑧ コンクリート打設時は，金ごてにて仕上げる.

3. ポンプの据付け

⊕渦巻ポンプ

① ポンプ軸封装置から滴下する水は，**基礎表面の排水溝に排水目皿を設けて，最寄りの排水系統に間接排水で排水する．**

② ポンプの水平を保つためには，共通ベースとコンクリート基礎の間にライナなどを挿入する．

③ ポンプの吸込管は，**短く，空気だまりがないようにポンプに向かって上がりこう配**（1/50 ～ 1/100）とする．

④ ポンプの吐出し側に付属する弁類は，**ポンプ出口に近い順に，防振継手，逆止弁，仕切弁**とする．

⊕水中ポンプ

① ポンプは，釜場（吸込ピット）内の，**壁面より 20 cm 離して**設置する．

② 排水槽の底は，ポンプを据え付けるピット（吸込ピット）に向かって下がりこう配（**1/15 以上 1/10 以下**）とする．

③ **ポンプの据付け位置は，排水流入口からできるだけ離して設置する．**

④ **水槽点検用マンホールは，ポンプの真上に設置する．**

⑤ 水位制御は，フロートスイッチを使用する．

⑥ 運転水位は，ポンプの始動最低水位を確認してから決める．

⑦ **ポンプ吐出管に取り付ける仕切弁は，排水槽外に設置する．**

4. 送風機の据付け

① 点検や部品交換を行うための保守管理スペースを確保する．

② 送風機が**水平になるように，基礎面とベッド間にライナを入れて調整する．**

③ 振動が問題になる場合は，防振ゴム，防振スプリングなどの防振材を用いる．

④ 小型送風機は，形鋼架台に乗せ，吊りボルトによりスラブから吊り下げる．

⑤ 大型送風機は，スラブ鉄筋に固定されたアンカーボルトに溶接枠組みされた架台に取り付ける．

⑥ **羽根径 2 番未満の小型送風機の天井吊りは，ブレースなどの振止めをする．**

⑦ 吸込み側のキャンバス継手には，ピアノ線入りのものを使用する．

⑧ V ベルト駆動の送風機は，**電動機と送風機を一体に防振措置を施す．**

⑨ V ベルト駆動の送風機は，ベルトの引張り側が下側になるように電動機を配置する．

⑩　Vベルトは運転中に伸びるので，張力を調整できるように電動機を据え付ける．

5. 空気熱源ヒートポンプパッケージの据付け

①　**屋外機**には，受排熱部に軸流ファンが使用されているため，騒音が大きいので，**周囲の状況，騒音規制などを考慮して設置する**（**図7･22**）．

②　ヒートポンプ式は，霜取装置作動時に水滴が落ちるため，排水可能な場所を考慮して設置する．

③　寒冷地では，積雪，落雪，凍結などの影響を受けるので，設置場所を考慮する．

④　屋内機と屋外機の据付けは，冷媒配管の長さにより性能に大きく影響するため，現場で冷媒配管ルートの変更などが生じた場合，十分に考慮して設置する．

⑤　冷媒管のフラッシングおよび気密試験には，**窒素ガスを用いる**．

⑥　配管作業の**終了後に冷媒，油を注入する前には，真空乾燥を行う**．

6. 吸収冷温水機の据付け

①　大型重量機器なので，荷降ろし，設置場所，搬入には仮設機材や構造体に及ぼす荷重の検討を考慮する（**図7･23**）．

②　据付け後は**工場出荷時の気密が保持されているかチェックを行う**．

③　空気などの漏入で内部腐食の防止を図って，窒素ガスが封入されているので，機密保持を考慮する．

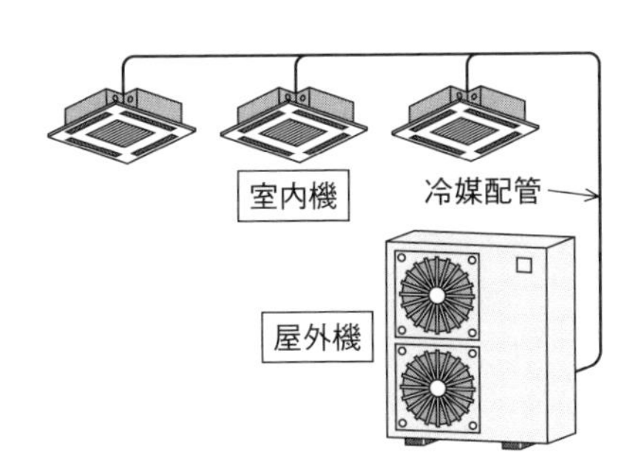

図7・22　空気熱源ヒートポンプ

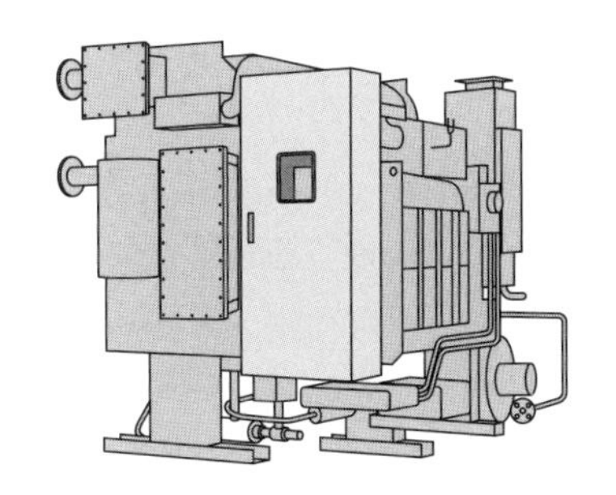

図7・23　吸収冷温水機

7. 冷凍機の据付け

① 冷凍機の運転重量の3倍以上の運転荷重に耐えられる基盤上で，鉄筋コンクリート基礎上に据え付ける．

② 冷凍機凝縮器のチューブの引出用として，引出方向に有効な空間を設ける．

③ 周囲には，**保守点検スペースとして1m以上のスペースを確保する．**

④ 接続する冷水，冷却水配管の荷重が直接本体にかからないようにする．

8. ボイラーの据付け

① 伝熱面積3 m^{2}を超えるボイラー（簡易ボイラーを除く）は，専用の建物または建物の障壁で区画された場所（ボイラー室）に設置しなければならない．

② ボイラー最上部から天井，配管までの距離は1.2 m以上，本体を被覆していないボイラーまたは立てボイラーの側面と壁・配管までの距離は0.45 m以上とする．

③ 据付けは基礎の上に引き込み，中心および基礎ボルトの位置を確かめた後，くさびで水平，垂直を調整し，基礎ボルトを締め付ける．

④ ボイラー設置場所に燃料を貯蔵するときは，**ボイラーの外側から2 m**（代替燃料の場合は1.2 m）以上離さなければならない．

2 配管工事

1. 配管の切断

① 鋼管の切断は，帯のこ，丸のこなどの**金のこ**で管軸に対して直角に切断する．

② 塩ビライニング鋼管，ポリ粉体鋼管の切断に使用してはならない機器

- ガス切断・切断砥石のように発熱するもの
- チップソーカッター（刃が円盤状）
- パイプカッター（管径を絞る）

2. 配管の接合

① 水道用硬質塩化ビニルライニング鋼管のねじ接合には，**管端防食管継手**を使用する．

② **ねじ接合**する場合は，管用テーパねじを使用し，ねじ径はテーパねじ用リングゲージで合格範囲内であることを確認する．

③ **鋼管の溶接**には被覆アーク溶接が主に用いられ，突合せ溶接，差込み溶接およびフランジ溶接がある（**図 7·24**）．

④ 肉厚 4 mm 以上 16 mm 以下の配管用炭素鋼鋼管の**突合せ溶接接合**は，開先を V **形開先**とする（**図 7·25**）．

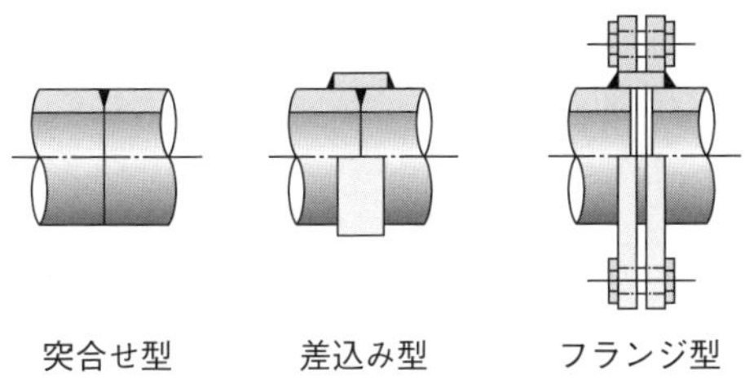

図 7・24　溶接接合の形状

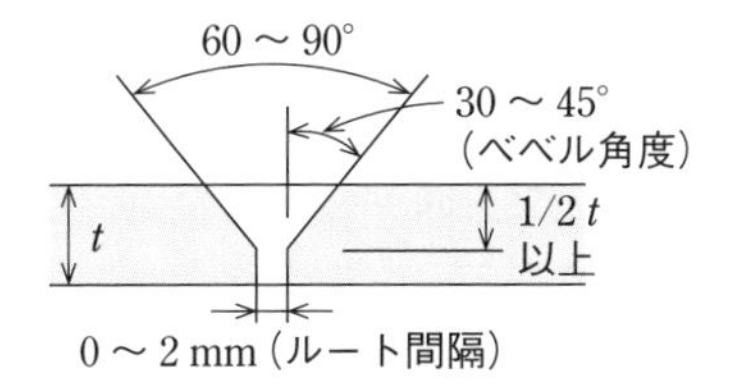

図 7・25　V 形開先

⑤ 亜鉛めっき鋼管の溶接は，亜鉛の煙に注意し換気は十分行い，溶接部端面の亜鉛除去は専用マスクをつけて作業を行う．

⑥ **硬質ポリ塩化ビニル管**は接着剤を塗布し，差込み接合する．

⑦ **硬質ポリ塩化ビニル管**の給水管などの常時圧力のかかる配管には **TS 継手**（**図 7·26**）を，**排水には DS 継手**を使用する．

- TS 継手：VP 管を**圧送用途**（水道・給水用）に使用する場合の継手．
- DS 継手：VP 管を**無圧用途**（排水・通気用）に使用する場合の継手．

⑧ **メカニカル継手**は，主にゴムのガスケットなどをシール材として使った機械的接合方式で，ねじ，溶接，フランジ接合は用いない（**図 7·27**）．

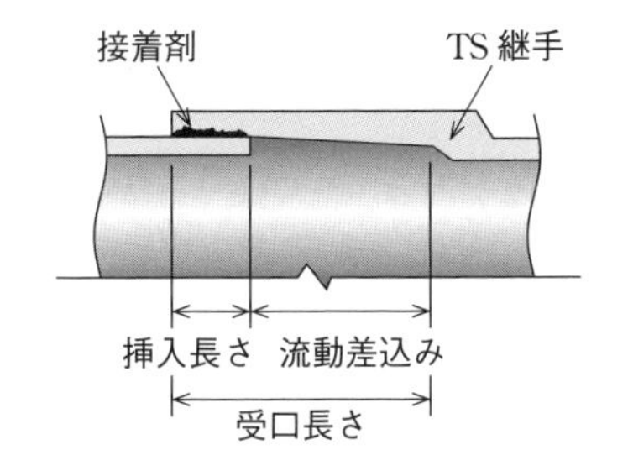

図 7・26　TS 式差込み接合（TS 接合）

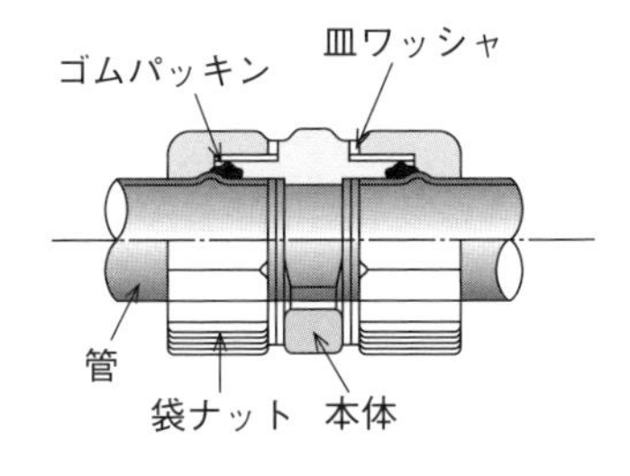

図 7・27　メカニカル形管継手

3. 配管施工

① 壁・床などを貫通は，管種によって，断熱の有無，振動の有無，熱膨張による管の伸縮の有無などを考慮して施工法を選定する．

② 防火区画を貫通する管は，そのすき間をロックウール保温材，モルタルなどの不燃材料で埋める（**図 7·28**）．

③ 鋼管の溶接接合部，鋼管のねじ接合の残りねじ部やパイプレンチの刃跡には，錆止めペイントを 2 回塗布する．

④ 銅管やステンレス鋼管に取り付ける仕切弁は，弁棒が脱亜鉛腐食を起こさない青銅などの材質のものとする．

⑤ 機器回りの配管の支持は，地震時の力，機器の振動，管の流体の脈動などによる力を抑えるために，固定や支持を行う．

⑥ 横走り配管は，棒鋼吊りおよび形鋼振止め支持，立て管にあっては形鋼振止め支持や固定を行う．

⑦ 防水箇所のスリーブは，防水対応の**鋼製つば付き**スリーブを用いる（**図 7·29**）．

⑧ 多数の管が平行配管となる場合は，完成後に配管，保温材などの補修が可能な間隔にする．一般に配管保温仕上げ面の間隔は，最低 60 mm とする．

⑨ 横走り配管に径違い管を接続する場合は，空気だまりの原因となる段差が生じないよう縮径する**レジューサー**を使用し，**ブッシング**を用いてはならない．

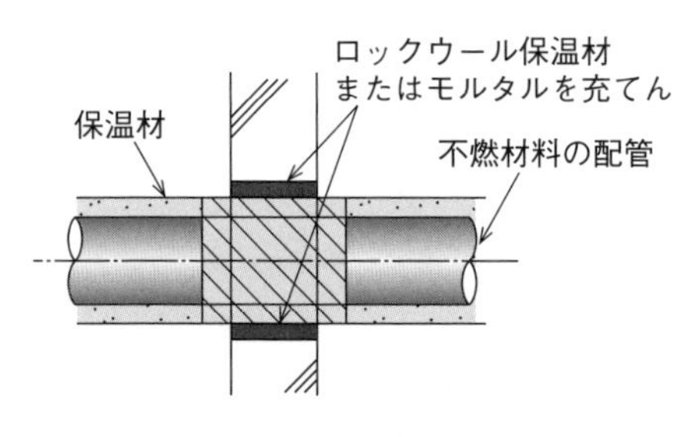

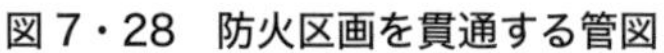
図 7・28　防火区画を貫通する管図

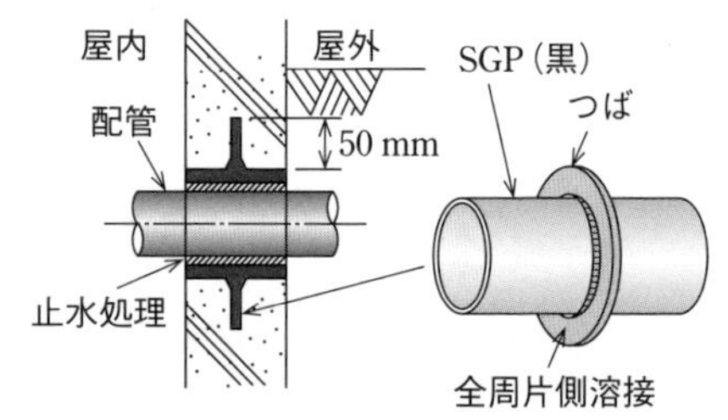

図 7・29　つば付きスリーブ

4. 給水配管の施工

① 給水管と排水管の埋設が平行の場合，平行配管の間隔は **500 mm 以上**で，配管が交差する場合は，給水管は排水管の上部とする．

② 揚水ポンプの吸込み管は，揚水ポンプに向かって **1/50 ～ 1/100 の上がりこう配**とする．

③ 横走り管は，上向き配管では先上がり，下向き配管では先下がりとする．こう配は **1/250** 程度とし，空気がたまりやすい箇所には空気抜きを設ける．

④ 保守および改修を考慮して，主配管の適当な箇所にはフランジ継手を設ける．

⑤ 揚水管の試験圧力は，揚水ポンプの全揚程に相当する圧力の **2 倍**とする．

⑥ 地中埋設の給水管の深さは，**敷地内では 300 mm 以上**，**車両通路は 600 mm 以上**とする．

5. 排水・通気管の施工

① 屋外排水管の直管部に設ける**排水桝の設置間隔**は，排水管の長さが管径の 120 倍を超えない範囲内とする（100 mm の管径の場合は，0.1 m × 120 = 12 m となる）．

② 横走り管に設ける**掃除口**は，管径が 100 mm 以下の場合は 15 m 以内，100 m を超える場合は 30 m 以内の箇所とする．

③ 排水横枝管の**合流**は，**45° 以内**の鋭角をもって**水平に近く**合流させる（**図 7･30**）．

④ 屋内横走排水管のこう配は，**呼び径 65 以下は最小 1/50，呼び径 75，100 は最小 1/100，呼び径 125 は最小 1/150，呼び径 150 以上は最小 1/200 とする．**

⑤ 汚水タンク，排水タンクの通気管は，一般の通気管とは別系統にして，単独で大気に開放する．

⑥ 排水横枝管からの**通気管の取出し**は，**垂直または** 45° より急角度で接続し最寄りの箇所に立ち上げる（**図 7･31**）．

⑦ **通気管は，雨どいや，換気用ダクトに接続してはならない．**

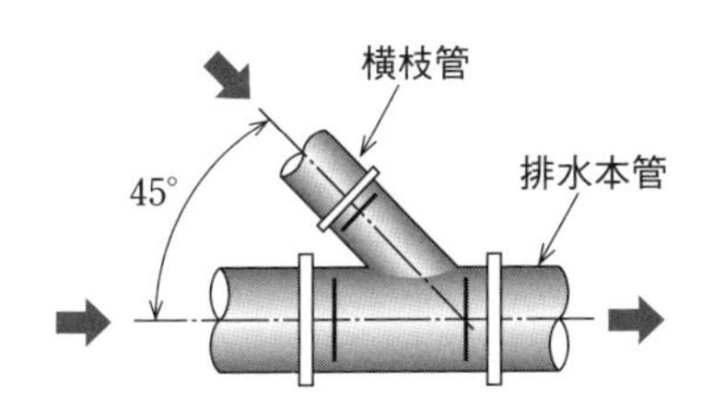

図 7・30　排水横枝管の合流

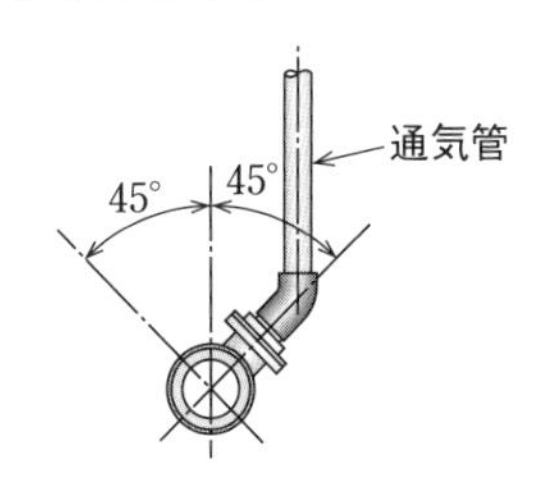

図 7・31　通気管の取出し（立面図）

6. 配管支持・固定

① 管に対する外部からの振動，衝撃に対して十分耐えられる構造とする．

② Uボルトは，**振止め用**と考え，固く締めて固定支持として用いない（**図7･32**）．

③ 冷凍機，ポンプなどの機器回りの配管支持は，機器に荷重がかからないようにする．

④ 減圧弁装置，温度調節弁装置，二方弁および三方弁装置，トラップ装置などは，その**弁類の近くで支持固定**する．

⑤ 銅管やステンレス鋼管を鋼製金物で支持する場合は，**絶縁材**を介して管の保護をするか，吊り金物に軟質塩ビをコーティングした支持金物を用いる．

⑥ 共吊りは，吊りもとの配管に荷重がかかるので用いない．

⑦ 土間スラブ下の配管は，不等沈下で起こる配管の不具合が起きないよう**建築構造体から支持**する（**図7･33**）．

⑧ 配管の固定支持は，管の伸縮，横ぶれ，たわみなどを考慮し，配管の分岐点，立て管の**最底部を建築構造体に固定**する．

⑨ 冷媒配管の支持部を硬質の幅広バンドで受け，単位面積当たりの荷重を減らす．

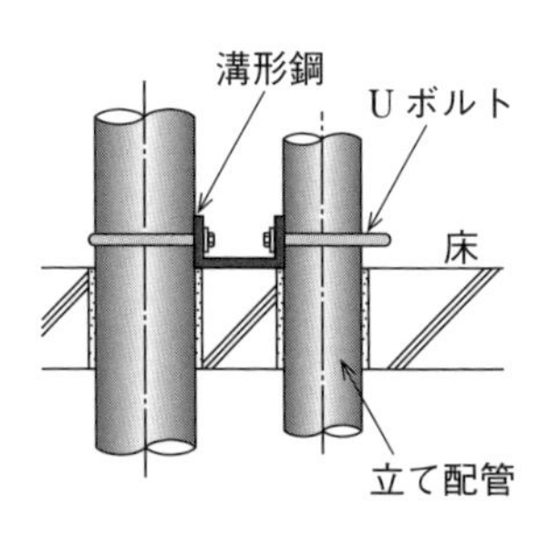

図7･32 Uボルト（立面図）

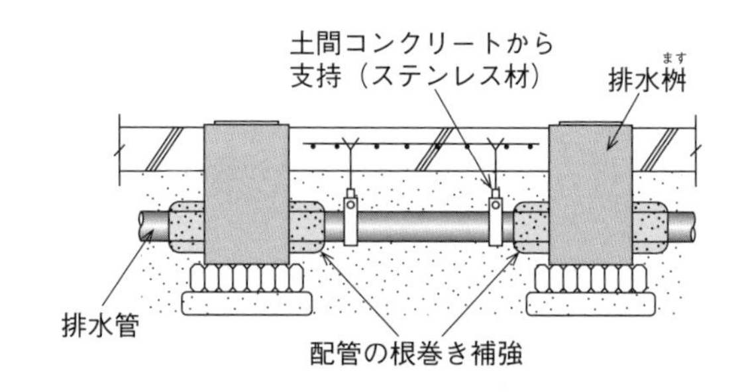

図7・33 土間スラブ下の配管

3 ダクト施工

1. 長方形ダクト

① 亜鉛鉄板ダクトには，アングル工法と，コーナーボルト工法がある．

② コーナーボルト工法には，スライド工法と共板工法がある（**図 7·34，図 7·35**）.

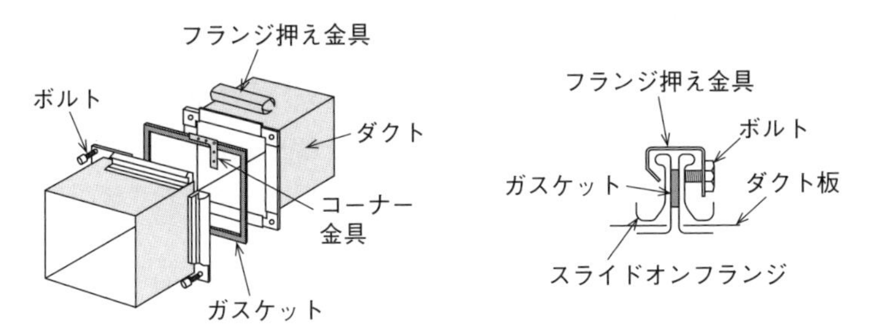

図 7・34　スライド工法

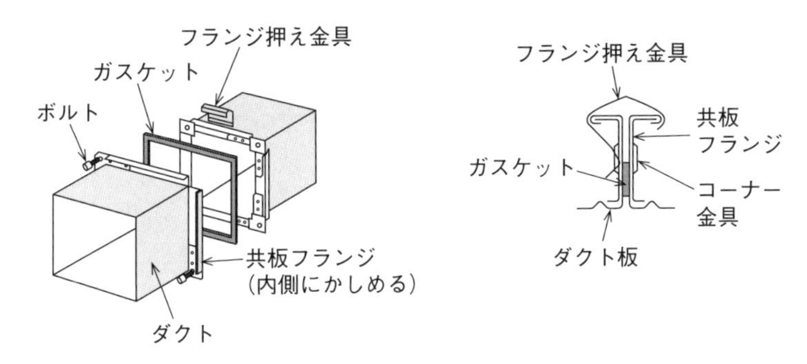

図 7・35　共板工法

③ 長方形ダクトの継手（継目）は，ダクトの強度を出すため **2 か所以上**とする.

④ 厨房と浴室の排気ダクトは底面に継目を設けない.

⑤ 長辺が 450 mm を超え，保温を施さないダクトの補強には，300 mm 以上の間隔で**補強リブ**を入れるか，または**ダイヤモンドブレーキ**を入れる（**図 7·36**）.

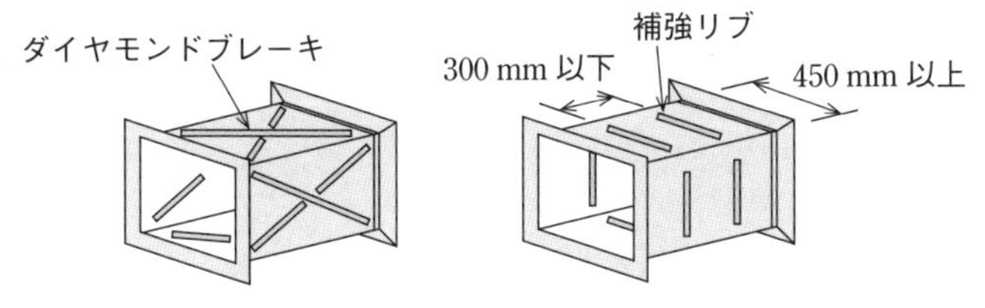

図 7・36　ダイヤモンドブレーキとリブのダクト補強

7章 施工管理

⑥　ダクトの吊り間隔は，3 000 mm 以下とする．

⑦　接合用フランジの間隔は，1 820 mm，鋼板製低圧ダクトでは最大 3 640 mm とする．

2. 鋼板製円形ダクトと亜鉛鉄板製円形スパイラルダクト

①　鋼板製円形ダクトは，鋼板を丸めて継目をはぜや**溶接**で接続した丸ダクトと，帯状の亜鉛鉄板を**スパイラル状**に甲はぜ掛けした亜鉛鉄板製円形スパイラルダクトがある（**図 7·37**，**図 7·38**）．

②　スパイラルダクトは，**板厚が薄いが甲はぜが補強**の役割を果たすため強度が高く**補強を必要としない**．

③　差込み継手接合には，フランジ継手と差込み継手があるが，フランジ継手は口径が 600 mm 以上の接合に用いる．

④　差込み継手の接合方法は，継手の外側にシール材を塗布し，スパイラルダクトを差し込み，鋼製ビス（鉄板ビス）止めして，その上にダクト用テープで差込み長さ以上の外周を二重巻きにする（図 7·38）．

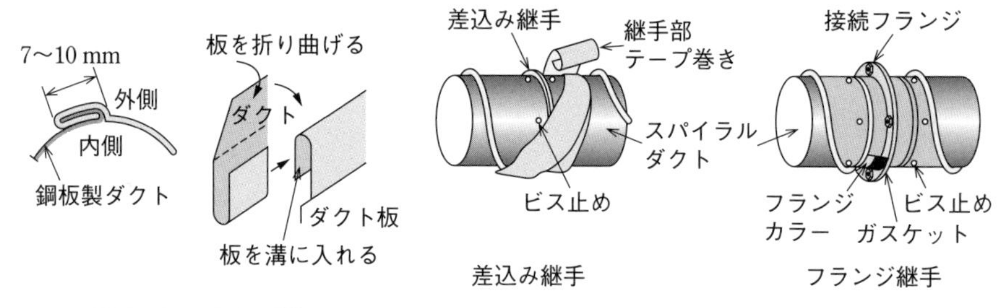

図 7・37　甲はぜ掛け　　図 7・38　スパイラルダクト

3. 防火ダンパ

①　**防火ダンパは平行翼型とし，ボルト 4 本吊りにする**（**図 7·39**）．

②　防火ダンパの近くに翼の確認ができるように天井・壁などに保守・点検が容易に行える点検口を設ける．

③　防火ダンパは防火区画に取り付けるので，貫通部のすき間は，不燃材で充てんする．

④　ケーシングと羽根は，厚さ **1.5 mm 以上の鋼板製**で，ダンパの軸受などは腐食しにくい材料とする．

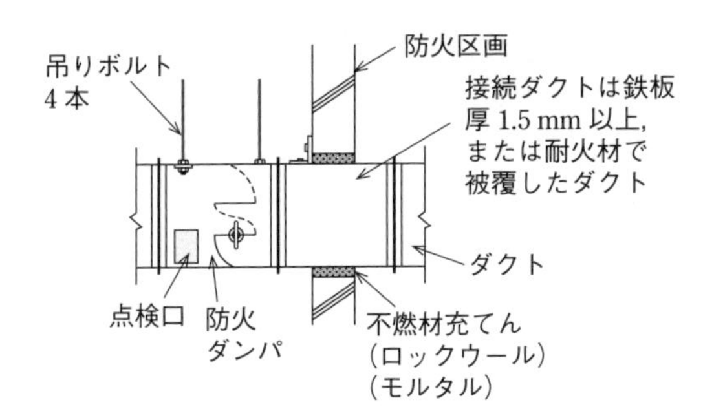

図7・39　防火ダンパの取付け要領

⑤　防火ダンパのヒューズ溶解温度は，**一般ダクトは 72℃，排煙ダクトは 280℃，厨房排気フードの接続ダクトは 120℃**を用いる．

4 保温・保冷

1. 保温・保冷材

①　保温材は，圧縮により厚さを減少させると断熱性能が低下する．

②　繊維質材料（保温材）の中で無機質材料のグラスウールは，水にぬれると**断熱効果が減少**するので，現場工事中の断熱材への雨水浸入には留意する．

③　グラスウール保温材の 24 K，32 K，40 K の表示は，保温材の密度を表し，**数値が大きいほど熱伝導率が小さい**．

④　ロックウール保温材の 1 号，2 号，3 号の表示は，**保温材の密度**を表すもので，最高使用温度は，グラスウール保温材より高い．

2. 保温・保冷工事の施工

①　スパイラルダクトの保温に帯状保温材を用いる場合は，鉄線を 150 mm 以下のピッチでらせん状に巻き締める．

②　保温・保冷の厚さは，被覆材の厚さで外装材や補助材の厚さは含まない．

③　防火区画を貫通する管の保温材は，防火区画の壁を貫通する部分を**ロックウール**などの保温材で**被覆**する．ロックウールは水に弱いので，防露が必要となる．

④　床を貫通する管の保温材は，**床上 150 mm** の高さまで，ステンレス鋼板

などの保護材で被覆する.

⑤ 廊下等の露出冷温水配管の保温材の施工手順は，**保温筒**（ロックウールまたはグラスウール）→**鉄線**→**ポリエチレンフィルム**→**合成樹脂カバー**の順に施工する.

⑥ 倉庫，機械室等の冷温水配管の保温材の施工手順は，**保温筒**（ロックウールまたはグラスウール）→**鉄線**→**ポリエチレンフィルム**→**原紙**→**アルミガラスクロス**の順に施工する.

⑦ 横走配管に取り付けた**筒状保温材の抱合せ目地**は，管の垂直上下面を避け，管の**横側に位置**するようにする.

⑧ 冷水および冷温水配管の吊りバンドなどの支持は，防湿加工を施した**木製**または**合成樹脂製の支持受け**を使用する（**図 7･40**）.

⑨ 吊りバンドで直接支持する場合は，**保温外面より 150 mm** 程度の長さまで吊りボルトに保温（厚さ 20 mm）の被覆を行う（**図 7･41**）.

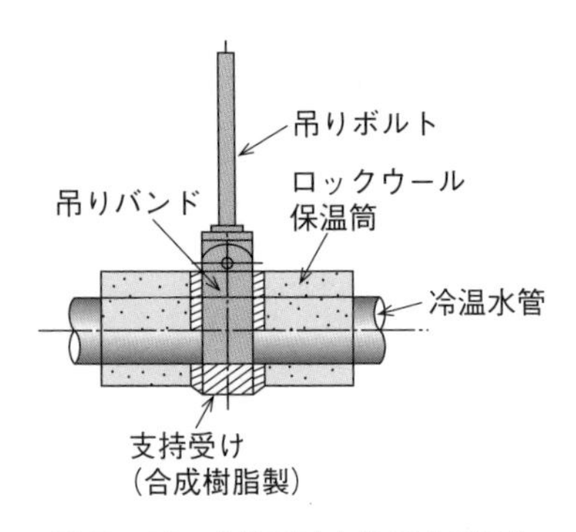

図 7・40 支持受けを使用する場合

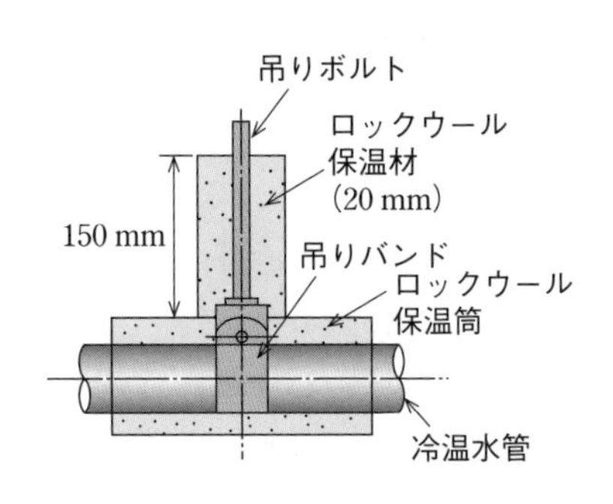

図 7・41 直接支持する場合

⑩ ポリスチレンフォーム保温筒は，合わせ目をすべて粘着テープでとめ，**継目は粘着テープ 2 回巻き**にする.

⑪ テープ巻きは，配管の**下方より上向き**に巻き上げる.

⑫ 給水管でポンプ周りの防振接手，フレキシブルジョイントは，**保温は行わない**.

⑬ 排水管で，暗渠内配管（ピット内含む）および屋外露出配管は，保温は行わない.

⑭ ステンレス鋼板製貯湯タンク（SUS444 製を除く）は，エポキシ系塗装により 保温材と絶縁する.

5 塗装

1. 塗装工事の施工

① 塗装は，**製造所において調合された塗料をそのまま使用**する．

② 塗装面，周辺，床などに汚染，損傷を与えないように注意し，必要に応じてあらかじめ塗装箇所周辺に養生を行う．

③ 気温 20℃での**工程間隔時間と最終養生時間**を次に示す．

- 鉄面錆止め塗料塗り 1 種で 24 時間以上 1 か月以内，2 種で 4 時間以上 7 日以内.
- 鉄面合成樹脂調合ペイント塗りと亜鉛めっき面合成樹脂調合ペイント塗りの中塗りと上塗りは，各工程とも 24 時間以上とする．

④ 塗装場所の気温が 5℃以下，湿度が 85% 以上または換気が不十分で，乾燥が不適当な場所では塗装を行ってはならない．

⑤ 外部の塗装は，降雨のおそれのある場合や強風時に行ってはならない．

⑥ 鋼管のねじ接合部分の余ねじ部やパイプレンチ青には，防錆塗料を塗布する．

2. 配管の識別表示

① 配管は，仕上げの時点で各用途，系統別に識別表示をすることがある（**図 7･42，図 7･43**）．

② 居室などの露出配管は，識別塗装は行わない．

③ 配管内の物質種類の識別色を**表 7･3** に示す．

表 7・3　配管内の物質種類と識別色

物　質	識別色
水	青
蒸気	暗い赤
空気	白
ガス	薄い黄色
酸またはアルカリ	灰紫
油	茶色

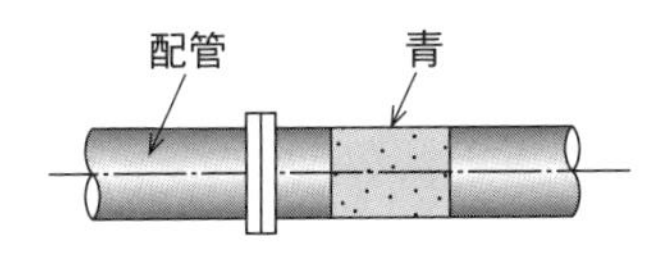

図 7・42　直接環状の表示

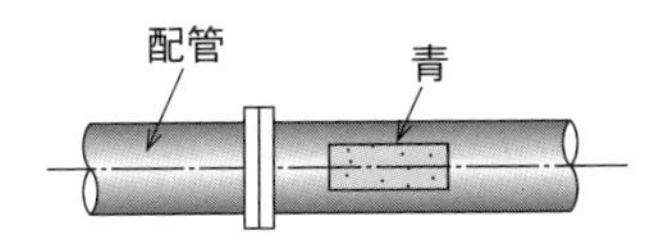

図 7・43　直接長方形の表示

6 試運転調整

1. 試運転調整の準備・確認

① 各設備の装置全体が設計図書の意図した機能を満足しているか確認する.
② 諸官庁の検査および届出類は完了しているか確認する.
③ 関連工事の完成状態（上下水道工事，ガス工事など）を確認する.
④ 機器類，器具類，配管類の清掃状態を確認する.
⑤ 機器類の整備状態の良否を確認する.
⑥ 配管系統の準備体制は完了しているか確認する.
⑦ ダクト系統の準備体制は完了しているか確認する.

2. 冷凍機の試運転調整

① 冷却水ポンプ，冷却塔を起動し，規定流量を確認する.
② 冷水ポンプ，冷却水ポンプ，冷却塔のインターロックを確認してから，起動させ，冷凍機の起動スイッチを入れる.
③ 温度調節器による自動発停止の作動を確認する.
④ 冷水,冷却水の過度の減少または断水による断水リレーの作動を確認する.

3. 冷却塔の試運転調整

① 冷却塔内部の清掃が終了しているか確認する.
② 冷却塔に接続されている配管類は，荷重が直接機器にかかっていないか確認する.
③ 手元スイッチを入れ，送風機の回転方向，振動，騒音を確認する.
④ 運転水位とボールタップの位置，作動を確認する.
⑤ 下部水槽からの水漏れ，充てん層からの水の飛散の有無を確認する.

4. 渦巻ポンプの試運転調整

① ポンプを手で回して回転むらがないか，グランドパッキンの締めすぎがないかを確認する.
② 呼び水漏斗（じょうご）より注水して，配管と機器のエア抜きし配管系の満水状態を確認する.
③ 吐出弁を全閉後，手元スイッチで瞬時運転し回転方向を確認する.

④ 吐出弁を徐々に開いて，流量計により（流量計がない場合は試験成績表の電流値を参考にする）規定水量に調節する．

⑤ グランドパッキン部からの水滴の滴下量が適切か確認する．

5. 多翼送風機の試運転調整

① 送風機を手で回して，羽根と内部に異常がないかを確認する．

② Vベルトは，指で押してベルトの厚さ程度たわむのを確認する．

③ 吐出ダンパを全閉にして手元スイッチで瞬時運転し，回転方向を確認する．

④ 吐出ダンパを徐々に開いて風量測定口で計測し(風量測定口がない場合は，試験成績表の電流値を参考にする)，規定風量に調整する．

⑤ 軸受温度を確認する（周囲空気温度より40℃以上高くなってはならない）．

6. マルチパッケージ形空気調和機の試運転調整

① 室外機と室内機の電気配線，冷媒配管が対応しているか確認し，室外機の系統名を確認する．

② 冷媒ガス漏えい検知警報設備がある場合は，冷媒ガス漏えい検知警報設備の作動と機械換気装置が連動にて運転することを確認する．

③ 運転スイッチを入れ，圧力計，電圧計，電流計などの正常値を確認する．

④ 運転時，ドレントラップの封水が確保されていることを確認する．

7. 給排水衛生設備の試運転調整

① 揚水ポンプ，排水ポンプの電極水位による発停，警報を確認する．

② 受水タンクは，保守点検スペース（周壁，底は600 mm以上，上部は1 000 mm以上），マンホール出入りには支障がないか確認する．

③ 洗面器類の吐水量を調整し，吐水および排水状況を確認する．

④ 小便器用感知形自動水栓の所定機能か確認する．

⑤ 排水管は，配管途中または隠ぺい，埋戻し前または配管完了後の被覆施工前の満水試験であることを確認する．

⑥ 大便器用洗浄弁の吐水圧，流量，流水時間を確認する．

⑦ ガス湯沸器，電気温水器などの必要湯量，加熱時間，安全装置などを確認する．

⑧ 洗面器のポップアップ式排水金具のすき間がないことと動作状態を確認する．

問題① 工事施工

機器の据付けに関する記述のうち，適当でないものはどれか．

(1) 高置タンクの架台の高さが2mを超える場合，架台の昇降タラップには転落防止用の防護柵を設置する．

(2) 飲料用受水タンクの上部には，排水再利用設備や空気調和設備の配管等，飲料水以外の配管は通さないようにする．

(3) 空調用遠心ポンプを設置する場合，カップリング外周の段違いや面間寸法の誤差がないことを確認する．

(4) ファンコイルユニットを天井内に設置する場合の設置高さは，ドレンアップポンプを設けない場合，ドレン管のこう配が1/250程度とれる高さとする．

解説 (4) ドレンアップポンプを設けない場合，ドレン管のサイズが**50A以下でこう配が1/50以上**，ドレン管のサイズが**65～100Aでこう配が1/100以上**とする．

解答▶(4)

問題② 工事施工

機器の据付けに使用するアンカーボルトに関する記述のうち，適当でないものはどれか．

(1) アンカーボルトを選定する場合，常時荷重に対する許容引抜き荷重は．長期許容引抜き荷重とする．

(2) ボルト径がM12以下のL型アンカーボルトの短期許容引抜き荷重は，一般的に，同径のJ型アンカーボルトの短期許容引抜き荷重より大きい．

(3) アンカーボルトは，機器の据付け後，ボルト頂部のねじ山がナットから3山程度出る長さとする．

(4) アンカーボルトの径は，アンカーボルトに加わる引抜き力，せん断力，アンカーボルトの本数などから決定する．

解説 (2) L型アンカーボルトは，コンクリートの付着力で強度が決まっていて，ボルト径が**M12以下**のJ型は，**付着力による体力が加わり**，L型アンカーボルトの短期許容引抜き荷重が大きい．

解答▶(2)

問題 3 工事施工

機器に使用される基礎に関する記述のうち，適当でないものはどれか．

(1) コンクリート基礎は，コンクリート打込み後適切な養生を行い，10日以内に機器を据え付けてはならない．

(2) 機器の荷重は，基礎および構造物に均等に分布するようにする．

(3) 基礎コンクリートの現場練りでの調合比は，セメント1：砂利2：砂4程度とする．

(4) 耐震基礎において，アンカーボルトは，鉄筋と緊結する．

解説 (3) 基礎コンクリートの現場練りでの調合比は，**セメント1：砂2：砂利4**程度とする．

解答▶(3)

マスターPoint 基礎や躯体に取り付けるアンカーボルトには，埋込み式，箱抜き式，あと施工アンカーボルトがある．このうち，後打ちのメカニカルアンカーボルトは，雄ねじ型のほうが雌ねじ型より信頼性が高い（許容引抜力が大きい）．

問題 4 工事施工

機器の基礎に関する記述のうち，適当でないものはどれか．

(1) ポンプのコンクリート基礎は，基礎表面の排水溝に排水目皿を設け，間接排水できるものとする．

(2) ユニット形空気調和機の基礎の高さは，ドレンパンからの排水管に空調機用トラップを設けるため150 mm程度とする．

(3) 大型ボイラーの基礎は，床スラブ上に打設した無筋コンクリート基礎とする．

(4) 送風機のコンクリート基礎の幅は，送風機架台より100～200 mm程度大きくする．

解説 (3) 大型ボイラーの基礎のような重量機器は，**鉄筋コンクリート基礎**とする．

解答▶(3)

コンクリート基礎の表面は，コンクリート打設後に金ごて仕上げとする．また，コンクリート表面を水洗いしてからモルタルで水平に仕上げる．

問題 5 工事施工

機器の据付けに関する記述のうち，適当でないものはどれか．

(1) 屋上に設置する冷却塔は，その補給水口が，高置タンクから必要な水頭圧を確保できる高さに据え付ける．

(2) 直だきの吸収冷温水機は，振動が大きいため，防振基礎の上に据え付ける．

(3) 呼び番号3の天井吊り送風機を，形鋼製のかご型架台上に据え付け，架台はアンカーボルトで上部スラブに固定した．

(4) 送風機のVベルトの張りは，電動機のスライドベース上の配置で調整した．

解説 (2) 直だきの吸収冷温水機は振動が小さいため，**防振基礎の上に据え付ける必要がない．**

解答▶(2)

マスターPoint 冷凍機凝縮器のチューブ引出し用として，いずれかの方向に有効な空間を確保する．また，保守点検のため周囲 **1 m** 以上のスペースを確保する．

《機器据付け共通事項》

① コンクリート打設後 **10** 日以内には機器を据え付けてはならない．
② 機器は水平かつ堅固に据え付ける．
③ 機器の荷重が基礎に均等にかかるようにする．
④ 地震時に耐えられるように，機器のずれや転倒防止を施す．
⑤ 耐震基礎の場合には，アンカーボルトは鉄筋と緊結する．

問題 6 工事施工

機器の据付けに関する記述のうち，適当でないものはどれか．

(1) 冷凍機の凝縮器のチューブ引出し用として，有効な空間を確保する．

(2) 冷却塔の補給水口の高さは，高置タンクの低水位からの落差を1m未満とする．

(3) 床置形パッケージ形空気調和機の基礎高さは，ドレン管の排水トラップの深さ（封水深）が確保できるように150 mmとする．

(4) ポンプは，現場にて軸心の狂いのないことを確認し，カップリング外周の段違いや面間の誤差がないようにする．

解説 (2) 冷却塔の補給水口の高さは，ボールタップ（**最低必要圧力：一般水栓と同じ 30 kPa**）を動作させるため，高置水槽の低水位より最低 **3 m 以上**の落差とする．

解答▶(2)

問題 7 工事施工

送風機の据付けに関する記述のうち，適当でないものはどれか．

(1) 送風機が水平になるように基礎面とベッド間にライナを入れて調整する．

(2) 送風機は，あらかじめ心出し調整されて出荷されるので，現場での心出しは行わない．

(3) 点検や部品交換を行うための保守管理スペースを確保する．

(4) 振動が問題になる場合は，防振ゴム，防振スプリングなどの防振材を用いる．

解説 (2) 送風機は，**現場でも心出しを行う．**

解答▶(2)

マスターPoint 設置下地のコンクリート，またはモルタル面は水平に仕上げてあるが，わずかな誤差が生じる．ライナ（支持〔かいもの〕）とは，その矯正のために挿入するもの（鉄板など）である．

問題 8 工事施工

汚物槽に設ける水中ポンプの据付けに関する記述のうち，適当でないものはどれか．

(1) ポンプは，釜場内に，壁面より 20 cm 離して設置した．

(2) ポンプの据付け位置は，排水流入口からできるだけ離して設置した．

(3) 水槽点検用マンホールは，ポンプの真上からできるだけ離して設置した．

(4) 水位制御は，フロートスイッチを使用した．

解説 (3) ポンプ修理の際に引き抜きやすくするため，できるだけ**マンホールの真下にポンプを設置**する．詳細図は 229 ページを参照する．

解答▶(3)

マスターPoint 排水ポンプの種類は，次のとおり．

- 雑排水ポンプ（雑排水などを排水する）
- 汚水排水ポンプ（汚水を排水する）
- 汚物排水ポンプ（汚物を排水する）

に区分され，構造的には水中型，縦軸型，横軸型がある．

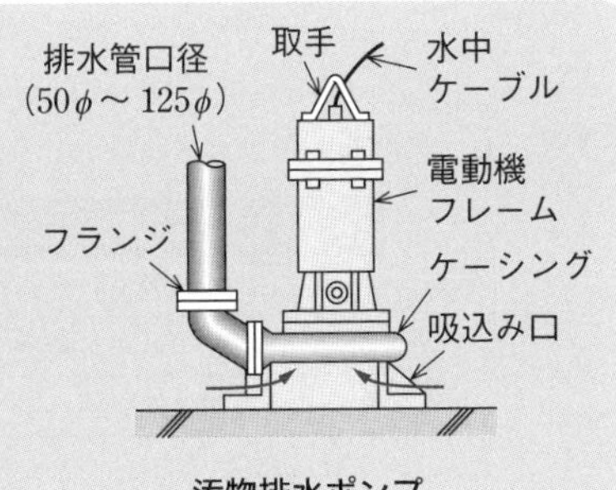

汚物排水ポンプ

問題 9 工事施工

機器の据付けに関する記述のうち，適当でないものはどれか．

(1) パッケージ形空気調和機の屋外機を設置する場合，空気がショートサーキットしないよう周囲に空間を確保する．

(2) 遠心ポンプの設置において，吸水面がポンプより低い場合，ポンプの設置高さは，吸込み管がポンプに向かって上りこう配となるようにする．

(3) 埋込式アンカーボルトを使用して機器を固定する場合，機器設置後，ナットからねじ山が出ないようにアンカーボルトの埋込み深さを調整する．

(4) あと施工アンカーボルトを使用して機器を固定する場合，あと施工アンカーボルトは，機器をコンクリート基礎上に据える前に打設する．

解説 (3) 埋込み式アンカーボルトは，ナットの外に**3山以上ねじ山が出るようにする**．ナットからねじ山が出ていないと施工後ナットが抜け落ちる恐れがある．

解答▶(3)

問題 10 工事施工

排水管および通気管の施工に関する記述のうち，適当でないものはどれか．

(1) ループ通気管の取出し位置は，最上流の器具排水管を排水横枝管に接続した直後の下流側とする．

(2) 排水横枝管から通気管を取り出す場合は，排水横枝管の中心線から垂直上方ないし垂直上方から45度以内の角度で取り出す．

(3) 排水用硬質塩化ビニルライニング鋼管の接続に，排水鋼管用可とう継手（MDジョイント）を使用する．

(4) 管径50 Aの排水横枝管のこう配は，最小1/150とする．

解説 (4) 管径50 Aの排水横枝管のこう配は，最小**1/50**としなければならない．

排水横枝管の直径	最小こう配
65 A以下（直径65 mm以下）	50分の1
75 Aまたは100 A（直径75 cmまたは100 mm）	100分の1
125 A（直径125 mm）	150分の1
150 A以上（直径150 mm以上）	200分の1

解答▶(4)

問題 11 工事施工

機器の据付けに関する記述のうち，適当でないものはどれか．

(1) 排水用水中モーターポンプは，ピットの壁から200 mm 程度離して設置する．

(2) 吸収冷温水機は，工場出荷時の気密が確保されていることを確認する．

(3) 大型のボイラーの基礎は，床スラブ上に打設した無筋コンクリート基礎とする．

(4) 防振装置付きの機器や地震力が大きくなる重量機器は，可能な限り低層階に設置する．

解説 (3) ①大型ボイラーの基礎は，重量機器のためコンクリート基礎の鉄筋にアンカーボルトを緊結する必要がある．

②鉄筋の配置していない無筋コンクリート基礎では，アンカーボルトが抜ける可能性があるので固定ができない．

解答▶(3)

問題 12 工事施工

配管の施工に関する記述のうち，適当でないものはどれか．

(1) 汚水槽の通気管は，その他の排水系統の通気立て管を介して大気に開放する．

(2) 給水管の分岐は，チーズによる枝分かれ分岐とし，クロス形の継手は使用しない．

(3) 飲料用の受水タンクのオーバフロー管は，排水口空間を設け，間接排水とする．

(4) 給水横走り管から上方へ給水する場合は，配管の上部から枝管を取り出す．

解説 (1) 汚水槽に設ける通気立て管は，**独立系統として直接大気に開放**する．

解答▶(1)

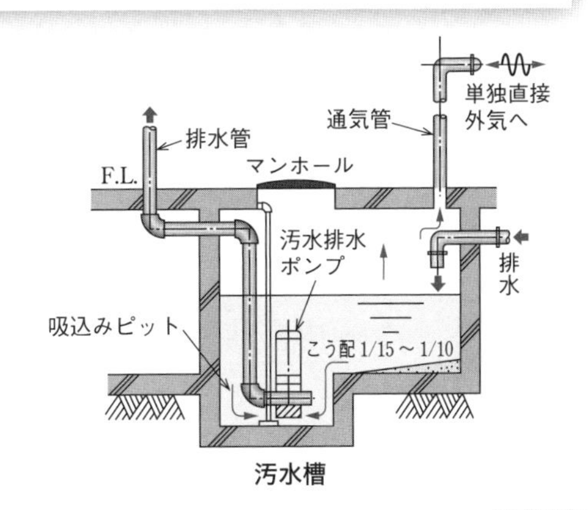

汚水槽

問題13 工事施工

衛生器具の取付けに関する記述のうち，適当でないものはどれか．

(1) 水栓の吐水口端と水受け容器のあふれ縁との間には，十分な吐水口空間をとる．

(2) 防火区画を貫通する和風大便器の据付けには，建築基準法令に適合する耐火カバーなどを使用する．

(3) 洗面器を金属製パネル壁に取り付ける場合は，一般に，あと施工アンカーを使用する．

(4) 和風大便器は，コンクリート，モルタルとの接触部にアスファルトなどで被覆を施す．

解説 (3) 一般的には洗面器**専用のバックハンガ**などをあらかじめ取り付けて洗面器を設置する．なお，**あと施工アンカー**とは，コンクリートが固まった後で孔を空け，アンカボルトを打ち込むタイプのものをいう．

解答▶(3)

マスターPoint 壁付け洗面器などの据付けの留意事項は，①バックハンガなどがしっかりと所定の場所に固定されているか．②据付け面が水平になっているか．③横水洗の取付けは，吐出口端とあふれ縁間の吐出空間を確保する．④器具と壁面とのすき間はシール材で防水処理をする．

問題14 工事施工

配管系に設ける弁類に関する記述のうち，適当でないものはどれか．

(1) 給水管の流路を遮断するための止め弁として仕切弁を使用する．

(2) 揚水管の水撃を防止するためにスイング式逆止弁を使用する．

(3) 配管に混入した空気を排出するために自動空気抜き弁を使用する．

(4) ユニット形空気調和機の冷温水流量を調整するために玉形弁を使用する．

解説 (2) 揚水管の水撃を防止するためには，**衝撃吸収式逆止弁**（スプリングと案内ばねで構成）を使用する．

解答▶(2)

マスターPoint 流路を遮断するには仕切弁，流量調節には玉形弁を使用する．

問題15 工事施工

配管の支持および固定に関する記述のうち，適当でないものはどれか．

(1) 振止め支持に用いるUボルトは，伸縮する配管であっても，強く締め付けて使用する．

(2) ステンレス鋼管を鋼製金物で支持する場合は，ゴムなどの絶縁体を介して支持する．

(3) 機器回りの配管は，機器に配管の荷重がかからないように，アングルなどを用い支持する．

(4) 複式伸縮管継手を用いる場合は，継手本体を固定し，両側にガイドを設ける．

解説 (1) 振止め支持に用いるUボルトは，**余裕を持って締め付ける**．

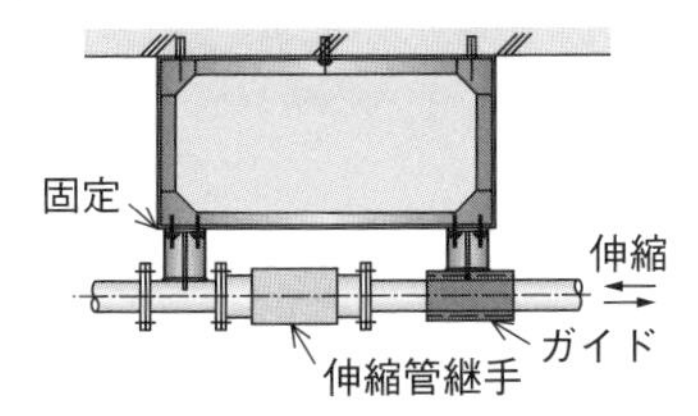

（a） 単式伸縮管継手の例

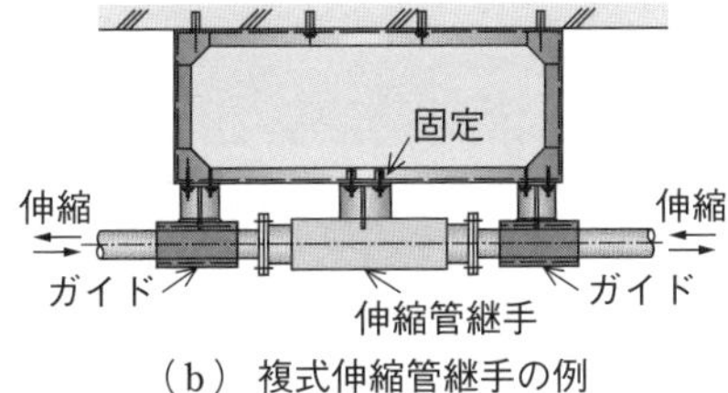

（b） 複式伸縮管継手の例

公共建築設備工事標準図 機械設備工事編 (3) より

伸縮管継手の固定およびガイド

解答▶(1)

問題16 工事施工

ダクトの施工に関する記述のうち，適当でないものはどれか．

(1) 送風機の吐出口の断面からダクトの断面への変形は，15°以内の漸拡大とする．

(2) 補強リブは，ダクトの板振動を防止するために設ける．

(3) 防火ダンパを天井内に取り付ける場合，点検口を設けなければならない．

(4) 防火区画と防火ダンパの間のダクトは，厚さが1.2 mm以上の鋼板製とする．

解説 (4) 防火区画と防火ダンパの間のダクトは，厚さが**1.5mm以上**の鋼板製とする．

解答▶(4)

問題17 工事施工

JIS に規定されている配管系の識別表示について，管内の「物質等の種類」とその「識別色」の組合せのうち，適当でないものはどれか．

（物質等の種類）　（識別色）

(1)　水 ―――― 青

(2)　油 ―――― 白

(3)　電気 ――― うすい黄赤

(4)　ガス ――― うすい黄

解説 (2) 油の識別色は，**茶色**である．

・蒸気 ―― 暗い赤　　・空気 ―― 白

解答▶(2)

問題18 工事施工

機器の据付けに関する記述のうち，適当でないものはどれか．

(1) 送風機は，レベルを水準器で検査し，水平となるように基礎と共通架台の間にライナを入れて調整する．

(2) パッケージ形空気調和機は，コンクリート基礎上に防振ゴムパッドを敷いて水平に据え付ける．

(3) 冷却塔は，補給水口の高さが高置タンクの低水位から 1 m 未満となるように据え付ける．

(4) 吸収冷温水機は，据付け後に工場出荷時の気密が保持されているか確認する．

解説 (3) 高置水槽から冷却塔へ補給する場合，ボールタップが使われているが，2 m 以上の水頭圧がないと作動しにくい．ボールタップの必要水頭と高置水槽と冷却塔までの配管抵抗を考慮すると，**3 m 程度の落差が必要**になる．

解答▶(3)

ライナは，機器の底面と基礎の上面のすき間に差し込む鋼製の薄板または敷きがね．

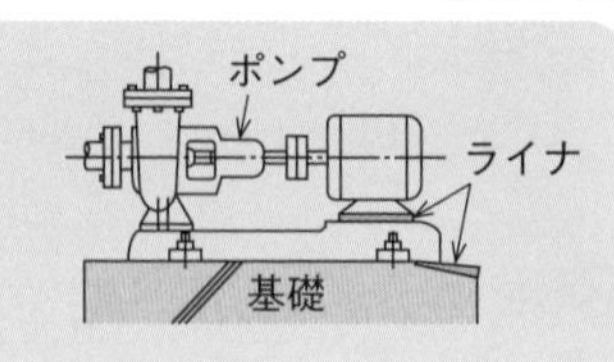

問題19 工事施工

配管および配管付属品の施上に関する記述のうち，適当でないものはどれか．

(1)水道用硬質塩化ビニルライニング鋼管のねじ接合において，ライニング部の面取りを行う．

(2)硬質ポリ塩化ビニル管を横走り配管とする場合，管径の大きい鋼管から吊りボルトで吊ることができる．

(3)給水栓には，クロスコネクンヨンが起きないように吐水口空間を設ける．

(4)給水用の仕切弁には，管端防食ねじ込み形弁等がある．

解説 (2) 管径の大きい鋼管から吊りボルトで吊ることは，**二段吊り（共吊り）**となるため，吊ることができない．公共工事標準仕様書の硬質ポリ塩化ビニル管を横走り配管の吊り間隔は，80 A 以下が 1 m，100 A 以上が 2 m となっている．

解答▶(2)

問題20 工事施工

配管および配管付属品の施工に関する記述のうち，適当でないものはどれか．

(1)FRP 製受水タンクに給水管を接続する場合，変位吸収管継手を用いて接続する．

(2)ねじ込み式鋼管製管継手（白）は，水道用硬質塩化ビニルライニング鋼管の接合に使用される．

(3)単式伸縮管継手を取り付ける場合，伸縮管継手の本体は固定しない．

(4)冷媒用フレアおよびろう付け管継手は，冷媒用の銅管の接合に使用される．

解説 (2) ねじ込み式鋼管製管継手（白）は，一般配管用の鋼管製のねじ込み継手なので，配管用炭素鋼鋼管（SGP）に亜鉛めっきした白管に使う．

水道用硬質塩化ビニルライニング鋼管は，配管用炭素鋼鋼管（SGP）の内面に硬質ポリ塩化ビニル管をライニングしたものなので，接合は管端防食継手を使う．

解答▶(2)

マスターPoint ねじ接合は，管端にテーパねじのおねじを切り，継手のめねじと接合する方法である．

問題21 工事施工

配管の施工に関する記述のうち，適当でないものはどれか．

(1) 配管用炭素鋼鋼管のねじ加工後，ねじ径をテーパねじ用リングゲージで確認した．

(2) 一般配管用ステンレス鋼鋼管の接合は，メカニカル接合とした．

(3) 水道用硬質塩化ビニルライニング鋼管の切断に，パイプカッターを使用した．

(4) 水道用硬質ポリ塩化ビニル管の接合は，接着（TS）接合とした．

解説 (3) パイプカッターを使用すると熱を生じるので，塩化ビニル系には使用不可である．

解答▶(3)

- 塩化ビニル系の管を切断する場合は，自動金のこ盤，ねじ切り機に搭載された自動丸のこ機を使用する．
- TS接合とは，1/25 ～ 1/37 のついた受口をもつTS管継手を用いて接合する方法で，加熱する必要はなく，接着剤を塗るだけで簡単確実に接合することができる．接合手順は，管端外面および管継手内面をきれいに拭き，速乾性の接着剤を塗り，管を管継手の奥まで一気に差し込み，約1/2回転ひねりで，10秒程度そのまま押し付ける．

問題22 工事施工

排水管および通気管の施工に関する記述のうち，適当でないものはどれか．

(1) ループ通気管の取出し位置は，最上流の器具排水管を排水横枝管に接続した直後の下流側とする．

(2) 排水横枝管から通気管を取り出す場合は，排水横枝管の中心線から垂直上方ないし垂直上方から45°以内の角度で取り出す．

(3) 排水用硬質塩化ビニルライニング鋼管の接続に，排水鋼管用可とう継手（MDジョイント）を使用する．

(4) 管径50 A の排水横枝管のこう配は，最小1/150とする．

解説 (4) 管径50 A の排水横枝管のこう配は，最小1/50とする．

解答▶(4)

マスターPoint p.121，表5·6の排水こう配を参照のこと．

問題23 配管施工

配管の施工に関する記述のうち，適当でないものはどれか．

(1) 臭気を防止するためには，器具トラップの他に，排水管にも配管トラップを設けることが望ましい．

(2) ループ通気管は，当該通気管を排水横枝管から取り出した階の床下で通気立て管に接続してはならない．

(3) 鋼管の溶接方法には，被覆アーク溶接等がある．

(4) 汚水槽の通気管は，他の排水系統の通気管に接続してはならない．

解説 (1) 臭気を防止するためには，器具トラップのほかに，排水管にも配管トラップを設けることを**二重トラップと呼び，禁止されている**．二重トラップは，排水トラップの封水を破封させ排水の流れを悪くする．

解答▶(1)

問題24 工事施工

ダクトおよびダクト付属品の施工に関する記述のうち，適当でないものはどれか．

(1) 長方形ダクトのアスペクト比（長辺 / 短辺）は，4 以下とする．

(2) 長方形ダクトの板厚は，ダクトの長辺の長さにより決定する．

(3) スパイラルダクトの差込み接合では，継目をダクト用テープで一重巻きする．

(4) スパイラルダクトは，一般的に，形鋼による補強は不要である．

解説 (3) スパイラルダクトの差込み接合は，継手の外面にシール材を塗布して，直管に差し込み，鋼製ビスで周囲を固定し，**継目をダクト用テープで二重巻きする．**

解答▶(3)

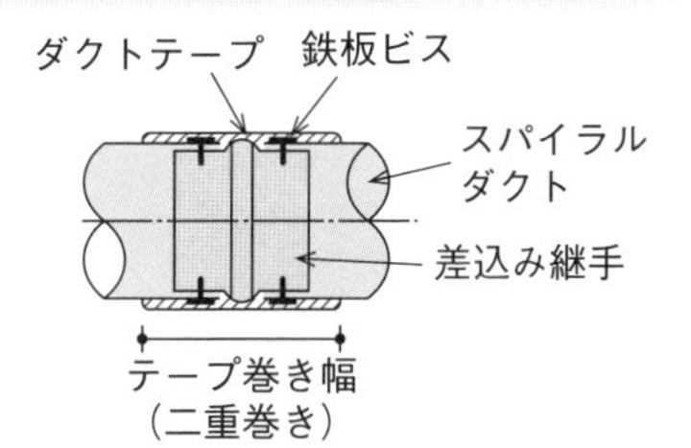

スパイラルダクトの接合

問題 25 工事施工

ダクトおよびダクト付属品の施工に関する記述のうち，適当でないものはどれか．

(1) ダクトの断面を拡大，縮小する場合の角度は，圧力損失を小さくするため，拡大は 15° 以下，縮小は 30° 以下とする．

(2) 防火区画貫通部と防火ダンパとの間のダクトは，厚さ 1.5 mm 以上の鋼板製とする．

(3) 防火ダンパは，火災による脱落がないように，小形のものを除き，2 点吊りとする．

(4) 浴室の排気ダクトは，凝縮水の滞留を防止するため，排気ガラリに向けて下り勾配とする．

解説 (3) 防火ダンパは，火災による脱落がないように，小形のものを除き，**4 点吊り**とする．

解答▶(3)

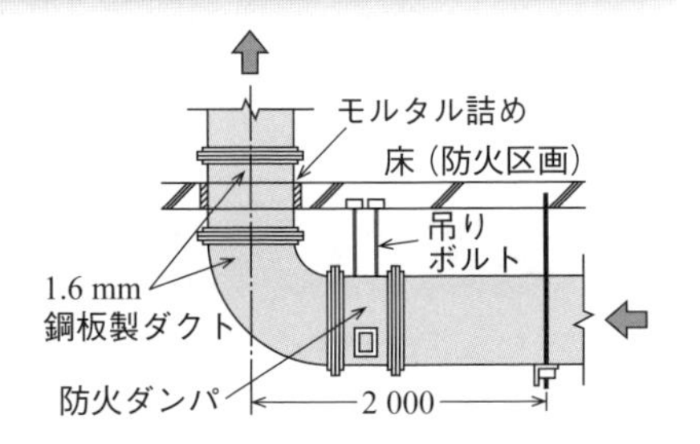

問題 26 工事施工

ダクト付属品に関する記述のうち，適当でないものはどれか．

(1) 風量調節ダンパには多翼ダンパ，単翼ダンパなどがある．

(2) 吹出口を壁に取り付ける場合は，天井と吹出口上端との間隔は 150 mm 以上とする．

(3) 防火区画と防火ダンパの間のダクトは，厚さ 1.5 mm 以上の鋼板製とする．

(4) 消音エルボ・消音チャンバの消音材には，ポリスチレンフォーム保温材などを使用する．

解説 (4) 消音材には，**グラスウールやロックウール**を使用する．

解答▶(4)

マスターPoint ポリスチレンフォーム保温材は，通気性がなく消音・吸音には不適である．

問題 27 工事施工

ダクトおよびダクト付属品の施工に関する記述のうち，適当でないものはどれか．

(1) ダクトの断面を拡大，縮小する場合の角度は，圧力損失を小さくするため，拡大は 15°，縮小は 30° 以下とする．

(2) 防火区画貫通部と防火ダンパとの間のダクトは，厚さ 1.5 mm 以上の鋼板製とする．

(3) 防火ダンパは，火災による脱落がないように，小型のものを除き，2 点吊りとする．

(4) 浴室の排気ダクトは，凝縮水の滞留を防止するため，排気ガラリに向けて下り勾配とする．

解説 (3) 防火ダンパは，小型のものは 2 点吊り，**大型のものは 4 点吊り**とする．

解答▶(3)

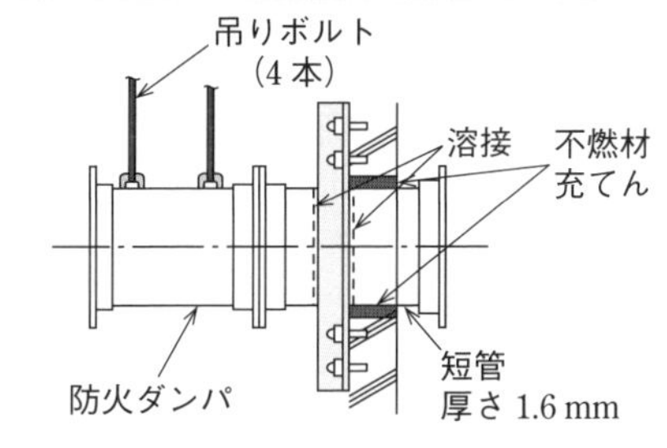

防火ダンパの取付け

問題 28 工事施工

保温・防錆・塗装に関する記述のうち，適当でないものはどれか．

(1) ロックウール保温材は，グラスウール保温材に比べて，使用最高温度が低い．

(2) 塗装は塗料の乾燥に適した環境で行い，溶剤による中毒を起こさないように換気を行う．

(3) 鋼管のねじ接合の余ねじ部およびパイプレンチ跡には，防錆塗料を塗布する．

(4) 防火区画を貫通する不燃材料の配管に保温が必要な場合，当該貫通部の保温にはロックウール保温材を使用する．

解説 (1) ロックウール保温材：600℃は，グラスウール保温材：200℃と比べて**使用最高温度が高い**．

解答▶(1)

問題 29 工事施工

送風機回りのダクト施工に関する記述のうち，適当でないものはどれか．

(1) 送風機の吐出口直後でのダクトの曲り部の方向は，できるだけ送風機の回転方向に逆らわない方向とする．

(2) 送風機の軸方向に直角に接続される吸込ダクトは，ダクトの幅をできるだけ小さくし，圧力損失を大きくする．

(3) 送風機とダクトの接続部に設けるたわみ継手は，振動を吸収させるための適度なフランジ間隔を有するものとし，折り込み部分を緊張させない．

(4) 送風機の接続ダクトに設ける風量測定口は，気流が安定した整流となる位置に取り付ける．

解説 (2) 送風機の軸方向に直角に接続される吸込ダクトは，ダクトの幅をできるだけ**大きく**し，圧力損失を**小さくする**．

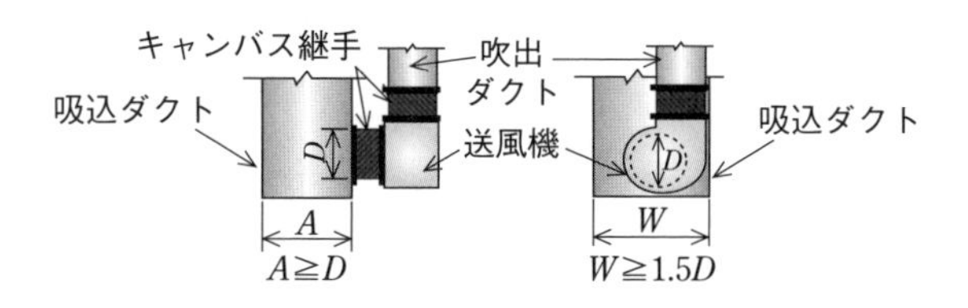

送風機吸込ダクトの接続

解答▶(2)

問題 30 工事施工

配管の保温に関する記述のうち，適当でないものはどれか．

(1) 給水配管および排水配管の地中またはコンクリート埋設部は，保温を行わない．

(2) 排水配管で，暗きょ内配管（ピット内を含む）および屋外露出配管は，保温を行わなくてもよい．

(3) 保温筒の重ね部の継目は，同一直線上になるように取り付ける．

(4) 配管の床貫通部は，保温材を保護するため，床面より 150 mm 程度までステンレス鋼板などで被覆する．

解説 (3) 保温筒の重ね部の継目は，**同一直線上にならないように**取り付ける．　**解答▶(3)**

問題31 工事施工

ダクトの施工に関する記述のうち，適当でないものはどれか.

(1) ダクトの吊りボルトが長い場合には，振れ止めを設ける.

(2) 浴室等の多湿箇所からの排気ダクトには，継手および継目（はぜ）の外側からシールを施す.

(3) 保温を施すダクトには．タクトの寸法にかかわらず，形鋼による補強は不要である.

(4) アングルフランジ工法ダクトのガスケットには，フランジ幅と同一幅のものを用いる.

解説 (3) 主ダクトには，地震時に脱落などが起きないように，耐震も考慮して**横走りダクト形鋼製振止め支持**を施す．振止め支持は，ダクトの**支持間隔 12 m 以下**の間隔で行う.

解答▶(3)

問題32 工事施工

ダクトおよびダクト付属品の施上に関する記述のうち，適当でないものはどれか.

(1) 亜鉛鉄板製長方形ダクトの剛性は，継目（はぜ）の箇所数が少ないほど高くなる.

(2) 長方形ダクトのエルボの内側半径は，ダクト幅の 1/2 以上とする.

(3) 遠心送風機の吐出し口の近くにダクトの曲がりを設ける場合，曲がり方向は送風機の回転方向と同じ方向とする.

(4) 吹出口の配置は，吹出し空気の拡散半径や到達距離を考慮して決定する.

解説 (1) 亜鉛鉄板製長方形ダクトの剛性は，**継目（はぜ）の箇所数が多い**ほど高くなる.

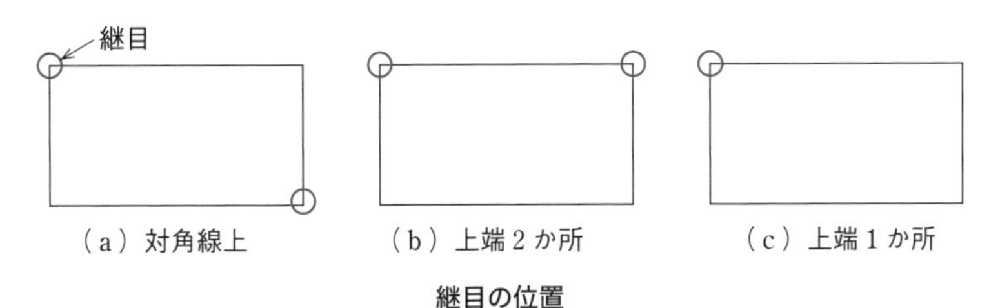

継目の位置

解答▶(1)

問題33 工事施工

ダクトおよびダクト付属品の施工に関する記述のうち，適当でないものはどれか．

(1) 送風機とダクトを接続するたわみ継手の両端のフランジ間隔は，150 mm 以上とする．

(2) 共板フランジ工法ダクトとアングルフランジ工法ダクトでは，横走りダクトの許容最大吊り間隔は同じである．

(3) 風量調整ダンパは，原則として，気流の整流されたところに取り付ける．

(4) 長方形ダクトのかどの継目（はぜ）は，ダクトの強度を保つため，原則として，2 か所以上とする．

解説 (2) 工法によって吊り間隔は変わる．

- 共板フランジ工法ダクトの吊り間隔は，**2 000 mm 以下**
- アングルフランジ工法ダクトの吊り間隔は，**3 640 mm 以下**
- スライドオンフランジ工法ダクトの吊り間隔は，**3 000 mm 以下**
- 機械室内は，長辺が 450 mm 以下の横走りダクトの吊り間隔は，**2 000 mm 以下**となる．

解答▶(2)

問題34 工事施工

塗装に関する記述のうち，適当でないものはどれか．

(1) 塗装場所の気温が 5℃ 以下の場合，原則として，塗装は行わない．

(2) 塗装の工程間隔時間は，材料の種類，気象条件等に応じて定める．

(3) 塗料の調合は，原則として，工事現場で行う．

(4) 下塗り塗料としては，一般的に，さび止めペイントが使用される．

解説 (3) 塗装は，**製造所において調合された塗料をそのまま使用する．**

- 塗装場所の気温が 5℃ 以下，湿度が 85% 以上または換気が不十分で乾燥しにくい場所では，塗装をしてはならない．

解答▶(3)

問題35 工事施工

保温に関する記述のうち，適当でないものはどれか．

(1) 垂直配管の外装材のテープ巻きは，上部より下部へ向かって行う．

(2) 室内配管の保温見切り箇所には菊座を，分岐，曲がり部などにはバンドを取り付ける．

(3) 屋外および屋内多湿箇所の外装鉄板の継目は，シーリング材によりシールを施す．

(4) 給水および排水の地中またはコンクリート埋設配管は，保温を行わない．

解説 (1) 垂直配管の外装材のテープ巻きは，**下部より上部へ**向かって行う．

解答▶(1)

マスターPoint 垂直配管の外装材のテープ巻きは，上部より下部へ向かって行うと，巻き終わった合わせ目の部分にほこりがたまったり，結露などが内部に侵入するおそれがあるので，下部より上部へ向かって行うこと．

問題36 工事施工

保温・塗装工事に関する記述のうち，適当でないものはどれか．

(1) 屋外の外装金属板の継目は，シーリング材によりシールを施す．

(2) 機器回り配管の保温・保冷工事は，水圧試験後に行う．

(3) ロックウール保温材は，グラスウール保温材に比べ，使用できる最高温度が低い．

(4) アルミニウム面やステンレス面は，一般に，塗装を行わない．

解説 (3) ロックウール保温材は，グラスウール保温材に比べ，使用できる**最高温度が高い**．

解答▶(3)

マスターPoint 使用できる最高温度は，ロックウール 600℃，グラスウール 350℃．

問題37 工事施工

試運転調整に関する記述のうち，適当でないものはどれか．

(1) 高置タンク方式の給水設備における残留塩素の測定は，高置タンクに最も近い水栓で行う．

(2) 屋外騒音の測定は，冷却塔等の騒音の発生源となる機器を運転して，敷地境界線上で行う．

(3) マルチパッケージ形空気調和機の試運転では，運転前に，屋外機と屋内機の間の電気配線および冷媒配管の接続について確認する．

(4) 多翼形送風機の試運転では，軸受温度を測定し，周囲の空気との温度差を確認する．

解説 (1) 高置タンク方式の給水設備の残留塩素の測定は，**末端の給水栓**において **0.2 mg/ℓ 以上**であることを確認する．

解答▶(1)

問題38 工事施工

空気調和設備の試運転調整における「測定対象」と「測定機器」の組合せのうち，適当でないものはどれか．

（測定対象）		（測定機器）
(1) ダクト内風量	――――	熱線風速計
(2) ダクト内圧力	――――	直読式検知管
(3) 室内温湿度	――――	アスマン通風乾湿計
(4) 室内気流	――――	カタ計

解説 (2) ダクト内の圧力測定は，**マノメータ**を用いる．

マノメータには，U字型マノメータ，短管マノメータ，傾斜管マノメータがある．

解答▶(2)

マスターPoint マノメータ（差圧計）は，二つの場所の圧力の差を測定する装置で，マノメータの両端にピトー管からつながれたチューブをつなぎ使用する．

問題 39 工事施工

渦巻ポンプの試運転調整に関する記述のうち，適当でないものはどれか．

(1) 呼水栓等から注水してポンプ内を満水にすることにより，ポンプ内のエア抜きを行う．

(2) 吸込み側の弁を全開にして，吐出し側の弁を閉じた状態から徐々に弁を開いて水量を調整する．

(3) メカニカルシール部から一定量の漏れ量があることを確認する．

(4) 瞬時運転を行い，ポンプの回転方向と異常音や異常振動がないことを確認する．

(3) メカニカルシール部からは**水はほとんど漏れない**．漏れるのは**グランドパッキン**からである．

解答▶(3)

マスターPoint p.222 の 4 項「4. 渦巻ポンプの試運転調整」を参照のこと．

問題 40 工事施工

多翼送風機の試運転調整に関する記述のうち，適当でないものはどれか．

(1) 手元スイッチで瞬時運転し，回転方向が正しいことを確認する．

(2) V ベルトの張り具合が，適当にたわんだ状態で運転されていることを確認する．

(3) 軸受の注油状況や，手で回して，羽根と内部に異常がないことを確認する．

(4) 風量調整ダンパが，全開となっていることを確認してから調整を開始する．

(4) 風量調整ダンパが，**全閉**となっていることを確認してから調整を開始する．

解答▶(4)

マスターPoint 上記のほかに確認すること

- 軸受温度が周囲より 40℃ 以上高くなっていないか確認する．
- 異常音や異常な振動がないかを確認する．

問題41 工事施工

測定対象と測定機器の組合せのうち，適当でないものはどれか．

（測定対象）　　　（測定機器）

(1) 風量 ―――――― 熱線風速計

(2) 流量（石油類）―― 容積流量計

(3) 騒音 ―――――― 検知管

(4) 圧力 ―――――― マノメータ

解説 (3) 騒音は**騒音計**で計測する．検知管は気体採取して**ガスなどの濃度を調べる**もの．

解答▶(3)

問題42 工事施工

配管とその試験方法の組合せのうち，適当でないものはどれか．

（配管）　　　（試験方法）

(1) 給水配管 ―― 水圧試験

(2) 油配管 ――― 水圧試験

(3) 冷媒配管 ―― 気密試験

(4) ガス配管 ―― 気密試験

解説 (2) 油配管は，**気密試験**である．

解答▶(2)

問題43 工事施工

自然流下の排水設備の試験として，適当でないものはどれか．

(1) 満水試験　　(2) 通水試験

(3) 煙試験　　(4) 水圧試験

解説 (4) **水圧試験**は，圧力がかかる**水配管**や**蒸気配管**に行われる．

解答▶(4)

マスターPoint 満水試験は，漏水箇所を発見するために行う．隠ぺいや埋戻しをする前や，被覆施工前の排水管に行う（満水後30分間以上放置）．また，浄化槽は，満水した状態で24時間以上漏水しないことを確認することと，建築基準法施行令第33条に定められている．通水試験と煙試験は，器具取付け後に行う．

7 6 施工管理法（基礎的な能力）

令和3年度に試験制度の改正が行われ，これまでの第一次検定（学科試験）で出題されていた知識問題を基本に，第二次検定（実地試験）で出題されていた応用能力の問題の一部が追加されることになった．

1. 第一次検定問題は従来どおり，**四肢一択**で設問される．
2. **基礎的な能力**の問題（問題番号No.49からNo.52までの問題）は，第二次検定試験問題の施工管理法から，設問される．

※［令和3年度出題例］　No.49～No.52の正解は，1問について二つです．

当該問題番号の解答記入欄の正解と思う数字を二つぬりつぶしてください．1問について，一つだけぬりつぶしたものや，三つ以上ぬりつぶしたものは，正解となりません．

【No.50】機器の据付けに関する記述のうち，適当でないものはどれか．
適当でないものは二つあるので，二つとも答えなさい．

(1) 耐震ストッパーは，機器の4隅に設置し，それぞれアンカーボルト1本で基礎に固定する．
(2) 飲料用の給水タンクは，タンクの上部が天井から100 cm以上離れるように据え付ける．
(3) 冷水ポンプのコンクリート基礎は，基礎表面に排水溝を設け，間接排水できるものとする．
(4) 排水用水中モーターポンプは，排水槽への排水流入口に近接した位置に据え付ける．

解答▶(1) (4)

基礎的な能力留意事項

1. 申請・届出書類と提出先

- □ 高圧ガス保安法の高圧ガス製造許可申請書は**都道府県知事**に提出する．
- □ 消防法の指定数量以上の危険物貯蔵所設置許可申請書は**都道府県知事または市町村長**に提出する．
- □ 労働安全衛生法の第一種圧力容器設備設置届は**労働基準監督署長**に提出する．

□ 振動規制法の特定建設作業実施届出書は**市町村長**に提出する.
□ ボイラー設置届は**労働基準監督署長**に提出する.
□ ばい煙発生施設設置届書は**都道府県知事**に提出する.
□ 工事整備対象設備等着工届出書は**消防長または消防署長**に提出する.
□ 振動の特定建設作業実施届出書は**市町村長**に提出する.

2. 公共工事標準請負契約約款に関する留意事項

□ 発注者が監督員を置いたときは, 約款に定める請求, 通知, 報告, 申出, 承諾および解除については, 設計図書に定めるものを除き, **監督員を経由**して行う.
□ 発注者は, 必要があると認めるときは, 設計図書の変更内容を受注者に通知して, 設計図書を変更することができる.
□ 工事材料は, 設計図書にその品質が明示されていない場合にあっては, **中等の品質**を有するものとする.
□ 発注者が設計図書を変更し, 請負代金が **2/3 以上減少**した場合, 受注者は契約を解除することができる.
□ 発注者は, 完成通知を受けたときは, 通知を受けた日から **14 日以内**に完成検査を完了し, その結果を受注者に通知しなければならない.
□ 受注者は, 工事目的物および工事材料等を設計図書に定めるところにより, 火災保険, 建設工事保険その他の保険に付さなければならない.
□ 受注者は, 工事現場内に搬入した工事材料を監督員の承諾を受けないで工事現の場外に搬出してはならない.
□ 発注者は, 受注者が正当な理由なく, 工事に着手すべき期日を過ぎても工事に着手しないときは, **契約を解除**することができる.

3. 施工計画に関する留意事項

□ 工事目的物を完成させるための施工方法は, 設計図書等に特別の定めがない限り, 受注者の責任において定めることができる.
□ 予測できなかった大規模地下埋設物の撤去に要する費用は, 設計図書等に特別の定めがない限り, **受注者の負担としなくてもよい**.
□ 総合施工計画書は受注者の責任において作成されるが, 設計図書等に特記された事項については**監督員の承諾**を受けなければならない.
□ 公共工事の場合, 発注者に社会保険に係る法定福利費を明示した内訳書の提出は求められるが, **実行予算書の提出**は求められない.

- □ **工事原価**とは，**純工事費と現場管理費**を合わせたものである．
- □ **純工事費**とは，**直接工事費と共通仮設費**とを合わせたものである．
- □ **現場管理費**には，労務管理費，保険料，**現場従業員の給与手当**がある．
- □ **仮設計画**は，現場事務所，足場など施工に必要な諸設備を整えることであり，主としてその工事の**受注者**がその責任において**計画**する．
- □ 総合施工計画書は，**受注者の責任**において作成され，設計図書に特記された事項については**監督員の承諾**を受ける．
- □ 工事中に設計変更や追加工事が必要となった場合は，工期および請負代金額の変更について，**発注者と受注者**で協議する．
- □ 仮設物は，工事期間中一時的に使用されるものなので，**火災予防，盗難防止，安全管理，作業騒音対策**を考慮する．

4. 工程管理に関する留意事項

- □ **スケジューリング**は，手持資源等の制約のもとで工期を計画全体の所定の期間に合わせるために調整することである．
- □ ネットワーク工程表は，作業内容を**矢線で表示するアロー形**と**丸で表示するイベント形**に大別することができる．
- □ ネットワーク工程表において日程短縮を検討する際は，日程短縮により**トータルフロートが負**となる作業について作業日数の短縮を検討する．
- □ **マンパワースケジューリング**は，工程計画時の配員計画のことで**作業員の人数が経済的，合理的**になるように作業の予定を決めることをいう．
- □ 総工事費が最小となる最も経済的な施工速度を**経済速度**といい，このときの工期を**最適工期**という．
- □ 総合工程表は，工事全体の作業の施工順序，労務・資材などの段取り，それらの工程などを総合的に把握するために作成する．
- □ 総合工程表で利用されることが多いネットワーク工程表には，前作業が遅れた場合の後続作業への**影響度が把握しやすい**という**長所**がある．
- □ バーチャート工程表は，作成が容易で，作業の所要時間と流れが比較的わかりやすいので，詳細工程表によく用いられる．
- □ バーチャート工程表で作成する**予定進度曲線**は，一般に，**S カーブ**と呼ばれ，実施進度と比較することにより工程の動きを把握できる．
- □ マンパワースケジューリング（配員計画）とは，主に，工期内の作業日ごとに必要な作業員数，資材を平均化することである．

□ ガントチャート工程表は各作業の完了時を100%とするため次の欠点がある．
① 各作業の前後関係が不明である．
② 各作業の日程，所要工数が不明である．
③ 工事全体の進行度が不明である．

5. 品質管理に関する留意事項

□ PDCAサイクルは，**計画→実施→確認→処理→計画のサイクル**を繰り返すことであり，品質の改善に有効である．
□ 全数検査は，特注機器の検査，配管の水圧試験，空気調和機の試運転調整等に適用するものである．
□ 抜取検査は，合格ロットの中に，**ある程度の不良品の混入が許される**場合に適用する．
□ 品質管理とは，品質の目標や管理体制等を記載した品質計画に基づいて，設計図書で要求された品質を実現する方法である．
□ 品質管理を行うことによって工事費は増加するが，品質の向上や均一化に効果がある．
□ 品質管理には，施工図の検討，機器の工場検査，装置の試運転調整などがある．
□ **散布図**は，縦・横軸のグラフに点でデータをプロットしたもので，点の分布状態よりデータの相関関係がわかる．
□ **ヒストグラム**は，柱状図とも呼ばれるもので，データの分布から規則性をつかんで不良原因の追及ができる．
□ **特性要因図**は魚の骨とも呼ばれるもので，**不良の原因**を深く追及できる．
□ **パレート図**は，不良品，欠点，故障の発生箇所を現象，原因別に分類して，棒グラフと折れ線グラフで表したものである．

6. 安全管理に関する留意事項

□ 高さが2m以上，6.75m以下の作業床がない箇所での作業において，胴ベルト型の墜落制止用器具を使用する場合，当該器具は一本吊り胴ベルト型とする．
□ **ヒヤリハット活動**とは，作業中に怪我をする危険を感じてヒヤリとしたこと等を報告させて，危険有害要因を把握し改善を図っていく活動である．
□ ZD（ゼロ・ディフェクト）運動とは，**作業員の自発的な安全の盛上がり**により，ミスや欠点を排除することを目的とした安全活動のことである．
□ 重大災害とは，一時に**3人以上**の労働者が業務上**死病またはり病災害事故**

をいう.

- □ 安全施工サイクルとは，安全朝礼から始まり，安全ミーティング，安全巡回，安全工程打合せ，後片付け，終業時確認までの**作業日ごとの安全活動サイクル**のことである.
- □ 建設工事において**発生件数の多い労働災害**には，墜落·転落災害，建設機械·クレーン災害，土砂崩壊・倒壊災害がある.
- □ 災害の発生頻度を示す度数率とは，**延べ実労働時間 100 万時間当たり**の労働災害による**死傷者数**である.
- □ 災害の規模および程度を示す強度率とは，延べ実労働時間 1 000 時間当たりの労働災害による労働損失日数である.
- □ 屋内でアーク溶接作業を行う場合は，粉じん障害を防止するため，全体換気装置による換気の実施またはこれと同等以上の措置を講じる.
- □ **リスクアセスメント**とは，**潜在する労働災害のリスク**を評価し，当該リスクの低減対策を実施することである.

7. 機器の据付けに関する留意事項

- □ 1 日の冷凍能力が法定 50 トン未満の冷凍機の据付けにおいて，冷凍機の操作盤前面の**空間距離は，1.2 m** とする.
- □ 屋内設置の飲料用受水槽の据付けにおいて，コンクリート基礎上の鋼製架台の高さを **100 mm** とする場合，コンクリート基礎の高さは **500 mm** とする.
- □ 雑排水用水中モータポンプ 2 台を排水槽内に設置する場合，ポンプケーシングの中心間距離は，ポンプケーシングの直径の 3 倍とする.
- □ ゲージ圧力が **0.2 MPa** を超える温水ボイラーを設置する場合，ボイラーの最上部からボイラーの上部にある構造物までの距離は **1.2 m 以上**とする.

  ※ 0.2 MPa を超える温水ボイラーは，労働安全衛生法施行令第 1 条によりボイラーに該当する.
- □ **軸封部がメカニカルシール方式**の冷却水ポンプをコンクリート基礎上に設置する場合，排水目皿と排水管を設けなくてもよい.
- □ 機器を吊り上げる場合，ワイヤロープの**吊り角度を大きくする**と，ワイヤロープに掛かる**張力も大きくなる**.
- □ 冷凍機の設置において，**アンカーボルト選定**のための耐震計算をする場合，設計用地震力は，一般的に，**機器の重心に作用**するものとして計算を行う.
- □ 鋼管のねじ接合において，**転造ねじ**の場合のねじ部強度は，鋼管本体の強度とほぼ**同等程度**となる．

□ステンレス鋼管の溶接接合は，管内にアルゴンガスまたは窒素ガスを充満させてから，**TIG溶接**により行う．

※**TIG溶接は，溶接部分に不活性ガスを充満させた状態で，タングステン電極から電気を放電することで，溶接する方法．**

□弁棒が弁体の中心にある中心型のバタフライ弁は，冷水温水切替え弁などの全閉全開用に適している．

8. ダクトに関する留意事項

□フランジ用**ガスケットの厚さ**は，アングルフランジ工法ダクトでは**3 mm以上**，コーナボルト工法ダクトでは**5 mm以上**を標準とする．

□コーナボルト工法ダクトのフランジのコーナ部では，コーナ金具回りと四隅のダクト内側の**シール**を確実に行う．

□コーナボルト工法ダクトの角部のはぜは，アングルフランジ工法ダクトの場合と**同じ構造**とする．

□**アングルフランジ工法**の横走りダクトの吊り間隔は，ダクトの大きさにかかわらず**3 640 mm以下とする．**

□横走りダクトの吊り間隔は，**スライドオン工法ダクトで3 000 mm以下，共板フランジ工法ダクトで2 000 mm以下**とする．

□空調機チャンバなどで負圧となる**点検口の開閉方向は外開き**とする．

□**アングルフランジ工法ダクト**の角の継目は，**2か所以上**（ただし，**長辺が750 mm以下**の場合は**1か所以上**）とする．

□**共板フランジ工法ダクト**のフランジ押さえ金具（クリップなど）は，規定の間隔で取り付けるが，一度使用したクリップは**再使用しないこととする．**

□風量調整ダンパは，対向翼ダンパのほうが平行翼ダンパより風量調整機能が優れている．

□**アングルフランジ工法ダクト**は，フランジ接続部分の鉄板の折返しを5 mm以上とする．

□スパイラルダクトの接合方法は，継手の外面にシール材を塗布して直管に差し込み，鉄板ビス止めを行い，その上にダクト用テープで外周を**二重巻き**にする．

□送風機の振動をダクトに伝わらないようにたわみ継手を用い，たわみ継手が負圧で，静圧部が全圧300 Paを超える場合は，補強用の**ピアノ線を送入**

する．

- □ 横走り主ダクトには，**12 m 以下**ごとに振止め支持を施す．また，横走りダクトの吊り間隔は，**3 640 mm 以下**とする．

9. 配管に関する留意事項

- □ 立て管に鋼管を用いる場合は，**各階 1 か所**に形鋼振止め支持をする．
- □ 銅管を鋼製金物で支持する場合は，合成樹脂を被覆した支持金具を用いるなどの絶縁措置を講ずる．
- □ 土間スラブ下に配管する場合は，不等沈下による配管の不具合が起きないよう**建築構造体**から支持する．
- □ 空気調和機のドレン管には，空気調和機の機内静圧相当以上の封水深さをもつ排水トラップを設ける．
- □ 屋内給水主配管の適当な箇所に，保守および改修を考慮して**フランジ継手**を設ける．
- □ 管径が 100 mm の屋内排水管の直管部に，**15 m 間隔で掃除口**を設ける．
- □ 揚水管の試験圧力は，揚水ポンプの全揚程に相当する圧力の **2 倍**（ただし，**最小 0.75 MPa**）とする．
- □ 排水管の満水試験において，**満水後 30 分放置**してから減水がないことを確認する．
- □ 硬質塩化ビニルライニング鋼管の切断には，帯のこ盤，弓のこ盤などで切断する．ガス切断，アーク切断，高速砥石，チップソーカッタなど**切断部が高温**になるものは，**使用してはならない**．
- □ 管の厚さが **4 mm のステンレス鋼管**を突合せ溶接する際の開先を **V 形開先**とする．
- □ 飲料用に使用する鋼管の**ねじ接合に，ペーストシール剤**を使用する．

10. その他の留意事項

- □ 冷凍機の試運転では，**冷水ポンプ，冷却水ポンプ及び冷却塔**が起動した後に冷凍機が起動することを確認する．
- □ 送風機の風量測定時に，測定口がない場合，試験成績表と運転電流値により確認する．
- □ ポンプの振動を直接構造体に伝えないために，**防振ゴム**を用いた架台を使用する．

- □ ポンプの振動を直接配管に伝えないために，**防振継手**を使用する.
- □ 送風機の振動を直接構造体に伝えないために，**金属コイルバネ**を用いた架台を使用する.
- □ 送風機の振動を直接ダクトに伝えないために，**たわみ継手**（キャンバス継手）を使用する.
- □ 溶融めっきは，金属を高温で溶融させた槽中に被処理材を浸漬したのち引き上げ，被処理材の表面に金属被覆を形成させる防食方法である.
- □ 金属溶射は，加熱溶融した金属を圧縮空気で噴射して，被処理材の表面に金属被覆を形成させる防食方法である.
- □ 配管の防食に使用される防食テープには，防食用ポリ塩化ビニル粘着テープ，**ペトロラタム系**防食テープ等がある.
- □ 給湯管（銅管）に発生する潰食は，流速が速いほど発生しやすい.
- □ 横走配管に取り付けた筒状保温材の抱合せ目地は，管の垂直上下面を避け，管の横側の位置にする.
- □ 配管の保温・保冷施工は，水圧試験の後で行う.
- □ ポリスチレンフォーム保温筒は，合せ目をすべて粘着テープで止め，継目は**粘着テープ 2 回巻き**とする.
- □ 屋内露出の配管およびダクトの床貫通部は，保温材保護のため床面より高さ **150 mm 程度**までステンレス鋼板などで被覆する.
- □ 塗装場所の気温が 5℃以下，湿度が 85% 以上または換気が不十分で乾燥しにくい場所では塗装を行わない.
- □ 保温用外装テープは，立て管の下方から上向きに巻き上げる.
- □ 複式伸縮管継手は，継手本体を固定して，継手の両側にガイドを設ける.
- □ 単式伸縮管継手は，継手本体を固定しないで，配管の一方を固定し他方の配管は，ガイドを設ける.

選択問題

8 法　規

全出題問題の中における『8 章』の内容からの出題内容

出　題	出題数	必要解答数	合格ライン正解解答数
労働安全衛生法	1	出題数 10 問の中から任意に 8 問選択して解答する	5 問（62.5%）以上の正解を目標にする
労働基準法	1		
建築基準法	2		
建設業法	2		
消防法	1		
その他	3		
合計	10		

よく出るテーマ

● 労働安全衛生法

1）作業主任者の選任すべき作業，2）雇入れ時の安全衛生教育

● 労働基準法

1）労働者の労働時間，休憩時間，休日

2）労働者の時間外割増賃金，年次有給休暇，賃金台帳

● 建築基準法

1）用語の定義，2）ダクト，防火ダンパの板厚

3）換気設備の技術基準，4）給排水設備の技術基準

● 建設業法

1）特定建設業の下請金額，2）現場代理人の選任通知

3）建設業の許可の基準

● 消防法

1）屋内消火栓，2）危険物の品名・分類，3）指定数量

● その他

1）建設工事に係る資材の再資源化に関する法律（建設リサイクル法）

2）廃棄物の処理及び清掃に関する法律（廃棄物処理法）

3）騒音規制法

8 1 労働安全衛生法

1 概　要

この法律は，次の目的を達成するために定められたものである．

① 労働災害防止のための危害防止基準の確立を図る．

② 事業所内における安全衛生に関する責任体制の確立を図る．

③ 民間における自主的活動の促進を図る．

労働者の安全と健康を確保し，快適な作業環境の形成を促進させる法律である．

2 労働者の就業措置

1. 安全衛生教育［労働安全衛生法第 59 条］

① 労働者を雇い入れたときは，労働者に対して**安全または衛生のための教育**を行う．

② 事業者は，危険なまたは有害な業務をさせる場合は，安全または衛生のための**特別な教育**を行う．

2. 特別教育を必要とする業務［労働安全衛生規則第 36 条の抜粋］

① 動力により駆動させる巻上げ機の運転業務

② **小型ボイラーの取扱いの業務**

③ 次に掲げるクレーンの運転業務

- 吊上げ荷重が 5 t **未満のクレーン**
- 吊上げ荷重が 5 t 以上の跨線テルハ

④ 吊上げ荷重が 5 t 未満のデリックの運転業務

⑤ **建設リフトの運転業務**

⑥ **酸素欠乏危険作業**

⑦ **石綿が使用されている建築物等の解体作業**（石綿障害予防規制）

3 作業主任者を選任すべき作業

① アセチレン溶接装置またはガス集合溶接装置を用いて行う金属の溶接，溶断または加熱の作業

② 掘削面の高さが**2m以上となる地山の掘削の作業**

③ 吊り足場（ゴンドラの吊り足場を除く），張出し足場または高さが**5m以上**の構造の足場の組立て，解体または変更の作業

④ ボイラー（**小型ボイラーを除く**）の取扱い作業

⑤ **酸素欠乏危険場所**（古井戸，暗きょ，マンホール，**ピットの内部**，汚水槽内での配管作業など）における作業

⑥ **石綿**もしくは石綿をその重量の**0.1%**を超えて含有する製剤その他のものを取り扱う作業

4 管理者，責任報告書の提出先

現場の規模によって選任しなくてはならない管理者と選任者を，**表8·1**に示す．

表8・1 管理者，責任報告書提出先

管理者	選任する者	責任報告書提出先	選任までの期間	職　務	事業場の規模
総括安全衛生管理者 （法第10条）	事業者	所轄労働基準監督署長	14日以内	・安全管理者および衛生管理者の指揮	・建設業 ・常時100人以上の労働者を使用する事業場
安全管理者 （法第11条）	事業者	所轄労働基準監督署長	14日以内	・安全に係る技術的事項の管理，安全教育，労働者の危険防止，作業場の巡視	**常時50人以上**の労働者を使用する事業場
衛生管理者 （法第12条）	事業者	所轄労働基準監督署長	14日以内	・衛生に係る技術的事項の管理	同上
安全衛生推進者 （法第12条の2）	事業者	所轄労働基準監督署長	14日以内	・危険または健康障害の防止 ・安全または衛生の教育 ・健康診断実施	**常時10人以上50人未満**の労働者を使用する事業場
産業医 （法第13条）	事業者	所轄労働基準監督署長	14日以内	・労働者の健康管理 ・作業環境の維持管理など	常時50人以上の労働者を使用する事業場
統括安全衛生責任者 （法第15条）	特定元方事業者	－	－	・元方安全衛生管理者の指揮	同一作業場に混在する作業員が50人以上いる事業場

表8・1 （つづき）

元方安全衛生管理者（法第15条の2）	特定元方事業者	−	−	・統括安全衛生責任者の業務	同上
安全衛生責任者（法第16条）	特定元方事業者以外の関係請負人	−	−	・統括安全衛生責任者との連絡および関係者への連絡	−

5 労働安全衛生規則

⊕作業床

① **高さが2m以上**の箇所で作業を行う場合で墜落の危険がある場合は作業床を設ける．

② 作業床の端，開口部など墜落の危険がある箇所には，囲い，手すり，覆いなどを設ける．

⊕照　度・・・**高さが2m以上**の箇所で作業を行う場合は，安全のために必要な照度を保持する．

⊕昇降設備・・・**高さまたは深さが1.5mを超える**箇所で作業を行うときは，作業に従事する労働者が安全に昇降できる設備を設ける．

⊕移動はしご

① 移動はしごの**幅は，30cm以上**とする．

② 材料は著しい損傷，腐食がないものとする．

③ 丈夫な構造とする．

⊕脚　立

① 脚と水平面との**角度は75°以下**，折りたたみ式のものは，角度を確実に保つ**金具を備えたもの**とする．

② 材料は著しい損傷，腐食がないものとする．

③ 丈夫な構造とする．

⊕高所からの物体投下・・・**3m以上**の高所から物体を投下するときは，**適当な投下設備を設け，監視人を置く**など，労働者の危険防止の措置を講じる．

⊕架設通路

① **こう配は30°以下**とする．ただし，階段を設けたもの，または高さが2m未満で丈夫な手掛けを設けたものはこの限りでない．

② **こう配が15°を超えるもの**には，踏さん，その他すべり止めを設ける．

③ 墜落の危険のある箇所には，**高さ85cm以上**の丈夫な手すりを設ける．

④ **高さ8m以上**の登りさん橋には，**7m以内**ごとに踊り場を設ける．

⊕**作業床**・・・足場における**高さ 2 m 以上**の作業場所には，次に定めるところにより作業床を設ける．

① **幅は 40 cm 以上**とし，床材間の**すき間は 3 cm 以下**とする．
② 墜落の危険のある箇所には，**高さ 85 cm 以上**の手すりを設ける．
③ 床材は転位または脱落しないように，2 以上の支持物に取り付ける．

必ず覚えよう

❶ 吊上げ荷重が 1 t 以上 5 t 未満の移動式クレーンの運転業務は技能講習修了者でよい．
❷ 高さ 10 m 未満の高所作業車の運転には，作業主任者の選任が不要（特別の教育を行う）．
❸ 安全衛生推進者の業務には，労働者の雇用期間の延長や賃金の改定は規定されていない．
❹ 常時 10 人以上 50 人未満の労働者を使用する場合，安全衛生推進者の選任が必要．
❺ 回転する刃物を使用する器具を取り扱う場合，労働者には手袋を着用させてはならない．

問題 1 労働安全衛生法

建設業の事業場における労働災害の防止等に関する記述のうち，「労働安全衛生法」上，誤っているものはどれか．

(1) 石綿をその重量の 0.1% を超えて含有する保温材の撤去作業において，作業主任者を選任して労働者の指揮をさせる．
(2) ボール盤，面取り盤等を使用する作業において，手の滑りを防止するため，滑り止めを施した手袋を労働者に着用させる．
(3) 明り掘削の作業において，運搬機械が転落するおそれがある場合，誘導者を配置して機械を誘導させる．
(4) 明り掘削の作業において，物体の飛来または落下による危険を防止するため，保護帽を労働者に着用させる．

解説 (2) 事業者は，ボール盤，面取り盤等の回転する刃物に作業中の労働者の手が巻き込まれるおそれがあるときは，当該労働者に手袋を使用させてはならない，と規定されている．

［労働安全衛生規則 111 条（手袋の使用禁止）］

解答▶(2)

問題② 労働安全衛生法

建設業の事業場において安全衛生推進者が行う業務として，「労働安全衛生法」上，規定されていないものはどれか．

(1)労働者の危険または健康障害を防止するための措置に関すること
(2)労働者の安全または衛生のための教育の実施に関すること
(3)労働災害の原因の調査および再発防止対策に関すること
(4)労働者の雇用期間の延長および賃金の改定に関すること

解説 (4) 安全衛生推進者の業務として，労働者の雇用期間の延長及び賃金の改定に関する事項は**規定されていない**．［労働安全衛生法第10条第1項・法第12条の2（安全衛生推進者）］

解答▶(4)

問題③ 労働安全衛生法

移動式クレーンの運転業務に関する文中［　　］内に当てはまる，「労働安全衛生法」上に定められている数値として，正しいものはどれか．

事業者は，吊上げ荷重が1t以上の移動式クレーンの運転（道路交通法に規定する道路上を走行させる運転を除く）の業務については，移動式クレーン運転免許を受けた者でなければ，当該業務に就かせてはならない．

ただし，吊上げ荷重が1t以上，［　　］t未満の移動式クレーンの運転の業務については，小型移動式クレーン運転技能講習を修了した者を当該業務に就かせることができる．

(1)3　(2)4　(3) 5　(4)6

解説 (2) 吊上げ荷重が**1t以上5t未満**の移動式クレーンの運転業務は，小型移動式クレーン運転**技能講習を修了した者**を業務に就かせることができる．［クレーン等安全規則第68条（就業制限）］

解答▶(3)

マスターPoint 吊上げ荷重が1t以上の移動式クレーンの運転業務は，令第20条による就業制限に該当する．
なお，吊上げ荷重が1t未満の移動式クレーンの業務は，特別の教育を受けた者でなければ，就かせてはならない［クレーン等安全規則第67条］．

問題 4 労働安全衛生法

建設工事現場における作業のうち,「労働安全衛生法」上,その作業を指揮する作業主任者の選任が必要でない作業はどれか.

(1) 掘削面の高さが2m以上となる地山の掘削(ずい道および立て坑以外の坑の掘削を除く)

(2) 高さが5m以上の構造の足場の組立て

(3) 作業床の高さが10m未満の高所作業車の運転(道路上を走行させる運転を除く)

(4) ボイラー(小型ボイラーを除く)の取扱い

解説 (3) 作業床の高さが10m未満の高所作業車の運転は,都道府県労働局長の免許を受けた者又は**技能講習を修了した者**と,令第20条に規定されている.[労働安全衛生法施行令第6条(作業主任者を選任すべき作業)]

解答▶(3)

問題 5 労働安全衛生法

建設業における安全衛生管理に関する記述のうち,「労働安全衛生法」上,誤っているものはどれか.

(1) 事業者は,常時5人以上60人未満の労働者を使用する事業場ごとに,安全衛生推進者を選任しなければならない.

(2) 事業者は,労働者を雇い入れたときは,当該労働者に対し,その従事する業務に関する安全または衛生のための特別の教育を行わなければならない.

(3) 事業者は,移動はしごを使用する場合,はしごの幅は30cm以上のものでなければ使用してはならない.

(4) 事業者は,移動はしごを使用する場合,すべり止め装置の取付けその他転移を防止するため必要な措置を講じたものでなければ使用してはならない.

解説 (1) 安全衛生推進者は,**常時10人以上50人未満**の労働者を使用する事業場ごとに選任する.[労働安全衛生規則第12条の2(安全衛生推進者等を選任すべき事業場)・労働安全衛生法第59条(安全衛生教育)・労働安全衛生規則第527条(移動はしご)]

解答▶(1)

8 2 労働基準法

1 労働契約

この法律で定める基準に達しない労働条件を定める労働契約は，その部分については無効とする［労働基準法第13条］.

1. 契約期間［労働基準法第14条］

期間を定めないものを除き，一定の事業の完了に必要な期間を定めるもののほかは，3年を超える期間については締結してはならない.

2. 解雇制限［労働基準法第19条］

使用者は，労働者が業務上負傷し，または疾病にかかり療養のために休業する期間およびその後**30日間**ならびに産前産後の女子が第65条（産前産後）の規定によって休業する期間およびその後**30日間**は，解雇してはならない.

3. 解雇の予告［労働基準法第20条］

使用者は，労働者を解雇しようとする場合においては，少なくとも**30日前**にその予告をしなければならない.

2 賃　金

1. 休業手当［労働基準法第26条］

使用者は，休業期間中労働者に，その平均賃金の**100分の60以上**（60%以上）の手当てを支払わなければならない.

2. 労働時間，休日，休憩など［労働基準法第32条・34条・35条］

⊕労働時間

① 使用者は，労働者に休憩時間を除き1**週間について**40**時間を超えて**，労働させてはならない.

② 使用者は，1週間の各日については，労働者に休憩時間を除き1**日につい**

て**8時間を超えて**，労働させてはならない．

⊕**休　日**・・・使用者は，労働者に対して**毎週少なくとも1回の休日**を与えなければならない（4週間を通じ**4日以上**の休日を与えることでもよい）．

⊕**休　憩**・・・使用者は，労働時間が**6時間を超える**場合においては少なくとも45分，**8時間を超える**場合においては，少なくとも**1時間**の休憩時間を労働時間の途中に与えなければならない．

3 年少者

1. 年少者の証明書［労働基準法第57条］

使用者は，満18歳に満たない者について，その年齢を証明する**戸籍証明書**を事業場に備えなければならない．

2. 深夜作業［労働基準法第61条］

使用者は，満18歳に満たない者を**午後10時から午前5時**までの間において使用してはならない．ただし，交替制によって使用する満16歳以上の男性については，この限りではない．

3. 年少者の就業制限［年少者労働基準規則第8条の抜粋］

満18歳に満たない者を就かせてはならない業務は，次に掲げるものとする．

① **ボイラー（小型ボイラーを除く）**［同条一号］．

② クレーン，デリックまたは揚貨装置の運転業務［同条三号］．

③ 動力により駆動される巻上げ機（電気ホイストおよびエアホイストを除く），運搬機または索道の運転業務［同条七号］．

④ **クレーン，デリックまたは揚貨装置の玉掛けの業務**［同条十号］（2人以上の者によって行う玉掛けの業務における補助作業は除く）．

⑤ 土砂が崩壊するおそれのある場所または深さが5m以上の地穴における業務［同条二十三号］．

⑥ **高さが5m以上の場所で，墜落により労働者が危害を受けるおそれのあるところにおける業務**［同条二十四号］．

4. 最低年齢［労働基準法第 56 条］

使用者は，児童が満 15 歳に達した日以降最初の 3 月 31 日が終了するまで使用してはならない．

4 災害補償

1. 休業補償［労働基準法第 76 条］

労働者が業務上の負傷等による療養のため，労働することができないために賃金を受けない場合においては，労働者の療養中平均賃金の **100 分の 60 の休業補償**を行わなければならない．

2. 遺族補償［労働基準法第 79 条］

労働者が業務上死亡した場合においては，使用者は，遺族に対して，平均賃金の **1 000 日分の遺族補償**を行わなければならない．

3. 葬祭料［労働基準法第 80 条］

労働者が業務上死亡した場合においては，使用者は，葬祭を行う者に対して，平均賃金の **60 日分の葬祭料**を支払わなければならない．

4. 打切補償［労働基準法第 81 条］

療養補償の規定によって補償を受ける労働者が**療養開始後 3 年を経過**しても負傷または疾病が治らない場合においては，使用者は平均賃金の **1 200 日分の打切補償**を行い，その後はこの法律の規定による補償を行わなくてもよい．

5 就業規則

就業規則の作成［労働基準法第 89 条・90 条・92 条］

常時 10 人以上の労働者を使用する使用者は，就業規則を作成し，**労働基準監督署**に届け出なければならない（変更も同じ）．また，就業規則の作成・変更は労働者代表の意見を聞き，意見を書いた書面を添付しなければならない．なお，所轄労働基準監督署長は，法令または労働協約に抵触する就業規則の変更を命じることができる．

6 寄宿舎

1. 寄宿舎規則

使用者は，所定の事項について寄宿舎規則をつくり，寄宿する労働者の同意書を添付して労働基準監督署に提出する．

2. 建設業附属寄宿舎規程

建設業の有期工事用宿舎には「建設業附属寄宿舎規程」があって，寄宿舎の設置場所，食堂，寝室，浴室，便所などの基準を定めている．

7 労働者名簿と賃金台帳

使用者は，常時使用する労働者の労働者名簿を作成し，常時使用する労働者と日々雇入れ労働者の賃金台帳を調製しなければならない．なお，労働者名簿，賃金台帳，雇入れ，解雇，災害補償，その他労働関係に関する書類は**5年間**保存しなければならない［労働基準法第107条・108条・109条］．

※**賃金台帳**には氏名・性別・労働日数等を記入する（年齢は不要）．

❶ 親権者・後見人は，未成年者の同意を得ても，未成年者の賃金を受け取ること，未成年者に代わって労働契約を締結することはできない．
❷ 賃金とは，使用者が労働者に支払うすべてのものをいい，賞与もこれに含まれる．
❸ 福利厚生施設の利用に関する事項は労働契約に明示すべき条件に規定されない．
❹ 労働者が業務上，負傷・疾病にかかった場合，使用者は平均賃金の60/100の休業補償を行わなければならない．
❺ 使用者は，労働時間が6時間を超える場合には少なくとも45分，8時間を超える場合には少なくとも1時間の休憩時間を，労働時間の途中に与えなければならない．
❻ 使用者は休憩時間を除き1週間について40時間を超えて労働させてはならない．

問題 1 労働基準法

労働条件における休憩に関する記述のうち，「労働基準法」上，誤っているものはどれか．ただし，労働組合等との協定による別の定めがある場合を除く．

(1) 使用者は，休憩時間を自由に利用させなければならない．
(2) 使用者は，労働時間が6時間を超える場合においては少なくとも30分の休憩時間を労働時間の途中に与えなければならない．
(3) 使用者は，労働時間が8時間を超える場合においては少なくとも1時間の休憩時間を労働時間の途中に与えなければならない．
(4) 使用者は，休憩時間を一斉に与えなければならない．

解説 (2) 使用者は，労働時間が**6時間を超える**場合には少なくとも**45分間**，**8時間を超える**場合には少なくとも**1時間**の休憩時間を労働時間の途中に与えなければならない．［労働基準法第34条（休憩）］

解答▶(2)

問題 2 労働基準法

未成年者の労働契約に関する記述のうち，「労働基準法」上，誤っているものはどれか．

(1) 親権者または後見人は，未成年者に代わって労働契約を締結してはならない．
(2) 未成年者は，独立して賃金を請求することができる．
(3) 親権者または後見人は，未成年者の同意を得れば，未成年者の賃金を代わって受け取ることができる．
(4) 使用者は，原則として，満18歳に満たない者を午後10時から午前5時までの間において使用してはならない．

解説 (3) 親権者・後見人は，未成年の同意の有無に関係なく，**未成年者の賃金を代わって受け取ることはできない**．使用者は，未成年者であっても，労働者本人に賃金を支払う必要がある．［労働基準法第58条（未成年者の労働契約）・第59条（未成年者の賃金請求権）・第61条（年少者の深夜業）］

解答▶(3)

マスターPoint 使用者は，満18歳に満たない者については，その年齢を証明する戸籍証明書を事業場に備え付けなければならない［法第57条］．
なお，年少者の危険有害作業の就業制限も理解する［年少者労働基準規則］．

問題 3 労働基準法

労働条件に関する記述のうち，「労働基準法」上，誤っているものはどれか．ただし，労働組合等との協定による別の定めがある場合を除く．

(1) 労働者が業務上負傷し，労働することができないために賃金を受けない場合において，使用者は，平均賃金の 30/100 の休業補償を行わなければならない．

(2) 使用者は，労働者に休憩時間を除き 1 日について 8 時間を超えて労働させてはならない．

(3) 使用者から明示された労働条件が事実と相違する場合，労働者は，即時に労働契約を解除することができる．

(4) 賃金は，通貨で，直接労働者に，その全額を支払わなければならない．

解説 (1) 使用者の責に帰すべき事由による休業では，使用者は休業期間中，当該労働者に対して，その賃金の **60/100 以上**の手当を支払わなければならない．［労働基準法第 26 条（休業手当）・第 32 条（労働時間）・第 15 条（労働条件の明示）・第 24 条（賃金の支払い）］

解答▶(1)

問題 4 労働基準法

未成年者の労働に関する記述のうち，「労働基準法」上，誤っているものはどれか．

(1) 親権者または後見人は，未成年者に代わって労働契約を締結することができる．

(2) 親権者または後見人または行政官庁は，労働契約が未成年者に不利であると認める場合においては，将来に向かってこれを解除することができる．

(3) 未成年者は，独立して賃金を請求することができる．

(4) 親権者または後見人は，未成年者の賃金を代わって受け取ってはならない．

解説 (1) 労働基準法第 58 条に，親権者または後見人は，**未成年者に代わって労働契約を締結することができない**，と規定している．［労働基準法第 58 条（未成年者の労働契約），第 59 条（未成年者の賃金請求権）］

解答▶(1)

マスターPoint 満 18 歳に満たない者は，戸籍証明書を事業場に備える．

8 3 建築基準法

1 用語の定義

1. 建築物［建築基準法第２条第一号］

土地に定着する工作物で，下記に該当するものである．

① 屋根と柱または壁があるもの，およびこれに付属する門，へい．

② 観覧のための工作物．

③ 地下工作物，高架工作物内の事務所，店舗，興行場，倉庫などの施設．

④ ①～③に設ける建築設備（電気，ガス，給水，排水，換気，暖房，冷房，消火，排煙，**汚物処理設備（浄化槽）**，**煙突**，**昇降機**，**避雷針**など）

なお，鉄道，軌道の線路敷地内の運転保安施設，跨線橋（こせんきょう），プラットホーム上屋，貯蔵槽などは除く．

2. 特殊建築物［建築基準法第２条第二号］

公共上必要な建築物，多数の人々が使用する建築物，特殊な用途，機能などをもった建築物をいう．なお，**事務所は特殊建築物に該当しない**．

※学校，体育館，病院，劇場，観覧場，集会場，展示場，市場，ダンスホール，百貨店，遊技場，公衆浴場，旅館，**共同住宅**，寄宿舎，下宿，工場，倉庫，自動車車庫，危険物の貯蔵場，と畜場，火葬場，汚物処理場などが含まれる．

3. 建築面積［建築基準法施行令第２条第二号］

外壁またはこれに代わる柱の中心線で囲まれた部分の**水平投影面積**をいう．水平投影面積は，建物の上から光を当てたときの影の面積のことで，最上階のデッキなど張り出している部分や，庇などの出っ張りの1mを超える部分は，建築面積に算入される．

4. 床面積，延べ面積［建築基準法施行令第２条第三・四号］

各階またはその一部で壁その他の区画の中心線で囲まれた部分の水平投影面積が床面積である．各階の床面積を合計したものが延べ面積である．

5. 居室［建築基準法第２条第四号］

人が居住，執務，作業，集会，娯楽などの目的のために継続的に使用する室をいう．

※居間，台所，応接室，作業室，事務室，教室，会議室，食堂などである．便所，更衣室，車庫，物置などは居室ではない．

6. 建築物の高さ［建築基準法施行令第２条第六号］

原則的には，地盤面からの高さによるが，道路斜線制限では前面道路の中心からの高さをとる．階段室，昇降機塔などの屋上突出部は，屋上部分の水平投影面積が建築面積の 1/8 以内の場合，その部分の高さは 12 m まで緩和される．このとき，屋上突出部は階数にも算入しない（**図 8・1**）．

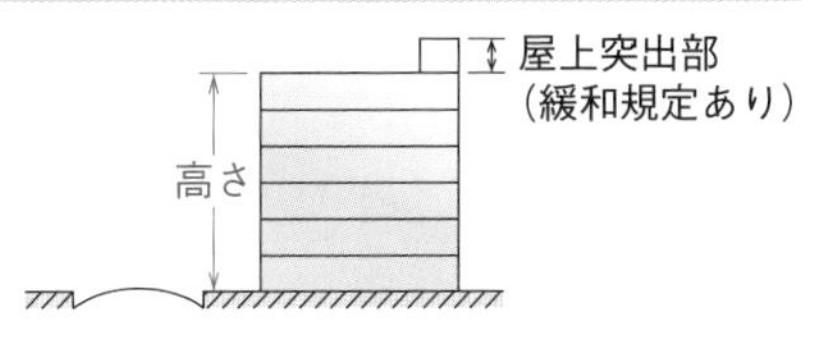

図 8・1　建築物の高さ

7. 主要構造部［建築基準法第２条第五号］

建築物の骨格を形成しているもので，壁，柱，床，梁，屋根および階段をいう（ただし，最下階の床や屋外階段は含まれない）．

8. 構造耐力上主要な部分［建築基準法施行令第１条第三号］

構造的に建築物を支えているものをいう．

※基礎ぐい，基礎，土台，柱，梁，壁，床版，斜材，小屋組，屋根版など．

9. 耐火構造［建築基準法第２条第七号］

鉄筋コンクリート造，れんが造などの構造で，全焼してもほかに類焼しない耐火性能を有するものをいう．

10. 防火構造［建築基準法第２条第八号］

鉄網モルタル塗り，しっくい塗りなどの構造で，延焼を防止する防火性能を有するものをいう．

11. 不燃材料［建築基準法第２条第九号］

不燃性を有し，ガスや煙を出さない材料をいう．

※コンクリート，れんが，かわら，石綿スレート，鉄鋼，アルミニウム，ガラス，モルタル，しっくいなど（アスファルトは含まれない）．

12. 耐火建築物［建築基準法第２条第九号の二］

主要構造部を耐火構造とし，外壁の開口部で延焼のおそれのある部分に，政令で定める構造の防火戸，防火設備を有するものをいう．

13. 準耐火建築物［建築基準法第２条第九号の三］

外壁を耐火構造としたもの，主要構造部を不燃材料でつくったもの，木造で防火被覆したものをいう．

14. 大規模の修繕［建築基準法第２条第十四号］

建築物の主要構造部の一種以上について行う過半の修繕をいう（ただし，熱源機器等の設備に関する過半の修繕は該当しない）．

2 確認申請と諸届

1. 建築確認申請［建築基準法第 87・88 条］

確認申請を要する建築物を**表 8･2** に示す．

表８・２　確認申請を要する建築物

<table>
<tr><th>適用区域</th><th>用途・構造</th><th>規　模</th><th>工事種別</th></tr>
<tr><td rowspan="5">全国適用</td><td>特殊建築物</td><td>延べ面積＞100 m^2</td><td rowspan="3">新築，増築，改築，移転，大規模な修繕，模様替え，用途変更（用途変更して特殊建築物となる場合に限る）</td></tr>
<tr><td>木造</td><td>階数≧3または延べ面積＞500 m^2</td></tr>
<tr><td>木造以外</td><td>階数≧2または高さ＞13 m
延べ面積＞200 m^2</td></tr>
<tr><td colspan="2">建築設備：エレベータ，エスカレータなど</td><td>設　置</td></tr>
<tr><td colspan="2">工作物：煙突　高さ＞6 m など</td><td>築　造</td></tr>
<tr><td colspan="3">都市計画区域および知事の指定する区域内の上記以外の建築物</td><td>建　築</td></tr>
</table>

2. 建築物の検査［建築基準法第7条・7条の2］

建築物の検査手順を**図8·2**に示す．

完了の手続き

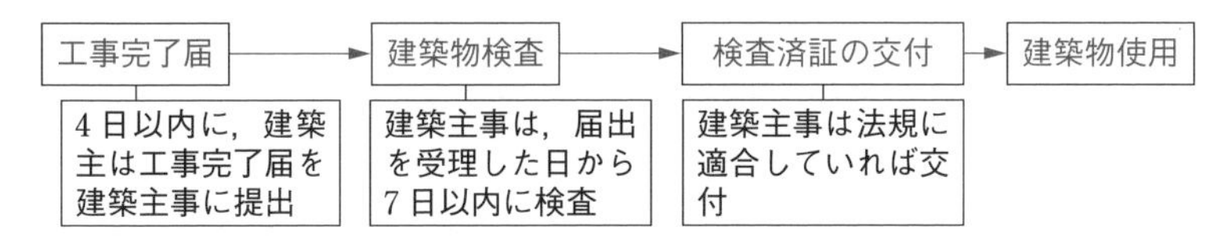

図8・2　建築物の検査手順

3. 書類の提出義務者と提出先

書類とその提出先を**表8·3**に示す．

表8・3　書類の提出義務者と提出先

書類名	提出義務者	提出先	書類名	提出義務者	提出先
確認申請	建築主	建築主事	建築工事届	建築主	都道府県知事
建築計画概要書	建築主	建築主事	工事完了届	建築主	建築主事

4. 防火，避難に関する規定［建築基準法第27条・別表第一］

耐火建築物または準耐火建築物としなければならない特殊建築物を**表8·4**に示す．

⊕**防火壁**（建築基準法第26条・同施行令第113条）・・・延べ面積が**1 000 m²を超える**建築物は，延べ面積**1 000 m²以内**ごとに**防火壁で区画**しなければならない．耐火建築物，準耐火建築物については，防火区画の適用があるので防火壁は適用されない．

⊕**防火区画**（建築基準法施行令第112条）・・・主要構造部を耐火構造とした建築物で，準耐火建築物に対しては内部火災を防ぐための建築内を防火区画で区画したもの．

① 一般の耐火建築物，準耐火建築物は**1 500 m²**以内ごとに区画する．

② 11階以上は，仕上げ材（下地の不燃性）により**100 m²，200 m²，500 m²以内**ごとに区画する．

③ 主要構造部を準耐火構造（耐火構造も含む）とした建築物で**地階または3階以上**に居室があるものは，吹抜け，階段部分を区画する．

表8・4　耐火建築物または準耐火建築物としなければならない特殊建築物

(い) 用途別			(ろ) 耐火建築物とするもの	(は) 準耐火建築物以上とするもの
(一)	a. 劇場, 映画館, 演芸場 b. 観覧場, 公会堂, 集会場	階　数	3階以上の階	
		床面積	200 m² (屋外観覧席にあっては1 000 m²) 以上	
(二)	病院, 診療所, ホテル, 旅館, 下宿, 共同住宅, 寄宿舎, 養老院, 児童福祉施設など	階　数	3階以上の階	
		床面積		300 m² 以上
(三)	学校, 体育館, 博物館, 美術館, 図書館, ボーリング場, スキー場, 水泳場など	階　数	3階以上の階	
		床面積		2 000 m² 以上
(四)	百貨店, マーケット, 展示場, キャバレー, カフェー, ナイトクラブ, バー, ダンスホール, 遊技場, 公衆浴場, 料理店, 飲食店, 物品販売業を営む店舗(床面積 10 m² 以内は除く)	階　数	3階以上の階	
		床面積	3 000 m² 以上	500 m² 以上
(五)	倉庫	階　数	3階以上の階	
		床面積	200 m² 以上 (3階以上)	1 500 m² 以上
(六)	自動車車庫, 自動車修理工場, 映画スタジオ, テレビスタジオ	階　数	3階以上の階	
		床面積		150 m² 以上
(七)	危険物の貯蔵場または処理場			すべて

① (二) の欄および (四) の欄の建築物については, 2階部分だけを算定.
　病院, 診療所については, 特に2階に患者の収容施設があるものに限る.
② (一) の欄および (五) の欄については, 3階以上の部分に限る.

5. 居室の採光 [建築基準法第28条第1項・同施行令第19条第3項]

① **住宅の居室**, 病院の病室, 寄宿舎の寝室, 児童福祉施設等の居室における採光面積と床面積の割合は, **1/7以上**とする (ただし, 病院や児童福祉施設等の談話に供する居室は1/10以上).

② 幼稚園, 小・中・高等学校の教室における採光面積と床面積の割合は, **1/5以上**とする.

6. 地階における居室の禁止 [建築基準法第29条・同施行令第22条の2]

住宅の居室, 学校の教室, 病院の病室, 寄宿舎の寝室は, ドライエリアがある場合を除き, 地階に設けてはならない.

7. 居室の天井高と床高［建築基準法施行令第21条・22条］

① 居室の天井高は**2.1 m以上**とする．

② 天井高が異なるときは，その高さは平均高とする．

③ 木造の場合，床の高さは地盤面から**45 cm以上**と定められているが，床下にコンクリート，たたきなどで防湿上有効な措置を講じた場合には緩和される．

8. 界壁の遮音［建築基準法施行令第114条第1項］

長屋，共同住宅における各戸の界壁は，遮音効果がある構造とし，小屋裏または天井裏まで達するようにする．

9. 延焼のおそれのある部分［建築基準法第2条第六号］

図8·3に示すように，

① **隣地境界線**

② **道路中心線**

③ 同一敷地内の2以上の建築物（延べ面積の合計が500 m^2以内の建築は一つの建築物とみなす）相互の外壁間の中心線

①②③の線から，**1階にあっては3 m以下**，**2階以上にあっては5 m以下**の距離にある建築物の部分をいう．

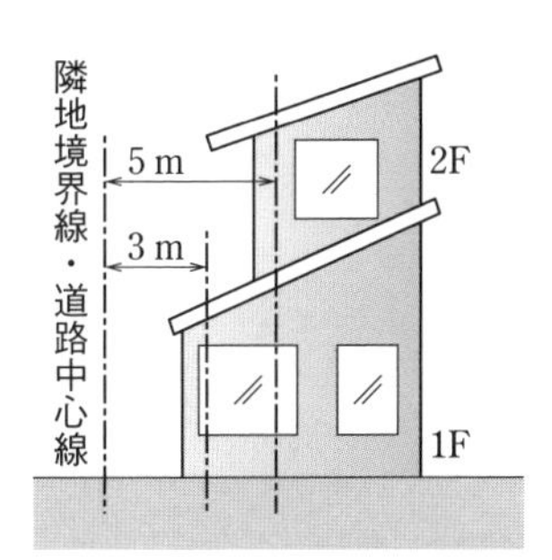

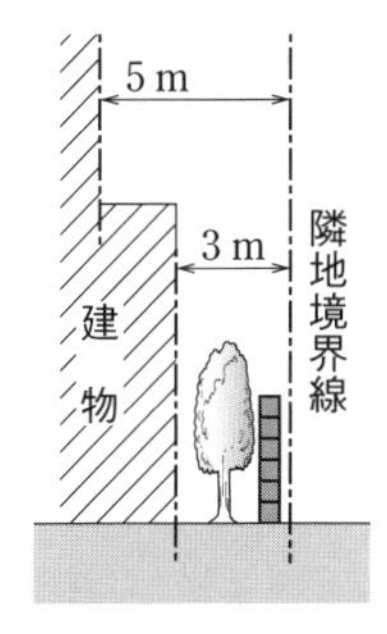

図8・3　延焼のおそれのある部分

10. 石綿その他の物質の飛散または発散に対する衛生上の措置［建築基準法第28条の2第三号］

① 建築材料には，石綿などを使用または添加してはならない．

② シックハウス対策として，居室を有する建築物は，その居室において政令

で定める化学物質（クロルピリホスとホルムアルデヒド）の発散による衛生上の支障がないようにしなければならない．

3 換気設備・空気調和設備

1. 居室の換気［建築基準法第 28 条］

居室には，換気上の窓などの開口部を設ける．その換気の有効部分の面積は，**居室の床面積の 1/20 以上**とする．

2. 居室の自然換気［建築基準法施行令第 129 条の 2 の 5］

① 換気上有効な給気口および排気口を設ける（**図 8･4**）．

② **給気口**は，居室の天井の高さの **1/2 以下**に設け，常時開放された構造とする．**排気口**は，**給気口より高い位置**に設け，常時開放された構造とし，排気筒の立上りに直結する．

③ 排気筒は，排気上有効な立上がり部分を有し，その頂部は外気の流れによって排気が妨げられない構造とすること．排気筒には，頂部および排気口を除き開口部を設けない．

④ 給気口および排気口ならびに排気筒の頂部には，雨水またはネズミ，虫，ほこりなどを防ぐための設備をする．

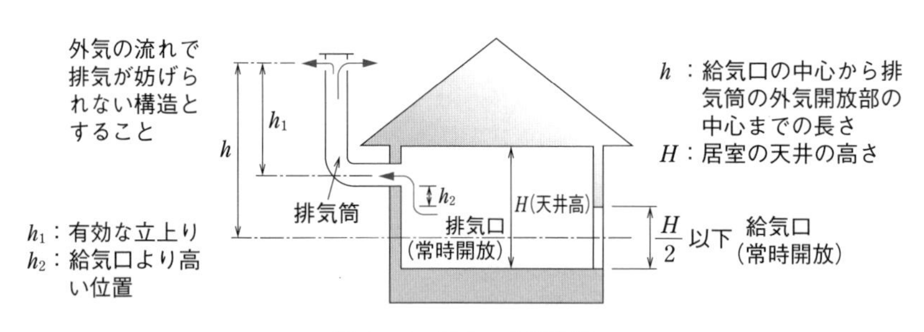

図 8・4 居室の自然換気

3. 空気調和設備の風道

① 空気調和設備の風道は，火を使用する設備や器具を設けた室の換気設備の風道などに連結しない．

② 地下を除く階数が 3 以上，地下に居室を有するもの，延べ面積が 3 000 m²

を超える建築物に設ける換気・冷暖房設備の風道などは**不燃材料**でつくる．

③ 防火区画を貫通する風道に設けるダンパは，鉄製で鉄板の厚さが 1.5 mm 以上とする．［省告示第 1376 号第 2］

④ 地上 11 階以上の建築物の屋上に設ける冷却塔は，主要部分を不燃材料とする．［建築基準法施行令第 129 条の 2 の 6］

4 排煙設備

1. 自然排煙設備［建築基準法施行令第 116 条の 2 第 2 項・第 126 条の 2］

① 必要有効開口面積は，床面積の **1/50 以上**とすること．

② 排煙口の高さは，天井あるいは天井の下方 **80 cm 以内**とすること．ただし，防煙垂れ壁がある場合は，防煙垂れ壁の範囲内とする（**図 8·5** 参照）．

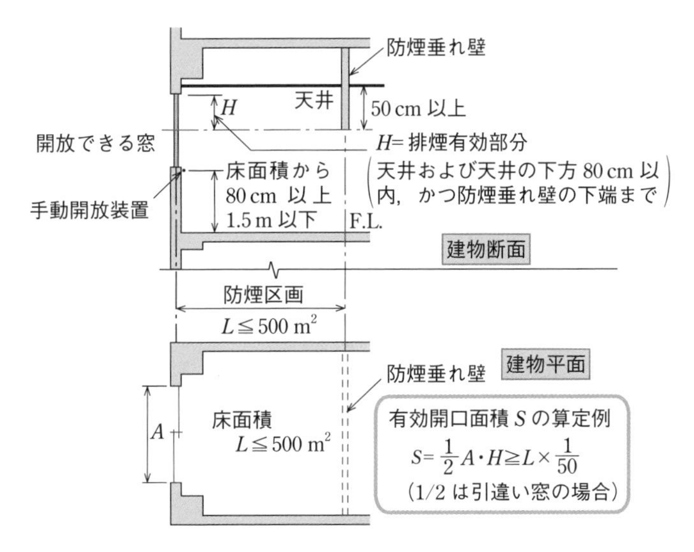

図 8・5 自然排煙

2. 排煙設備の設置［建築基準法施行令第 126 条の 2］

表 8·5 に排煙設備の設置が必要な建築物，適用されない建築物を示す．

表８・５　排煙設備の設置が必要な建築物

<table>
<tr><th colspan="2">排煙設備の設置が必要な建築物</th><th rowspan="2">排煙設備の設置が適用されない建築物</th></tr>
<tr><th>用途・規模</th><th>面　積</th></tr>
<tr><td>1. 劇場，映画館，演芸場，公会堂，集会場</td><td rowspan="5">延べ面積が 500 m² を超えるもの．ただし，建築物の高さが 31 m 以上の居室で床面積が 100 m² 以内ごとに防煙壁で区画されているものを除く．</td><td rowspan="8">1. 病院，診療所，ホテルなどの特殊建築物で耐火構造の床，壁，または防火戸で区画された床面積が 100 m² 以内のもの
2. 階段，昇降機の昇降路，その他これらに類する部分
3. 主要構造部が不燃材料でつくられた機械製作工場，不燃性の物品を保管する倉庫，その他これらに類する建築物
4. 学校，体育館
5. 建築物が開口部のない耐火構造の床，壁，または煙感知器と連動して自動的に閉鎖する構造の防火戸で区画されている場合</td></tr>
<tr><td>2. 病院，診療所，ホテル，旅館，下宿，共同住宅，寄宿舎，養老院，児童福祉施設など</td></tr>
<tr><td>3. 博物館，美術館，図書館，ボーリング場，スキー場，スケート場，水泳場，スポーツ練習場</td></tr>
<tr><td>4. 物品販売を営む店舗，マーケット，展示場，キャバレー，カフェー，ナイトクラブ，バー，ダンスホール，遊技場，公衆浴場，待合，料理店，飲食店</td></tr>
<tr><td>5. 階数が 3 以上の建築物</td></tr>
<tr><td>6. 天井または天井から下方 80 cm 以内にある開放できる部分の面積の合計が床面積の 1/50 未満の居室</td><td>居室の床面積が 200 m² を超えるもの．ただし，建築物の高さが 31 m 以下の居室で床面積が 100 m² 以内ごとに防煙壁で区画されているものを除く．</td></tr>
<tr><td>7. 延べ床面積が 1 000 m² を超える建築物の居室</td><td></td></tr>
<tr><td>8. 非常用エレベータ</td><td>面積に関係なく適用を受ける．</td></tr>
</table>

5 便所，その他の給排水設備

1. 便　所

① 下水道処理区域内では，水洗便所以外としてはならない．

② 公共下水道以外に放流する場合は，し尿浄化槽を設ける．

③ くみ取り便所の場合，採光，換気のため直接外気に面した窓を設ける．

④ 水洗便所は，原則として外気に面する窓を設けるが，換気設備を設けてあれば必要ない．

⑤ くみ取り便所の便槽は，井戸などがある場合は **5 m 以上**離して設ける．

⑥ 都市計画区域内の学校，病院，劇場，映画館，演芸場，観覧場，公会堂，

集会場，百貨店，ホテル，旅館，寄宿舎，停車場の便所，公衆便所は，不浸透質の便器をつけ，便器から便槽まで不浸透質で耐水材料の汚水管で連結すること．水洗できないときは，窓に防虫網を張る．

⑦ くみ取り便所の汚水管，便槽は**不浸透質の耐水材料**でつくる．

2. その他の給排水設備

① コンクリートなどへの埋設で腐食のおそれのある部分は，**防食措置**をする．

② エレベータ昇降路内には**配管してはならない**．

③ 防火区画の壁，床などを，準不燃材料，難燃材料または硬質塩化ビニルなどの配管が貫通する場合は，貫通部分および**両側 1 m 以内**の部分を不燃材料でつくる（**図 8·6** 参照）．

④ 飲料水の配管設備は，ほかの配管設備と**直接連結しない**．

⑤ 流しや水槽などに給水する飲料水の配管設備には，逆流を防止する装置を設ける．

⑥ 雨水排水立て管は，通気管と兼用してはならない．

⑦ 給水の配管設備の材質は，水を汚染しない**不浸透質の耐水材料**とする．

⑧ 排水管に**トラップを二重に設けることは禁止**されている．

⑨ 排水槽内の通気管は直接外気に開放する．

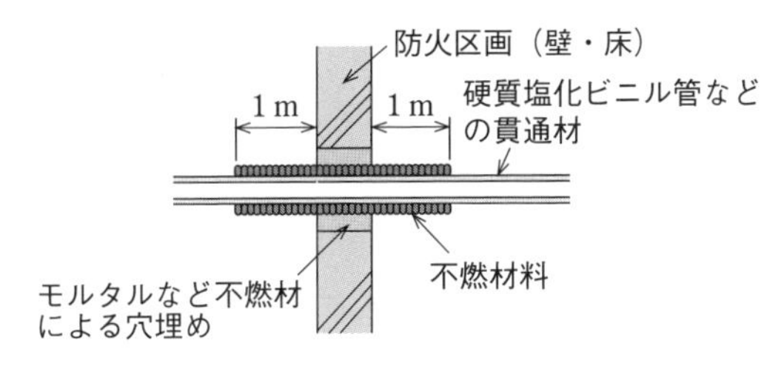

図８・６　防火区画を貫通する場合

❶ 最下階の床と屋外階段は，主要構造部ではない（基礎ぐいは，構造耐力上主要な部分）．

❷ 雨水立て管は，汚水排水管および通気管と兼用し，これらの管と連結できない．また，排水槽の通気管は，伸張通気管や通気立て管に連結させてはならない．

❸ 阻集器を兼ねない排水トラップの封水深は，5 cm 以上 10 cm 以下とする．

問題 1 建築基準法

建築物に関する記述のうち，「建築基準法」上，誤っているものはどれか．

(1) 最下階の床は，主要構造部である．

(2) 屋根は，主要構造部である．

(3) 集会場は，特殊建築物である．

(4) 共同住宅は，特殊建築物である．

解説 (1) 建築物における主要構造部とは，**壁・柱・床・梁・屋根・階段**である．ただし，外部の階段，**最下階の床**，間仕切壁，間柱については主要構造部ではない．[建築基準法第 2 条第五号（主要構造部）・第二号（特殊建築物）]

解答▶(1)

マスターPoint 特殊建築物に該当するのは，学校・体育館・病院・劇場・観覧場・集会場・展示場・百貨店・遊技場・公衆浴場・旅館・共同住宅・寄宿舎・下宿・工場・倉庫・自動車車庫・危険物の貯蔵場等である．

問題 2 建築基準法

建築の用語に関する記述のうち，「建築基準法」上，誤っているものはどれか．

(1) 建築物とは，土地に定着する工作物のうち屋根及び柱若しくは壁を有するものなどをいい，建築設備は含まない．

(2) 継続的に使用される会議室は，居室である．

(3) 主要構造部とは，壁，柱，床，はり，屋根又は階段をいい，構造耐力上主要な部分とは必ずしも一致しない．

(4) アルミニウムとガラスはどちらも不燃材料である．

解説 (1) 建築物とは，土地に定着する工作物のうち屋根及び柱若しくは壁を有するものなどをいい，**建築設備も含む**．[建築基準法第 2 条第一号（建築物）・第四号（居室）・第五号（主要構造部）・第九号（不燃材料）及び省告示第 1400 号（不燃材料を定める件）]

解答▶(1)

マスターPoint 不燃材料として規定されているものは，コンクリート，陶磁器質タイル，アルミニウム，ガラス，モルタル，ロックウールなどである．

問題 3 建築基準法

建築物の確認申請書の提出に関する記述のうち，「建築基準法」上，誤っているものはどれか．ただし，次の用途に供する部分の床面積の合計は 100 m^2 を超えるものとする．

(1) 病院の大規模の模様替えは，確認申請書を提出しなければならない．
(2) 共同住宅の大規模の模様替えは，確認申請書を提出しなければならない．
(3) 中学校の大規模の修繕は，確認申請を提出しなければならない．
(4) ホテルから旅館への用途変更は，確認申請を提出しなければならない．

解説 (4) ホテルや旅館は特殊建築物であるため，床面積の合計が 100 m^2 を超える用途変更においては確認申請書の提出が必要であるが，**類似の用途間での用途変更は除外**されている．

解答▶(4)

問題 4 建築基準法

建築物の階数または高さに関する記述のうち，「建築基準法」上，誤っているものはどれか．

(1) 建築物の地階部分は，その部分の用途と面積にかかわらず建築物の階数に算入する．
(2) 屋根の棟飾りは，建築物の高さに算入しない．
(3) 建築物のエレベータ機械室，装飾塔その他これらに類する屋上部分は，その部分の面積の合計が所定の条件を満たせば，建築物の階数に算入しない．
(4) 建築物の階段室，エレベータ機械室その他これらに類する屋上部分は，その部分の面積の合計が所定の条件を満たせば，建築物の高さに算入しない場合がある．

解説 (1) 階段室やエレベータ機械室等の屋上部分や地階の倉庫，機械室等で，**水平投影面積の合計が建築面積の 1/8 以下のもの**は，建築物の階数に算入しない．［建築基準法施行令第 2 条第 1 項第六号（建築物の高さ）・第八号（階数）］

解答▶(1)

マスターPoint 棟飾りや防火壁の屋上突出部その他これらに類するものは，当該建築物の高さには算入しない．

問題 5 建築基準法

建築物に設ける排水・通気設備に関する記述のうち，「建築基準法」上，誤っているものはどれか．

(1)排水のための配管設備の汚水に接する部分は，不浸透質の耐水材料で造らなければならない．

(2)排水槽に設けるマンホールは，原則として，直径 60 cm 以上の円が内接することができるものとする．

(3)排水管は，給水ポンプ，空気調和機その他これらに類する機器の排水管に直接接続してはならない．

(4)排水トラップの封水深は，阻集器を兼ねない場合，10 cm 以上 15 cm 以下としなければならない．

解説 (4) 排水トラップの封水深は，**5 cm 以上 10 cm 以下**とする．ただし，阻集器を兼ねる場合の排水トラップでは 5 cm 以上とする（省告示第 1597 号第 2 の第三号ホ）．[建築基準法第 129 条の 2 の 4 第 3 項第四号（配管設備の設置及び構造）・省告示第 1597 号第 2 の第一号（排水管）・同第二号（排水槽）]

解答▶(4)

排水槽の底のこう配は吸込みピットに向かって **1/15 以上 1/10 以下**とすること．また，排水トラップを二重とすることは禁止事項である．

問題 6 建築基準法

建築物に設ける中央管理方式の空気調和設備によって，居室の空気が適合しなければならない基準として，「建築基準法」上，誤っているものはどれか．

(1)一酸化炭素の含有率は，おおむね 100 万分の 6 以下とする．

(2)炭酸ガスの含有率は，おおむね 100 万分の 1 000 以下とする．

(3)相対湿度は，おおむね 40% 以上 70% 以下とする．

(4)気流は，おおむね 1 秒間につき 1.0 m 以上 2.0 m 以下とする．

解説 (4) 気流は，**1 秒間につき 0.5 m 以下**としなければならない．[建築基準法施行令第 129 条の 2 の 5 第 3 項（換気設備）] ※環境省の基準改定により令和 5 年度の建築基準法改正から一部数値が変更となっている．詳細は p. 8，表 1･3 室内環境基準を参照のこと． **解答▶(4)**

8 4 建設業法

1 建設業の許可

1. 国土交通大臣の許可と都道府県知事の許可［建設業法第３条］（表 8･6）

表８・６　国土交通大臣の許可と都道府県知事の許可

許可の範囲	内　容
都道府県知事	一つの都道府県の区域内にのみ営業所を設けて営業しようとする場合
国土交通大臣	二つ以上の都道府県に営業所を設けて営業しようとする場合
許可を必要としない政令で定める軽微な建築工事［同施行令第1条の2］	①　工事１件の請負代金の額が，建築一式工事にあっては 1,500 万円に満たない工事，または，延べ面積が 150 m² に満たない木造住宅工事 ②　建築一式工事以外にあっては **500 万円**に満たない工事

2. 特定建設業と一般建設業の許可［建設業法施行令第２条］

建設業の許可に関しては，**都道府県知事**と**国土交通大臣**による許可と，**表 8･7** に示すように**特定建設業**と**一般建設業**の許可に分かれている．

表８・７　特定建設業と一般建設業の許可

許可の種類	内　容
特定建設業の許可	元請業者となったときに **4,500 万円**（建築一式工事にあっては，7,000 万円）以上の工事を下請業者に施工させる建設業者が受ける許可
一般建設業の許可	上記以外の場合

3. 附帯工事［建設業法第４条］

建設業者は，許可を受けた建設工事を請け負う場合，当該建設工事に**附帯する**ほかの**建設工事を請け負う**ことができる（管工事業も附帯した電気工事は可）．

4. 許可の有効期間［建設業法第３条第３項］

建設業の許可は，**５年ごとに更新**を受けなければならない（管工事業も含む）．

5. 指定建設業［建設業法施行令第５条の２］

総合的な施工技術を必要とする建設業をいい，次の７業種が指定されている．

土木工事業・建築工事業・管工事業・電気工事業・鋼構造物工事業・舗装工事業・造園工業である．

② 許可基準（特定建設業と一般建設業の許可）と表示

許可を受ける場合，**表 8･8** の基準に適合すること［建設業法第 7 条・15 条］．

表 8・8　許可基準（特定建設業と一般建設業）

一般建設業	特定建設業
①　許可を受けようとする建設業に関し，5 年以上経営業務の管理責任者として経験を有する者，または国土交通大臣が認定した者 ②　営業所ごとに，次のいずれかに該当する専任者を置く． ・高卒後 5 年以上，大学，専門学校卒業後 3 年以上実務の経験を有する者で，在学中に国土交通省令で定めた学科を修めた者 ・10 年以上の実務経験を有する者 ・国土交通大臣が認めた者 ③　請負契約に関して不正または不誠実な行為をするおそれがない者 ④　請負契約を履行するに足りる財産的基礎または金銭的信用を有する者	一般建設業の許可基準，さらに次の基準に適合した者 ①　専任者は，請負代金 4,500 万円以上の工事に関して 2 年以上指導監督的な実務の経験を有する者，または国土交通大臣が認定した者 ②　請負代金が 8,000 万円以上であるものを履行するに足りる財産的基礎を有する者 ③　営業所ごとに，専任の 1 級施工管理技士または，国土交通大臣が定めた者を置くこと 　指定される建設業とは，土木工事，建築工事，管工事，鋼構造物工事，舗装工事をいう

工場現場には次の表示をすること．

①　一般建設業または特定建設業の区別　　②　許可年月日，許可番号，業種

③　商号または名称　　④　代表者の氏名

⑤　主任技術者または監理技術者の氏名（**現場代理人の氏名は含まれない**）

③ 建設工事の請負契約

1. 一括下請負の禁止［建設業法第 22 条］

①　請け負った建設工事を，いかなる方法をもってするを問わず，**一括して他人に請け負わせてはならない**．

②　建設業者から当該建設業者の請け負った建設工事を一括して請け負ってはならない．

③　①と②の規定は，元請負人があらかじめ発注者の書面による承諾を得た場合には，適用しない（ただし，**共同住宅を新築する工事は除く**）．

2. 下請負人の意見の聴取［建設業法第 24 条の 2］

元請負人は，施工するための作業方法その他元請負人の定める事項を定めようとするときは，あらかじめ**下請負人の意見を聞かなければならない．**

3. 完成確認検査の期限［建設業法第 24 条の 4］

元請負人は，下請負人から請け負った工事が完成した旨を受けたときは，当該通知を受けた日から **20 日以内**で，完成検査を完了しなければならない．

4 専任の主任技術者・監理技術者を配置する工事［建設業法第 26 条・同施行令第 27 条］

国など次に示す建設工事で，工事 1 件の請負代金が建築一式工事の場合は 8,000 万円以上で，その他の工事の場合は 4,000 **万円以上**のものとされている．

① **国，地方公共団体が発注する工事**

② 電気事業施設，ガス事業施設，河川，港湾，鉄道，道路，下水道，上水道などの公共施設の工事

③ 学校，児童福祉施設，集会場，図書館，美術館，博物館，陳列館，教会，寺院，神社，工場，ドック，倉庫，病院，市場，百貨店，事務所，興行場，ダンスホール，ホテル，旅館，下宿，共同住宅，寄宿舎，公衆浴場，鉄塔，火葬場，と畜場，ごみ処理場，汚物処理場，熱供給施設，石油パイプライン事業用施設など多数の人が利用する施設工事

なお，上記工事のうち密接な関係のある**二つ以上の工事を同一の建設業者が同一の場所または近接した場所で施工している場合には，同一の専任の主任技術者が工事を管理することができる．**

なお，監理技術者については，大規模な工事の統合的な監理を行う性格上，常時継続的に一工事現場に置くことが必要で**主任技術者の特例は適用されない．**

「**専任**」とは，ほかの工事現場との兼務を認めないことを意味し，常時継続的にその現場に勤務しなければならない．

工事現場に専任で配置しなければならない監理技術者は，監理技術者資格者証の交付を受けた者であって，国土交通大臣の登録を受けた講習を受講した者のうちから選任しなければならない．

5 建設業者に対する指導・監督［建設業法第 29 条］

建設業者の不当な行為に対し，**許可**の取消し処分が行われる．

① 営業所ごとに置く**専任の技術者**がいなくなった場合

② 許可を受けた後 1 年以内に営業を開始しなかったり，1 年以上営業を休止した場合

③ 廃止したにもかかわらず届出を怠っていた場合

④ 不正の手段によって許可（許可の更新を含む）を受けていた場合

6 指示処分［建設業法第 28 条］

国土交通大臣または都道府県知事は，その許可を受けた建設業者が次の事項に該当する場合またはこの法律の規定に違反した場合は，その建設業者に対して必要な指示をすることができる．

① 建設工事により公衆に危害を及ぼしたとき，または危害を及ぼすおそれが大であるとき．

② 建設業者が請負契約に関し不誠実な行為をしたとき．

③ 建設業者は，請け負った工事を一括して他人に請け負わせてはならない．

④ 営業停止を命じられている業者と下請契約をしたとき．

7 用語［建設業法第 2 条］

⊕**建設工事**・・・29 業種の土木建築工事で，主なものとして土木工事，建築工事，**電気工事**，**管工事**，機械器具設置工事，熱絶縁工事，さく井工事，水道施設工事，消防施設工事などがある．

⊕**建設業**・・・元請，下請その他を問わず建設工事の完成を請け負う営業のこと．

⊕**建設業者**・・・都道府県知事または国土交通大臣の許可を受けて**建設業を営む者**．

⊕**下請契約**・・・建設工事をほかの者から請け負った建設業者とほかの建設業者との間で，当該建設工事の全部または一部について締結される請負契約のこと．

⊕**発注者**・・・建設工事（ほかの者から請け負った者は除く）の**注文者**のこと．

⊕**元請負人**・・・下請契約における注文者で**建設業者である者**のこと．

⊕**下請負人**・・・下請契約における請負人のことで，一般建設業の許可で，請負金額の大小にかかわらず，工事を請け負うことができる．

必ず覚えよう

❶ 建設工事の現場に掲げる標識の記載事項に，現場代理人の氏名は含まれない．
❷ 建設工事の注文者から請求があった場合，建設業者は，請負契約が成立するまでの間に，建設工事の見積書を交付しなければならない．
❸ 建設業の許可は，5 年ごとに更新を受けなければならない．
❹ 下請契約の請負代金の額が政令で定める金額以上（管工事では 4,500 万円以上）となった場合は，監理技術者を置かなければならない．
❺ 発注者とは建設工事の注文者をいい，元請負人とは下請契約における注文者で建設業者である者をいう．
❻ 2 以上の都道府県に営業所を設けて営業しようとする場合，国土交通大臣の許可を得なければならない．
❼ 都道府県知事の許可を受けた建設業者は，許可を受けた都道府県以外の地域であっても工事を請け負うことができる．

問題 1 建設業法

建設業に関する記述のうち，「建設業法」上，誤っているものはどれか．

(1) 元請負人は，その請け負った建設工事を施工するために必要な工程の細目，作業方法を定めようとするときは，あらかじめ，下請負人の意見を聞かなければならない．
(2) 建設業者は，建設工事の注文者から請求があったときは，請負契約の成立後，速やかに建設工事の見積書を交付しなければならない．
(3) 工事現場における建設工事の施工に従事する者は，主任技術者または監理技術者がその職務として行う指導に従わなければならない．
(4) 建設業者は，共同住宅を新築する建設工事を請け負った場合，いかなる方法をもってするかを問わず，一括して他人に請け負わせてはならない．

解説 (2) 建設業者は，建設工事の注文者から請求があった場合において，**請負契約の成立するまでの間に**建設工事の見積書を交付しなければならない．［建設業法第 24 条の 2（下請負人の意見の聴取）・建設業法第 20 条第 2 項（建設工事の見積り等）・建設業法第 26 条の 4 第 2 項（主任技術者及び監理技術者の職務等）・建設業法第 22 条及び同施行令第 6 条の 3（一括下請負の禁止）］

解答▶(2)

問題 2 建設業法

建設業に関する用語の記述のうち，「建設業法」上，誤っているものはどれか．

(1) 建設業者とは，建設業の許可を受けて建設業を営む者をいう．

(2) 下請契約とは，建設工事を他の者から請け負った建設業を営む者と他の建設業を営む者との間で締結される請負契約をいう．

(3) 発注者とは，下請契約における注文者で，建設業者である者をいう．

(4) 主任技術者とは，建設業者が施工する建設工事に関し，建設業法で規定する要件に該当する者で，当該工事現場における建設工事の施工の技術上の管理をつかさどる者をいう．

解説 (3) 発注者とは，**建設工事（他の者から請け負ったものを除く）の注文者**をいう．［建設業法第 2 条（定義）・建設業法第 26 条第 1 項（主任技術者等の設置）］

解答▶(3)

マスターPoint 元請負人とは，下請契約における注文者で建設業者である者をいい，下請負人とは，下請契約における請負人をいう．

問題 3 建設業法

管工事の許可を受けた建設業者が現場に置く主任技術者に関する記述のうち，「建設業法」上，誤っているものはどれか．

(1) 主任技術者は，請負契約の履行を確保するために，請負人に代わって工事の施工に関する一切の事項を処理しなければならない．

(2) 請負代金の額が 4,000 万円未満の管工事においては，主任技術者は，当該工事現場に専任の者でなくてもよい．

(3) 2 級管工事施工管理技術検定に合格した者は，管工事の主任技術者になることができる．

(4) 発注者から直接請け負った工事を下請契約を行わずに自ら施工する場合，当該工事現場における建設工事の施工の技術上の管理をつかさどる者として建設業者が置くのは，主任技術者でよい．

解説 (1) 主任技術者とは，当該工事現場における**工事の施工の技術上の管理をつかさどる者**と規定されており，主な職務は工程管理や品質管理等である．一切の事項ではない．［建設業法第 26 条第 1 項・第 2 項・第 3 項・（主任技術者及び監理技術者の設置等）・建設業法第 7 条及び同施行規則第 7 条の 3（許可の基準）］

解答▶(1)

問題 4 建設業法

建設業を営もうとする者のうち，「建設業法」上，必要となる建設業の許可が国土交通大臣の許可に限られるものはどれか．ただし，軽微な建設工事のみを請け負うことを営業とする者は除く．

(1) 2以上の都道府県の区域内に営業所を設けて営業しようとする者
(2) 2以上の都道府県の区域にまたがる建設工事を施工しようとする者
(3) 請負金額が500万円以上の管工事を発注者から直接請け負い施工する者
(4) 4,500万円以上の下請契約を締結して管工事を施工しようとする者

解説 (1) 2以上の都道府県の区域内に営業所を設けて営業しようとする場合には**国土交通大臣**の，1の都道府県の区域内にのみ営業所を設けて営業しようとする場合には当該営業所を管轄する**都道府県知事**の許可を受けなければならない．[建設業法第3条（建設業の許可）]

解答▶(1)

問題 5 建設業法

建築業の許可および技術者に関する文中，［　　］内に当てはまる用語の組合せとして，「建設業法」上，正しいものはどれか．

建設業を営もうとする者であって，発注者から直接請け負う一件の管工事につき，4,500万円以上となる下請契約を締結して施工しようとする場合は，［ A ］の許可が必要で，当該工事現場に［ B ］を置かなければならない．

	(A)	(B)
(1)	一般建設業	主任技術者
(2)	一般建設業	監理技術者
(3)	特定建設業	主任技術者
(4)	特定建設業	監理技術者

解説 (4) 4,500万円以上となる下請契約を締結する場合には，**特定建設業の許可**が必要．また，4,500万円以上を下請契約する場合は**監理技術者**を置く必要がある．[建設業法第3条第1項二号（建設業の許可）及び同施行令第2条・建設業法第26条第2項（主任技術者及び監理技術者の設置等）]

解答▶(4)

マスターPoint 下請契約が4,500万円未満の場合は一般建設業の許可，および主任技術者を置かなければならない（政令で定める軽微な建設工事は除く）．

8 5 消防法

1 消防用設備等

消防用設備等には，消防の用に供する設備と，消防用水および消火活動上必要な施設がある［消防法第17条］.

消防の用に供する設備には，(1) 消火設備，(2) 警報設備，(3) 避難設備がある.

1. 消火設備［消防法施行令第7条第2項］

① 消火器および次に掲げる簡易消火用具
(1) 水バケツ，(2) 水槽，(3) 乾燥砂，(4) 膨張ひる石または膨張真珠岩
② 屋内消火栓設備
③ スプリンクラー設備
④ 水噴霧消火設備
⑤ 泡消火設備
⑥ 不活性ガス消火設備
⑦ ハロゲン化物消火設備
⑧ 粉末消火設備
⑨ 屋外消火栓設備
⑩ 動力消防ポンプ設備

2. 警報設備［消防法施行令第7条第3項］

① 自動火災報知設備・ガス漏れ火災警報設備
② 漏電火災警報器
③ 消防機関へ通報する火災報知設備
④ 警鐘，携帯用拡声器，手動式サイレンその他の非常警報器具および次に掲げる非常警報設備：(1) 非常ベル，(2) 自動式サイレン，(3) 放送設備

3. 避難設備［消防法施行令第7条第4項］

① すべり台，避難はしご，救命袋，緩降機，避難橋その他の避難器具
② 誘導灯および誘導標識

消防用水とは，防火水槽や，これに代わる貯水池その他の用水のことをいう.

消火活動上必要な施設とは，排煙設備，連結散水設備，連結送水管設備，非常コンセント設備，無線通信補助設備のことをいう.

4. 消防用設備等の設置届と報告［消防法施行規則第31条の3］

防火対象物の関係者（所有者，管理者または占有者）は，消防用設備等の設置

にかかわる工事が完了した場合に，工事が完了した日から４日以内に消防長または消防署長に届けること．

防火対象物の関係者は，点検を行った結果を維持台帳に記録するとともに，定める期間ごとに，消防長または消防署長に報告すること．

① 特定防火対象物については，１年に１回．

② その他の防火対象物については，３年に１回．

2 危険物

⊕**危険物の貯蔵および取扱い**・・・指定数量以上の危険物は，貯蔵所以外の場所で貯蔵し，または製造所および，取扱所以外の場所で取り扱ってはならない．ただし，所轄消防長または消防署長の承認を受ければ，**10日以内**の期間ならばその限りでない．

⊕**危険物の貯蔵・取扱いについての計算**

① **危険物を貯蔵または取り扱う場合のとき**

貯蔵・取り扱う危険物の数量÷指定数量 ＝ 倍数

※**倍数が１以上なら危険物施設となり許可が必要となる．**

《計算例１》灯油 500 ℓ を貯蔵または取り扱う場合，危険物施設は必要か．

《解説》**表 8·9** の危険物の指定数量より，灯油は第４類の第二石油類で，指定数量は 1 000 ℓ であるので，500 ℓ ÷ 1 000 ℓ ＝ 0.5 となる．

※**指定数量の倍数が１未満（指定数量未満）であるから，少量危険物貯蔵取扱所として市町村の条例で規制される．**

② **品名の違う危険物を同じ場所で貯蔵または取り扱う場合のとき**

（A の貯蔵・取り扱う危険物の数量÷A の指定数量）

＋（B の貯蔵・取り扱う危険物の数量÷B の指定数量）＝ 倍数

※**倍数 ≧ １の場合，当該場所は指定数量以上の危険物を貯蔵しまたは取り扱っているものとみなされる．**

《計算例２》ガソリン 500 ℓ，重油 1 000 ℓ を貯蔵（非水溶液体）している場合，危険物施設は必要か．

《解説》表 8·9 の危険物の指定数量より，(500 ℓ ÷ 200 ℓ) ＋ (1 000 ℓ ÷ 2 000 ℓ) ＝ 2.5 ＋ 0.5 ＝ 3 ≧ 1 となる．

※**指定数量の３倍の貯蔵量なので，危険物施設が必要となる．**

8章 法規

表8・9　危険物の指定数量

種別	品名	性質	指定数量〔ℓ〕
第4類	特殊引火物		50
	第一石油類	非水溶性液体[1)]	200
		水溶性液体[2)]	400
	アルコール類		400
	第二石油類	非水溶性液体	1 000
		水溶性液体	2 000
	第三石油類	非水溶性液体	2 000
		水溶性液体	4 000
	第四石油類		6 000
	動植物油類		10 000

1）非水溶性液体とは，水溶性液体以外のもの
2）水溶性液体とは，1気圧において温度20℃で同容量の純水と緩やかにかき混ぜた場合に，流動がおさまった後も当該混合液が均一な外観を維持するものであること

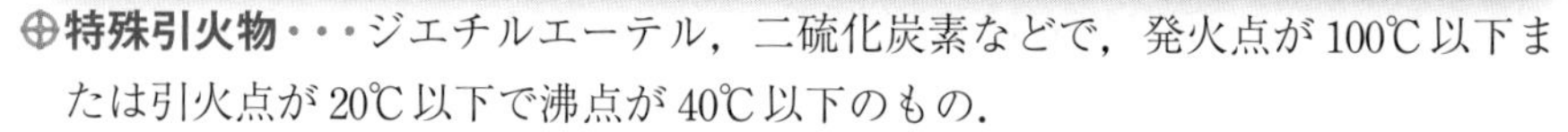

3 引火性液体

⊕**特殊引火物**・・・ジエチルエーテル，二硫化炭素などで，発火点が100℃以下または引火点が20℃以下で沸点が40℃以下のもの．

⊕**第一石油類**・・・アセトン，**ガソリン**，ベンゼンなどで，引火点が21℃未満のもの．

⊕**第二石油類**・・・灯油，軽油，ぎ酸などで，引火点が21℃以上70℃未満のもの．

⊕**第三石油類**・・・重油，クレオソート油などで，引火点が70℃以上200℃未満のもの．

⊕**第四石油類**・・・ギヤー油，シリンダ油などで，引火点が200℃以上のもの．

⊕**動植物油類**・・・動物の脂肉，植物の種子もしくは果肉から抽出したもので，引火点が250℃未満のもの．

必ず覚えよう

❶ ホース接続口までの水平距離は，1号消火栓で25 m以下，2号消火栓で15 m以下とする．

❷ 指定数量は，灯油（第二石油類）で1 000 ℓ，重油（第三石油類）は2 000 ℓである．

❸ 連結送水管および連結散水設備には，非常電源を附置する必要がない．

問題 1 消防法

屋内消火栓設備に関する文中，[　　] 内に当てはまる数値の組合せとして，「消防法」，正しいものはどれか．

消防用ホースの構造を一人で操作できるとした易操作性 1 号消火栓は，その階の各部分から一のホース接続口までの水平距離が [A] m 以下となるように設け，2 号消火栓（広範囲型を除く）は，[B] m 以下となるように設けなければならない．

	(A)	(B)
(1)	15	15
(2)	15	25
(3)	25	15
(4)	25	25

解説 (3) 易操作性 1 号消火栓は，1 号消火栓に 2 号消火栓の機構を取り入れたもので，各種規格に関しては，**1 号消火栓**と同じである．[消防法施行令第 11 条（屋内消火栓に関する基準）]

解答▶(3)

問題 2 消防法

次の消防用設備等のうち，「消防法」上，非常電源を附置する必要のないものはどれか．

(1) 水噴霧消火設備　(2) 屋内消火栓設備
(3) 泡消火設備　(4) 連結散水設備

解説 (4) 消防の用に供する設備である屋内消火栓，スプリンクラー設備，特殊消火設備（不活性ガス消火設備・泡消火設備・粉末消火設備・水噴霧消火設備等）は**非常電源の附置が義務付けられている**．消火活動上必要な施設である連結散水設備と連結送水管は**非常電源が不要**である．[消防法施行令第 11 条（屋内消火栓設備）・同令第 12 条（スプリンクラー設備）・同令第 15 条（泡消火設備）]

解答▶(4)

マスターPoint 消火活動上必要な施設には，排煙設備，連結送水管，連結散水設備，非常コンセント設備，無線通信補助設備が該当する［消防法施行令第 7 条］．

問題3 消防法

危険物の区分及び指定数量に関する記述のうち，「消防法」上，誤っているものはどれか．

(1)灯油は，第二石油類である．

(2)灯油の指定数量は，500 リットルである．

(3)重油は第三石油類である．

(4)重油の指定数量は，2 000 リットルである．

解説 (2) 灯油の指定数量は，**1 000 リットル**である．［消防法に基づく危険物の規則に関する政令第1条の11（危険物の指定数量）］

解答▶(2)

問題4 消防法

屋内消火栓設備を設置しなければならない防火対象物に，「消防法」上，該当するものはどれか．ただし，主要構造部は耐火構造とし，かつ，壁および天井の室内に面する部分の仕上げは難燃材料とした防火対象物とする．また，地階，無窓階及び指定可燃物の貯蔵，取扱いはないものとする．

(1)事務所 ———— 地上3階，延べ面積 2 000 m^2

(2)共同住宅 ——— 地上3階，延べ面積 2 000 m^2

(3)集会場 ———— 地上3階，延べ面積 2 000 m^2

(4)学校 ————— 地上3階，延べ面積 2 000 m^2

解説 (3) 屋内消火栓設備の設置に関しては防火対象物の区分および延べ面積により義務付けられる．ただし，主要構造部を準耐火構造で内装制限したもの，または主要構造部を耐火構造としたものは規定の**延べ面積を2倍**とすることができる．

なお，主要構造部を耐火構造としたもので内装制限をしたものは規定の**延べ面積の3倍**とする．問題では，集会場が規定の延べ面積が 500 m^2 であるため，屋内消火栓設備の設置を要する．［消防法施行令第11条（屋内消火栓設備の設置基準）］

解答▶(3)

8 6 その他の法規

1 騒音規制法

1. 定義［法第２条］

① **規制基準**：特定工場など（特定施設を設置する工場または事業場）の敷地の境界線における騒音の大きさの許容限度をいう．

② **特定施設**：工場または事業場に設置されている施設のうち，著しい騒音を発生する施設をいう．

③ **特定建設作業**：建設工事として行われる作業のうち，著しい騒音を発生する作業である．

④ **自動車騒音**：自動車の運行に伴い発生する騒音をいう．

2. 特定施設［法第２条第１項，令第１条（別表第一より抜粋)］

工場または事業場に設置される施設のうち，著しい騒音を発生する施設であって政令で定めるものをいう．

《政令で定める施設》

① 金属加工機械

② 空気圧縮機および送風機（原動機の**定格出力が 7.5 kW 以上**のものに限る）

③ 土石用または鉱物用の破砕機，ふるいおよび分級機（原動機の**定格出力が 7.5 kW 以上**のものに限る）

3. 特定建設作業［法第２条第３項，令第２条（別表第二)］

騒音規制法では，建設工事で著しい騒音を発生する 8 の作業を特定建設作業として政令で定めている（**表 8·10**）．※ただし，作業開始日に終わる場合を除く．

※特定建設作業に伴って発生する騒音は，**敷地の境界線上で 85 デシベル**を超えてはならない（緊急時作業時も適用される）．

表 8・10　特定建設作業

No.	特定建設作業	補　足
1	くい打ち機，くい抜き機 くい打ち・くい抜き機を使用する作業	・もんけんを除く ・圧入式くい打ち・くい抜き機を除く ・くい打ち機をアースオーガと併用する作業を除く
2	びょう打ち機を使用する作業	
3	さく岩機を使用する作業	・作業地点が連続的に移動する作業は，1 日における当該作業に係る地点間の最大距離が **50 m** を超えない作業に限る
4	空気圧縮機を使用する作業	・電動機以外の原動機を用いるものであって，その原動機の定格出力が **15 kW 以上**のものに限る（さく岩機の動力として使用する作業を除く）
5	コンクリートプラントまたはアスファルトプラントを設けて行う作業	・混練機の混練容量が **0.45 m^3 以上**のものに限る ・混練機の混練重量が **200 kg 以上**のものに限る（モルタルを製造するためにコンクリートプラントを設けて行う作業を除く）
6	バックホウを使用する作業	・一定の限度を超える大きさの騒音を発生しないものとして環境大臣が指定するものを除き，原動機の定格出力が **80 kW 以上**のものに限る
7	トラクターショベルを使用する作業	・一定の限度を超える大きさの騒音を発生しないものとして環境大臣が指定するものを除き，原動機の定格出力が **70 kW 以上**のものに限る
8	ブルドーザを使用する作業	・一定の限度を超える大きさの騒音を発生しないものとして環境大臣が指定するものを除き，原動機の定格出力が **40 kW 以上**のものに限る

4. 特定建設作業の実施届［法第 14 条］

指定地域内において特定建設作業を伴う建設工事を施工しようとする者は，その作業の**開始の日 7 日前**までに，環境省令で定める次の事項を市町村長に届けなければならない．

① 氏名，名称，住所（法人は代表者の氏名）
② 建設工事の目的に係る施設・工作物の種類
③ 特定建設作業の場所および実施の期間
④ 騒音防止方法
⑤ その他環境省令で定める事項

2 水質汚濁防止法

水質汚濁防止法第1条に，「工場および事業場から公共用水域に排出される水の排出および地下に浸透する水の浸透を規制し，水質の汚濁の防止をし，国民の健康を保護する」と規定されている．

1. 定義［法第2条］

① **公共用水域**：河川，湖沼，港湾，沿岸海域，公共溝渠，かんがい用水路などをいう．

② **特定施設**：カドミウムその他の人の健康に係る被害を生じるおそれのある物質，または生物化学的酸素要求量（BOD）その他の水の汚染状態を示す物質を排出する施設をいう．次に掲げる施設は特定施設である．

- 生コンクリート製造業のバッチャープラント
- 産業廃棄物処理施設
- し尿処理施設
- 下水道終末処理施設　など

2. 特定施設の設置届［法第5条・第9条］

工場または事業場から公共用水域に水を排出する者は，特定施設を設置しようとするときは，環境省令で定める次の事項を都道府県知事に届けなければならない（その届出が受理された日から60日を経過しなければ，特定施設を設置できない）．

① 氏名，名称，住所
② 工場または事業場の名称，所在地
③ 特定施設の種類
④ 特定施設の構造
⑤ 特定施設の使用方法
⑥ 汚水などの処理方法
⑦ 排出水の汚染状態，量
⑧ その他環境省令で定める事項

3 リサイクル関係法令

1. 廃棄物の処理及び清掃に関する法律［廃棄物処理法］

⊕定義［法第２条］（**図8･7**）

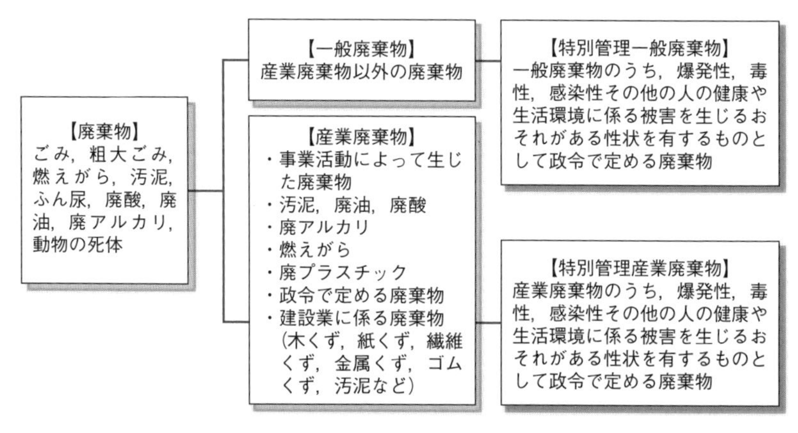

図８・７　廃棄物の法的分類

⊕産業廃棄物の処理

①　**自己処理**［法第11条第１項］

事業者は，その**産業廃棄物を自ら処理**しなければならない．

②　**事業者が自ら処理する場合の基準**［法第12条第１項，第２項，令第６条，規則第８条］

事業者は，自らその産業廃棄物の運搬または処分を行う場合には，政令で定める産業廃棄物の収集，運搬および処分に関する基準に従わなければならない．

③　**運搬，処分等の委託の基準**［法第12条第３項・令第６条の２］

事業者は，その産業廃棄物の処理を他人に委託する場合は，政令で定める基準に従い，その**運搬については許可を受けた産業廃棄物収集運搬業者**その他環境省令で定める者に，その**処分については産業廃棄物処理業者**その他環境省令で定める者にそれぞれ委託しなければならない．

⊕産業廃棄物管理票（マニフェスト）［法第12条の３・規則第８条の26･28］

①　排出事業者は，産業廃棄物の種類ごとに産業廃棄物管理票を交付しなければならない．

② 産業廃棄物管理票交付者は，運搬，処分受託者から送付された産業廃棄物管理票の写しを**5年間保存**し，受託者も産業廃棄物管理票の写しを**5年間保存**しなければならない．

③ 産業廃棄物管理票交付者は，**交付日から90日以内**に受託者からの産業廃棄物管理票の写しがこない場合は，送付を受けるまでの期間が**終了した日から30日以内**に，関係都道府県知事に報告書を提示しなければならない．

2. 建設工事に係る資材の再資源化に関する法律［建設リサイクル法］

⊕**定義**［法第2条］

① **建設資材**［法第2条第1項］

土木建築に使用する資材（コンクリート，アスファルト，木材，金属，プラスチック）のことである．

② **建設資材廃棄物**［法第2条第2項］

解体工事によって生じたコンクリート塊・建設発生木材・新築工事によって生じたコンクリート・木材の端材などである（**図8·8**）．

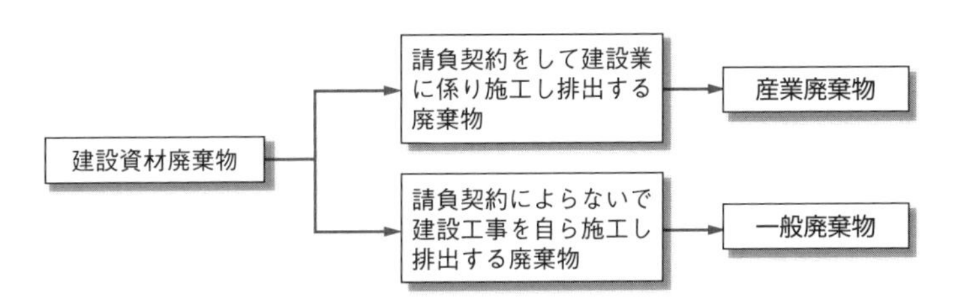

図8・8 建設資材廃棄物の分類

③ **分別解体等**［法第2条第3項］

建設資材を建設工事の過程で分別すること．

④ **再資源化**［法第2条第4項］

分別解体などで生じた建設資材廃棄物の運搬または処分（再生することを含む）に該当するものをいい，次のような状態にする．

- 分別解体などで生じた建設資材廃棄物は，資材または原材料として利用することができる状態にする．
- 分別解体などで生じた建設資材廃棄物のうち，燃焼用として使用できるものは，熱を得ることに再利用できる状態にする．

⑤　**特定建設資材**［法第2条第5項］［令第1条］

コンクリート，木材その他の建設資材が，建設資材廃棄物となった場合に再資源化を行い，資源の有効利用・廃棄物の減量を図るうえで必要であり，またこの再資源化を義務づけることにより経済的な負担にならない建設資材として認め，かつ政令第1条で定めたもので，次の4品目である．

一　コンクリート

二　コンクリートおよび鉄からなる建設資材

三　木材

四　アスファルト・コンクリート

※プラスチックとアルミニウムは含まれない．

⑥　**解体工事業**（技術管理者の設置）

- **技術管理者制度**［法第31条］

解体工事業者は，技術管理者を選任しなければならない．

- **技術管理者の職務**［法第32条］

解体工事を技術管理者に実地に監督させなければならない．

- **帳簿の備え付け**［法第34条］

解体工事業者は，営業所ごとに営業に関する事項を記録した帳簿（磁気ディスクなどの記録でもよい）を備え，各事業年度の末日から**5年間保存**しなければならない．

⑦　**再資源化を図る建設工事の規模**［令第2条］

- 新築または増築の工事…床面積の合計が**500 m² 以上**

❶ 現場事務所から排出される生ごみ，新聞，図面，飲料空き缶等は，一般廃棄物である．

❷ 産業廃棄物の運搬や処分にかかる委託契約書は，契約終了の日から5年間保管する．

❸ 請負代金の額が1億円である修繕・模様替工事は，建設リサイクル法の対象に該当する．

❹ プラスチックは，建設リサイクル法における特定建設資材に該当しない．

❺ 家庭用のエアコンディショナーは，「フロン類の使用の合理化及び管理の適正化に関する法律」の対象ではない．

❻ 浄化槽を工場で製造する者は，国土交通大臣の認定を受けなければならない．

❼ 指定区域内で特定建設作業を行う場合，作業開始の7日前までに市町村長に届け出る．

❽ 非常時に特定建設作業を緊急に行う場合でも，騒音の大きさの規制値は適用される．

問題 1 廃棄物の処理及び清掃に関する法律

産業廃棄物の処理に関する記述のうち，「廃棄物の処理及び清掃に関する法律」上，誤っているものはどれか．

(1) 事業者は，産業廃棄物管理票（マニフェスト）を，産業廃棄物の種類にかかわらず，一括して交付することができる．

(2) 産業廃棄物処理委託業者が収集運搬と処分の両方の業の許可を有する場合，産業廃棄物の収集運搬および処分は，その業者に一括して委託することができる．

(3) 事業者は，産業廃棄物管理票（マニフェスト）を，引渡しに係る産業廃棄物の運搬先が2以上である場合，運搬先ごとに交付しなければならない．

(4) 建設工事の元請業者が，当該工事において発生させた産業廃棄物を自ら処理施設へ運搬する場合は，産業廃棄物収集運搬の許可を必要としない．

解説 (1) 事業者は，**産業廃棄物の種類ごと**に産業廃棄物管理票（マニフェスト）を交付しなければならない．なお，産業廃棄物管理票（マニフェスト）は**運搬先ごと**に交付する．［廃棄物の処理及び清掃に関する法律施行規則第8条の20第一号・第二号（産業廃棄物管理票の交付）・同法第12条及び令第6条の2（事業者の処理）］

解答▶(1)

問題 2 廃棄物の処理及び清掃に関する法律

廃棄物に関する文中，［　　］内に当てはまる用語の組合せとして「廃棄物の処理及び清掃に関する法律」上，正しいものはどれか．

建設工事に伴って伐採した樹木を［ A ］として処分する．

建設工事に使用する資材の梱包に使用された段ボールを［ B ］として処分する．

	(A)		(B)
(1)	一般廃棄物	――――	一般廃棄物
(2)	一般廃棄物	――――	産業廃棄物
(3)	産業廃棄物	――――	一般廃棄物
(4)	産業廃棄物	――――	産業廃棄物

解説 (4) 建設工事に伴って排出される木くず，金属くず，ダンボール等の紙くず，繊維くず，廃プラスチック類等は，すべて**産業廃棄物**として処分しなくてはならない．［廃棄物の処理及び清掃に関する法律施行令第2条（産業廃棄物）］

解答▶(4)

問題 3 廃棄物の処理及び清掃に関する法律

産業廃棄物の処理に関する記述のうち，「廃棄物の処理及び清掃に関する法律」上，誤っているものはどれか．

(1) 建設工事の現場事務所から排出される生ごみ，新聞，雑誌等は産業廃棄物として処理しなければならない．

(2) 一般廃棄物の処理は市町村が行い，産業廃棄物の処理は事業者が自ら行わなければならない．

(3) 事業者は，処分受託者から最終処分が終了した旨を記載した産業廃棄物管理票（マニフェスト）の写しの送付を受けたときは，当該管理票の写しを，送付を受けた日から5年間保存しなければならない．

(4) 建築物の改築に伴い廃棄する蛍光灯の安定器にポリ塩化ビフェニルが含まれている場合，特別管理産業廃棄物として処理しなければならない．

解説 (1) 建設工事の現場事務所から排出される生ごみや新聞雑誌等は**事業系一般廃棄物**とする．［廃棄物の処理及び清掃に関する法律第11条（事業者等の処理）・同施行規則第8条の26（管理票の写しの保存期間）・同施行令第2条の4（特別管理産業廃棄物）］

解答▶(1)

問題 4 建設工事に係る資材の再資源化等に関する法律

次の建築物に係る建設工事のうち，「建設工事に係る資材の再資源化等に関する法律」上，特別建設資材廃棄物をその種類ごとに分別しつつ施工しなければならない工事に該当するものはどれか．ただし，都道府県条例で，適用すべき建設工事の規模に関する基準を定めた区域における建設工事を除く．

(1) 解体工事で当該解体工事に係る床面積の合計が50 m^{2}であるもの．

(2) 新築工事で床面積の合計が300 m^{2}であるもの．

(3) 建築設備の改修工事で請負代金の額が3,000万円であるもの．

(4) 模様替工事で請負代金の額が1億円であるもの．

解説 (4) 工事に伴って生じた特定建設資材廃棄物を分別しなくてはならないのは，解体工事の場合は床面積の合計が**80 m^{2}以上**，新築・増築工事の場合は床面積の合計が**500 m^{2}以上**，請負金額が**1億円以上**の修繕・模様替工事である．［建設工事に係る資材の再資源化等に関する法律第9条第1項及び同施行令第2条（分別解体等実施義務）］

解答▶(4)

特定建設資材には，コンクリート，コンクリートおよび鉄からなる建設資材，木材，アスファルト・コンクリートの4品目が規定されている．

問題 5 騒音規制法

特定建設作業に伴って発生する騒音について規制する指定地域において，災害その他非常の事態の発生により当該特定建設作業を緊急に行う必要がある場合にあっても，当該騒音について「騒音規制法」上の規制が適用されるものはどれか．

(1)連続して6日間を超えて行われる作業に伴って発生する騒音
(2)作業の場所の敷地の境界線において，85デシベルを超える大きさの騒音
(3)日曜日に行われる作業に伴って発生する騒音
(4)1日14時間を超えて行われる作業に伴って発生する騒音

解説 (2) 災害その他非常の事態の発生により特定騒音作業を緊急に行う必要がある場合においても，騒音の大きさの規制（**作業の現場の敷地の境界線で85デシベル以下**）は適用されない．[特定建設作業に伴って発生する騒音の規制に関する基準]

解答▶(2)

問題 6 騒音規制法

騒音の規制に関する記述のうち，「騒音規制法」上，誤っているものはどれか．

(1)特定建設作業とは，建設工事として行われる作業のうち，著しい騒音を発生する所定の作業をいう．
(2)特定施設とは，工場または事業場に設置される施設のうち，著しい騒音を発生する所定の施設をいう．
(3)指定地域内において特定建設作業を伴う建設工事を施工しようとする者は，当該作業の開始日の5日前までに，市町村長に所定の事項を届け出なければならない．
(4)規制基準とは，特定工場において発生する騒音の特定工場等の敷地の境界線における大きさの許容限度をいう．

解説 (3) 指定地域内において特定建設作業を伴う建設工事を施工しようとする者は，作業開始の**7日前までに**，市町村長に届け出なければならない．[騒音規制法第2条（定義）・騒音規制法第14条（特定建設作業の届出）]

解答▶(3)

マスターPoint 特定建設作業による規制基準の騒音または振動基準の大きさは，騒音規制法で85デシベル以下，振動規制法では75デシベル以下である．

問題 7 浄化槽法

浄化槽に関する記述のうち，「浄化槽法」上，誤っているものはどれか．

(1) 浄化槽からの放流水の水質は，生物化学的酸素要求量を1リットルにつき 20 mg 以下としなければならない．

(2) 浄化槽を新たに設置する場合，使用開始後一定期間内に，指定検査機関が行う水質に関する検査を受けなければならない．

(3) 浄化槽を工場で製造する者は，型式について都道府県知事の認定を受けなければならない．

(4) 浄化槽工事業を営もうとする者は，当該業を行おうとする区域を管轄する都道府県知事の登録を受けなければならない．

解説 (3) 浄化槽を工場で製造する者は，製造する浄化槽の型式について，**国土交通大臣の認定**を受けなければならない，と定められている．［浄化槽法施行規則第1条の2（放流水の水質）・浄化槽法第7条（浄化槽設置の技術基準）・浄化槽法第13条（浄化槽型式の認定）・浄化槽法第21条（浄化槽工事業の登録）］

解答▶(3)

問題 8 フロン類の使用の合理化及び管理の適正化に関する法律

冷媒としてフロンが充填されている以下の機器のうち，「フロン類の使用の合理化及び管理の適正化に関する法律」の，対象でないものはどれか．

(1) 業務用のエアコンディショナー

(2) 家庭用のエアコンディショナー

(3) 業務用の冷蔵庫

(4) 冷蔵の機能を有する自動販売機

解説 (2) 対象となるものは，業務用の機器であって，一般消費者が**通常生活に用いる機器以外の機器**で冷媒としてフロン類が充填されているものであるため，家庭用ルームエアコンは含まれない．［フロン類の使用の合理化及び管理の適正化に関する法律第2条（定義）］

解答▶(2)

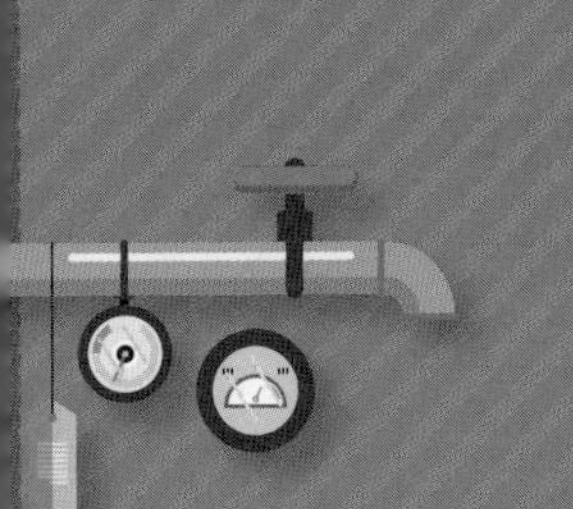

第二次検定編

第二次検定は，令和２年度まで「実地試験」と呼ばれていたが，令和３年度から第二次検定と名称が変わり，試験が行われている．

問題内容は，問題１の〔設問１〕の中に「**施工管理を行うために必要な知識**」の内容として，**新しく５問追加**され，解答も記述方式でなく**○×方式**となっている．

問題２以降は，従来どおりの記述方式となり，出題数と必要解答数は変わっていない．

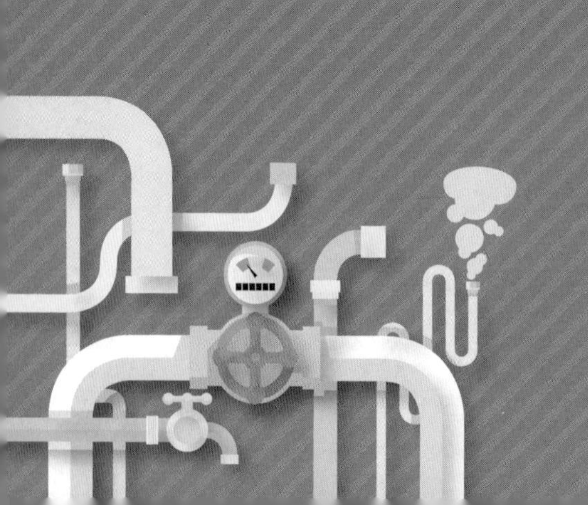

9

第二次検定―施工管理法―

全出題問題の中における『9章』の内容からの出題内容

●第二次検定【午後の部】　出題科目…すべて記述（試験時間2時間）

<table>
<tr><th>出題科目</th><th>問題</th><th>必須</th><th>内容</th><th colspan="2">指定必要解答数</th></tr>
<tr><td rowspan="4">設備全般</td><td rowspan="2">1</td><td rowspan="2">1</td><td rowspan="2">(1) 施工管理を行うために必要な知識（新）
(2) 衛生・空調の改善策と施工要領図（判読）</td><td rowspan="2">必須問題</td><td>設問（1）は，○×ですべて解答する</td></tr>
<tr><td>設問（2）・(3）は，記述で解答</td></tr>
<tr><td>2</td><td rowspan="2">1</td><td rowspan="2">・空調設備の施工上の留意事項を記述
・衛生設備の施工上の留意事項を記述</td><td rowspan="2">選択問題</td><td rowspan="2">問題2・問題3のうちからどちらかを選択して解答する</td></tr>
<tr><td>3</td></tr>
<tr><td>工程管理</td><td>4</td><td rowspan="2">1</td><td>・バーチャート工程表の作成</td><td rowspan="2">選択問題</td><td rowspan="2">問題4・問題5のうちからどちらかを選択して解答する</td></tr>
<tr><td>法規</td><td>5</td><td>・労働安全衛生法</td></tr>
<tr><td>施工経験記述</td><td>6</td><td>1</td><td>・施工経験記述の作成（工程管理，品質管理，安全管理から2問出題）</td><td>必須問題</td><td>2問すべてを記述する</td></tr>
<tr><td>合　計</td><td>6問</td><td>4問</td><td colspan="3"></td></tr>
</table>

◎第二次検定の合格基準点

第二次検定は合計6問が出題され，必須問題は2問，選択問題は4問のうち2問を選択し，合計4問を解答する（合格点は60％以上）．

また，問題1（1）の○×の解答以外は，すべて記述式となっている．試験機関からの正解は発表されていない．

施工経験記述の丸写しについて

本書に掲載した施工経験記述の記述例を，実際の試験においてそのまま丸写しで記述すると，不合格になるおそれがあります．試験機関でのチェックはきびしくなっています．その際，当方では一切責任を持ちません．

9 1 出題傾向

【問題 1】 設備全般（必須問題）

- **施工管理に必要な知識**：①５問出題され，○ × 形式の問題となった．②一次検定の過去問題「**工事施工**」からの出題が多い．
- **施工要領図の判読**：①二次検定の過去問題「**要領図の判読**」からの出題が多い．②要領図の使用場所，使用目的，機材に関する記述問題．③適切でない部分の理由または改善策を記述する問題．

【問題 2】 空調設備（問題２と問題３のうちから１問選択）

空調設備の施工上の留意事項について具体的，簡潔に記述する．

【問題 3】 衛生設備（問題２と問題３のうちから１問選択）

衛生設備の施工上の留意事項について具体的，簡潔に記述する．

【問題 4】 工程管理（問題４と問題５のうちから１問選択）

・バーチャート工程表を作成する．
・作業名，作業順の並び替え，累積出来高曲線，工事比率などを記入する．
・各種工程表の長所，短所について記述する．

【問題 5】 法規（問題４と問題５のうちから１問選択）

建設工事現場の「労働安全衛生」について，空欄に当てはまる語句または数値を選択欄から選択して記入する．

【問題 6】 施工経験記述

受験者が経験した代表的な工事のうちから，以下の項目を記述する．
・工事名，工事場所，設備工事の概要，現場での立場を記述する．
・工程管理，品質管理，安全管理の各管理項目から，二つ出題される．
・各管理項目は，「特に重要と考えた事項」と「それについてとった措置または対策」について記述する．

9-2 問題1対策　施工要領図等の判読（空調設備・衛生設備）

第二次検定試験の【**問題1**】は**必須問題で，〔設問〕により○×を記入し，監理技術者として施工管理に必要な知識を問う問題や各種施工要領図（施工図）を判読する問題**が出題されている．

【**問題1**】は，範囲は広いものの，過去の出題傾向から見ても過去問題から出題されているものが多くある．また，第一次検定試験（本書**7**章「**施工管理**」**7·5**「**工事施工**」，**7·6**「**施工管理法（基礎的な能力）**」）に出題されている類似問題から出題されている．以上のように非常に幅広いが，**本書を熟読してポイントをつかんでおけば，問題ない**であろう．

施工要領図については，**公共建築設備工事標準図**（機械設備工事編，国土交通省）**からよく出題されているので確認しておく必要**がある．

なお，**過去20年間に出題された問題を**，310～317ページの●**適当でない要領図と改善図·改善策**（**1**）～（**24**）および，●**要領図の名称と使用目的**（**1**），（**2**）に記しておくので**確実に覚えておく**こと．また，各図中に★で**出題回数を示しておくので参考**にすること．

※）図中★★★★（4回出題以上），★★★（3回出題），★★（2回出題），★（1回出題）のうち，2割程度が類似問題．

⊕記述上の注意点と設問内容

1. 記述文は，限られた解答枠の中で，採点者に読みやすくまとめること（**20～40文字程度**）．
2. 設問には，次のような内容が出題されている．
   1) 図について，○○の名称および用途を記述しなさい．
   2) ○○について示す図について，**適切でない部分の理由または改善策**を具体的かつ簡潔に記述しなさい．
   3) ○○について，その使用場所を記述しなさい．
   4) 図について，○○の使用場所または使用目的を記述しなさい．
   5) ○○に示す図について，**適当なものには○，適当でないものには×を**正誤欄に記入し，×とした場合には，理由または改善策を記述しなさい．

ただし，理由または改善策の記述については指示がなければ良しとする．

【問題 1 設備全般】(必須問題) に解答

問題① ○×問題

次の (1)～(5) の記述について，適当な場合には○を，適当でない場合には × を記入しなさい.

(1) アンカーボルトは，機器の据付け後，ボルト頂部のねじ山がナットから3山程度出る長さとする.

(2) 硬質ポリ塩化ビニル管の接着接合では，テーパ形状の受け口側のみに接着剤を塗布する.

(3) 鋼管のねじ加工の検査では，テーパねじリングゲージをパイプレンチで締め込み，ねじ径を確認する.

(4) ダクト内を流れる風量が同一の場合，ダクトの断面寸法を小さくすると，必要となる送風動力は小さくなる.

(5) 遠心送風機の吐出し口の近くにダクトの曲がりを設ける場合，曲がり方向は送風機の回転方向と同じ方向とする.

解説 (1) ナットおよび座金は，アンカーボルトに相応したものとし，アンカーボルトは，機器の据付け終了後，ボルト頂部のねじ山がナットから**3山以上**出る長さとする.

(2) 硬質ポリ塩化ビニル管の接着 (TS) 接合では，**テーパ形状の受け口と差し口の両側**に接着剤を塗布する.

(3) 鋼管のねじ加工の検査では，テーパねじリングゲージを**手締めではめ合わせて**，図のように**b面とc面の間に 管端a面が入ることを確認**する (p.316 参照).

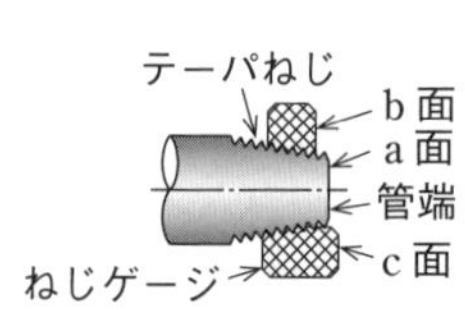

テーパねじリングゲージ

(4) ダクト内を流れる風量が同一の場合，ダクトの断面寸法を小さくすると，ダクト内の風速が速まり**送風動力は大きくなる**.

(5) 遠心送風機の吐出し口の近くにダクトの曲がりを設ける場合，曲がり方向は送風機の回転方向と**同じ方向**とする.

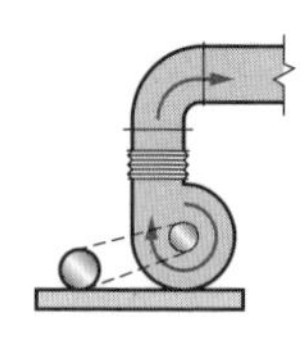
送風機ダクト

解答

番号	(1)	(2)	(3)	(4)	(5)
○・×	○	×	×	×	○

問題 2 施工要領図問題

(6)～(8) に示す図について，適切でない部分の理由または改善策を記述しなさい．(9) に示す図について，排水口空間 A の必要最小寸法を記述しなさい．

(6) カセット形パッケージ形空気調和機（屋内機）据付け要領図

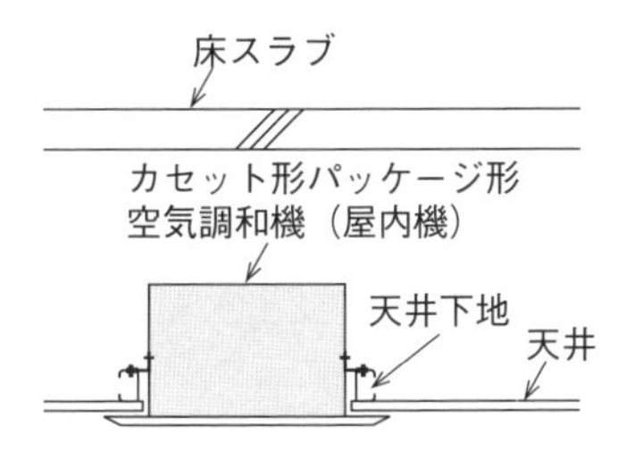

(7) 通気管末端の開口位置（外壁取付け）

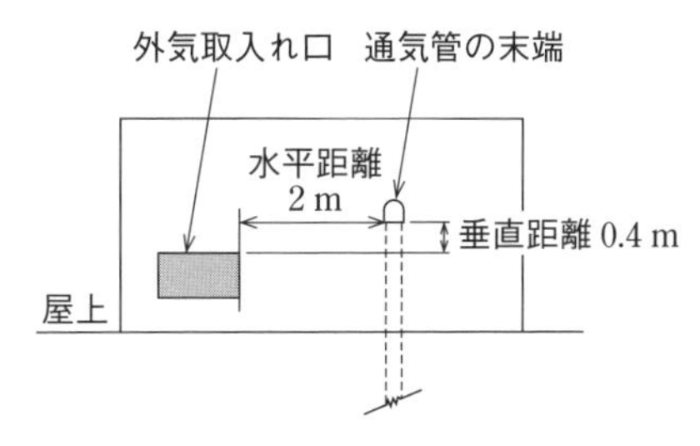

(8) フランジ継手のボルトの締付け順序（数字は締付け順序を示す．）

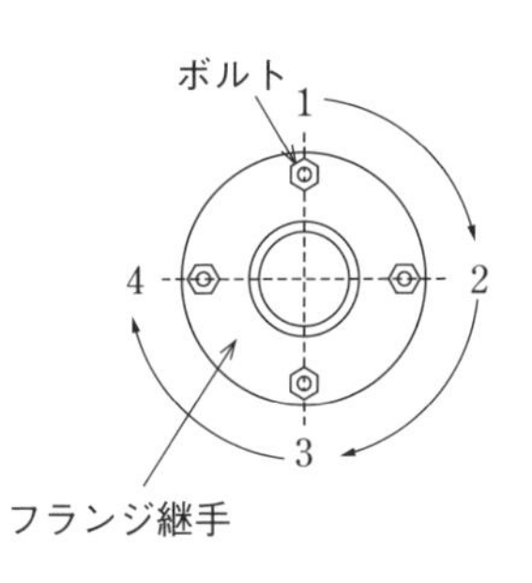

(9) 飲料用高置タンク回り配管要領図

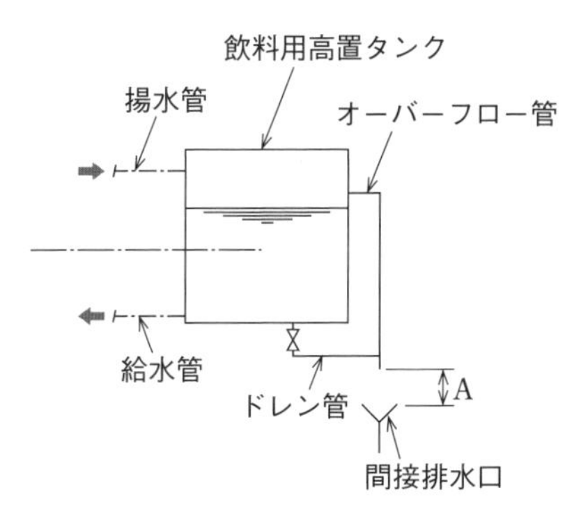

解説 (6) カセット形パッケージ形空気調和機は，重量により**吊りボルトを使用し床スラブから吊る**．なお，床スラブや天井に振動が伝わらないように**ハンガーボルト**などを取り付け防振に配慮する．

(7) 通気管の末端は，出入口や窓など開口部から上方 **600 mm 以上**，または，水平方向に **3 m 以上**離す．

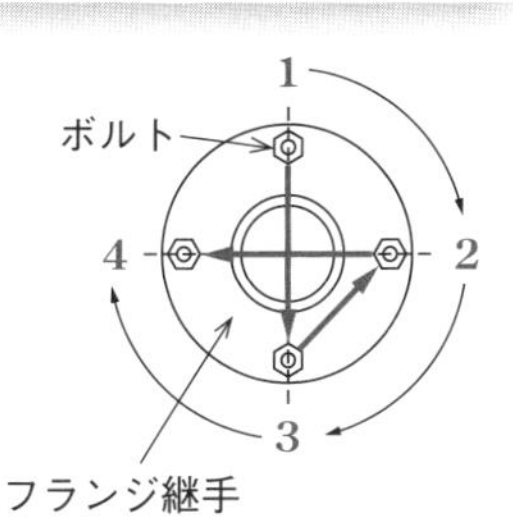

(8) トルクレンチを使用して，片締めにならないように均等にボルトを仮締めして，締付け順序としては対角とし，ボルト1⇒3⇒2⇒4の順で締め付けていく.

(9) タンク類の排水口空間Aは，一般に2倍以上とするが，飲料用タンクの排水口空間は，全て150 mm以上とする.

解答

設問	適切でない部分の理由または改善策
(6)	カセット形は，吊りボルトを使用し床スラブから吊り振動が伝わらないようにハンガーボルトなどで取り付ける.
(7)	通気管の末端は，出入口や窓など開口部から上方600 mm以上，水平方向に3 m以上離す.
(8)	トルクレンチを使用して，片締めにならないようにボルトを仮締めして，対角に1⇒3⇒2⇒4の順で締め付けていく.
(9)	飲料用高置タンクの排水口空間は，150 mm以上とする.

問題3 施工要領図問題

(1)～(3) に示す各図について，適切でない部分の理由又は改善策を具体的かつ簡潔に記述しなさい.

(1) 排気チャンバー取付け要領図

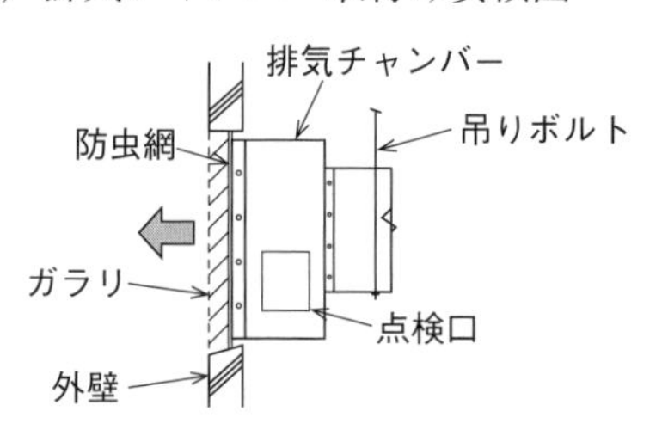

(2) 保温施工のテープ巻き要領図

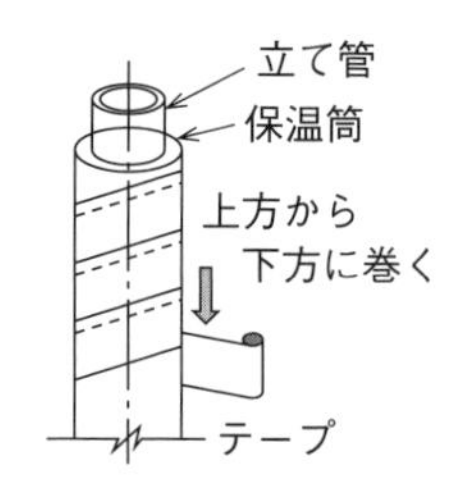

(3) 冷媒管吊り要領図

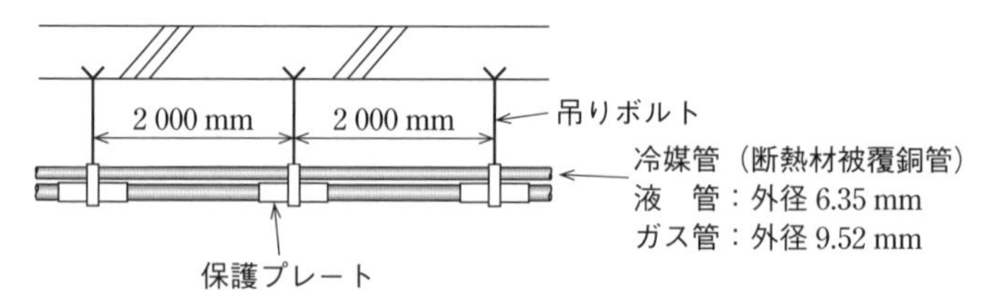

解説 (1)排気チャンバー取付けは，ガラリと排気チャンバーを堅固に取り付ける．給排気チャンバーは，雨水が浸入しやすいので，**チャンバーの下部をガラリ側**（外部）**にこう配を付けて，** 浸入した雨水を**自然に外部に排出**できるようにする．

(2) 保温施工のテープ巻きは，テープが上から巻かれているが，上から巻くと結露水などがテープ内に浸透する恐れがあるので，配管の**下から上向きに巻き上げる．**

(3) 横走り管の吊りおよび支持に関しては，「公共建築改修工事標準仕様書（機械設備工事編）平成25年版」に下記のように定められている．

表 2.2.20　横走りの吊り金物間隔

<table>
<tr><th>呼び径(A)
管種</th><th>15</th><th>20</th><th>25</th><th>32</th><th>40</th><th>50</th><th>65</th><th>80</th><th>100</th><th>125</th><th>150</th><th>200 以上</th></tr>
<tr><td>鋼管・ステンレス鋼管</td><td colspan="9">2.0 m 以下</td><td colspan="3">3.0 m 以下</td></tr>
<tr><td>ビニル管・ポリエチレン管</td><td colspan="8">1.0 m 以下</td><td colspan="4">2.0 m 以下</td></tr>
<tr><td>銅管</td><td colspan="8">1.0 m 以下</td><td colspan="4">2.0 m 以下</td></tr>
<tr><td>鉛管</td><td colspan="12">1.5 m 以下</td></tr>
</table>

※）冷媒用銅管の横走り管の吊り金物間隔は，銅管の基準外径が 9.52 mm 以下の場合は **1.5 m 以下**，12.70 mm 以上の場合は，2.0 m 以下とする．ただし，液管・ガス管共吊りの場合は，液管の外径とする．

表 2.2.20 の※）より，横走り管の吊り間隔は，2 m のため **1.5 m 以下**とする．

参考として，形鋼振れ止め支持について下表に示しておく．

表 2.2.20　振れ止め支持間隔

<table>
<tr><th>呼び径(A)
管種</th><th>15</th><th>20</th><th>25</th><th>32</th><th>40</th><th>50</th><th>65</th><th>80</th><th>100</th><th>125</th><th>150</th><th>200 以上</th></tr>
<tr><td>鋼管・ステンレス鋼管</td><td colspan="6">—</td><td colspan="3">8.0 m 以下</td><td colspan="3">12 m 以下</td></tr>
<tr><td>ビニル管・ポリエチレン管</td><td colspan="2">—</td><td colspan="3">6.0 m 以下</td><td colspan="4">8.0 m 以下</td><td colspan="3">12 m 以下</td></tr>
<tr><td>銅管</td><td colspan="2">—</td><td colspan="3">6.0 m 以下</td><td colspan="4">8.0 m 以下</td><td colspan="3">12 m 以下</td></tr>
</table>

解答

設問	適切でない部分の理由又は改善策
(1)	排気チャンバー底部を，外部側にこう配を付けて浸入した雨水を逃がす．
(2)	テープ巻きは配管の下から上向きに巻き上げる．
(3)	横走り管の吊り間隔は，1 500 mm 以下とする．

●適当でない要領図と改善図･改善策(1)　★が多いほど出題率が高い.

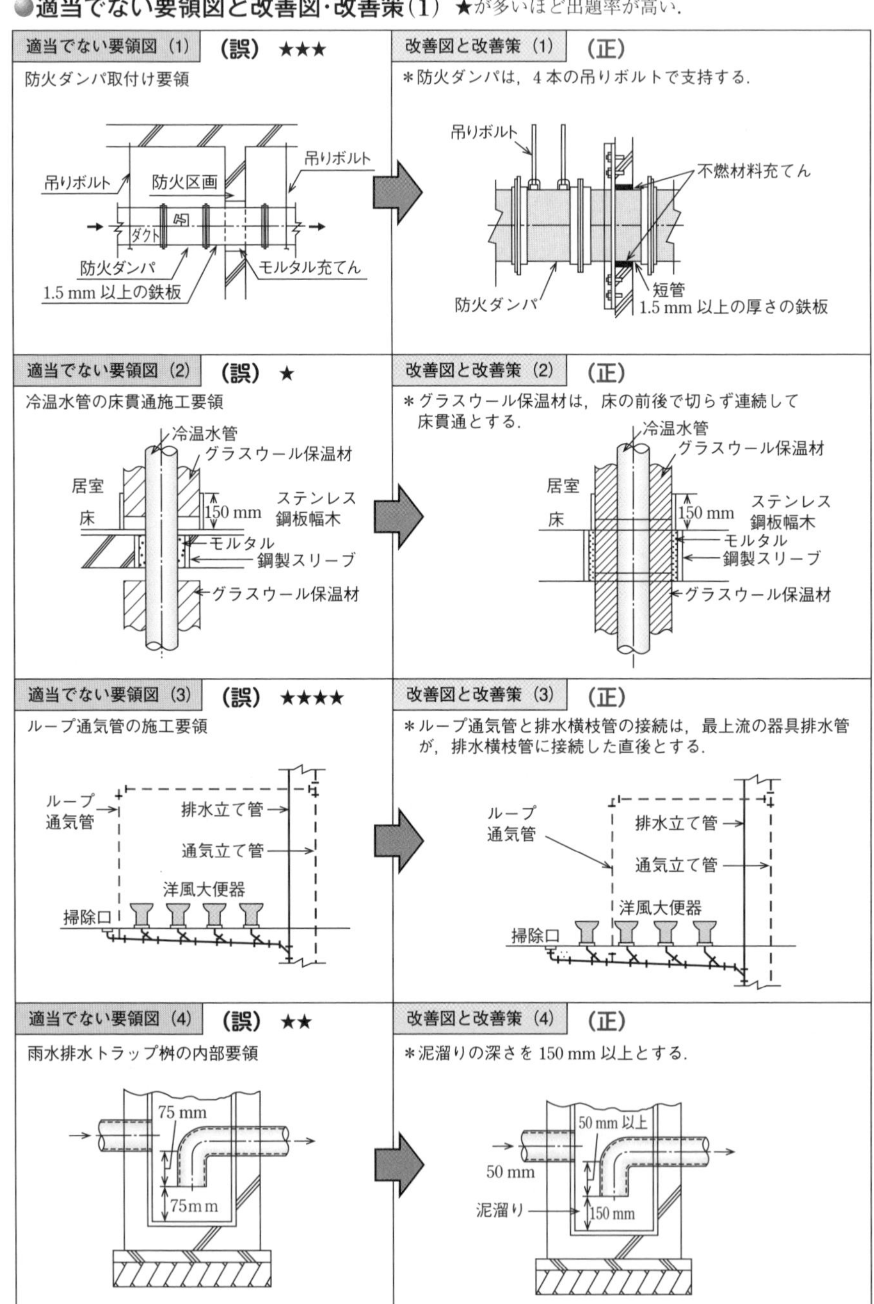

●適当でない要領図と改善図・改善策(2) ★が多いほど出題率が高い.

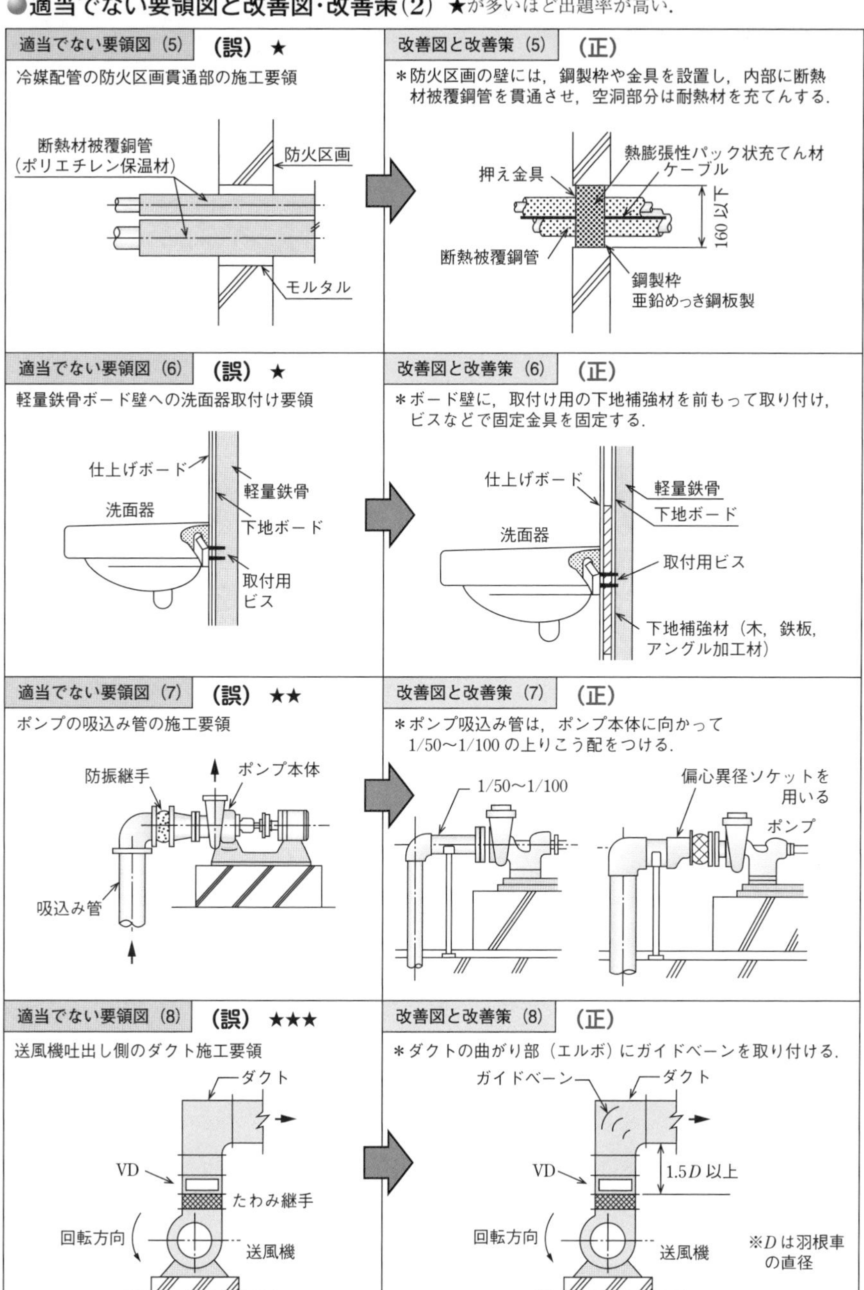

●適当でない要領図と改善図・改善策(3)　★が多いほど出題率が高い.

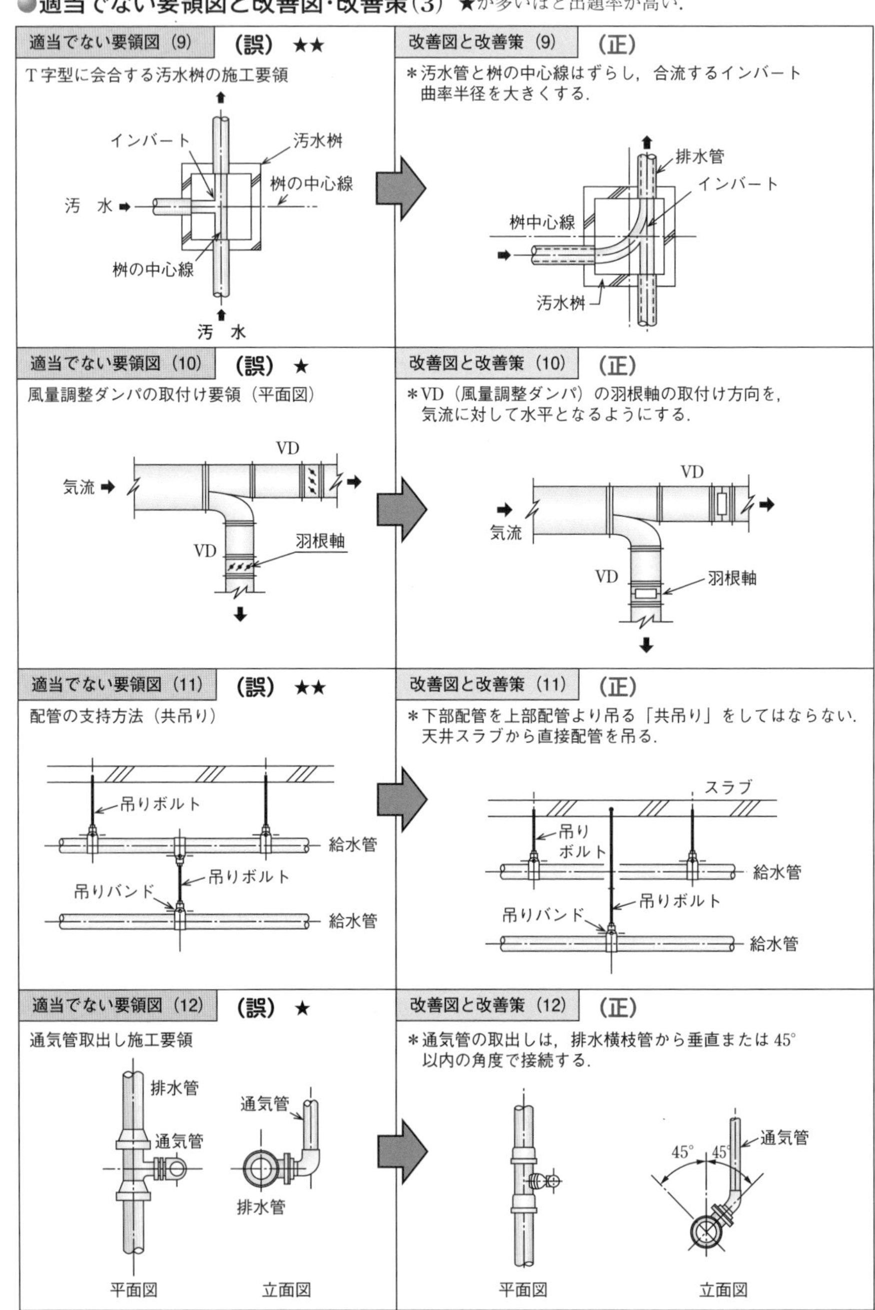

●適当でない要領図と改善図・改善策(4) ★が多いほど出題率が高い.

適当でない要領図（13） **（誤）** ★

グリーストラップの施工要領図

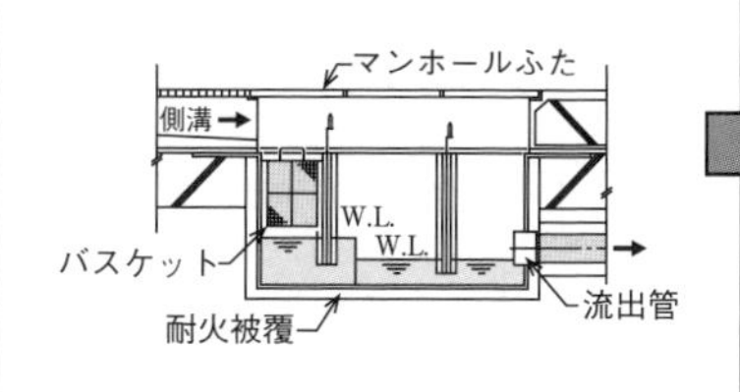

改善図と改善策（13） **（正）**

＊流出管にＴ字管を設け，その下部は水中に埋没するようにして，トラップ機能をもたせる.

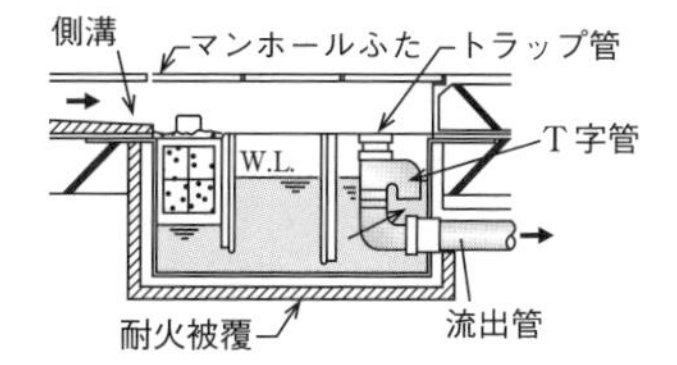

適当でない要領図（14） **（誤）** ★★

冷温水管吊り・保温要領

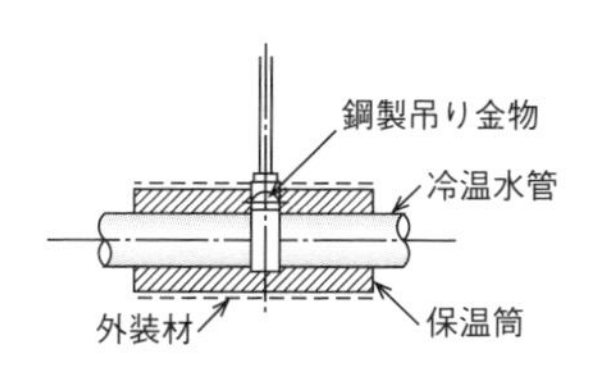

改善図と改善策（14） **（正）**

＊冷温水管を鋼製吊り金物で直接吊る場合は，保温外面より150 mm 程度の長さまで，吊りボルトを保温する.

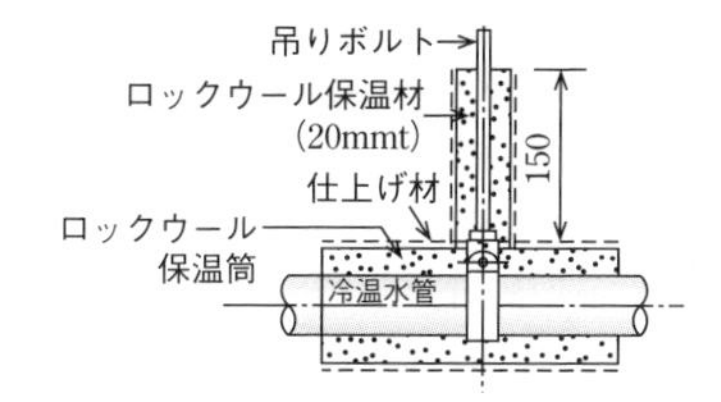

適当でない要領図（15） **（誤）** ★

ドロップ桝（インバート桝）と屋外配管要領図

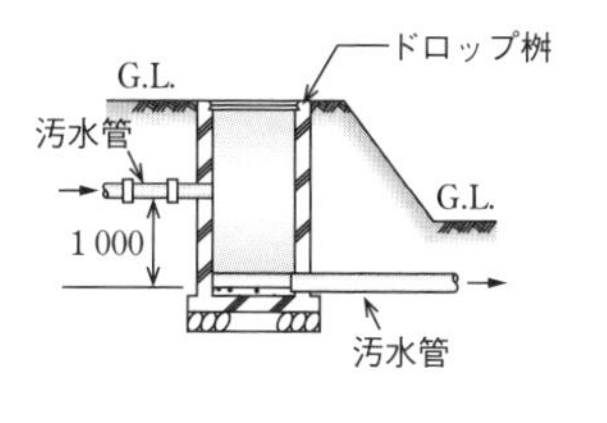

改善図と改善策（15） **（正）**

＊ドロップ桝の上流側にドロップ管を取り付け，底部まで排水を導入し，桝内のインバートに流入させる.

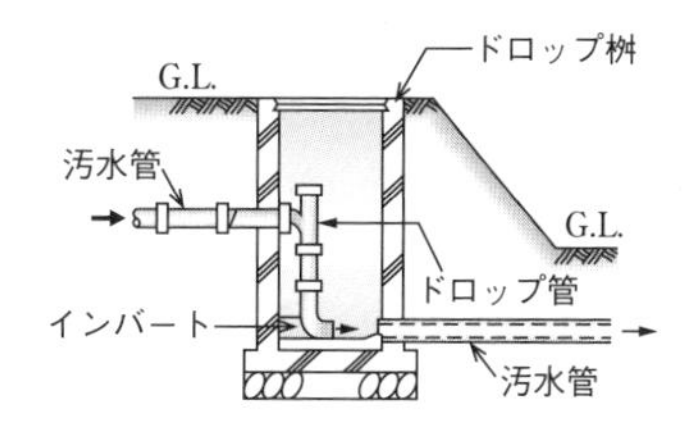

適当でない要領図（16） **（誤）** ★★★★

排水管に用いたねじ込み式継手

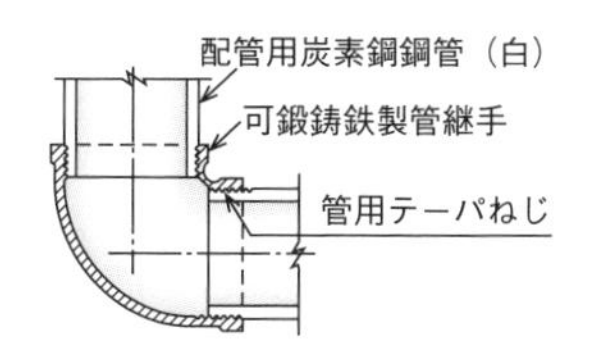

改善図と改善策（16） **（正）**

＊左図は，排水管のねじ込み式継手に必要なリセスや排水管の勾配用角度がない．これは，一般配管用継手である.

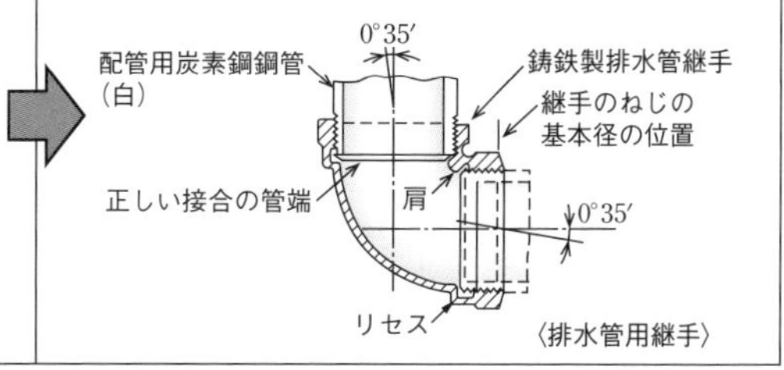

●適当でない要領図と改善図･改善策(5) ★が多いほど出題率が高い.

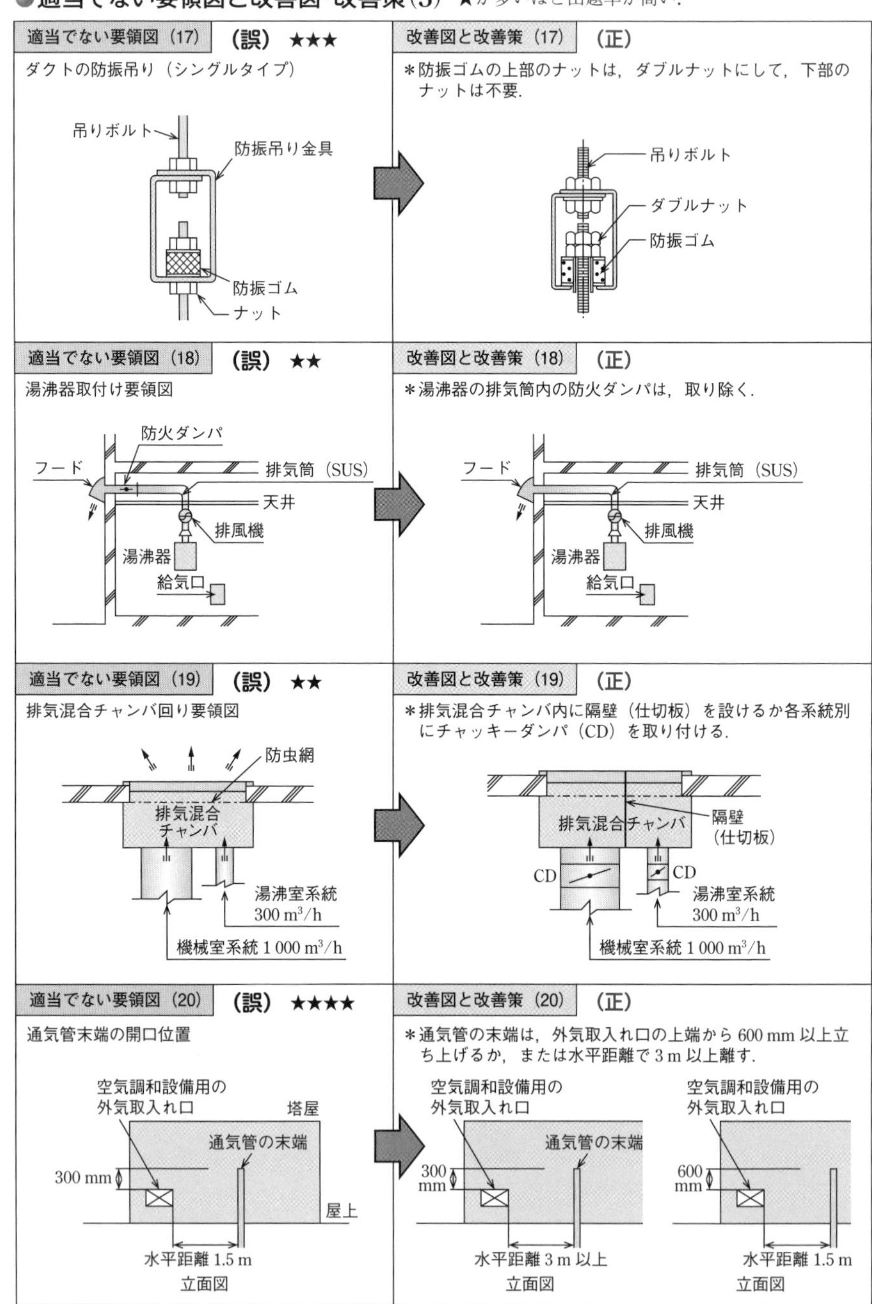

●適当でない要領図と改善図・改善策(6) ★が多いほど出題率が高い.

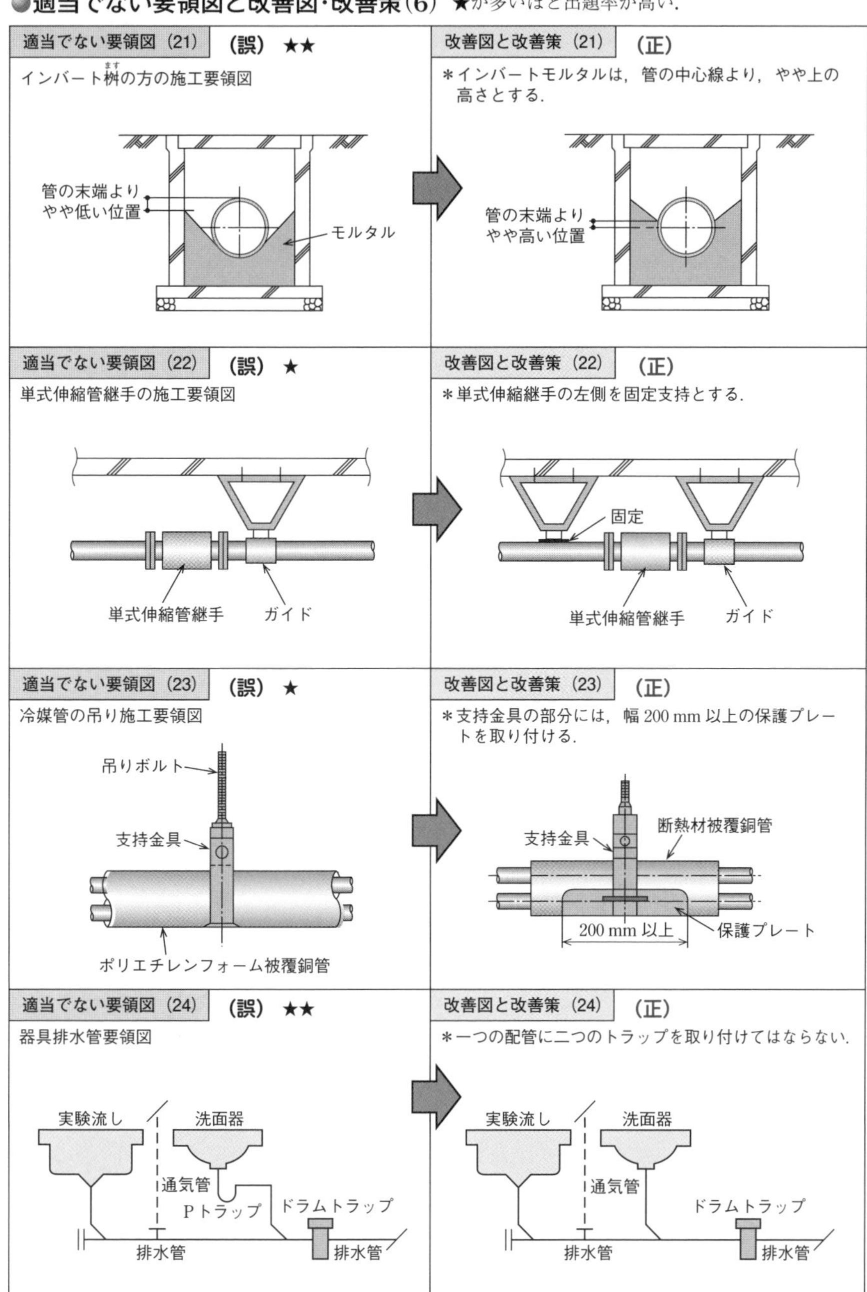

要領図の名称と使用目的(1)　★が多いほど出題率が高い．

ローラ支持金物 

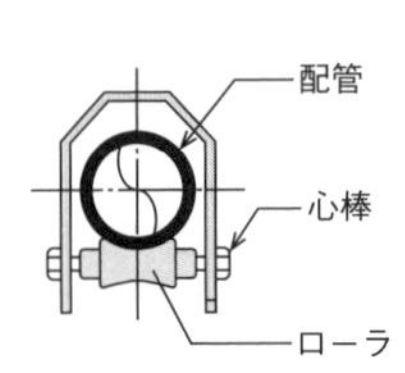

使用目的

＊蒸気管は熱による伸縮が大きいので，吊り支持の箇所にローラを用いて支持台が回転できるようにする．

テーパねじリングゲージ検査　★★★★

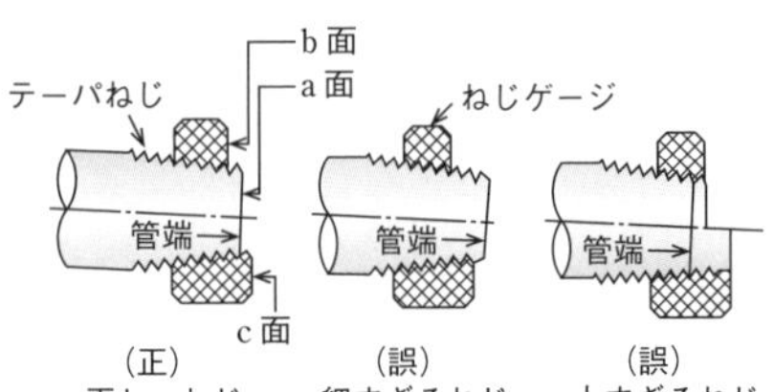

使用目的

＊ねじは長すぎないように加工し，ゲージで検査．
＊b 面と c 面の間に管端 a 面が入るように，配管のねじを切る．

絶縁材付き吊りバンド 

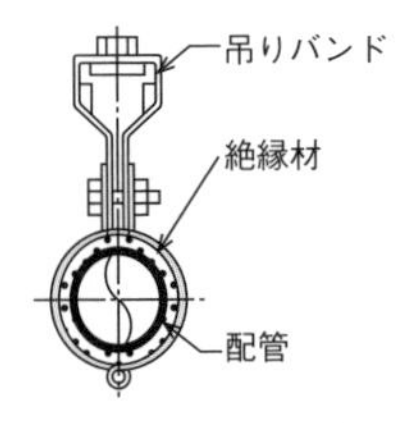

使用目的

＊銅管およびステンレス鋼管を鋼製金物で吊り支持する際に用いる．異種金属による腐食を防ぐことができる．

合成樹脂支持受け付き U バンド 

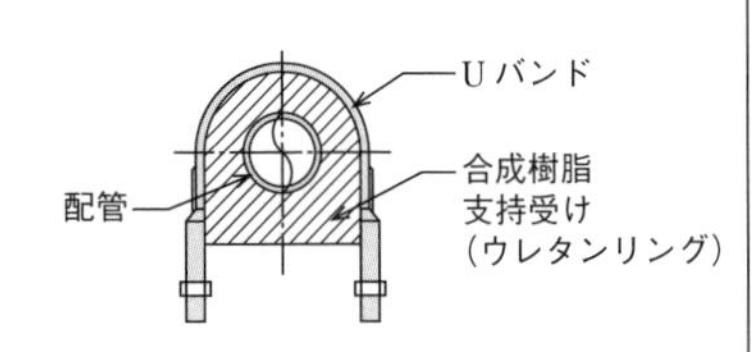

使用目的

＊冷水配管や冷温水配管の鋼製吊り金物が，結露するのを防ぐために用いる．

つば付き鋼管スリーブ 

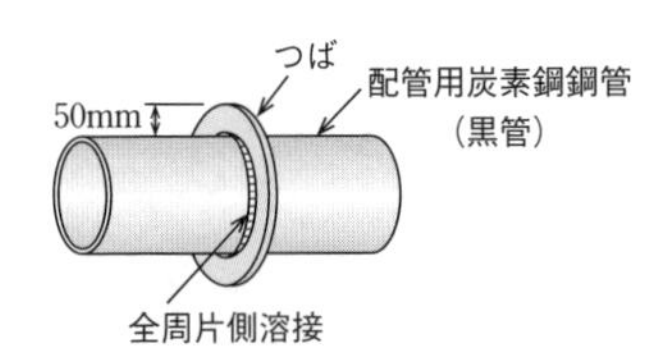

使用目的

＊屋外配管貫通部分や外壁の地中部分などの水密を要する部分のスリーブとして用いられる．

ステンレス製フレキシブルジョイント 

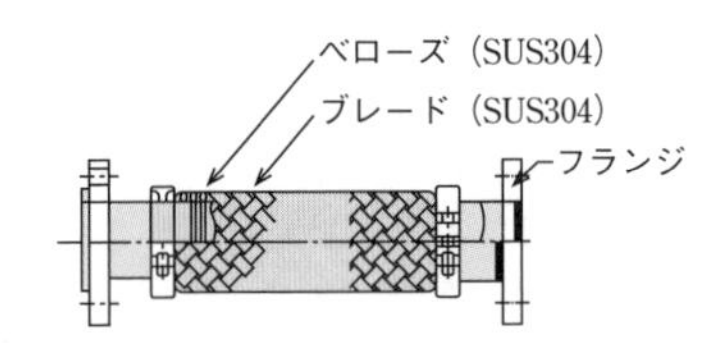

使用目的

＊建物のエキスパンションジョイントを通過する配管，屋外配管の建物導入部分，配管の耐震性向上，オイルタンク回りの油配管に用いられる．

●要領図の名称と使用目的(2) ★が多いほど出題率が高い.

水用自動エア抜き弁 ★

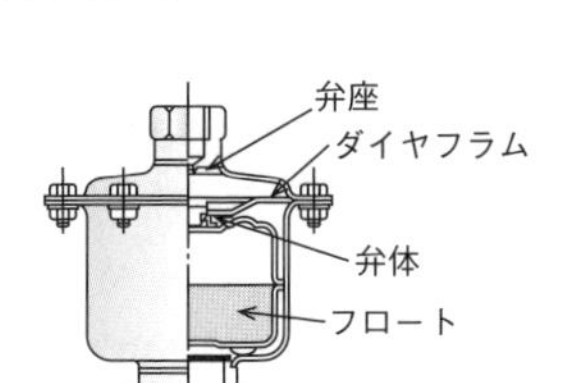

使用目的

＊配管の中に溜まったエアを管外に自動的に排出させるもので，配管の頂部に用いる.

大気圧式バキュームブレーカ ★

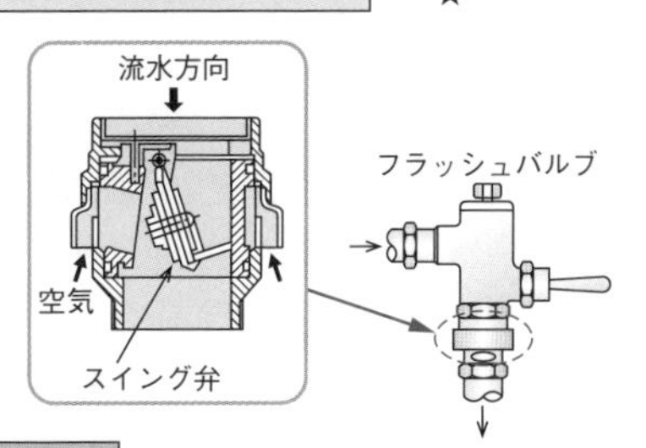

使用目的

＊大便器のフラッシュバルブに取り付けられているもので，逆サイホン作用により大便器の汚水などが給水系統に逆流するのを防ぐために用いる.

絶縁ユニオン ★

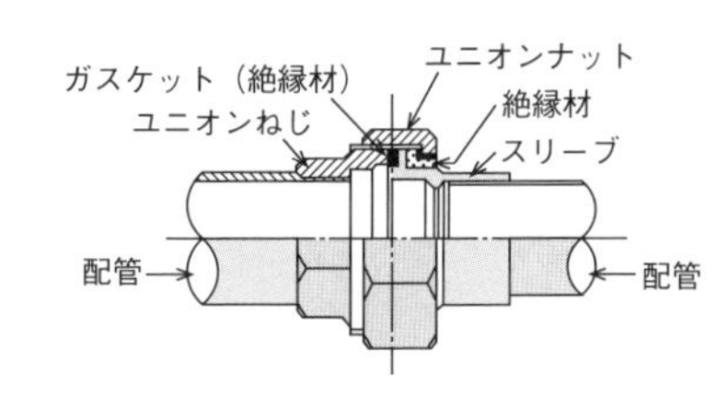

使用目的

＊異種金属の直接接続は，鋼管が腐食するため，異種金属どうしの鋼管と銅管，鋼管とステンレス管などを接続する継手として用いる.

合成ゴム製防振接手 ★

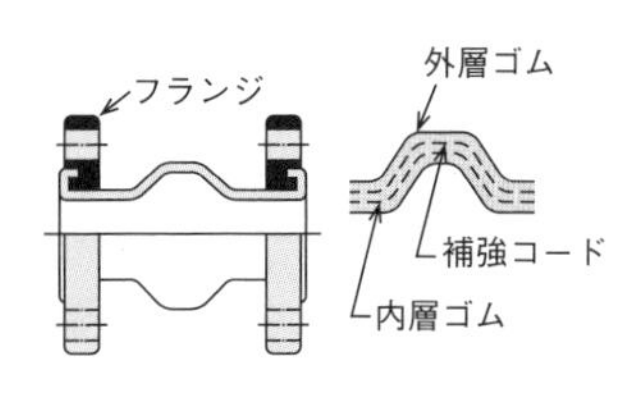

使用目的

＊ポンプなど振動を発生する機器に，配管を接続する場合に用いる.

フート弁 ★★

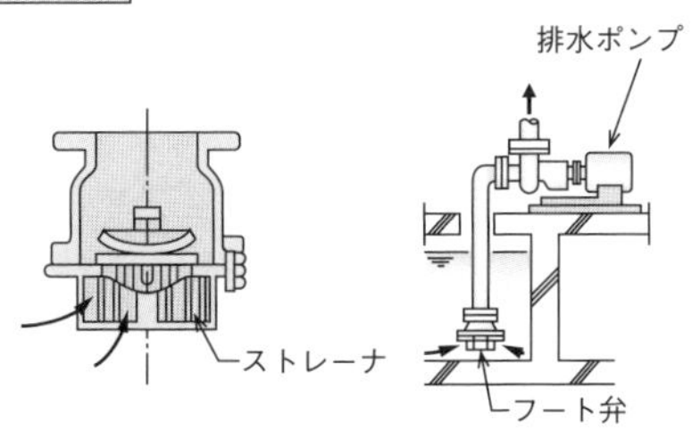

使用目的

＊排水ポンプの吸込み配管の末端に，落水防止（ポンプ停止時）やごみなどの吸込み防止のために用いられる.

インバート桝 ★★

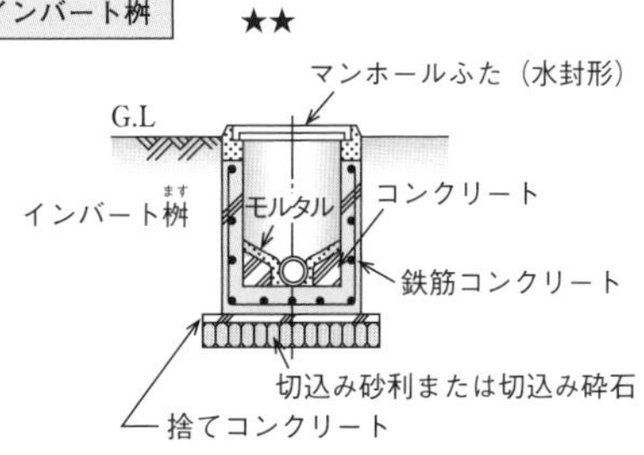

使用目的

＊排水管の汚物や固形物が桝の底部に停滞しないようにするために用いる．桝の底部にモルタルなどで円形の排水溝を設ける.

9 3 問題2対策　空調設備施工の留意事項

1 出題傾向

留意事項は，【問題2　空調設備施工の留意事項】と【問題3　給排水衛生設備施工の留意事項】の選択問題である．（解答は解答用紙に記述してください．選択した問題は，解答用紙の選択欄に○印を記入してください．）

出題傾向としては，機器類などの設置に関するものや試運転調整など，またダクト・配管の施工に関する留意事項についての記述問題が出題されている．

下記に最近4年間の【問題2】【問題3】の出題傾向を表に「まとめた」ので参考にしておくこと．

●最近4年度の問題2·問題3の各種設備機器およびダクト・各配管施工における留意事項

年度	問題	問題2・問題3	(1) 留意事項	(2) 留意事項	(3) 留意事項	(4) 留意事項
1	2	空冷ヒートポンプパッケージ形空気調和機の冷媒管（銅管）を施工する場合	管の切断または切断面の処理に関する	管の曲げ加工に関する	管の差込接合に関する	管の気密試験に関する
	3	ガス瞬間湯沸器（屋外壁掛け形，24号）を住宅の外壁に設置し，浴室への給湯管（銅管）を施工する場合	湯沸器の配置に関し，運転または保守管理の観点から	湯沸器の据付けに関する	給湯管の敷設に関する	湯沸器の試運転調整に関する
2	2	空冷ヒートポンプパッケージ形空気調和機（床置き直吹形，冷房能力20 kW）を事務室内に設置する場合	屋内機の配置に関し，運転または保守管理の観点から	屋内機の基礎または固定に関する	屋内機回りのドレン配管の施工に関する	屋外機の配置に関し，運転または保守管理の観点から
	3	排水管（硬質ポリ塩化ビニル管，接着接合）を屋外埋設する場合	管の切断または切断面の処理に関する	管の接合に関する	埋設配管の敷設に関する	埋戻しに関する
3	2	換気設備のダクトおよびダクト付属品を施工する場合	コーナーボルト工法ダクトの接合に関する	ダクトの拡大·縮小部または曲がり部の施工に関する	風量調整ダンパの取付けに関する	吹出口，吸込口を天井面または壁面に取り付ける場合
	3	車いす使用者用洗面器を軽量鉄骨ボード壁（乾式工法）に取り付ける場合	洗面器の設置高さに関する	洗面器の取付けに関する	洗面器の給排水管との接続に関する	洗面器設置後の器具の調整に関する
4	2	空調用渦巻ポンプを据え付ける場合	配置に関する	基礎に関する	設置レベルの調整に関する	アンカーボルトに関する
	3	建物内の給水管（水道用硬質塩化ビニルライニング鋼管）をねじ接合で施工する場合	管の切断に関する	面取りまたはねじ加工に関する	管継手またはねじ接合材に関する	ねじ込みに関する

対策としては，各自が空調系か給排水系か**得意とする問題を選び**，本書の施工ポイントや演習問題の記述例を参考として**簡潔にまとめる**ことである．記述例がない問題が出題されても，本書を熟読しておけば同じような解答になる場合（箇所）があるので，本書を有効に活用してほしい．なお，**解答は多数考えられるので自分で一番自信のある解答を記述する**こと．

⊕過去問題で出題率の高い留意事項

① パッケージ形空気調和機，空調用渦巻ポンプ，多翼送風機などの**据付け時**の留意点を**四つ記述**する．

② 冷媒管，冷温水管，換気設備の亜鉛鉄板製ダクトなどの**施工上**の留意点を**四つ記述**する．

③ パッケージ形空気調和機，空調用渦巻ポンプ，多翼送風機などの**試運転調整時**の留意点を**四つ記述**する．

2 機器の据付け，試運転調整に関する留意点

⊕機器を据え付ける場合の共通留意点

① 重量が建物の構造上問題がないか確認する．

② 周囲には，十分なメンテナンススペースを確保する．

③ 屋上の機器は，耐震基準に合った転倒防止などの耐震措置を施す（**図9·1**）．

④ 騒音が周囲に迷惑にならないよう，設置場所を考慮する．

⑤ 水平度，転倒防止などの固定状態を確認する．

⑥ 防振対策は，防振ゴム，防振スプリングなどの防振装置を設ける（**図9·2**）．

⑦ コンクリート基礎の表面は，**金ごて押え**または**モルタル塗り**とし，**据付け面は水平**に仕上げる．

⑧ コンクリートの打込み後，**10日以内**は据え付けてはならない．

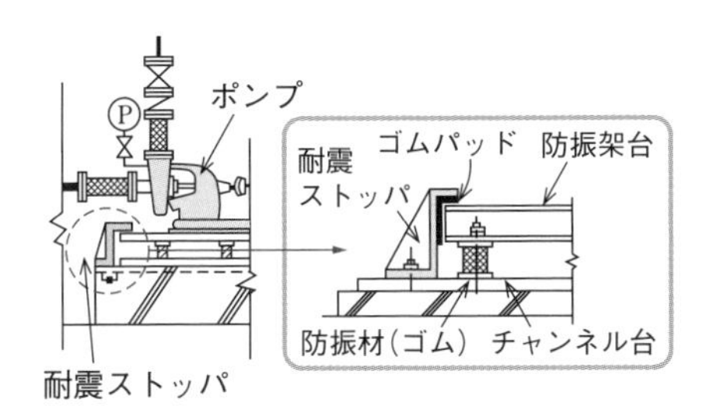

図9・1 耐震ストッパ

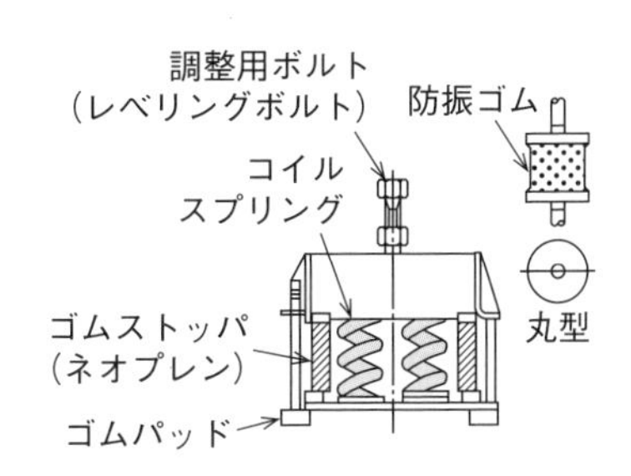

図9・2 防振ゴム・防振スプリング

⑨　機器の荷重が基礎および構造物に均等に分布するようにする．

⑩　振動を伴う機器の固定は，ダブルナットなどで固定する．

⊕パッケージ形空気調和機据付け上の留意点

①　室内機および室外機の振動防止として，防振ゴムや防振架台などを設ける．

②　屋外機は，ショートサーキット防止のため，周囲に十分な空間を確保する．

③　屋内機と屋外機間の冷媒配管が**長い場合**や**高低差がある場合**に制限があるので，能力低下にならないように注意する．

④　積雪地帯では，屋外機の設置場所を考慮し，防雪フードなどを取り付ける．

⑤　大型の屋外機の屋上設置は，床の強度を確認，検討して床の補強を行う．

⑥　天井カセット型には，地震時の揺れ防止として，型鋼やワイヤを取り付ける．

⑦　屋外機の騒音を考慮し，設置場所の検討や防音対策を行う．

⊕空調用渦巻ポンプ据付け上の留意点

①　周囲には，十分なメンテナンススペースを確保する．

②　機器のアンカーボルトは基礎用鉄筋と堅結する．

③　基礎は高さ **300 mm** 程度のコンクリートとし，水平に仕上げる．

④　防振対策を必要とする場合は，防振ゴム，防振スプリングなどの防振基礎とする．

⑤　機器の重量を確認して必要に応じて床の補強を行う．

⊕多翼送風機の据付け上の留意点

①　**10 番以上**の大型送風機は，鉄筋コンクリート基礎とする．

②　コンクリート基礎の大きさは，高さ **150 mm**，幅は送風機の架台より **100 ～ 200 mm** 大きめにする．

③　防振架台の据付け状態を確認する．

④　固定状態（水平度，転倒防止）を確認する

⑤　異常音や異常振動がないか点検する．

⊕多翼送風機の試運転調整の留意点

①　吹出し側の VD（風量調整ダンパ）を全閉にして，手元スイッチで瞬時運転を繰り返し，回転方向を確認する．

②　V ベルトの張りは，指でつまんで **90° くらいひねれる程度**か確認する（**図 9·3，図 9·4**）．

③　軸受温度が **40℃未満**であるか確認する．

④　サージング現象がないことを確認する．

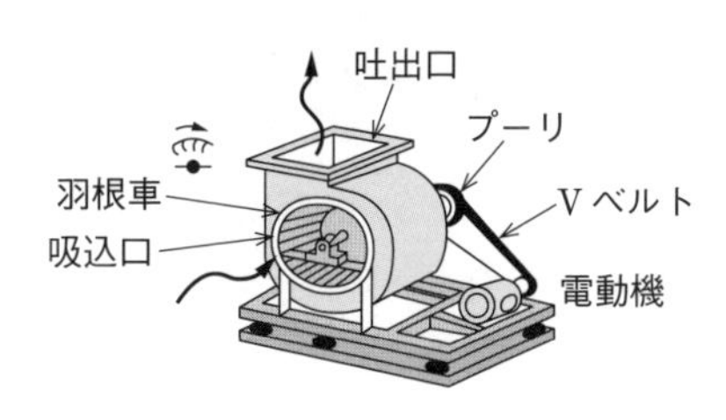

図9・3　多翼送風機のVベルト

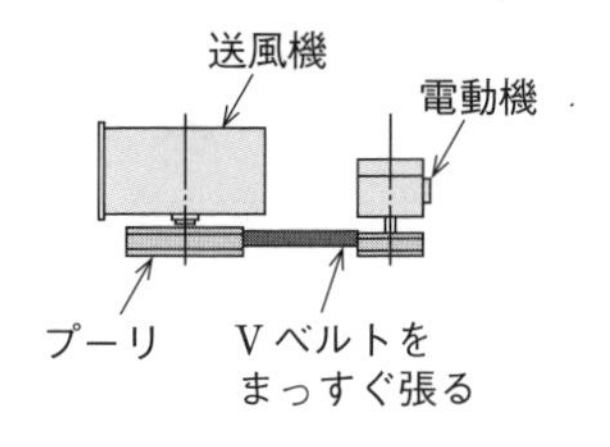

図9・4　Vベルト（平面図）

⑤　異常音や異常振動がないか点検する．

サージング現象：流体（風や水）の吐出圧力や吐出量が変動し不安定となり，振動，騒音を起こし，運転不能となる現象のこと．

冷媒配管施工上の留意点

①　フラッシングガスには，窒素ガスを使用する．

②　フラッシング後は，配管内にごみや水などが，入らないように配管端部を養生する．

③　屋内外ユニットの連絡配線の冷媒管と共巻きは，冷媒管の保温施工後に行う．

④　冷媒配管の継手は，保守点検が可能な位置とする．

⑤　冷媒配管の振動対策として，冷媒配管用の変異吸収管継手やフレキシブル継手を用いる．

⑥　ろう付け接合は，配管内に不活性ガス（窒素ガスなど）を入れながら行う．

⑦　冷媒管は，断熱材の上から支持を行い，保温材の厚さが減肉しないように，硬質の幅広バンドで受ける（**図9·5**）．

⑧　冷媒配管の接続後は，真空引きを確実に実施する．

⑨　冷媒配管の接続後は，窒素ガス，炭酸ガス，乾燥空気などで気密試験を行う．

⑩　手動ベンダでの曲げ加工は，ゆっくりと均一の力で曲げる（**図9·6**）．

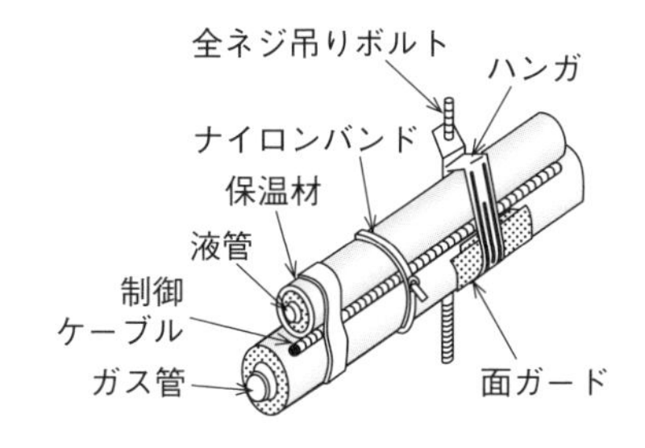

図9・5　冷媒管の保温

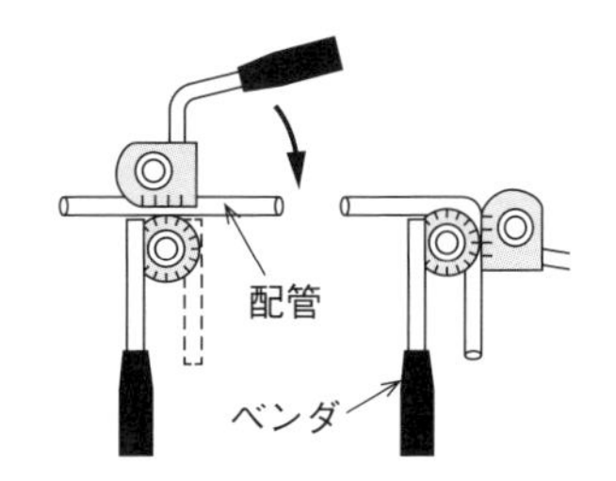

図9・6　手動ベンダ

⊕亜鉛鉄板製ダクト施工，製作上の留意点［角ダクト，スパイラルダクト共通］

① 保温，保冷工事の作業空間を確保する．

② 防火区画，防火壁などの貫通ダクトの板厚は，**1.5 mm 以上**とし，そのすき間をモルタルやロックウール保温材などで埋める（**図 9·7**）．

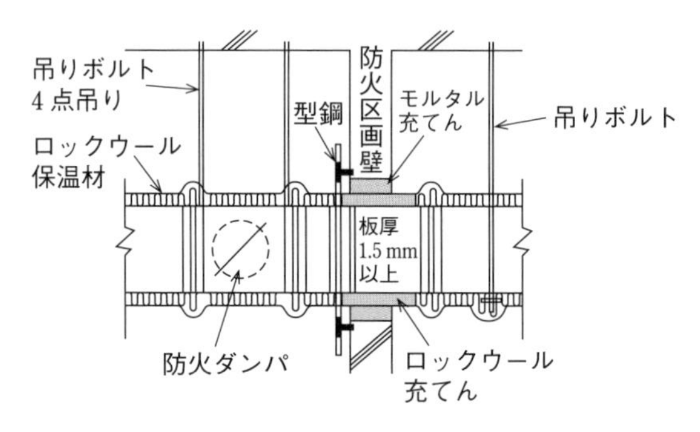

図 9・7 防火壁貫通ダクト

③ 水蒸気や油分を含む排気ダクトの継目は，継目と継手の外側からシールを施す．

④ 点検口が VD の操作，FD のヒューズ取替え時に支障が出ない位置になっているか確認する．

⑤ 送風機の吹出口直後の長方形ダクトの曲がりは，送風機の**回転方向に逆らわない方向**になっているか確認する．

⑥ 角ダクトの継目（つぎめ）は，ダクトの強度を保持するため 2 か所以上とする．

⑦ 角ダクト断面のアスベスト比は 4 以下とする．

⑧ 低圧角ダクトの板厚は，長辺が 450 mm 以下は 0.5 mm，450 mm を超え 750 mm 以下は，0.6 mm とする．

⑨ 角ダクトのエルボ内側半径は，ダクト半径方向の幅の 1/2 以上にする．

⑩ スパイラルダクトの曲がり部分の内側半径は，ダクトの半径以上とする．

⑪ スパイラルダクトの接合は，継手にシール材を塗布して差し込み，鋼製ビスで固定後，継目をテープで二重巻きにする（**図 9·8**，**図 9·9**）．

⊕パッケージ形空気調和機の試運転調整の留意点

① 冷媒配管の断熱，耐火処理は施工計画どおりか確認する．

② 系統別に試運転調整ができるか確認する．

③ ドレン配管接続部は，断熱処理がされているか確認する．

④ 電線の絶縁抵抗は問題ないか，端子はゆるんでいないか確認する．

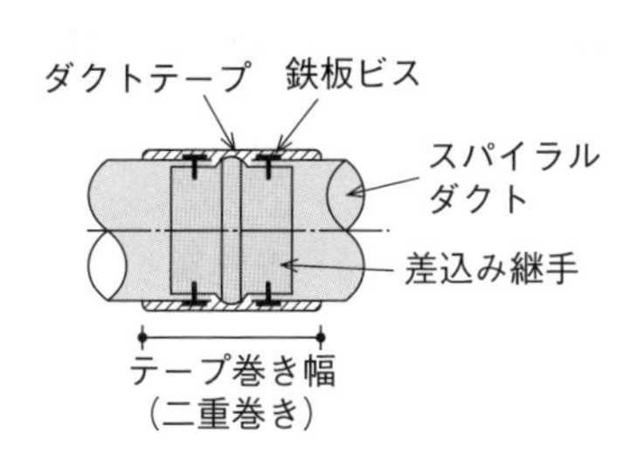

図9・8 スパイラルダクトの接合

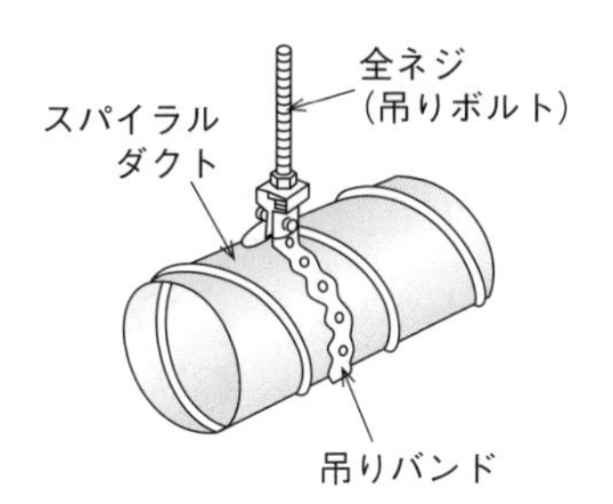

図9・9 スパイラルダクトの吊り

⑤ リモートコントローラは，正常作動をしているか確認する．

⊕コンクリート基礎の施工および機器据付けの留意点

① コンクリート基礎は，コンクリート打込み後，養生のため10日以内は機器の設置をしてはならない．

② コンクリート基礎の打設時は，金ごてで水平に仕上げる．モルタル仕上げの場合，コンクリートの表面を水洗いしてから仕上げる．

③ 水平に機器を据え付けるため，水準器，くさびなどを用いて，水平度を調整し，基礎ボルトは均等に締め付ける．

④ 機器設置後の保守点検･修理ができるように，必要なスペースを確保する．

⑤ 地震時の機器移動，転倒を防ぐため、ストッパ，転倒防止金物を設置する．

⊕総合試運転調整の前に行う空調用渦巻ポンプ単体の試運転調整の調整・確認をする場合の留意点

① **グランドパッキン**（**図9･10**）からは，適切な量の**水滴**が滴下しているかを確認する．

② 回転むらがないかポンプを手で回して点検し，グランドパッキンを締めすぎていないかを確認する．

③ 試運転は，吐出弁を閉めてから瞬時に起動して回転方向を確認する．

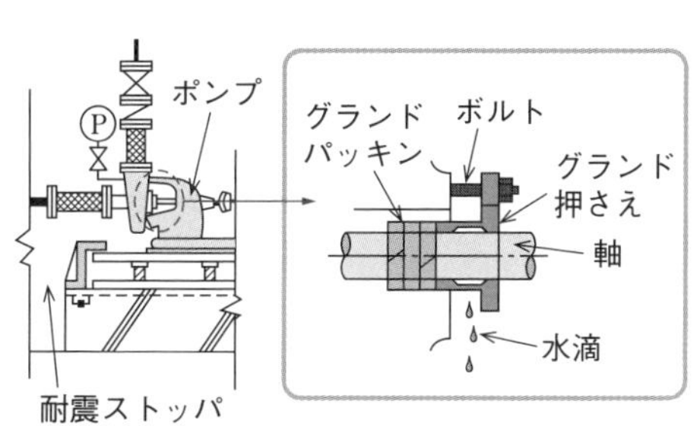

図9・10 グランドパッキン

④ ポンプの流量は，締め切った吐出側の弁を徐々に開き，流量計で規定水量に調整する．流量計がない場合は，ポンプの試験成績表の電流値で調整する．

【問題2 空調設備施工】・【問題3 給排水衛生設備施工】から1問選択

問題 1 空調設備施工の留意事項

空冷ヒートポンプパッケージ形空気調和機の冷媒管（銅管）を施工する場合の留意事項を解答欄に具体的かつ簡潔に記述しなさい．

記述する留意事項は，次の（1）～(4）とし，それぞれ解答欄の（1）～(4）に記述する．ただし，工程管理及び安全管理に関する事項は除く．

(1)管の切断又は切断面の処理に関する留意事項

(2)管の曲げ加工に関する留意事項

(3)管の差込接合に関する留意事項

(4)管の気密試験に関する留意事項

解説 (1) **冷媒管の切断**は，**銅管用パイプカッターや金のこ，電動のこ盤**などを用いて管の軸に対して直角に行う．**切断面の処理**は，**スクレーパー**で**ばり**（金属などを加工した際に発生した突起）**取り**したり，**リーマ**で**面取り**を行う．

(2) **冷媒管の曲げ加工**は，**ベンダー**を使用して，曲げ加工部は楕円状にならないように注意して曲げ，曲げの半径は**直径の4倍以上**（最大90度）するように加工する．**加熱加工は絶対にしてはならない．**

(3) **冷媒管の差込接合**のろう（はんだ）は**硬ろうを使用**し，管内に**不活性ガスを流して酸化物の生成を抑えながら接合**する．

(4) **冷媒管の気密試験**は，配管接続完了後，高圧ガス保安法に定める基準に従って**窒素ガス**などを用いて行う．気密試験終了後は，真空ポンプを使い**配管内の気圧を真空状態**に近づけ管内に残った**水分を蒸発させて外部に放出**させる．

解答

設問	留意事項
(1)	金のこなどで直角に切断し，切断面の処理を行う．
(2)	ベンダーを使い曲げの半径は直径の4倍以上するように加工する．
(3)	管内に不活性ガスを流して酸化物の生成を抑えながら接合する．
(4)	気密試験終了後は，管内に残った水分を蒸発させて真空状態とする．

問題 2 空調設備施工の留意事項

空冷ヒートポンプパッケージ形空気調和機（床置き直吹形，冷房能力 20 kW）を事務室内に設置する場合の留意事項を解答欄に具体的かつ簡潔に記述しなさい．

記述する留意事項は，次の（1）～（4）とし，それぞれ解答欄の（1）～（4）に記述する．ただし，工程管理及び安全管理に関する事項は除く．

(1)屋内機の配置に関し，運転又は保守管理の観点からの留意事項

(2)屋内機の基礎又は固定に関する留意事項

(3)屋内機回りのドレン配管の施工に関する留意事項

(4)屋外機の配置に関し，運転又は保守管理の観点からの留意事項

解説 (1) 屋内機の配置は，吹出し・吸込み空気の気流や吹出しの到達距離等を考慮し，**障害物のない位置でフィルター等の交換にも便利な場所**に設置する．

〈参考〉屋内機と屋外機の配置によっては，冷媒配管が長くなりすぎると能力が低下する．また，高低差にも制限がある（メーカーにもよるが，一般的に長さ，高低差ともに 50 m 程度）．

(2) コンクリート基礎は，**打設後 10 日以内には機器を据え付けないこと**．その後，コンクリート基礎の表面は，**金ごて押えまたはモルタル塗り**とし，**据付け面は水平**に仕上げ，コンクリート基礎上に屋内機を設置し，**防振ゴムパットを敷き転倒防止金具で水平**に据え付ける．

(3) 床置き形パッケージ形空気調和機のためドレンパンからの排水管には，**トラップを設けるので基礎の高さは 150 mm 程度**とする．

(4) 屋外機は，圧縮機やファンの騒音に注意し**近隣との距離をとるか防音壁等の対策**をする．

解答

設問	留意事項
(1)	フィルター等が容易に交換でき，気流や到達距離等が適切な位置に設置する．
(2)	コンクリート基礎上に設置し，防振ゴムパットを敷き水平に据え付ける．
(3)	床置きのため排水管にトラップを設けるので，基礎高は 150 mm 程度とする．
(4)	屋外機は，騒音に注意し近隣との距離をとるか防音壁等の対策をとる．

問題 3 空調設備施工の留意事項

換気設備のダクト及びダクト付属品を施工する場合の留意事項を解答欄に具体的かつ簡潔に記述しなさい．記述する留意事項は，次の（1）～（4）とし，工程管理及び安全管理に関する事項は除く．

(1) コーナーボルト工法ダクトの接合に関し留意する事項
(2) ダクトの拡大・縮小部又は曲がり部の施工に関し留意する事項
(3) 風量調整ダンパの取付けに関し留意する事項
(4) 吹出口，吸込口を天井面又は壁面に取り付ける場合に留意する事項

解説 (1) 亜鉛鉄板製ダクト工法には，アングルフランジ工法とコーナーボルト工法があり，コーナーボルト工法には，共板フランジ工法とスライドオンフランジ工法がある．

コーナーボルト工法は，四隅のボルト・ナットと**専用のフランジ押さえ金具**（クリップ・ラップ）で接続する．

(2) ダクトの拡大・縮小部では，拡大のほうが空気の渦や乱流しやすく圧力損失が大きいので，急激な変化を避け，**拡大は 15° 以下**とし，**縮小は 30° 以下**とする．

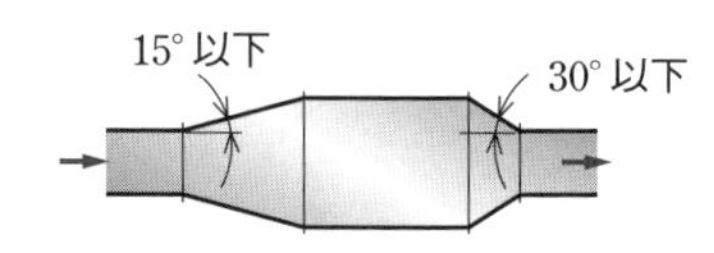

ダクトの拡大・縮小

(3) 風量調整ダンパは，ハンドル操作がしやすく，**気流の整流されている**ところに設ける．また，送風機の吐出し直後に取り付ける場合は，**ダンパ軸を送風機の羽根車の軸と直角**になるようにする．

(4) 吹出口，吸込口の取付け位置は，**施工図で他設備との取合などを考慮**して取り付け，天井には荷重がかからないようにする．また，結露防止も行う．

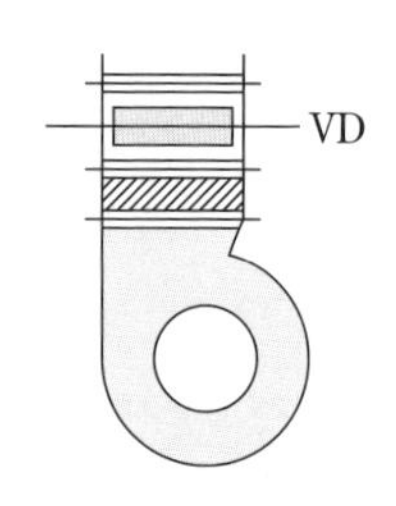

ダンパ取付け方向

解答

設問	留意事項
(1)	四隅を専用のフランジ押さえ金具で接続する．
(2)	急激な変化を避け，拡大は 15° 以下とし，縮小は 30° 以下とする．
(3)	ハンドル操作がしやすく，気流の整流されているところに設ける．
(4)	取付け位置は，施工図で他設備との取合などを考慮し取り付ける．

問題 4 空調設備施工の留意事項

空調用渦巻ポンプを据え付ける場合の留意事項を解答欄に具体的かつ簡潔に記述しなさい．記述する留意事項は，次の（1）～（4）とし，工程管理及び安全管理に関する事項は除く．

(1)配置に関する留意事項
(2)基礎に関する留意事項
(3)設置レベルの調整に関する留意事項
(4)アンカーボルトに関する留意事項

解説 (1) ポンプは，一般的に機械室に設置するが，屋外の場合はなるべく風雨にさらされない場所とし，近隣への振動・騒音に留意し配置を考える．機械室内の場合は，**施工図で他設備との取合などを考慮し**設置する．

(2) 基礎はコンクリート造りで，**高さは床上 300 mm** とし，基礎の表面周囲には排水のための溝を掘り排水目皿を設け，最寄りの排水管に間接排水とする．

基礎の高さ（参考例）

機器名	基礎の高さ H〔mm〕	機器名	基礎の高さ H〔mm〕
ポンプ（標準基礎）	300	空気調和機	150
（防振基礎）	150	パッケージ形空調機	150
冷温水発生機	150	冷却塔	150
送風機	150		

2 台以上の並列に設置する場合は，基礎の間隔を 500 mm 以上とする．なお，コンクリート基礎は，**コンクリート打設後 10 日以内は，機器を据え付けてはならない．**

(3) 設置レベルの調整は，輸送時や搬入時に軸心が狂うので，その調整が必要である．**軸心の調整は，ポンプとモーターの水平を確認**する．次に**カップリングのすき間をチェック**する（外縁の狂いは 0.03 mm 以下，間げきの誤差は 0.1 mm 以下に調整）．

(4) アンカーボルトは，**フックを付けて基礎コンクリート中に堅固に固定**する．取付けナットは**ダブルナット**とする．

解答

設問	留意事項
(1)	施工図で他設備との取合などを考慮し設置する．
(2)	コンクリート打設後 10 日以内は，ポンプを据え付けてはならない．
(3)	軸心の調整をし，ポンプとモーターの水平を確認する．
(4)	フックを付けて基礎コンクリート中に堅固に固定する．

⊕【問題 2 空調設備施工】全般の留意事項問題（参考）

問題 1 空調設備の施工

事務所ビルの屋上機械室に，呼び番号 3 の多翼送風機を据え付ける場合の留意事項を四つ解答欄に簡潔に記述しなさい．

解答例　留意事項として，次のようなものがあげられる．

① 重量が建物の構造上問題がないか確認する．

② 周囲には，十分なメンテナンススペースが確保されているか確認する．

③ 防振架台の据付け状態を確認する．

④ 固定状態（水平度，転倒防止など）を確認する．

問題 2 空調設備の施工

パッケージ形空気調和機の冷媒管を施工する場合の留意事項を四つ解答欄に簡潔に記述しなさい．

解答例　留意事項として，次のようなものがあげられる．

① 冷媒配管の断熱，耐火処理は施工計画のとおりか確認する．

② 系統別に試運転調整ができるか確認する．

③ ドレン配管接続部は，断熱処理がされているか確認する．

④ 冷媒管は，断熱材の上から支持を行い，硬質の幅広バンドで受けているか確認する．

問題 3 空調設備の施工

機器をコンクリート基礎に据え付ける場合に，基礎の施工および機器の据付けについて，留意すべき事項を四つ解答欄に簡潔に記述しなさい．

解答例　留意事項として，次のようなものがあげられる．

① 表面は，金ごて押えとし，据付け面は水平に仕上げる．

② コンクリートの打込み後，10 日以内は据え付けない．

③ 機器の荷重が基礎に均等に分布するようにする．

④ 振動を伴う機器の固定は，ダブルナットで固定する．

問題 4 空調設備の施工

新築事務所ビルで，空調用配管の保温・保冷を施工するうえでの留意すべき事項を四つ解答欄に簡潔に記述しなさい．

解答例　留意事項として，次のようなものがあげられる．

① 室内配管の保温見切り箇所には菊座を，分岐・曲がり部にはバンドを取り付ける．

② 立て配管の保温外面のテープ巻きは，配管の下方より上向きに巻き上げる．

③ 冷温水配管の吊りバンドの支持部は，合成樹脂製の支持受けを使用する．

④ 横走り配管の抱き合せ目地は，管の垂直・上下面を避け，管の横側にする．

問題 5 空調設備の施工

換気設備に用いる亜鉛鉄板製ダクトを製作・施工する場合の留意すべき事項を四つ解答欄に簡潔に記述しなさい．

解答例　留意事項として，次のようなものがあげられる（長方形ダクトの場合）．

① ダクトのアスペクト比（縦横比）は 4 以下とする．

② 低圧ダクトの場合，長辺が 450 mm 以下なら板厚 0.5 mm，長辺が 450 mm を超え 750 mm 以下なら板厚 0.6 mm とする．

③ 多湿な場所で使用する排気ダクトは，ダクトの折返し部，はぜ部，接合部などに**シール**を施す．

④ ダクトの強度を確保するため，コーナーの継目は 2 か所以上とする．

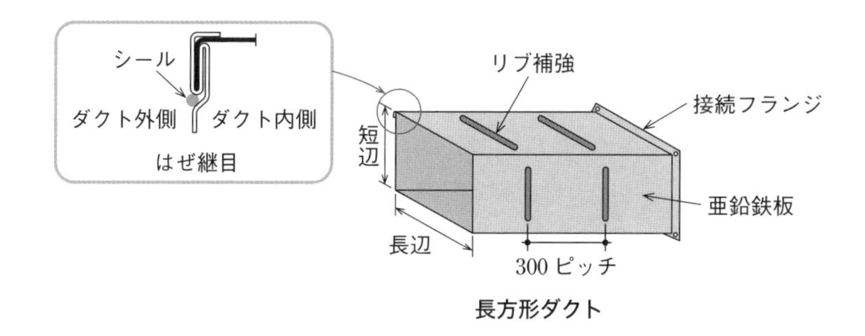

長方形ダクト

9・4 問題３対策　給排水衛生設備施工の留意事項

1 出題傾向

9·3 節【問題 2】の項（319 ページ）でも述べているが，**【問題 2】と【問題 3】のうち自分の得意とするほうを選んで記述**すること．また，**解答は，いくつかあるので，自分が納得いくものを記述する**こと．

⊕過去問題で出題率の高い留意事項

①　給水管（塩ビライニング鋼管）を施工する場合の留意事項
②　給・排水管埋設施工時の留意事項
③　建物内の給水管をねじ接合で施工する場合の留意事項
④　小型プラスチック製桝を施工する場合の留意事項
⑤　給水管を埋設施工する場合の留意事項
⑥　壁付き手洗器や，洗面器を据え付ける場合の施工上の留意事項

2 給排水設備に関する留意点

⊕敷地内の給水管埋設施工の留意事項について

①　埋戻し前に水圧テスト，**満水テスト**を行い，漏水の有無を確認する．
②　給水管と排水管の交差は，給水管を**上方**に埋設する．
③　埋設した給水管の位置は，明示杭（青色）などで表示する．
④　給水管の埋設深さは，**公道部分で 1.2 m 以上**とするが，道路管理者との協議によっては，**0.6 m** まで減らすことができる．
⑤　**宅地内**での車両道路部分は，**0.6 m 以上**で，それ以外は **0.3 m** 以上とする．
⑥　施工中の配管の中に，砂やごみが入らないよう管端に養生を行う．
⑦　盛土や軟弱地盤の埋設は，底部をよく突き固めて配管するか，またはコンクリートなどの基礎の上に配管する．
⑧　埋戻しは，山砂で管の周囲を埋め，良質の掘削土で埋め戻す．
⑨　鋼管の地中埋設は，防食テープによる防食措置，または**外面被覆鋼管**を使用する．
⑩　配管の分岐，曲がり箇所には，地中埋設標を土被り 150 mm 程度の深さに埋設表示用シートなどを埋設する．

⊕排水桝の留意点

① 桝の設置間隔は，排水管口径の120倍以上とする．

② 桝サイズは，内径，内法の15 cm以上の円形，角形とする．

③ 汚水桝のインバートは**20 mm程度**の落差を設ける（**図9･11**）．

④ 雨水桝には，**150 mm以上の泥溜り**を設ける（**図9･12**）．

⑤ トラップは**封水深さ**を50～100 mm**程度**とる（**図9･13**）．

⑥ 排水桝は敷地排水管の起点，合流場所，勾配の著しく変化する場所および清掃，点検上必要な箇所に設ける．

⑦ 桝の基礎は厚さ10 cm程度の砂基礎とする．

⑧ 桝の埋戻し時は，土砂が入らないように養生をする．

⊕給水管（水道用硬質塩化ビニルライニング鋼管）をねじ接合する場合の施工上の留意点

① ねじ部には，流体に適したシール剤を極力少なく塗布する．

② 締付け工具は，パイプレンチ，**チェーントン**などを用いて十分に締め付ける（**図9･14**）．

③ ねじ接合剤に，固練りペイント，パテ，麻などは使用してはならない．

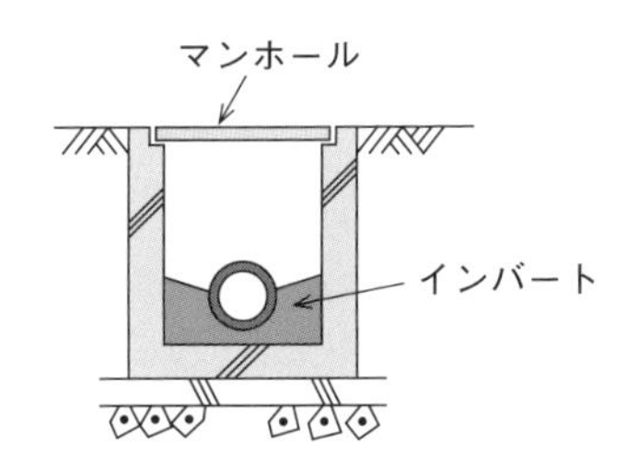

図9・11　汚水桝

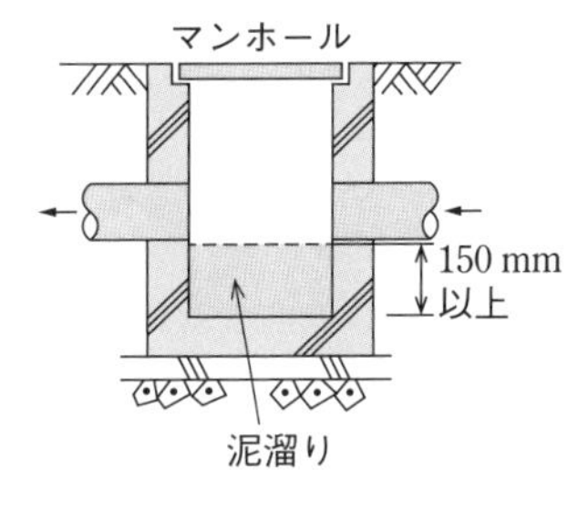

図9・12　雨水桝

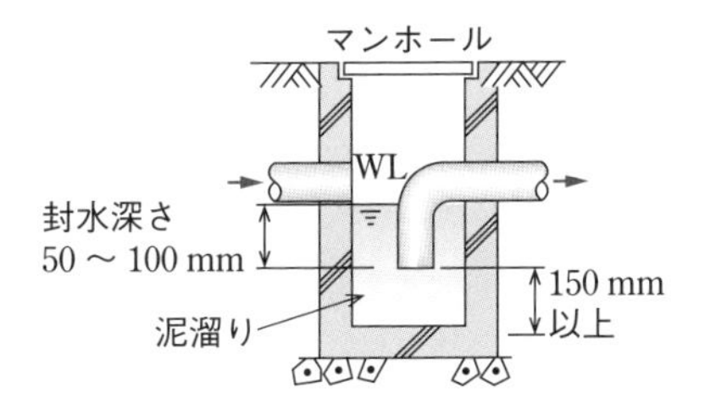

図9・13　トラップ桝

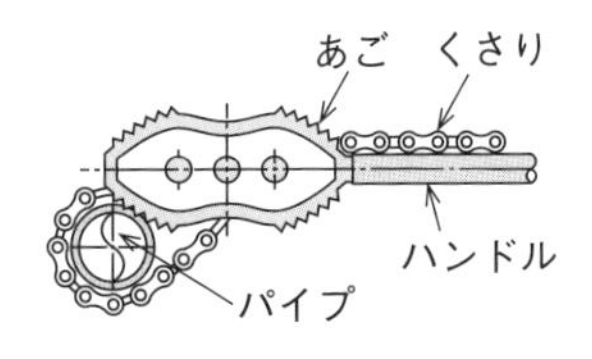

図9・14　チェーントン

④　管の内部は，接合前に点検し，異物のないことを確認する．

⑤　切断は，**スクレーパー**などの**金のこ**で行い，管軸に対して直角に切断する．

⑥　継手は管端防食継手を使用する．

⑦　余ねじ部やパイプレンチ跡には，**防錆塗料**を塗布する．

⊕硬質ポリ塩化ビニル管（接着接合）の施工上の留意点

①　専用のカッターや目の細かいのこぎりで切断する．

②　**リーマ**などを使い，面取りを行う．

③　管の切断は，管軸に対して直角に行う．

④　差し口および受け口の清掃を十分に行う．

⑤　接着剤は，差し口および受け口に適量，**均一に塗る**．

⑥　差込み後，一定の時間（50 mm 以下は 30 秒以上，75 mm 以上は 60 秒以上）手で押さえて抜けを防止する．

⑦　接着剤は，配管用途（給水用，排水用）に適合したものを使用する．接合後，**はみ出した接着剤**は，直ちにふき取る．

⑧　接着剤を塗布後は，素早く，差し口を受け口に**ひねらず**に差し込む．**マーキング**を行い，差込み深さを管理する．

⊕壁付け手洗器・洗面器を据え付ける場合の留意点

①　取付け位置および高さにブラケットまたはバックハンガで設置する．

②　壁とのすき間がないように，水平に設置する．

③　取付け高さは，床面よりあふれ縁上端まで手洗器は **800 mm**，洗面器は **750 mm** とする．

④　陶器上面が水平で，がたつきがないように設置する．

⑤　陶器排水口の周りは，**耐熱性不乾性シール材**を詰め，漏水防止を行う．

⊕事務所ビルで，給排水衛生設備工事の完成検査後に引き渡す図書のうち，保守管理に必要な図書名

①　完成図

②　工事記録写真

③　関係官庁届出書類控え

④　機器保証書

⑤　機器類試験成績書

⑥　機器メーカ連絡先

⊕建物内の排水管，通気管を施工する場合の留意点

①　排水管は**二重トラップ**にならないように施工する．

✎二重トラップ：同一系統の排水管上に，1個の器具に対してトラップを二重に設けることで，二つのトラップ間に空気が溜まり，排水機能を悪くする．

② 横走り排水管のこう配は，65A以下は1/50，75A・100Aは1/100，125Aは1/150，150A以上は1/200とする．

③ 通気管の末端は，出入口，窓など**開口から上部600 mm以上**，または**水平方向に3 m以上離す**（**図9·15**）．

④ 通気立て管の最下部は，最低位の排水横枝管より低い位置で排水立て管に接続する（**図9·16**）．

⑤ ループ通気管は，排水横枝管の最上流の器具排水管接続点の直後の下流側から接続する．

⑥ 排水管の満水試験は，隠蔽，埋戻しまたは被覆施工前に行う．

⑦ 排水槽，汚水槽の通気管は，一般の通気管とは**系統を別**にして大気に単独で開放する．

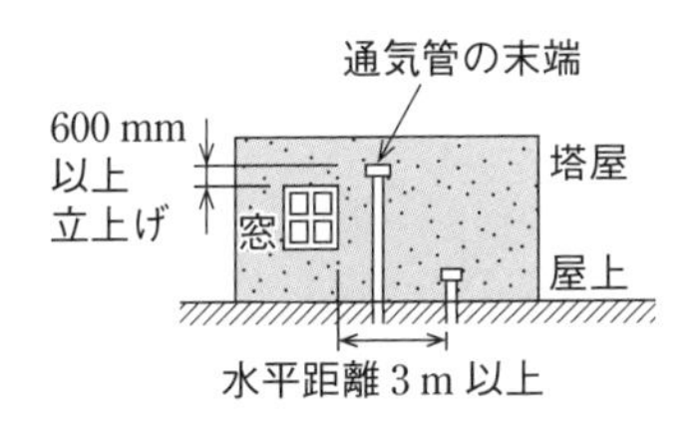

図9・15　通気管末端の開口

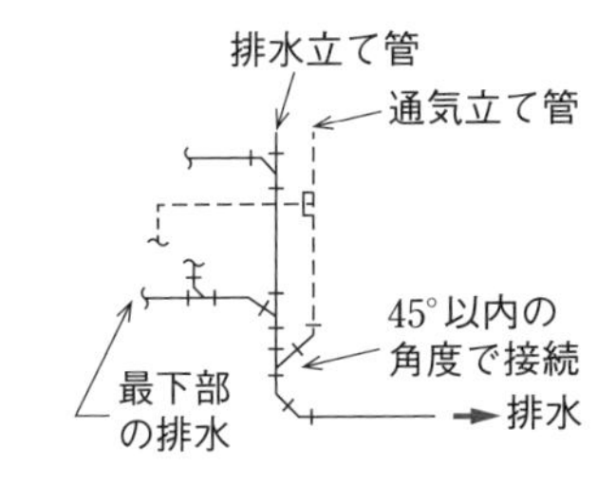

図9・16　通気立て管の下部の取出し

⊕ビルの敷地内への排水管（硬質ポリ塩化ビニル管）の埋設施工の留意点

① 掘削底面に石，根などがある場合は取り除く．

② 埋戻し土は，現地掘上土の良質土または山砂を用いる．

③ 給水管と排水管を並行して埋設する場合は，両配管の水平間隔は**500 mm以上**離し，給水管は排水管の上方に埋設する．

④ 根切りの幅は，必要以上に広くとらない．また，接合部は多少広めに掘削する．

⊕銅管（差込み接合）の施工上の留意点

① 管の切断は，**管軸に対して直角**に行う．

② 切断は，金のこ，電動のこ盤，銅管用パイプカッターで行う．

③ 切断にあたっては，管の断面を変形させないように行う．変形させてしまった場合は，真円になるよう修正を行う．

④　スクレーパー，リーマなどを用いて，**バリ取り**，**面取り**を行う．

⑤　差し口と受け口の接合部は，十分清掃した後，ナイロンたわしや細かい紙ヤスリで金属光沢が出るまで磨く．

⑥　フラックスは，差し口に薄く均一に塗布する．受け口には塗布してはならない．

⑦　**フィレット**（継手のすき間からはみ出したろうの部分）の形状が適正であることを確認する．

⑧　ウエスに水を含ませたもので接合部の周囲から接合部に向かって冷却する．

⑨　接合部外面に付着している**フラックス**などをぬれたウエスで拭き取る．

⊕排水タンクの施工上の留意点

①　排水タンクの容量は，流入量が一定の場合 **15 ～ 30 分**間程度とする．

②　排水タンクの底部には排水ピットを設け，ピットに向かって **1/15 ～ 1/10** のこう配をつける．

③　排水ピットの大きさは，フート弁や水中ポンプ吸込み部の周囲および下部に **200 mm 以上**の間隔をとる（**図 9･17**）．

④　排水ピットの設置箇所は，排水流入水に影響されない場所に設ける．

⑤　排水タンクのマンホールは，直径 **600 mm 以上**とする．

⑥　排水タンクの通気管は最小口径を **50 mm** とし，単独で大気に開放する．

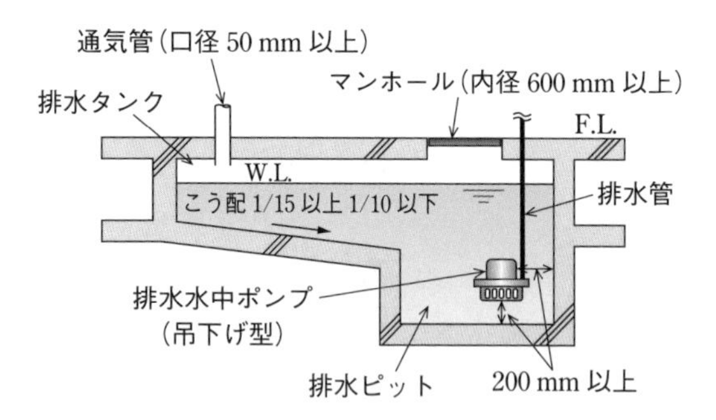

図 9・17　排水タンク

【問題２ 空調設備施工】・【問題３ 給排水衛生設備施工】から１問選択

問題 1 給排水衛生設備施工の留意事項

ガス瞬間湯沸器（屋外壁掛け形，24 号）を住宅の外壁に設置し，浴室への給湯管（銅管）を施工する場合の留意事項を解答欄に具体的かつ簡潔に記述しなさい．

記述する留意事項は，次の（1）～(4) とし，それぞれ解答欄の（1）～(4) に記述する．ただし，工程管理及び安全管理に関する事項は除く．

(1)湯沸器の配置に関し，運転又は保守管理の観点からの留意事項
(2)湯沸器の据付けに関する留意事項
(3)給湯管の敷設に関する留意事項
(4)湯沸器の試運転調整に関する留意事項

解説 (1) 屋外壁掛け形のガス瞬間湯沸器を外壁に設置する場合は，風雨にさらされないように，また，湯沸器が直接太陽の日に当たらない位置に設置し，**周りには燃えるものは置かないようにし**，**前面より点検修理ができる位置**に設置する．

(2) 湯沸器は，**水平に堅固に据え付け**，ガス管および給湯管等の接続は漏れのないように注意して施工する．

(3) 給湯管及びガス管等の敷設は，漏れなどが起きたときの修理等のために**土間配管やコンクリート内配管は行わない**ようにする．屋内の場合は，床上転がし配管とする．

(4) ガス管の**エアパージ**（空気を抜く）**が終了している**ことを**確認**したら，パイロットバーナーに着火させ口火の**安全装置の作動確認**をする．最後に，**リモコンで運転等の機能**が適切に作動するかを**確認**する．

解答

設問	留意事項
(1)	周りには燃えるものは置かないようにし，前面より点検修理ができる位置に設置する．
(2)	水平に堅固に据え付け，ガス管および給湯管等の接続は漏れのないように注意して施工する．
(3)	修理等のために土間配管やコンクリート内配管は，行わないようにする．
(4)	ガス管のエアパージが終了していることを確認し，リモコンで運転等の機能が適切に作動するか確認する．

問題 2 給排水衛生設備施工の留意事項

排水管（硬質ポリ塩化ビニル管，接着接合）を屋外埋設する場合の留意事項を解答欄に具体的かつ簡潔に記述しなさい．

記述する留意事項は，次の（1）～（4）とし，それぞれ解答欄の（1）～（4）に記述する．ただし，工程管理及び安全管理に関する事項は除く．

(1)管の切断又は切断面の処理に関する留意事項
(2)管の接合に関する留意事項
(3)埋設配管の敷設に関する留意事項
(4)埋戻しに関する留意事項

解説 (1) 管の切断は，細かい**のこで直角に切断線を引き**，それに沿って**切断**して，切断面に生じた**ばり**（出っ張り・突起物）や，**食違いを平らにリーマなどで仕上げる**.

(2) 管の接合は，**TS**（接着）**接合**とし，**受口内面と差口外面をウエスなどで油や水分をふき取り**，差込外面の標準差込み長さの位置に標線を付け，その位置まで**均等に塗布**（接着剤は少なめ）する．接着剤を塗布後すばやく差し込み，そのまま**少し押さえておく**.

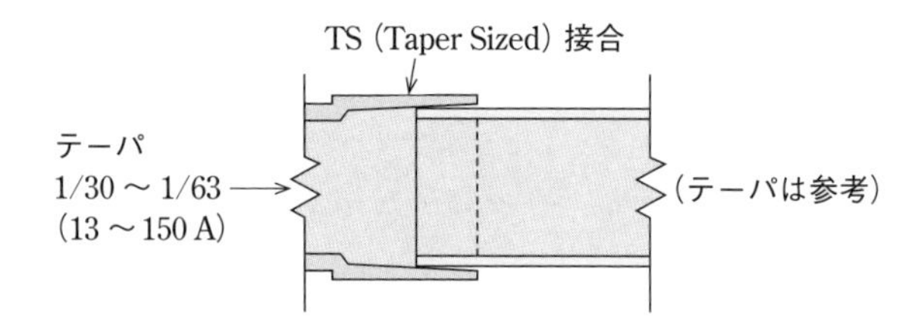

(3) 埋設配管は，敷地内と駐車場などの車道部は，埋設深度を変える．一般に敷地内：**30 cm 以上**，車道部：**60 cm 以上**とする．

(4) 埋戻しは，石などの混入がない**良質な土**を使用し，その後，均等に突き固める．

解答

設問	留意事項
(1)	細かいのこで直角に切断線を引き，それに沿って切断して，切断面に生じたばりや，食違いを平らに仕上げる．
(2)	TS 接合とし，受口内面と差口外面をウエスなどで油や水分をふき取る．
(3)	敷地内と駐車場などの車道部は，埋設深度を変える．
(4)	石などの混入がない良質な土を使用し，その後，均等に突き固める．

問題 3 給排水衛生設備施工の留意事項

車いす使用者用洗面器を軽量鉄骨ボード壁（乾式工法）に取り付ける場合の留意事項を解答欄に具体的かつ簡潔に記述しなさい．

記述する留意事項は，次の（1）～（4）とし，工程管理及び安全管理に関する事項は除く．

(1) 洗面器の設置高さに関し留意する事項
(2) 洗面器の取付けに関し留意する事項
(3) 洗面器と給排水管との接続に関し留意する事項
(4) 洗面器設置後の器具の調整に関し留意する事項

解説 (1) 車いす用の洗面器の設置高さは，床面から前面の縁上端までは **750 ～ 780 mm** とする．なお，一般の洗面器は 750 mm で，手洗器は 800 mm とする．

(2) 軽量鉄骨ボード壁に取り付ける場合は，アングル加工材または**竪木材（当て木）を取り付け，バックハンガーにて水平に堅固に取り付ける．**

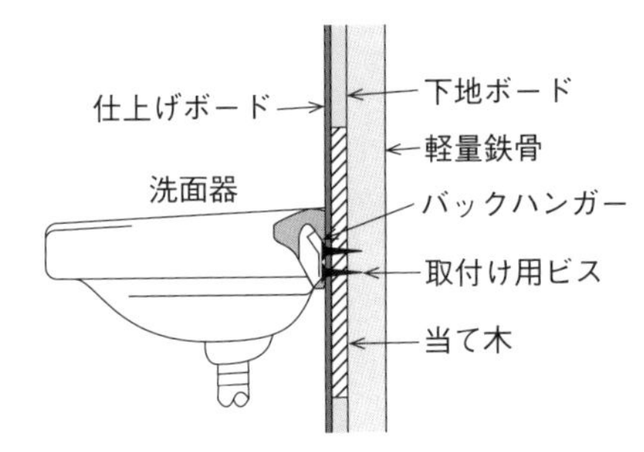

軽量鉄骨ボード壁に取り付ける場合

(3) 排水トラップと塩ビ管（鋼管）の接続は，**専用アダプタを使用**して接続する．

(4) 洗面器設置後の器具の調整は，堅固に水平に設置してあるか確認調整したら，止水栓で，**吐水圧力を調整し洗面器から水が跳ね出さないか等をチェック**する．

解答

設問	留意事項
(1)	車いす用の洗面器の設置高さは，750 ～ 780 mm とする．
(2)	当て木を取り付け，バックハンガーにて水平に堅固に取り付ける．
(3)	排水トラップと塩ビ管の接続は，専用アダプタを使用して接続する．
(4)	止水栓で，吐水圧力を調整し洗面器から水が跳ね出さないようにする．

問題 4 給排水衛生設備施工の留意事項

建物内の給水管（水道用硬質塩化ビニルライニング鋼管）をねじ接合で施工する場合の留意事項を解答欄に具体的かつ簡潔に記述しなさい．

記述する留意事項は，次の（1）～（4）とし，工程管理及び安全管理に関する事項は除く．

(1) 管の切断に関する留意事項

(2) 面取り又はねじ加工に関する留意事項

(3) 管継手又はねじ接合材に関する留意事項

(4) ねじ込みに関する留意事項

解説 (1) 管の切断は，細かい**のこで直角に切断線を引き**，それに**沿って切断**する．

硬質塩化ビニルライニング鋼管の切断は，ガス切断等の**発熱する**もの，パイプカッターのように**管を絞る**ようなもの，チップソーカッター（刃が円盤状）のような**切粉を発する**ものなどは，**使用しない**こと．

(2) 切断後は，**スクレーパー**で**ばり取り**をして，**リーマ**などで**管端の面取り**を行う．面取りの際には**鉄部を露出させない**ように気を付けること．

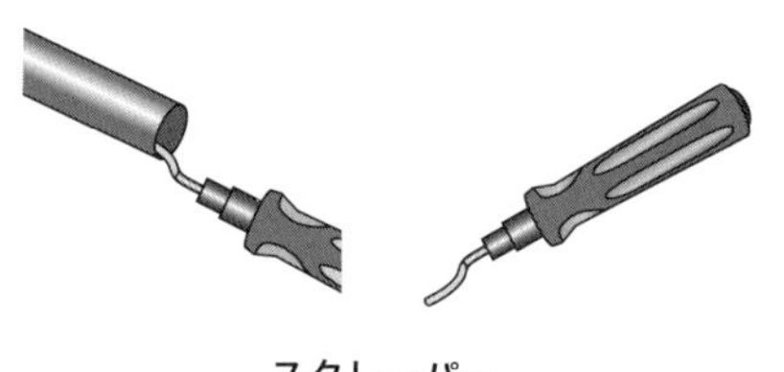

スクレーパー

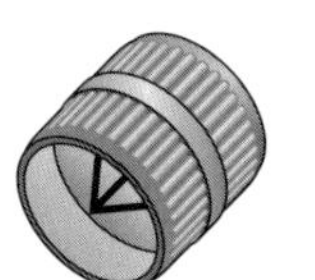

リーマ

(3) 水道用硬質塩化ビニルライニング鋼管のねじ接合の場合は，**管端防食管継手**を使用する．

(4) ねじ加工後に，**テーパねじ用リングゲージ**で，管端が合格範囲にあることを確認してねじ込みをする．ねじ込みの際は，めねじ・おねじともに**清潔**にする．最後に，**シール材を塗布しパイプレンチなどで山ねじを確保**して締め付ける

解答

設問	留意事項
(1)	細かいのこで直角に切断線を引き，それに沿って切断する．
(2)	スクレーパーでばり取りをして，リーマなどで管端の面取りを行う．
(3)	ねじ接合の場合は，管端防食管継手を使用する．
(4)	テーパねじ用リングゲージで，管端が合格範囲にあることを確認してねじ込みをする．

【問題 3 給排水衛生設備施工】全般の留意事項問題（参考）

問題 1 給排水衛生設備の施工

壁付け手洗器・洗面器を据え付ける場合の留意事項を四つ簡潔に記述しなさい.

解答例　留意事項として，次のようなものがあげられる.

① 軽量鉄骨ボード壁への取付けは，アングル加工材や鉄板をあらかじめ取り付けておく.

② 手洗・洗面器は水平で，がたつかないように固定する.

③ 手洗・洗面器は，壁とのすき間がないように取り付ける.

④ 取付け高さは，手洗器：760 mm，洗面器：720 mm とする.

問題 2 給排水衛生設備の施工

事務所ビルで，給排水衛生設備工事の完成検査後に引き渡す図書のうち，保守管理に必要な図書名を四つ記入しなさい.

解答例　保守管理に必要な図書には，以下のようなものがあげられる.

① 完成図

② 取扱説明書

③ 関係官庁届出書類控えおよび検査書

④ 工事記録写真

問題 3 給排水衛生設備の施工

給水，排水管を敷地内に埋設施工する場合の留意事項を四つ簡潔に記述しなさい.

解答例　留意事項として，次のようなものがあげられる.

① 鋼管を地中埋設する場合は，防食テープで防食措置にするか，外面被覆鋼管を使う.

② 給水管と排水管を並行して埋設する場合は，排水管を建屋側に配管する.

③ 埋戻し前に水圧テスト，満水テストを行い，漏水の有無を確認する.

④ 施工中の配管の中に砂やごみが入らないように，管端に養生をしながら行う.

問題 4 給排水衛生設備の施工

建物内の排水管，通気管を施工する場合の留意事項を四つ具体的かつ簡潔に記述しなさい.

解答例　留意事項として，次のようなものがあげられる.

① 排水管は，最下階と上階の系統に分けて，最下階は単独排水とする.

② 排水横枝管からの通気管取出しは，垂直または45°の角度とする.

③ 排水管は，二重トラップとしない.

④ 汚水，排水槽の通気管は，一般の通気管とは別系統にし，単独大気開放にする.

問題 5 給排水衛生設備の施工

小型プラスチック製桝を使用する屋外排水設備を施工する場合の留意事項を四つ簡潔に記述しなさい.

解答例　留意事項として，次のようなものがあげられる.

① 天端が水平であることを，水準器などで確認する.

② 桝の埋戻しの際は，土砂が入らないように養生しながら施工する.

③ 桝と排水管の接続は，規定の挿入長さまで素早く挿入して接合する.

④ 桝の基礎は，厚さ 10 cm 程度の砂基礎とする.

問題 6 給排水衛生設備の施工

新築事務所ビルにおいて，給水，排水，給湯管の保温を施工（加工取付け）する場合の留意事項を四つ解答欄に簡潔に記述しなさい.

解答例　留意事項として，次のようなものがあげられる.

① 保温の施工は，水圧試験の後に行う.

② 保温の重ね部の継目は，同一線上にならないよう，ずらして行う.

③ アルミガラスクロステープ巻きは，アルミ箔の面を外側にする.

④ 壁や梁貫通の保温は，貫通部で継目ができないようにする.

9-5 問題4対策　工程管理（バーチャート工程表）

1 出題傾向

工程管理では，バーチャート（横線式）工程表と累積出来高曲線（S字曲線）を作成する問題が出題されている．

2 バーチャート工程表の記載内容と特徴

⊕記載内容

① **左縦軸**に作業名称（工事種目）と工事比率（種目別出来高割合）〔%〕を記載

② **上段横軸**に工期の日付を記載

③ **右縦軸**に累積比率（作業合計の出来高）〔%〕を記載

⊕特　徴

① 各作業の所要時間数（日数）がわかる．

② 各作業日の着手日と完了日および作業間の相互関係がわかりやすい．

③ 問題が発生したとき，どの作業に波及するかわからない．

3 バーチャート工程表を作成する

バーチャート工程表を作成してみる．

⊕作成上の条件

① 墨出し（2日，30%）

② 配管（4日，60%）

③ 試験（1日，10%）

工程合計（日数）を7日，出来高合計を100%とする．

⊕作成手順

① 工程が7日なので工程表の横軸に7枠を作成する．

② 作業名を工程表の縦軸に書き込む．

⊕作業名の順番に注意する

次に，工事現場で使われている作業順序を示す．

〔空調工事〕準備→墨出し→基礎工事→機器据付→配管→気密試験→試運転

〔衛生工事〕準備→墨出し→配管→水圧・満水試験→保温→機器・器具取付け→器具の調整→試運転調整

③ 所要日数を，工程表の横軸に棒グラフで書き込む．

⊕累積出来高曲線を作成する

① **スタート**：累積比率 0%

② **墨出し**：工事比率は，2 日で 30%（15%／日）なので，**累積比率は 30%**となる．

③ **配管**：工事比率は，4 日で 60%（15%／日）なので，**累積比率は，墨出し 30%＋配管 60%より 90%**となる．

④ **試験**：工事比率は，1 日で 10%なので，**累積比率は，墨出し 30%＋配管 60%＋試験 10%より 100%**となる．

⑤ **曲線**：算定した累積比率の各点を，線でつなぎ完成となる（**図 9·18**）．

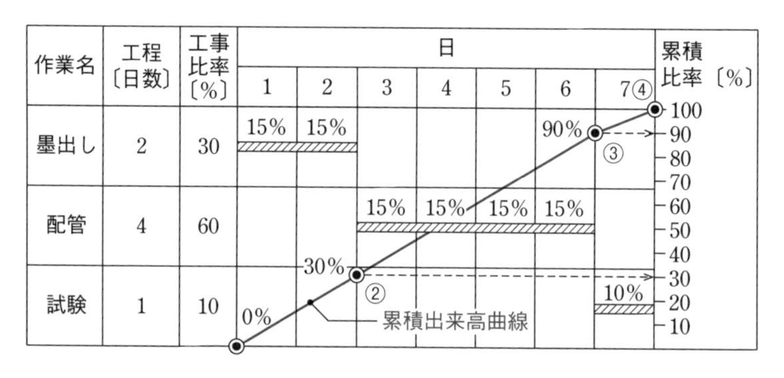

図 9・18　バーチャート工程表

4 タクト工程表を作成する

基準階が何階にも及ぶ建物は，同じ工事がその階数分繰り返されている．この繰り返される工事を効率的（工期短縮等）に行うためにタクト工程表が作られる．作成したバーチャート工程表を，1 工区，2 工区による施工に適用してみると，**図 9·19** のようになる．

① 各工事開始日と終了日を工区ごとに○で示す．

② 実際工事が行われる日は実線で書き，管工事が行われない日は点線で書く．

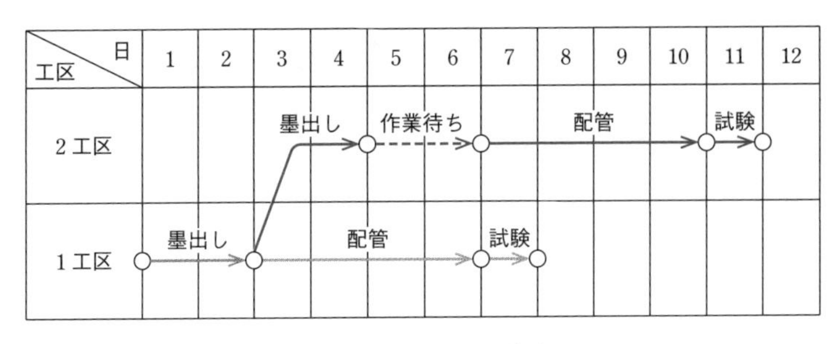

図9・19　タクト工程表

⊕タクト工程表の利点

① バーチャート工程表と比べて，作業の相互関係が把握しやすい．

② ネットワーク工程表と比べて，作成しやすい．

③ 作業員の手配に便利である．

5 ガントチャート工程表

ガントチャート工程表は，各作業の完了時点を100％とし，横軸に達成度を書き込み，現在の進行状態を棒グラフで表したものである（**図9・20**）．

⊕特　徴

① 各作業の前後関係がわからない．

② 工事全体の進行度がわからない．

③ 各作業の日程や所要工数がわからない．

④ 予定工程表には使えない．

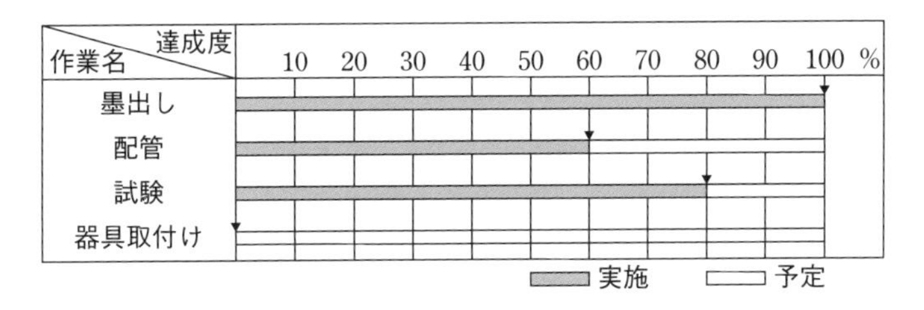

図9・20　ガントチャート工程表

【問題 4 工程管理】・【問題 5 法規】から 1 問選択

問題 1 工程管理（給排水設備のバーチャート・累積出来高曲線）

ある 2 階建て建物（1, 2 階同じ平面プラン）の給排水衛生設備工事の作業（日数，工事比率）は以下のとおりである．次の設問 1 ～設問 5 に答えなさい．

各作業は，階ごとに，

- ・墨出し（吊り，支持金物を含む）（2 日，2%）
- ・配管（6 日，18 %）
- ・器具取付け（水栓，衛生陶器など）（4 日，16%）
- ・試験（水圧・満水など）（2 日，6%）
- ・保温（2 日，6%）
- ・調整（2 日，2%）とする．

ただし，1）先行する作業と後続する作業は，並行作業できない．

2）同一作業の階と階の作業は，並行作業できない．

3）同一作業は 1 階の作業が完了後，すぐに階の作業に着手できる．

4）建築仕上げ工事は，1 階ごとに 5 日を要するものとする．

5）各階の工事はできる限り早く完了させるものとする．

〔**設問 1**〕 **図 9･21** の横線式工程表（バーチャート）の作業名欄に，作業名を作業順に記入しなさい．ただし，作業名の（ ）内は記入を要しない．また，建築仕上げは日数のみを確保し，作業名欄には記入しない．

〔**設問 2**〕 図 9･21 の横線式工程表（バーチャート）を完成させなさい．

〔**設問 3**〕 工事全体の累積出来高曲線を図 9･21 に記入し，各作業の開始および完了日ごとに累積出来高の数字を記入しなさい．ただし，各作業の出来高は，作業日数内において均等とする．

〔**設問 4**〕 図 9･21 のタクト工程表を完成させなさい．

〔**設問 5**〕 タクト工程表の利点を解答欄に簡潔に記述しなさい．

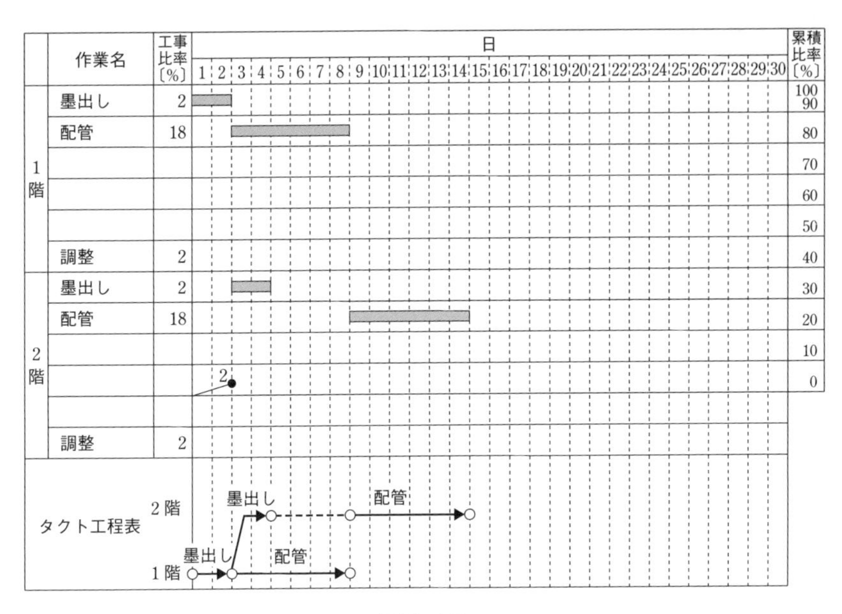

図9・21

解説・解答

〔**設問 1**〕 作業名欄の作業順は次のようになる．**図 9·22** を参照する．

① 墨出し

② 配管

③ 試験

④ 保温

⑤ 器具取付け

⑥ 調整

〔**設問 2**〕 各作業の工程を棒グラフで表す（バーチャート工程表を参照）．

● **1 階作業名を記入する**（図 9·22 参照）．

① 墨出しと，配管作業は記入済なので，9 日より 1 階の試験作業 **2 日間の棒グラフ**を記入

② 11 日より 1 階の保温作業 **2 日間の棒グラフ**を記入

③ 13 日から 1 階の建築工事が 5 日間入るので，器具取付作業は 18 日から **4 日間の棒グラフ**を記入（器具取付け作業は，建築仕上げ工事の後になる）

④ 22 日から 1 階の調整作業 **2 日間の棒グラフ**を記入して，**23 日目に終了**する

● 2 階作業を記入する．

① 墨出しと，配管作業は記入済なので，15 日より 2 階の試験作業 **2 日間の棒グラフ**を記入

② 16 日より 2 階の保温作業 **2 日間の棒グラフ**を記入

③ 19 日から 2 階の建築工事が 5 日間入るので，器具取付作業は 23 日から **4 日間の棒グラフ**を記入（器具取付け作業は，建築仕上げ工事の後になる）

④ 28 日から 2 階の調整作業 **2 日間の棒グラフ**を記入して，**29 日目に終了**する

〔**設問 3**〕予定累積出来高曲線は，図 9·22 を参照．

① 各作業の開始日と完了日ごとにプロットして，累積出来高を求める

② 累積出来高は，各作業の 1 日当たりの出来高を計算する

〔**設問 4**〕タクト工程表は図 9·22 を参照．

● **1 階タクト工程表**

① 配管終了の 8 日目の翌日の 9 日目より試験の 2 日間の矢線を書く

② 保温作業は，11 日から 2 日間の矢線を書く

③ 建築仕上げは，13 日から 5 日間の**破線矢印**を書く（建築工事は，別工事のため）

④ 器具取付け作業は，18 日から 4 日間の矢線を書く

⑤ 調整作業は，22 日から 2 日間の矢線を書いて完了となる

● **2 階タクト工程表**

① 配管終了の 14 日目の翌日の 15 日目より試験の 2 日間の矢線を書く

② 保温の 2 日間の矢線を書く

③ 建築仕上げは 1 階と同様に 5 日間の破線の矢線を書く

④ 24 日目から器具取付けの 4 日間の矢線を書く

⑤ 調整の 2 日間の矢線を書く

⑥ 以上で工事完了

〔**設問 5**〕（解答例）

① バーチャート工程表と比べて，作業の相互関係がわかりやすい．

② ネットワーク工程表に比べて作成が簡単である．

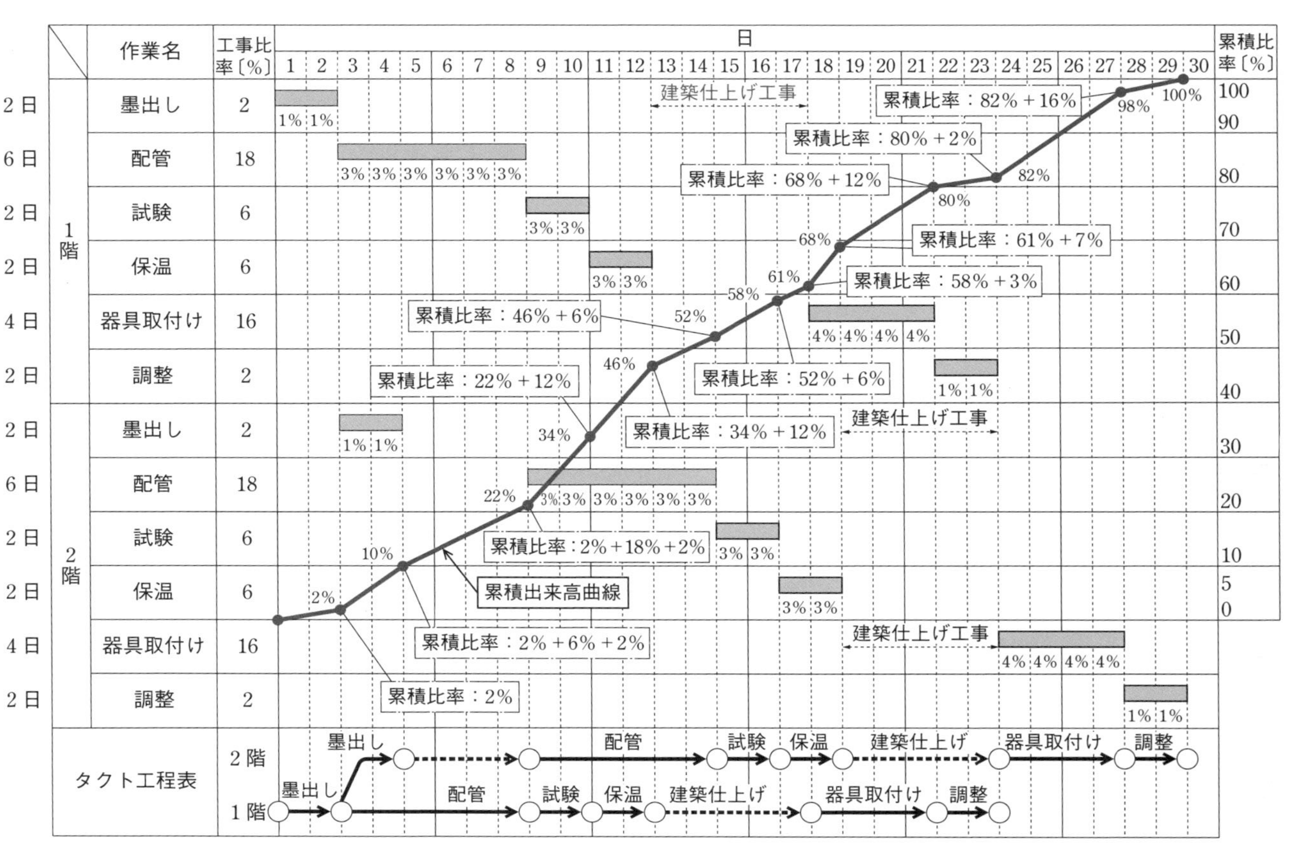

図9・22　問題１の解答例

問題 2 工程管理（給排水設備のバーチャート・累積出来高曲線）

建築物にルームエアコンを設置する工事の作業（回数，工事比率 %）は以下のとおりである．次の設問 1 ～設問 5 に答えなさい．

ただし，

① 屋外作業（地業，基礎コンクリート打設）とその他の作業は並行して作業できるが，先行する作業と後続する作業は並行作業できない．

② 配管は，建築仕上げ内の隠ぺい配管とし，ルームエアコンの屋外ユニットは地上の基礎コンクリートに置くものとする．

③ 建築仕上げ工事に 5 日，基礎コンクリート養生に 7 日を要する．

④ 工事はできる限り早く終了させるものとし，土曜日，日曜日などの休日は考慮しない．

〔作業〕 墨出し（支持金物，地縄張りを含む）（2 日，2%），機器設置（3 日 60%），気密試験（2 日，6%），真空乾燥（真空引き）（冷媒追加充填を含む）（2 日，6%），配管（渡り配線を含む）（3 日，15%），試運転調整（3 日，4%），後かたづけ（清掃を含む）（1 日，1%），地業（1 日，2%），基礎コンクリート打設（型枠・配筋を含む）（2 日，4%）とする．

〔設問 1〕 **図 9·23** の横線式工程表（バーチャート工程表）の作業名欄に，作業名を作業順に並べ替えて記入しなさい．

〔設問 2〕 図 9·23 の横線式工程表（バーチャート工程表）を作成しなさい．

〔設問 3〕 図 9·23 に累積出来高曲線を記入し，各作業の開始および完了日ごとに累積出来高の数字を記入しなさい．ただし，各作業の出来高は作業日数内において均等とする．

〔設問 4〕 真空乾燥（真空引き）する目的を簡潔に記述しなさい．

〔設問 5〕 屋外ユニットを据え付ける場合の留意事項または措置を簡潔に記述しなさい．

作業名	工事比率〔%〕	日																									累積比率%
		1	2	3	4	5	6	7	8	9	10	11	12	13	14	15	16	17	18	19	20	21	22	23	24	25	
墨出し	2																										100
																											90
																											80
																											70
																											60
試運転調整	4																										50
後片づけ	1																										40
																											30
地業	2																										20
基礎コンクリート打設	4		2																								10 0

図 9・23

解説・解答

〔**設問 1**〕 (1) 問題の作業順序を見直して**順序を決定**する（**図 9･24** 参照）.

(2) 問題では墨出しの次が機器設置で，かつ「④工事はできる限り早く終了させるもの」とされているため，屋外ユニットの基礎コンクリート養生の 7 日間を待つのでなく，**墨出しの次に配管作業を行う**こととなる.

(3) **墨出し→配管→気密試験→機器設置→真空乾燥→試運転調整→後片づけ→地業→基礎コンクリート打設** の作業順序となる.

〔**設問 2**〕 (1) 各作業の工程を図 9･24 のように棒グラフで表す.

(2) **配管**は墨出しが終わった翌日の **3 日目より始め**，3 日要するので**終了は 5 日**となる.

〔**設問 3**〕 (1) 各作業の累積出来高を**終了または開始する日**ごとにプロットする（**図 9･24**）.

(2) 3 日終了した時点のプロット 9% は，**墨出し 2% ＋地業 2% ＋配管 5% の合計**したものとなる.

〔**設問 4**〕（解答例）

真空乾燥は，真空ポンプを使って冷媒配管中の気圧を真空状態に近づけることによって，配管内に残った空気や水分を蒸発させて外部に放出するものである.

〔**設問 5**〕（解答例）

① 寒冷地に設置の場合は，防雪や落雪対策が必要である.

② 低周波数の騒音が大きいので，近隣への騒音対策が必要である.

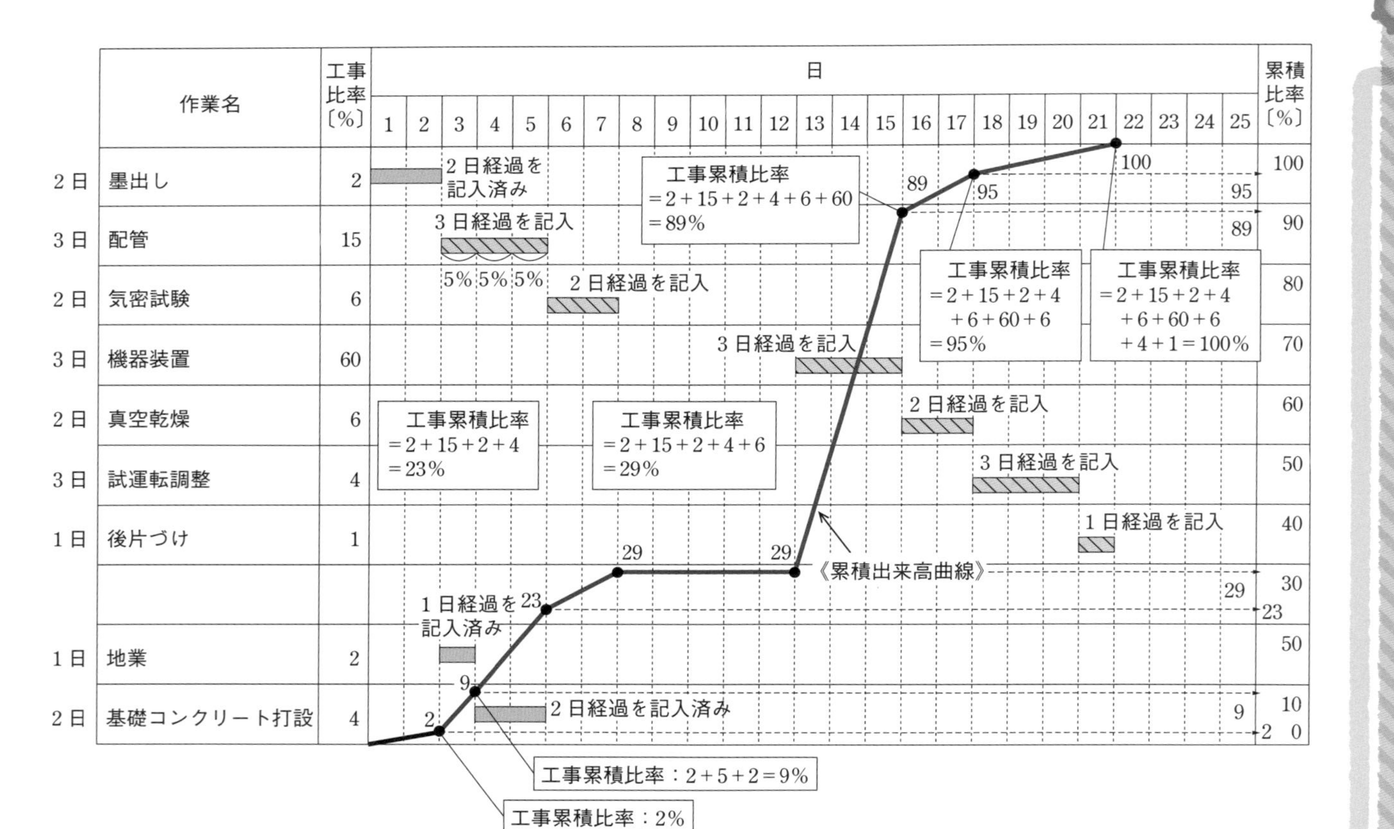

図9・24　問題2の解答例

問題 3 工程管理（空気調和設備工事のバーチャート）

建築物の空気調和設備工事において，冷温水の配管工事の作業が下記の表及び施工条件のとおりのとき，次の設問１～設問３の答えを解答欄に記述しなさい．

作業名	作業日数	工事比率
準備・墨出し	2日	5%
後片づけ・清掃	1日	3%
配管	12日	48%
保温	6日	30%
水圧試験	2日	14%

〔**施工条件**〕 ① 準備・墨出しの作業は，工事の初日に開始する．

② 各作業は，相互に並行作業しないものとする．

③ 各作業は，最早で完了させるものとする．

④ 土曜日，日曜日は，現場での作業を行わないものとする．

〔**設問 1**〕 バーチャート工程表及び累積出来高曲線を作成し，次の（1）及び（2）に答えなさい．ただし，各作業の出来高は，作業日数内において均等とする．（**バーチャート工程表及び累積出来高曲線の作成は，採点対象外です**．）

（**1**）工事全体の工期は，何日になるか答えなさい．

（**2**）29 日目の作業終了時点の累積出来高〔%〕を答えなさい．

〔**設問 2**〕 工期短縮のため，配管，保温及び水圧試験については，作業エリアをA，Bの２つに分け，下記の条件で並行作業を行うこととした．バーチャート工程表を作成し，次の（3）及び（4）に答えなさい．（**バーチャート工程表の作成は，採点対象外です**．）

（**条件**）

《1》配管の作業は，作業エリアＡとＢの作業を同日に行うことはできない．作業日数は，作業エリアＡ，Ｂとも６日である．

《2》保温の作業は，作業エリアＡとＢの作業を同日に行うことはできない．作業日数は，作業エリアＡ，Ｂとも３日である．

《3》水圧試験は，作業エリアＡとＢの試験をエリアごとに単独で行うことも同日に行うこともできるが，作業日数は，作業エリアＡ，Ｂを単独で行う場合も，両エリアを同日に行う場合も２日である．

（**3**）工事全体の工期は，何日になるか答えなさい．

(**4**) 作業エリアAと作業エリアBの保温の作業が，土曜日，日曜日以外で中断することなく，連続して作業できるようにするには，保温の作業の開始日は，工事開始後何日目になるか答えなさい．

〔**設問 3**〕 更なる工期短縮のため，配管，保温及び水圧試験については，作業エリアをA，B，Cの3つに分け，下記の条件で並行作業を行うこととした．バーチャート工程表を作成し，次の（5）に答えなさい．（**バーチャート工程表の作成は，採点対象外です．**）

（**条件**）

① 配管の作業は，作業エリアAとBとCの作業を同日に行うことはできない．作業日数は，作業エリアA，B，Cとも4日である．

② 保温の作業は，作業エリアAとBとCの作業を同日に行うことはできない．作業日数は，作業エリアA，B，Cとも2日である．

③ 水圧試験は，作業エリアAとBとCの試験をエリアごとに単独で行うことも同日に行うこともできるが，作業日数は，作業エリアA，B，Cを単独で行う場合も，複数のエリアを同日に行う場合も2日である．

(**5**) 水圧試験の実施回数を2回とすること（作業エリアA，B，Cの3つのエリアのうち，2つのエリアの水圧試験を同日に行うこと）を条件とした場合，初回の水圧試験の開始日は，工事開始後何日目になるか答えなさい．

作業用

作業名	工事比率〔%〕	月	火	水	木	金	土	日	月	火	水	木	金	土	日	月	火	水	木	金	土	日	月	火	水	木	金	土	日	月	火	水	累積比率 %
		1	2	3	4	5	6	7	8	9	10	11	12	13	14	15	16	17	18	19	20	21	22	23	24	25	26	27	28	29	30	31	
準備・墨出し																																	100 90
																																	80
																																	70
																																	60
																																	50
																																	40
																																	30
																																	20
																																	10
																																	0

図 9・25

作業用の用紙（図 9･25）は試験会場で配布

解説・解答

〔設問 1〕 バーチャート工程表，累積出来高曲線の作成（**図 9·26**）

① 問題の作業順序が変えられて出題されているので，**見直して順序を決定**する．**準備・墨出し，配管，水圧試験，保温，後片づけ・清掃**の施工順となる．

② この施工順でバーチャート工程表の**作業名欄に各作業を記載**し，各作業の工事比率を**工事比率欄に記入**する．

③ 準備·墨出しは記入済みなので，1 日（月）から始めて 2 日間の作業日数なので，2 日（火）まで記入する．

④ 配管は 3 日（水）から始めて 12 日間の作業日数であるので，施工条件により途中 2 回の土・日の休日を挟み 18 日（木）まで記入する．

⑤ 水圧試験は，19 日（金）から始め 2 日間の作業日数なので，途中土日の休日を挟み 22 日（月）まで記入する．

⑥ 保温は，23 日（火）から始め 6 日間の作業日数なので，途中土日の休日を挟み 30 日（火）まで記入する．

⑦ 後片付け・清掃は，31 日（水）に始めて 1 日の作業日数なので 31 日に終わる．

〔設問 1〕-（1）バーチャートを完成させると，工期は 31 日となる（図 9·26）．

累積出来高曲線の作成（図 9·26 参照）

① 配管・水圧試験・保温の各作業の **1 日当たりの出来高**を計算する．

② 各作業の出来高は，作業日数内において均等であるとしているので，

- 準備・墨出し：5% ÷ 2 日 ＝ 2.5%/日
- 配管：48% ÷ 12 日 ＝ 4%/日
- 水圧試験：14% ÷ 2 日 ＝ 7%/日
- 保温：30% ÷ 6 日 ＝ 5%/日となる．

〔設問 1〕-（2）図 9·26 より 29 日目の作業終了時点の出来高は 92%となる．

〔設問 2〕 設問の施工条件を，作業エリア A，B の二つに分けた場合

① 施工条件で，作業を A と B に分ける．

② 配管および保温は各作業を同時に行うことはできない．

③ 他の作業のときに，配管および保温以外の作業を同時に行うことはできる．

④ 各作業を最早で完了させるためには，二つの作業の並行作業で行う．

⑤ 水圧試験は，A，B の二つの作業ごとに単独で行うことも，同時に行うこともできる．

⑥ 作業順序は，下記のように作業 A と B の二つに分けて考えられる．

- **〈作業 1〉**…**図 9·27** 参照

〔作業順〕 準備・黒出し⇒A 配管⇒A 水圧試験⇒A 保温（途中で A 配管終了）

作業 B：B 配管⇒B 水圧試験⇒B 保温⇒後片づけ・清掃

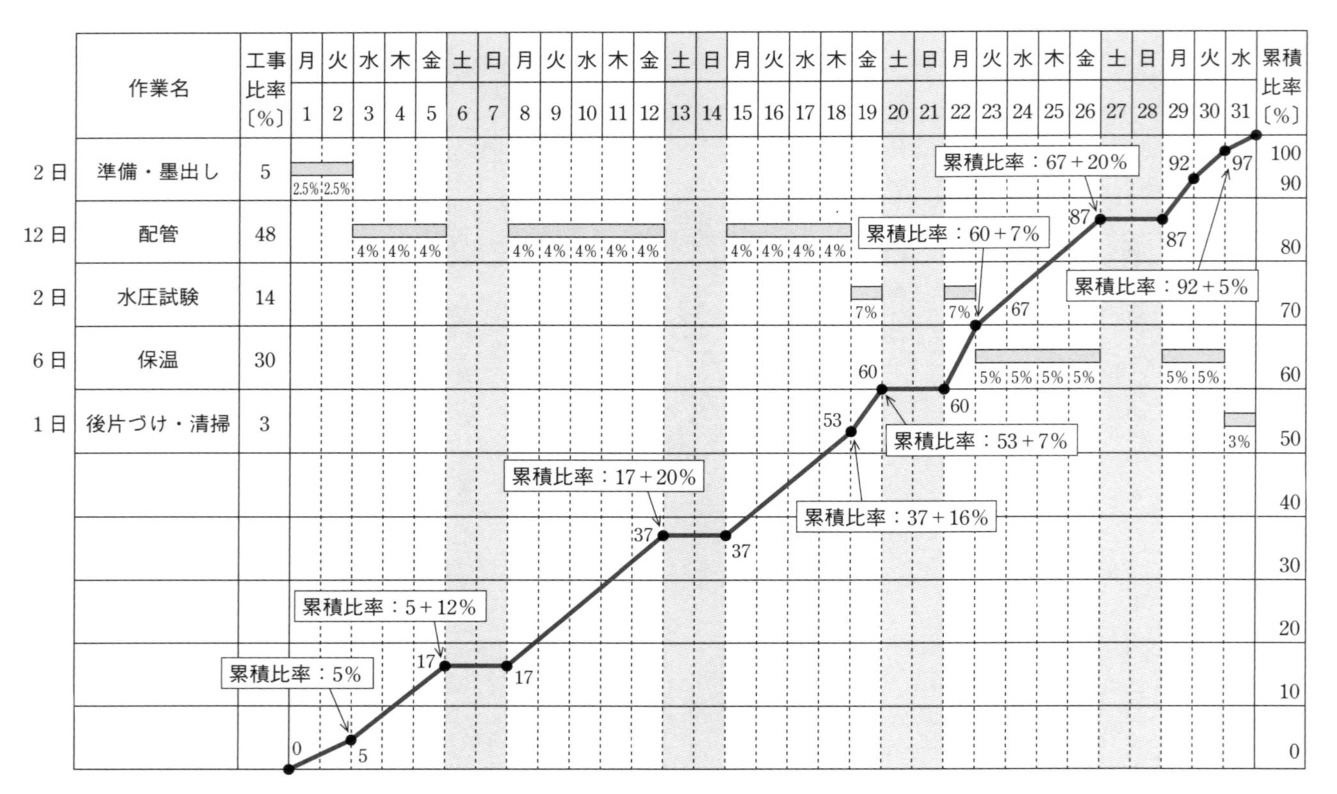
作業名
工事比率〔%〕
累積比率〔%〕
月 火 水 木 金 土 日 月 火 水 木 金 土 日 月 火 水 木 金 土 日 月 火 水 木 金 土 日 月 火 水
1 2 3 4 5 6 7 8 9 10 11 12 13 14 15 16 17 18 19 20 21 22 23 24 25 26 27 28 29 30 31
2日 準備・墨出し 5
12日 配管 48
2日 水圧試験 14
6日 保温 30
1日 後片づけ・清掃 3
2.5% 2.5%
4% 4% 4%
4% 4% 4% 4% 4%
4% 4% 4% 4%
7%
7%
5% 5% 5% 5%
5% 5%
3%
累積比率：5%
累積比率：5＋12%
累積比率：17＋20%
累積比率：37＋16%
累積比率：53＋7%
累積比率：60＋7%
累積比率：67＋20%
累積比率：92＋5%
0 5 17 17 37 37 53 60 60 67 87 87 92 97
100 90 80 70 60 50 40 30 20 10 0

図9・26

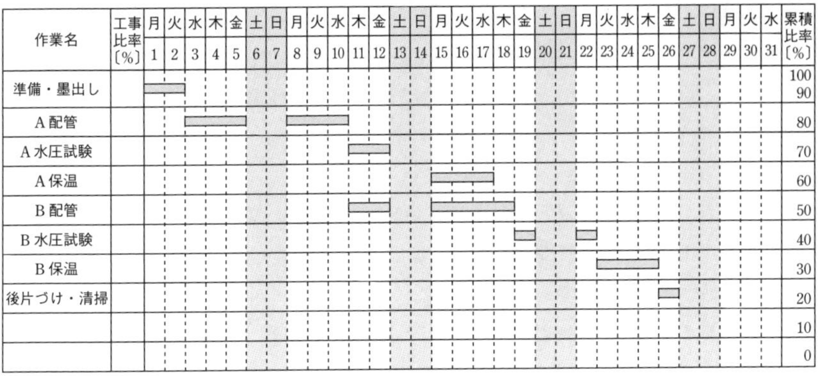

作業名	工事比率〔%〕	月	火	水	木	金	土	日	月	火	水	木	金	土	日	月	火	水	木	金	土	日	月	火	水	木	金	土	日	月	火	水	累積比率〔%〕
		1	2	3	4	5	6	7	8	9	10	11	12	13	14	15	16	17	18	19	20	21	22	23	24	25	26	27	28	29	30	31	
準備・墨出し																																	100 90
A 配管																																	80
A 水圧試験																																	70
A 保温																																	60
B 配管																																	50
B 水圧試験																																	40
B 保温																																	30
後片づけ・清掃																																	20
																																	10
																																	0

図 9・27 〈作業 1〉

- **〈作業 2〉**…**図 9·28** 参照

〔作業順〕 準備·墨出し⇒ A 配管⇒ B 配管⇒ A ＋ B 水圧試験⇒ A 保温⇒ B 保温⇒後片づけ·清掃

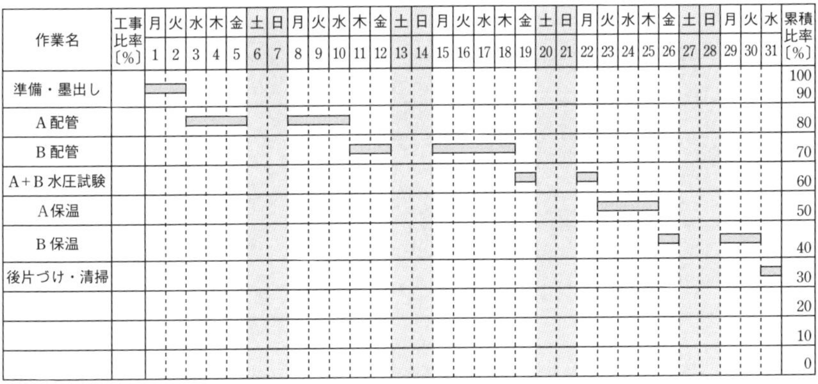

作業名	工事比率〔%〕	月	火	水	木	金	土	日	月	火	水	木	金	土	日	月	火	水	木	金	土	日	月	火	水	木	金	土	日	月	火	水	累積比率〔%〕
		1	2	3	4	5	6	7	8	9	10	11	12	13	14	15	16	17	18	19	20	21	22	23	24	25	26	27	28	29	30	31	
準備・墨出し																																	100 90
A 配管																																	80
B 配管																																	70
A＋B 水圧試験																																	60
A 保温																																	50
B 保温																																	40
後片づけ・清掃																																	30
																																	20
																																	10
																																	0

図 9・28 〈作業 2〉

⑦ **図 9·27** の工期は **26 日**となる.

⑧ **図 9·28** の工期は，作業分けしていないので，バーチャート工程表（図 9·26）と同じで，工期は **31 日**となる.

〔設問 2〕-（3） **図 9·27 の水圧試験を作業 A と作業 B に分けると工期短縮になり，全体工期は 26 日となる.**

⑨ 図 9·27 の作業 A と作業 B の保温作業を，土・日以外連続して行うためには，作業 B の保温が開始できる日より，**作業 A の保温の作業日数を 3 日さかのぼって開始**すればよいこ

とになる．

〔設問 2〕-（4）**図 9･27 の作業 B の保温開始は 23 日（火）なので，それより 3 日さかのぼるが，途中 20（土），21（日）をはさむため作業 A の保温が開始できるのは，18 日（木）となる．**

〔設問 3〕

① 水圧試験は作業 A，B，C のおのおの単独，作業 A・B の同時と作業 C 単独，作業 A 単独と作業 B・作業 C 同時の三つが考えられる．

② 三つの作業順序を考慮する．

③ 水圧試験を A, B, C の 3 作業を同時に行う方法は，3 作業の配管終了後に水圧試験を行う．

④ 作業を分けても分けなくても配管および保温に要する作業日数は同じなので，〔設問 1〕の場合と変わらない．よって，工事全体の工期は〔設問 1〕と同じになる．

〔設問 3〕〈**作業 3**〉…**図 9･29** 参照

〔**作業順**〕準備・墨出し⇒ A 配管⇒ A 水圧試験⇒ A 保温，途中 A 配管終了後 B 配管⇒ B 水圧試験⇒ B 保温，途中 B 配管終了後 C 配管⇒ C 水圧試験⇒ C 保温⇒後片づけ・清掃

作業名	工事比率〔%〕	月	火	水	木	金	土	日	月	火	水	木	金	土	日	月	火	水	木	金	土	日	月	火	水	木	金	土	日	月	火	水	累積比率〔%〕
		1	2	3	4	5	6	7	8	9	10	11	12	13	14	15	16	17	18	19	20	21	22	23	24	25	26	27	28	29	30	31	
準備・墨出し																																	100 90
A 配管																																	80
A 水圧試験																																	70
A 保温																																	60
B 配管																																	50
B 水圧試験																																	40
B 保温																																	30
C 配管																																	20
C 水圧試験																																	10
C 保温																																	0
後片づけ・清掃																																	

図 9・29 〈作業 3〉

〔設問 3〕〈**作業 4**〉…**図 9･30** 参照

〔**作業順**〕準備・墨出し⇒ A 配管⇒ B 配管⇒ A ＋ B 水圧試験⇒ A 保温⇒ B 保温，途中 B 配管終了後 C 配管⇒ C 水圧試験⇒ C 保温⇒後片づけ・清掃

〔設問 3〕〈**作業 5**〉…**図 9･31** 参照

〔**作業順**〕準備・墨出し⇒ A 配管⇒ A 水圧試験⇒ A 保温，途中 A 終了後 B 配管⇒ C 配管⇒ B ＋ C 水圧試験⇒ B 保温⇒ C 保温⇒後片づけ・清掃

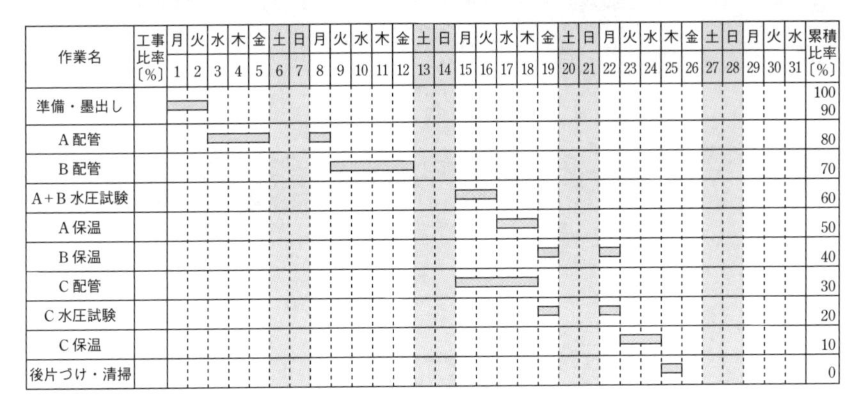

図 9・30 〈作業 4〉

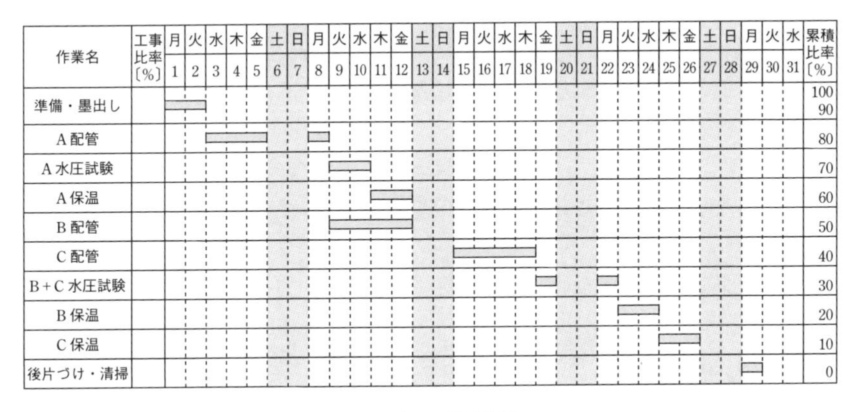

図 9・31 〈作業 5〉

⑤ 作業 3，作業 4，作業 5 のバーチャート工程表を作成すると，図 9･29，図 9･30，図 9･31 になる．

⑥ **全体工期**は，**作業 3 で 25 日，作業 4 で 25 日，作業 5 で 29 日**となる．

⑦ **工期短縮**は，作業 3 と作業 4 で，**水圧試験を 2 回実施**し，工期が短いのは**作業 4** となる．

〔設問 3〕-（5） 図 9･30 で初回の水圧試験が開始できるのは作業 A と作業 B を同時に行う 15 日（月）となる．

解答

〔設問 1〕 （1） 31 日 （2） 92%

〔設問 2〕 （3） 26 日 （4） 18 日目

〔設問 3〕 （5） 15 日目

9 6 問題5対策　法　規

1 出題傾向

法規の問題は，労働安全衛生法の中から，安全衛生管理体制，作業主任者，就業に当たっての措置，工事の安全基準が主に出題されている．

2 現場の安全衛生管理体制

現場の安全管理体制は，その現場の労働者の人数やその現場の体制によって異なるが，複数の企業の労働者を使用する混在事業場であるか，一つの企業の労働者のみを使用する単一事業場であるかによっても変わる．

⊕**100人以上の企業の労働者を使用する単一事業場・・・次の者を選任，設置する．**

①総括安全衛生管理者　②産業医　③安全管理者
④安全委員会　⑤衛生管理者　⑥衛生委員会

⊕**50人以上100人未満の労働者を使用する単一事業場・・・次の者を選任，設置する．**

①安全管理者　②安全委員会　③衛生管理者
④衛生委員会　⑤産業医

⊕**10人以上50人未満の労働者を使用する単一事業場・・・次の者を選任，設置する．**

①安全衛生推進者

⊕**50人以上の労働者を使用する混在事業場**（元請負人と関係請負人の労働者が混在）**元請負人の事業者・・・次の者を選任，設置する．**

①統括安全衛生責任者　②協議組織　③元方安全衛生管理者

関係請負人は，この事業場に次の者を選任・設置する．

①安全衛生責任者

⊕**20人以上50人未満の労働者を使用する混在事業場**（元請負人と関係請負人の労働者が混在）**元請負人の事業者・・・次の者を選任，設置する．**

①店社安全衛生管理者　②協議組織

⊕作業主任者を選任する作業と資格

① **地山の掘削作業主任**：掘削面の高さが**2 m以上**となる地山の掘削作業（**技能講習修了者**）.

② **型枠支保工の組立作業主任者**：高さに関係なく型枠支保工の組立または解体作業（**技能講習修了者**）.

③ **足場の組立作業主任者**：吊り足場，張出し足場または高さが**5 m以上**の構造の足場の組立，解体または変更の作業（**技能講習修了者**）.

④ **石綿作業主任者**：石綿を取り扱う作業については，**石綿作業主任者技能講習を修了した者の内から，石綿作業主任者を選任する**（**技能講習修了者**）.

⑤ **酸素欠乏危険作業主任者**：酸素欠乏危険場所で，暗渠，マンホールまたはピット内での作業（**技能講習修了者**）.

⑥ **ガス溶接作業主任者**：アセチレンガスによる金属の溶接，溶断などの作業（**都道府県労働局長が発行する免許の所持者**）.

3 労働安全衛生の規定

⊕作業床

① 足場で，高さ**2 m以上**の箇所での作業は，作業床を設ける.

② 吊り足場を除き，幅は**40 cm以上**，床材間の隙間は**3 cm以下**とする.

③ 墜落防止用として，高さ**15 cm以上**，**40 cm以下**の桟（さん），または高さ**15 cm以上**の幅木に加えて，高さ**85 cm以上**の**手すり**を設ける（**図9·32**）.

⊕照度の保持

高さ**2 m以上**の作業では，作業を安全に行うための，必要な照度を保持する.

⊕移動はしご・脚立

① 移動はしごの幅は**30 cm以上**で，滑り止め装置を設ける.

② 脚立の脚と水平面の角度は**75°以下**で，折畳み式のものは角度を保つための**金具**を付けたものにする（**図9·33**）.

⊕架設通路

① こう配は**30°以下**とする.

② 階段があるもの，高さが**2 m未満**で，丈夫な**手掛け**を設けたものは，この限りでない.

③ **15°を超える**ものは，**踏さん**その他，すべり止めを設ける（**図9·34**）.

④ 高さ**8 m以上**の登り桟橋には，**7 m以内**ごとに踊場を設ける（**図9·35**）.

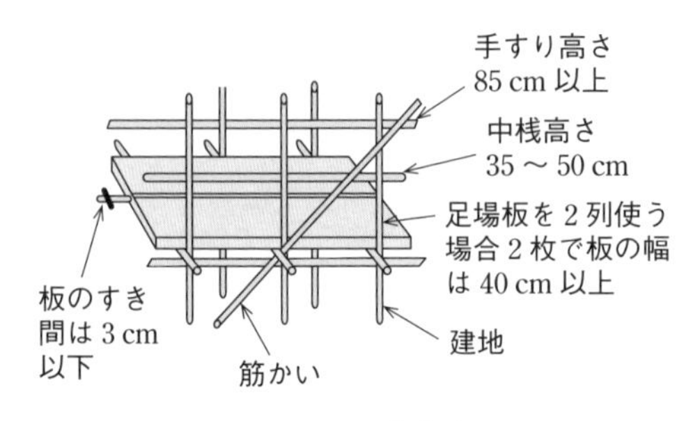

図 9・32　作業床

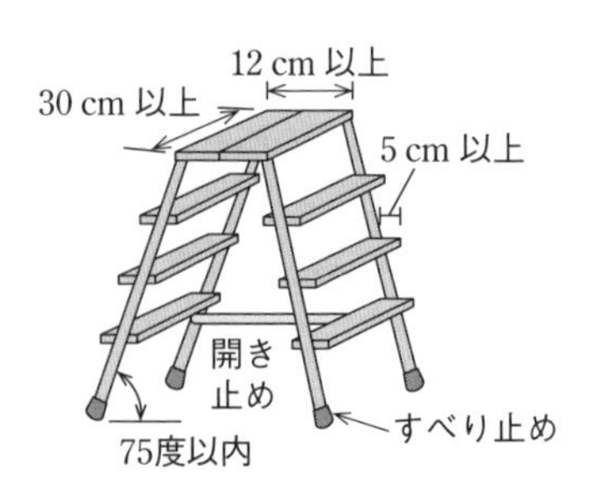

図 9・33　脚立

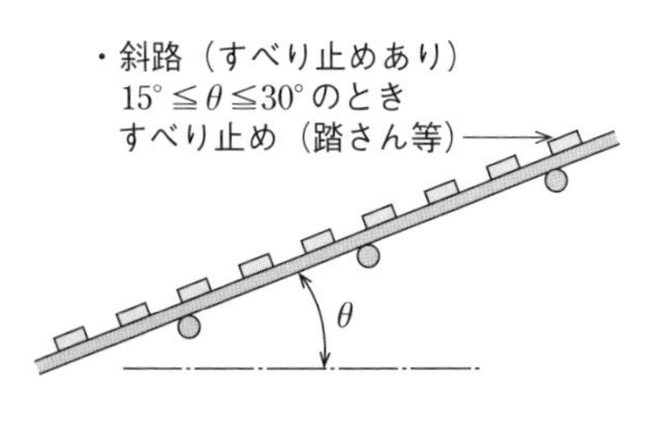

図 9・34

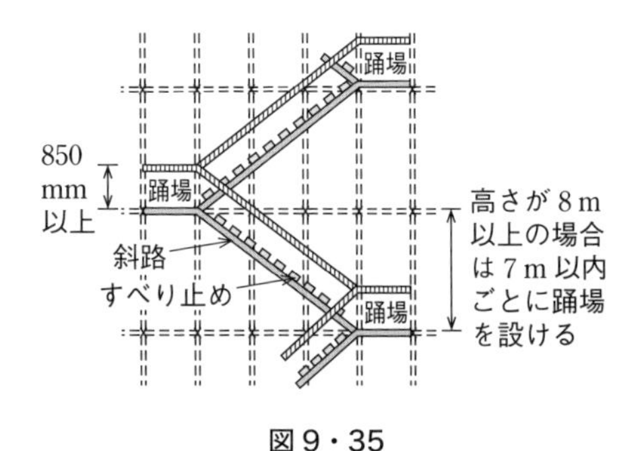

図 9・35

⊕移動式クレーン

① 吊上げ荷重が **1 t 以上**の移動式クレーンの運転業務は，移動式クレーン運転士免許が必要である．

② 吊上げ荷重が **1 t 以上**，**5 t 未満**の移動式クレーンの運転業務は，**運転技能講習修了者**が行ってもよい．

✎**クレーンの運転資格**：①免許：都道府県労働基準局長が行う試験に合格した者，②技能講習：都道府県労働基準局長が指定した者が行う，技能講習を修了した者，③特別の教育：事業所が行う教育を修了した者．

⊕地山の土質に応じた安全を確保できる掘削こう配

① 岩盤または堅い粘土の地山の掘削作業のとき，掘削面の高さが**5 m 未満**のとき，掘削面のこう配は**90° 以下**とし，**5 m 以上**は，**75° 以下**とする（**図 9・36**）.

② 砂からなる地山の掘削作業のとき，掘削面の高さが**5 m 未満**のとき，掘削面の**こう配は 35° 以下**とする（**図 9・37**）.

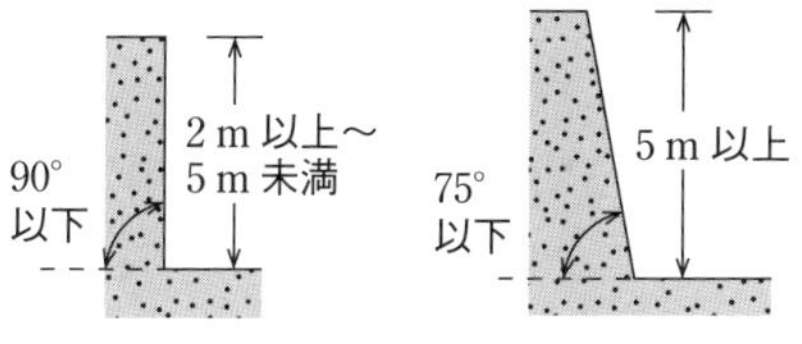

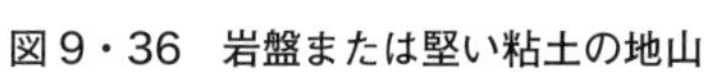
図 9・36　岩盤または堅い粘土の地山

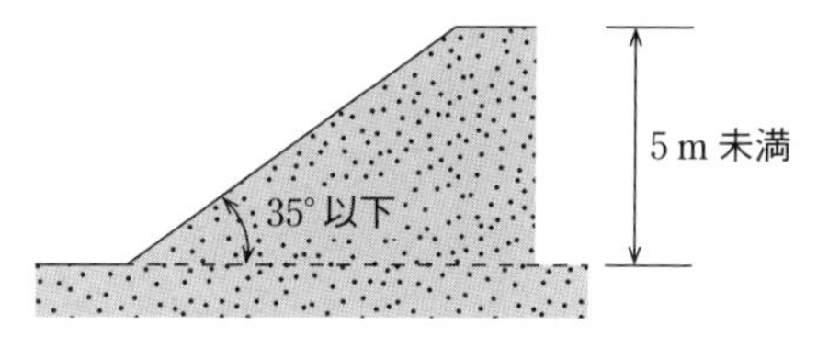

図 9・37　砂からなる地山

⊕酸素欠乏危険作業

① 酸素欠乏危険作業に労働者を従事させる場合，作業場所の空気中の酸素濃度を**18％以上**に保つように**換気をする**.

② 酸素欠乏危険場所で作業を行う場合，その日の作業開始前に，作業場の酸素の濃度を測定し，**記録を 3 年間保存**しなければならない.

③ 酸素欠乏危険作業に労働者を従事させる場合は，当該作業主任者技能講習を修了した者の中から酸素欠乏危険作業主任者を選任する.

④ 酸素欠乏危険作業に労働者を従事させる場合は，労働者に対して**特別の教育**を行う.

✎**酸素欠乏（酸欠）：酸素欠乏とは，空気中の酸素濃度が 18％未満または，空気中の硫化水素濃度が 100 万分の 10 を超える状態のこと.**

- 事業者は，石綿などが使用されている建築物の解体作業に労働者を就かせるときは，当該業務に関する衛生のための，**特別の教育**を行わなければならない.
- 事業者は，型枠支保工の組立てまたは解体の作業について，**作業主任者**を選任し，その者に労働者の指揮を行わせる.
- 作業床の高さが**10 m 以上の高所作業車の運転**は，都道府県労働局長の登録を受けたものが行う当該業務にかかわる**技能講習を修了**した者が行う.

【問題4 工程管理】・【問題5 法規】から1問選択

問題① 法 規

次の設問1及び設問2の答えを解答欄に記述しなさい.

〔**設問1**〕 建設業における労働安全衛生に関する文中，[A]～[C]に当てはまる「労働安全衛生法」に**定められている語句又は数値**を選択欄から選択して解答欄に記入しなさい.

(1) 安全衛生推進者の選任は，[A]の登録を受けた者が行う講習を修了した者その他法に定める業務を担当するため必要な能力を有すると認められる者のうちから，安全衛生推進者を選任すべき事由が発生した日から[B]日以内に行わなければならない.

(2) 事業者は，新たに職務につくこととなった[C]その他の作業中の労働者を直接指導又は監督する者に対し，作業方法の決定及び労働者の配置に関すること，労働者に対する指導又は監督の方法に関すること等について，安全または衛生のための教育を行わなければならない.

選択欄：厚生労働大臣，都道府県労働局長，7，14，職長，作業主任者

〔**設問2**〕 墜落等による危険の防止に関する文中，[D]及び[E]に当てはまる「労働安全衛生法」に**定められている数値**を解答欄に記述しなさい.

(3) 事業者は，高さが[D]メートル以上の作業床の端，開口部等で墜落により労働者に危険を及ぼすおそれのある箇所には，囲い，手すり，覆い等を設けなければならない.

(4) 高さ又は深さが[E]メートルを超える箇所の作業に従事する労働者は，安全に昇降するための設備等が設けられたときは，当該設備等を使用しなければならない.

解答

〔**設問1**〕 (A)：都道府県労働局長 (B)：14 (C)：職長 〔**設問2**〕 (D)：2 (E)：1.5

マスターPoint 安全衛生推進者の業務：①労働者の危険，健康障害を防止するための措置，②健康診断の実施，③労働者の安全，衛生のための教育実施，④労働災害の原因調査，再発防止

問題 2 法 規

次の設問 1 及び設問 2 の答えを解答欄に記述しなさい.

〔**設問 1**〕 建設工事現場における，労働安全衛生に関する文中，［　　］内に当てはまる労働安全衛生法に**定められている語句又は数値**を選択欄から選択して解答欄に記入しなさい.

(1) 移動式クレーン検査証の有効期間は，原則として，［ A ］年とする．ただし，製造検査又は使用検査の結果により当該期間を［ A ］年未満とすることができる.

(2) 事業者は，移動式クレーンを用いて作業を行うときは，［ B ］に，その移動式クレーン検査証を備え付けておかなければならない.

(3) 足場（一側足場，吊り足場を除く）の高さ 2 m 以上の作業場に設ける作業床の床材と建地との隙間は，原則として［ C ］cm 未満とする.

(4) 事業者は．アーク溶接のアークその他強烈な光線を発散して危険のおそれのある場所については，原則として，これを区画し，かつ，適当な［ D ］を備えなければならない.

選択欄：1，2，3，5，10，12，
現場事務所，当該移動式クレーン，保管場所，避難区画，
休憩区画，保護具

〔**設問 2**〕 小型ボイラーの設置に関する文中，［　　］内に当てはまる「労働安全衛生法」に**定められている語句**を解答欄に記述しなさい.

事業者は，小型ボイラーを設置したときは，原則として，遅滞なく，小型ボイラー設置報告書に所定の構造図等を添えて，所轄［ E ］長に提出しなければならない.

解答

〔**設問 1**〕 (A)：2　(B)：当該移動式クレーン
(C)：12　(D)：保護具

〔**設問 2**〕 (E)：労働基準監督署

移動式クレーン

問題 3 法　規

次の設問1及び設問2の答えを解答欄に記述しなさい.

〔**設問1**〕 建設工事現場における，労働安全衛生に関する文中，［　　］内に当てはまる「労働安全衛生法」に**定められている語句又は数値**を選択欄から選択して解答欄に記入しなさい.

(1) 脚立については，脚と水平面との角度を［ A ］度以下とし，かつ，折りたたみ式のものにあっては，脚と水平面との角度を確実に保つための金具等を備えなければならない.

(2) 架設通路の勾配は，階段を設けたもの又は高さが2メートル未満で丈夫な手掛を設けたものを除き，［ B ］度以下にしなければならない．また，こう配［ C ］度を超えるものには，踏桟その他のすべり止めを設けなければならない.

(3) 事業者は，高さが5メートル以上の構造の足場の組立ての作業については.当該作業の区分に応じて，［ D ］を選任しなければならない.

選択欄：15，20，30，45，60，75，80
安全衛生推進者，作業主任者，専門技術者

〔**設問2**〕 建設工事現場における，労働安全衛生に関する文中，［　　］内に当てはまる「労働安全衛生法」に**定められている語句**を解答欄に記入しなさい.

(4) 事業者は，吊り上げ荷重が1トン未満の移動式クレーンの運転（道路上を走行させる運転を除く）業務に労働者を就かせるときは，当該労働者に対し，当該業務に関する安全のための［ E ］を行わなければならない.

解答

〔**設問1**〕(A)：75　(B)：30　(C)：15　(D)：作業主任者

〔**設問2**〕(E)：特別の教育

マスターPoint 特別の教育

労働安全衛生法第59条（安全衛生教育）第3項において「事業者は，危険又は有害な業務で，厚生労働省令で定めるものに労働者を就かせるときは，当該業務に関する安全又は衛生のための特別の教育を行わなければならない.」と規定されている.

問題 4 法 規

次の設問1及び設問2の答えを解答欄に記述しなさい.

〔**設問1**〕建設工事現場における，労働安全衛生に関する文中，［　　］内に当てはまる「労働安全衛生法」上に**定められている語句又は数値**を選択欄から選択して記入しなさい.

(1) 事業者は，手掘りによる［ A ］からなる地山の掘削の作業を行うときは，掘削面のこう配を35度以下とし，又は掘削面の高さを5m未満としなければならない.

(2) 事業者は，足場（一側足場及び吊り足場を除く）における高さ［ B ］m以上の作業場所に設ける作業床は，幅40cm以上とし，床材間のすき間は3cm以下としなければならない.

(3) 事業者は，移動はしごを使用するときは，［ C ］の取付けその他転位を防止するために必要な措置を講じなければならない.

(4) 事業者は，屋内に設ける通路の通路面から高さ［ D ］m以内に障害物を置いてはならない.

選択欄：岩盤，堅い粘土，砂，1，1.5，1.8，2，手すり，すべり止め装置

〔**設問2**〕建設工事現場における，労働安全衛生に関する文中，［　　］内に**当てはまる語句**を記述しなさい.

(5) 事業者は，高温多湿作業場所で作業を行うときは，労働者に透湿性・通気性の良い服装を着用させたり，塩分や水分を定期的に摂取させたりして，［ E ］症予防に努めなければならない.

解答

〔**設問1**〕 (A)：砂　(B)：2
(C)：すべり止め装置　(D)：1.8

〔**設問2**〕 (E)：熱中

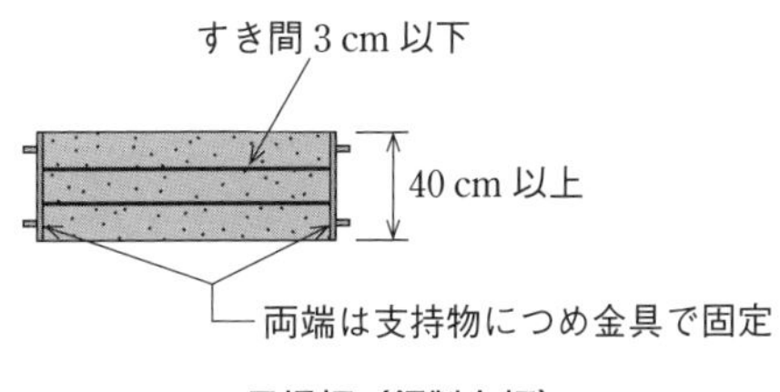

足場板（鋼製布板）

7 問題６対策　経験記述

⊕**経験記述用紙例**（この記述用紙は，**令和３年度**に採用されたもの）
経験記述は，次のような内容で出題されている（年度によって変更あり）.

２級管工事第二次検定試験施工経験　記述用紙

【問題6】あなたが経験した管工事のうちから、代表的な工事を一つ選び、次の設問１～設問３の答えを解答欄に記述しなさい。

〔設問1〕 その工事につき、次の事項について記述しなさい。

(1) 工事件名：〔例：**○○ビル新築工事又は改修工事に伴う△△設備工事**〕

(2) 工事場所：〔例：**○○県○○市○○町○○番地**〕

(3) 設備工事概要：〔例：**工事内容、工事種目、延べ面積・階数、構造：○○造**〕
〔例：**主要機器の名前、能力・台数**〕

(4) 現場でのあなたの立場又は役割

〔設問2〕 上記工事を施工するに当たって「工程管理」上、あなたが**特に重要と考えた事項**を解答欄の（1）に記述しなさい。また、それについて**とった措置又は対策**を解答欄（2）に簡潔に記述しなさい。

(1) 特に重要と考えた事項

(2) とった措置又は対策

〔設問3〕 上記工事を施工するに当たって「安全管理」上、あなたが**特に重要と考えた事項**を解答欄の（1）に記述しなさい。また、それについて**とった措置又は対策**を解答欄（2）に簡潔に記述しなさい。

(1) 特に重要と考えた事項

(2) とった措置又は対策

減点対象になる施工体験記述の解答例

【問題 6】 あなたが経験した管工事のうちから、代表的な工事を一つ選び、次の設問 1 ～設問 3 の答えを解答欄に記述しなさい。

〔設問 1〕 その工事につき、次の事項について記述しなさい。

(1) 工事件名：~~麹町ビル工事~~ **良い記述例** 麹町ビル新築工事の伴う衛生工事

(2) 工事場所：~~東京都千代田区~~ **良い記述例** 東京都千代田区神田麹町 3

(3) 設備工事概要〔例：建物の延べ面積・階数、工事種目、機器の能力・台数等〕
~~8 階建て、RC~~ **良い記述例** 延べ面積：6543 m²、8 階建て、RC 造、衛生設備：受水槽：30 m³ × 1 基、加圧給水ポンプ 200 ℓ/分 × 2.2 kW × 1 セット

(4) 現場でのあなたの立場又は役割 ~~工事係員~~ **良い記述例** 工事主任又は現場代理人

〔設問 2〕 上記工事を施工するに当たって「**工程管理**」上、あなたが**特に重要と考えた事項**を解答欄の（1）に記述しなさい。また、それについて**とった措置又は対策**を解答欄（2）に簡潔に記述しなさい。

(1) 特に重要と考えた事項 ~~作業員の転落防止を考えた。~~ **良い記述例** 仮設足場を使っての高所作業が多いため、作業員の墜落災害防止、資材類の落下防止を重要と考えた。

(2) とった措置又は対策 ~~昼休みに作業員に注意した。~~ **良い記述例** ①脚立の使用は禁止とし、仮設足場は、必ず 2 人作業を徹底させた。②仮設足場と安全帯は、毎朝点検実施してから、作業中の定期巡回を実施した。③配管資材の結束状況の確認や飛散防止処置を行った。

〔設問 3〕 上記工事を施工するに当たって「**安全管理**」上、あなたが**特に重要と考えた事項**を解答欄の（1）に記述しなさい。また、それについて**とった措置又は対策**を解答欄（2）に簡潔に記述しなさい。

(1) 特に重要と考えた事項 ~~漏水が起きないようにした。~~ **良い記述例** 給水配管は、ステンレス鋼鋼管を使用するため、接手部の接合不良で漏水が発生しないよう留意した。

(2) とった措置又は対策 ~~工事終了後目で確認した。~~ **良い記述例** ①配管の切断時に、切断面のバリの面取りを行い、拡管機で加工する場合は、確実に拡張ができていることを目視にて確認した。②配管工事完了後は、水圧試験を行い各継ぎ手部分からの、漏水がないことを確認し、保温工事を行った。

〜〜〜 は，点数がもらえない **悪い記述例** なので要注意.

1 経験記述の基本

① 施工経験記述は，必須問題として毎年出題されている．

② この問題は，受験者が施工管理する上で，実務経験が十分あって，設問事項を記述により，的確に表現する能力があるかどうかを判別するものである．

③ 第二次検定の**合否の決め手となるのが経験記述と思われる**（高い採点）．

④ 経験記述の解答が，管工事の内容でない場合や，**設問 1 と設問 2，設問 3 の内容に整合性がない場合は，減点となる．**

2 傾向と対策

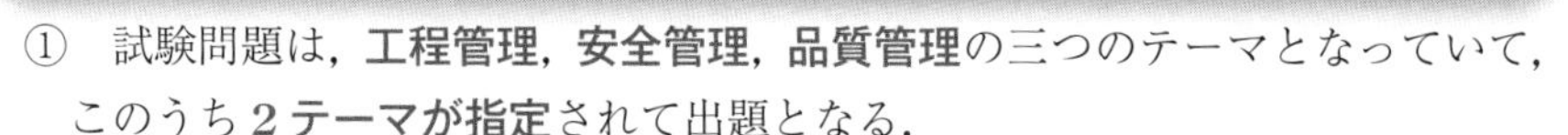

① 試験問題は，**工程管理，安全管理，品質管理**の三つのテーマとなっていて，このうち **2 テーマが指定**されて出題となる．

② テーマごとに，「**特に重要と考えた事項**」と「**それについてとった措置または対策**」について，記述する問題となっている．

③ **三つのテーマ**のどれが出題されても記述ができるように，記述内容を試験までに整理しておく必要がある．

④ **記述試験では，記述の練習なしで，ぶっつけ本番での合格は難しい．**

⊕最新 8 年間の出題分析

出題テーマ	令和 3 年	令和 2 年	令和元年	平成 30 年	平成 29 年	平成 28 年	平成 27 年	平成 26 年
工程管理	○		○	○	○		○	
安全管理	○	○		○		○		○
品質管理		○	○		○	○	○	○

① **工程管理**：工期に影響を及ぼす障害事項をあげ，後期内に工事を完了させるために取った管理方法について記述する．天候不順（台風，長雨），建築工事の遅れ．

② **安全管理**：作業員，現場内の関係者，第三者（通行人，近隣住民），危険作業（酸欠，高所）に事故が起きない管理方法について記述する．危険予知活動（KYK）等．

③ **品質管理**：品質に影響を及ぼす障害事故をあげ，品質確保のための管理方法について記述する．配管の漏水，こう配，支持接合を施工図面と照合確認．

3 記述上の注意点

記述文は，減点法が採用されていると思われる．下記の内容は減点の対象とされるため，十分に気を使ってまとめること．

① 試験用紙の行（**罫線**）**をはみ出している**（罫線内で記述文をまとめること）
② 誤字・脱字・略字・くせ字で採点者が読めない
③ 文字が小さすぎて採点者が読めない
④ 文字がうすくて採点者が読めない

1.〔設問 1〕の記述ポイント

(1) **工事件名**は，**冒頭に建物名**を入れる．

例 1）錦町ビル新築工事に伴う空調設備工事（または衛生設備工事）
例 2）錦町ビル改修工事に伴う空調，衛生設備工事
例 3）錦町団地敷地内給水管，排水管埋設工事

✎**工事件名：次の工事は実務経験として認められないので，工事件名の記入には注意する．**
①土木工事（管きょ，暗きょ，用水路等），②上下水道の配管工事（敷地外の公道下），③プラント，工場内での配管プレハブ加工，内燃力発電設備，④電気，電話の配管工事，⑤保守，点検，保安，事務，積算，⑥設計（施工に直接かかわらない設計のみ）等

(2) **工事場所**は，施工場所の都道府県名，市町村名，**番地は 1 桁**程度にする．

例）東京都千代田区神田錦町 2

(3) **設備工事概要**は，**出題されたテーマに合った内容**にする．

① 工事件名に「空調設備」と記述しているのに，工事概要で「衛生設備」の記述では，減点対象になる．
② 記述する内容は，延べ面積，構造，階数，設備の種類（空調・衛生など），設備機器の能力と台数，配管材料（材質口径，総延長など）について記入．

例 1）テーマが空調工事の場合（事務所ビル）

延べ面積：3 218 m²（**数値を丸めて 3 000 m² とは記入しない**），5 階建，構造：RC 造，空調設備：空冷ヒートポンプ PAC 28 kW × 12 台，全熱交換器 300 m³/h × 10 台

例 2）テーマが衛生工事の場合（事務所ビル）

延べ面積：3 218 m²（**数値を丸めて 3 000 m² とは記入しない**），5 階建，構造：RC 造，受水槽 30 m³ × 1 基，加圧給水ポンプユニット 40 φ × 180 ℓ / 分 × 2.2 kW × 1 セット（または，直結増圧給水ポンプユニット 40 φ × 200 ℓ / 分 × 1.5 kW × 1 セット）

例 3）テーマが敷地内配管工事の場合（工場や，集合住宅，学校などに多い）

① 建物規模などは不要

② 管の種類，管径と総延長を記載する

例） • 給水，排水管埋設工事：HIVP × 50 φ × 125 m（総延長），硬質塩化ビニル管（VU 管）× 150 φ × 225 m（総延長）汚水桝（樹脂）150A × 10 か所

• ガス管埋設工事：PE 管 75 ～ 100 φ × 40 m（総延長）

(4) 現場でのあなたの立場または役割

請負業者の場合：現場代理人，工事主任，主任技術者のどれか記入．

発注者の場合：現場監督員，主任監督員，工事管理者（設計者の場合が多い）

※社長，部長，課長，係員などの役職名は，使用しないこと．

(5) 工事件名，工事場所，設備工事概要，現場での立場または役割の記述事例

【記述例 1】

(1) 工事件名：錦町ビル新築工事に伴う空調設備工事

(2) 工事場所：東京都千代田区神田錦町 2

(3) 設備工事概要：延べ面積：3 218 m²，5 階建，構造：RC 造，空調設備：空冷ヒートポンプ PAC 28 kW × 12 台，全熱交換器 300 m³/h × 10 台

(4) 現場でのあなたの立場又は役割：現場代理人

【記述例 2】

(1) 工事件名：錦町ハウス新築工事に伴う衛生設備工事

(2) 工事場所：東京と千代田区神田錦町 2

(3) 設備工事概要：延べ面積：4 218 m²，10 階建，構造 RC 造，衛生設備：受水槽 20 m³ × 1 基，加圧給水ポンプユニット 40 φ × 180 ℓ / 分 × 2.2 kW × 1 セット

(4) 現場でのあなたの立場又は役割：現場主任

【記述例 3】

(1) 工事件名：山川ビル新築工事に伴う衛生，空調工事

(2) 工事場所：東京都渋谷区神宮前 10

(3) 設備工事概要：延べ面積：3 218 m²，4 階建，構造 RC 造，衛生設備：増圧直結給水ポンプ 200 ℓ/分 × 2.2 kW × 1 セット，空冷ヒートポンプ PAC 5.6 kW × 42 台，全熱交換器 300 m³/h × 20 台

(4) 現場でのあなたの立場又は役割：現場代理人

【記述例 4】

(1) 工事件名：大阪ビル改修工事に伴う衛生設備工事

(2) 工事場所：大阪府茨木市永大町 120 番

(3) 設備工事概要：延べ面積：4 218 m²，5 階建，構造 SRC 造，衛生設備：受水槽 25 m³ × 1 基，加圧給水ポンプ 200 ℓ/分 × 2.2 kW × 1 セット

(4) 現場でのあなたの立場又は役割：現場監督員

2. 〔設問 2〕〔設問 3〕の記述方法

① 「**工程管理**」「**安全管理**」「**品質管理**」の**三つのテーマ**のうち，二つのテーマが指定され出題される．

② どの問題にも対応できるように，**三つのテーマの記述準備**が必要である．

⊕記述の基本

- なぜ必要なのか
- どんな方法で行ったのか
- 対象は何か
- 誰がどのように実行したのか

⊕特に重要と考えた場合の記述パターン

① ◎◎なので	◎◎が予想されたので	◎◎に留意した．
② ◎◎となるため	◎◎する必要があったため	◎◎を重要と考えた．
③ ◎◎のため	◎◎が生じたため	

例　題　長雨が続き建築躯体工事が遅れたため，設備工程の短縮が予想されたので，工期に間に合わせることに留意した．（が重要と考えた．）

⊕**それについてとった措置または対策の記述パターン**

- 重要と考えた事項の記述と，同じような内容にならないようにまとめる．
- 具体的な数値，用語をできるだけ使うこと．
- 3行の中に，以下の記述例のように**3項目程度の箇条書き**で，罫線から**はみ出さないように記述する．**
- 記述文の**先頭に**①②③の番号を付け，箇条書きでまとめる．
- **空白をつくらないこと．**

【記述例】

① 配管施工の作業手順や実施工程の見直しを行い，作業工程の短縮を行った．

② 毎日の朝礼後に，各業者との作業内容の確認，および作業変更を周知徹底させた．

③ 毎日の作業の進捗状況を確認し，状況に応じて作業員の増員調整を行った．

4 工程管理の記述事例

【記述例1】

◇特に重要と考えた事項

施主からの設計変更が多く，全体工程が遅れていたため，屋外空調機設置工事に影響が出そうなので，工期短縮に留意した．

◇とった措置または対策

① パッケージ室外機は，工場内で機器鋼製の架台上に取り付けユニット化し，先行施工を行い現場据え付け作業および搬入工程を短縮した．

② 室外機回りの冷媒配管の接続を，先行施工で行い工期短縮を図った．

【記述例2】

◇特に重要と考えた事項

地中障害と労務不足により建築躯体工事が遅れたため，設備工程も短くなり，工期内に工事を完了させることを重要と考えた．

◇とった措置または対策

① 建築，電気などの関連業者と打合せを行い，作業工程を調整して修正工程表を作成し工期内に完了させた．

② 工程の遅延を未然に防ぐため，材料手配や施工範囲の状況を毎日の作業終了後に確認した．

【記述例 3】

◇特に重要と考えた事項

工程上，建築工事，設備工事，電気工事が輻輳作業となるため，業者間の工程に影響が出ないよう日程調整に留意した．

◇とった措置または対策

① 週間工程表を使い業者間の細部工程表を再確認し，綿密な作業員の動員計画によって日程調整を行い工事完了した．

② 並行作業が可能な部分を捻出し，施工図を使い工程の短縮を図った．

【記述例 4】

◇特に重要と考えた事項

建築工程が決まっていて，設備関連業者の作業人員が限られた現場のため，設備工程に無理，無駄がないように作業の標準化が重要と考えた．

◇とった措置または対策

① 関連業者と打ち合わせして，作業員に作業内容を確認させてから，作業内容を器具取付け班と配管取付け班の2班に分けた．

② 2班のそれぞれにリーダを決め，同じ作業をすることで，作業の標準化を行った．

【記述例 5】

◇特に重要と考えた事項

冷媒配管施工業者の人員不足のため，空調設備工事に遅れが出るおそれがあったので，工程内で工事が完了するように留意した．

◇とった措置または対策

① 配管施工の作業手順や実施工程の見直しを行い，作業工程の短縮を行った．

② 朝礼時に，各業者間との作業内容の確認，および作業変更を周知徹底させた．

③ 毎日の作業の進捗状況を確認し，状況に応じて作業員の増員調整を行った．

5 安全管理の記述事例

【記述例 1】

◇特に重要と考えた事項

床下ピット内の仕切り壁が多い工事現場なので，給水管，排水管等の接続時に，作業員の酸欠事故防止対策に留意した．

◇とった措置または対策

① 作業日は，朝礼開始前のKY活動で作業場所と作業人員を確認した．

② 作業前は，有資格者の現場代理人または職長が，酸素濃度の測定を行った．

③ 作業手順書を作成し，送風機にてピット内換気をしながらの作業に徹した．

【記述例 2】

◇特に重要と考えた事項

機械室は，関連業者と輻輳する高所作業があるので，作業員の墜落などによる事故防止に留意した．

◇とった措置または対策

① 毎日の工程会議では，関連業者と意志の疎通を図り，危険箇所を共有して安全第一を心掛けた．

② 足場と壁の間，足場の外側には防網を設置した．

③ 高所作業は，複数で行い互いに声を掛け合って安全確認を徹底した．

【記述例 3】

◇特に重要と考えた事項

パッケージ室内機は，天井内設置のため高所での配管作業となり，高所作業車からの作業員墜落や資材落下防止に留意した．

◇とった措置または対策

① 高所作業車の手すりには，安全帯のフックを必ずかけるように指示をした．

② 重量物の吊込み時には，立入禁止表示をし，監視人を配置した．

③ 工具には，落下防止ワイヤを取り付け，始業前に点検を行った．

【記述例 4】

◇特に重要と考えた事項

工事現場の隣地は，保育園のため，工事車両や資材搬入車両による，第三者災害防止が重要と考えた．

◇とった措置または対策

① 毎日の朝礼後に，建築担当，関連業者担当，資材搬入業者担当に集まってもらい，通行禁止時間帯を含めた車両通行計画書を作成し，作業員に徹底した．

② 工事関係車両出入口に交通誘導員を配置して，第三者への災害防止対応を行った．

6 品質管理の記述事例

【記述例 1】

◇特に重要と考えた事項

建物内を冷媒配管が横断し，複数の防火区画を貫通するため，貫通部は，法令通りの処理をすることに留意した．

◇とった措置または対策

① 冷媒配管は，BCJ 認定品を使用したか確認した．

② 区画貫通箇所に国土交通省認定の部材を使用し，区画壁に鋼製枠や金具が取り付けられているか確認した．

③ 冷媒配管と壁の隙間に耐熱シール材が充填されていることを確認した．

【記述例 2】

◇特に重要と考えた事項

真夏の埋設ガス管工事期間中は，ガス用ポリエチレン管を使用するため，水と紫外線に弱い材料なので，材料保管方法が重要と考えた．

◇とった措置または対策

① 施主，建築担当者と打合せを行い，保管場所は直接雨が当たらず，日射を受けない屋根付きの保管場所とした．

② ポリエチレン管の保護は，シートで覆い，地面に直接置かないように，角材の上に乗せ，一度に大量に積まないようにした．

【記述例 3】

◇特に重要と考えた事項

工事現場の敷地が狭いため，機器の保管場所が作業場に近く，機器搬入時の損傷防止と保管方法に留意した．

◇とった措置または対策

① 搬入後の機器は，防災シートで養生を行い，機器回りの区画を行った．

② 機器の破損しやすい部分は，木箱で保護をして注意札を掲げ，関連業者の作業員にもわかるようにした．

【記述例 4】

◇特に重要と考えた事項

飲料用ウォータクーラを各階に設置するため，接続部の給水配管からの汚染防止が重要と考えた．

◇とった措置または対策

① 施工図を使って，ウォータクーラの位置を確認後，ねじ切り加工した配管を，接続前にねじ部と配管内の水洗いを行った．

② シール材は，水道局専用のものを使用して，配管接続時の汚染防止を図った．

【記述例 5】

◇特に重要と考えた事項

衛生器具の保管場所が，他の業者と共用スペースのため，器具搬入時の損傷防止と保管方法に留意した．

◇とった措置または対策

① 搬入後の衛生器具は，保護シートで養生を行い器具設置廻りを区画した．

② 破損の起こしやすい衛生器具は，木箱で保護をして注意札を掲げ，関連業者の作業員にもわかるようにした．

記述文の読返しチェック

□施工体験記述は，本書の丸写しはしていないか
□記述は，1 行に 35 ～ 40 文字程度でまとめているか
□採点者が読みやすいように，丁寧な字で書いているか
□誤字，脱字，きたない字，薄い字，くせ字，大きすぎ・小さすぎな字はないか

索　引

あ行

か行

さ行

た行

な行

は行

索引

ま行

や行

ら行

わ行

英数字

〈著者略歴〉

山田信亮（やまだ　のぶあき）
1969年　関東学院大学工学部建築設備工学科卒業
現　在　株式会社團紀彦建築設計事務所 顧問
1級管工事施工管理技士
1級建築士
建築設備士

打矢瀅二（うちや　えいじ）
1969年　関東学院大学工学部建築設備工学科卒業
現　在　ユーチャンネル代表
1級管工事施工管理技士
建築設備士
特定建築物調査員資格者

今野祐二（こんの　ゆうじ）
1984年　八戸工業大学産業機械工学科卒業
現　在　専門学校東京テクニカルカレッジ
環境テクノロジー科科長
建築設備士

加藤　諭（かとう　さとし）
1990年　専門学校東京テクニカルカレッジ
環境システム科卒業
現　在　1級建築士事務所とらい・あんぐる加藤設計
読売理工医療福祉専門学校 他，講師
1級管工事施工管理技士

これだけマスター
2級管工事施工管理技士

2022年 8 月 20 日　第1版第1刷発行
2023年 12 月 10 日　第1版第3刷発行

著　者　山田信亮・打矢瀅二
　　　　今野祐二・加藤　諭
発行者　村上和夫
発行所　株式会社 オーム社
郵便番号　101-8460
東京都千代田区神田錦町 3-1
電話　03(3233)0641(代表)
URL https://www.ohmsha.co.jp/

組版　新生社　　印刷・製本　壮光舎印刷
ISBN978-4-274-22902-2　Printed in Japan